5⁰⁰ 问

配送中心设计技巧

智能物流

金跃跃 刘昌祺 刘康

编著

化学工业出版社

·北京·

内容简介

本书通过大量的数学公式、经验数据、表格图形、应用实例，系统阐述了现代化物流技术，现代物流配送中心基本作业流程及其效益评估，现代物流配送中心规划设计，自动化仓库设计，堆垛机设计，货架设计，托盘，自动输送装备、换向装置与分拣技术，智能密集储存技术，AGV及码垛机器人等内容，可为现代化物流配送中心的规划设计、设备选择提供经济、实用和可靠的科学依据。

本书把现代化物流配送中心的设计、计算、选择、应用等内容，归纳为约500个具体问题，是物流装备制造业实践经验的总结，对建造现代化物流配送中心及自动化仓库具有重要的参考价值、实用价值和指导意义。

本书可作为科研机构、设计院所、物流工程与管理企业相关专业人员的参考书，也可作为高校物流专业的教材。

图书在版编目（CIP）数据

智能物流配送中心设计技巧 500 问 / 金跃跃，刘昌祺，刘康编著. — 北京：化学工业出版社，2024.8
ISBN 978-7-122-45611-3

Ⅰ.①智…　Ⅱ.①金…　②刘…　③刘…　Ⅲ.①物流配送中心-建筑设计-问题解答　Ⅳ.①TU249-44

中国国家版本馆 CIP 数据核字（2024）第 092082 号

责任编辑：贾　娜　毛振威　　　装帧设计：史利平
责任校对：王鹏飞

出版发行：化学工业出版社
　　　　　（北京市东城区青年湖南街 13 号　邮政编码 100011）
印　　装：河北鑫兆源印刷有限公司
787mm×1092mm　1/16　印张 29¾　字数 732 千字
2024 年 10 月北京第 1 版第 1 次印刷

购书咨询：010-64518888　　　　　售后服务：010-64518899
网　　址：http://www.cip.com.cn
凡购买本书，如有缺损质量问题，本社销售中心负责调换。

定　　价：168.00 元　　　　　　　　版权所有　违者必究

前　言

　　物流是国民经济的大动脉，现代化物流装备业也是国民经济的基础产业，其先进程度是衡量一个国家现代化程度和综合国力的重要标志之一，被喻为促进经济发展的"加速器"。

　　随着我国经济的迅速发展，现代物流业已成为我国经济发展的重要产业。物流装备是现代物流系统的重要内容，先进的物流设备是物流全过程高效、优质、低成本运行的保证。近年来，智能物流配送中心、第三方物流等正在我国蓬勃兴起。与此同时，物流装备制造业也得到了长足发展，其现代化水平不断提高，越来越趋于自动化、集成化和智能化，条形码、射频识别技术、传感器、全球定位系统等先进技术广泛应用于物流基本活动环节，实现了货物运输的自动化运作和高效率优化管理。物流配送中心是物流供应链上的重要节点，在物流活动中发挥着重要作用，配送中心总体规划设计的合理性以及设施设备选型、物流流程的合理优化对配送中心的配送效率有着极其重大的影响。因此，正确理解物流装备在物流系统中的地位与作用，掌握物流设备的概念、分类、特点及用途，合理选择设计、科学管理物流设备是对从事物流专业技术人员的基本要求。

　　为促进我国物流装备设计与制造事业迅速发展，笔者根据自己在国内外多年从事物流工程研究与实践的经验总结，结合国内外的图书与文献、物流企业的实用技术资料、工程实践中的素材和案例，理论联系实际，编写了本书，旨在满足我国物流工程及管理专业的教学、科研以及物流装备制造业的需要，帮助读者系统掌握现代物流配送中心规划设计基础知识，提高设计计算能力，使众多志士同仁更好地从事物流装备研发与设计工作。

　　本书通过大量的数学公式、经验数据、表格图形、应用实例，系统阐述了现代化物流技术，现代物流配送中心基本作业流程及其效益评估，现代物流配送中心规划设计，自动化仓库设计，堆垛机设计，货架设计，托盘，自动输送装备、换向装置与分拣技术，智能密集储存技术， AGV 及码垛机器人等内容，可为现代化物流配送中心的规划设计、设备选择提供经济、实用和可靠的科学依据。

　　本书把现代化物流配送中心的设计、计算、选择、应用等内容，归纳为约 500 个具体问题，便于读者查询参考。书中所载公式、数据、图形、实例是物流装备制造业实践经验的总结，对建造现代化物流配送中心及自动化仓库具有重要的参考价值、实用价值和指导意义。

　　本书由南京音飞储存设备（集团）股份有限公司金跃跃、陕西科技大学刘昌祺、北京碳复科技有限公司刘康编著，可作为科研机构、设计院所、物流工程与管理企业相关专业人员的参考书，也可作为高校物流专业的教材。

　　由于笔者水平所限，书中不妥之处在所难免，敬请读者批评指正。

编著者

目 录

第1章

现代化物流技术

 1. 试述物流定义

仓储是指物资实体的存放，其空间位置没有发生变化，物资处于静态。物流是指物资及其载体的物理移动过程，其空间位置发生了变化。物流使商品在生产和消费之间发生位置转移，有交易就有物流活动。物流是物质的物理性移动，是从供应者到使用者的运输、包装、保管、装卸搬运、流通加工、配送以及信息传递的过程。物流本身并不创造产品价值，只创造附加价值。随着物流过程会产生费用、时间、距离以及人力、资源、能源、环境等一系列问题。物流从流通领域扩展到供应、生产、流通全过程，其概念也就发生变化，有狭义物流和广义物流之说。

图 1-1 为狭义物流和广义物流之区别范围。所谓狭义物流是指商品销售的物流活动，生产出来的商品经过销售到最终消费的物流活动，即商业物流或销售物流。狭义物流主要侧重于商品移动功能，实现商品实体由供应方向需求方的移动。狭义物流重视商品供应过程，忽视与生产有关的原材料和零部件的调配物流。

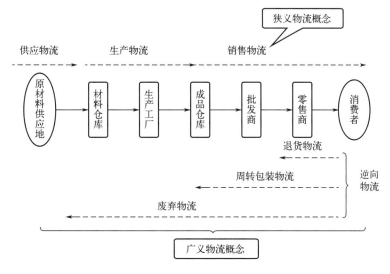

图 1-1　广义物流和狭义物流

狭义物流是一种单向物品的流通过程，没有考虑到商品消费之后的包装物等废弃物的回收以及退货所产生的物流活动。

广义物流包括生产过程和流通过程中各种物质的移动。其内容有：原材料供应物流、生产物流、销售物流、回收物流、废弃物流等。它是运输、保管、包装、装卸、流通加工以及物流信息处理等多项活动的统一。

 2. 试述流通的构成及其功能

图 1-2 为流通构成，由图可知，流通由商流和物流构成。物流包括运输和保管，运输解决距离，保管解决时间；商流解决商品所有权问题。

物流这一概念最初被称为"实物分配"或"货物配送""连接生产和消费间的桥梁""后勤保障系统"。没有流通，商品无法达到消费者手中，所以流通是生产和消费之间的桥梁。

图 1-3 为构成物流的六大基本功能，即运输、保管、装卸、包装、流通加工、信息等六大部分，这也是物流中心的六大基本功能。

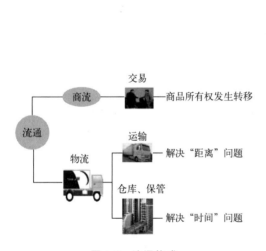

图 1-2　流通构成

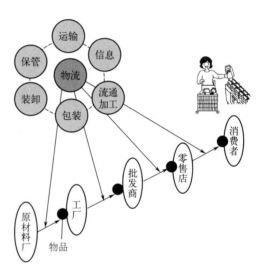

图 1-3　物流六大基本功能（南京音飞）

第 2 节　物流构成及循环利用法

 1. 试述物流基本构成

图 1-4 为制造商的物流基本构成。一般可把物流分为：采购物流，生产物流，销售物流，回收物流。

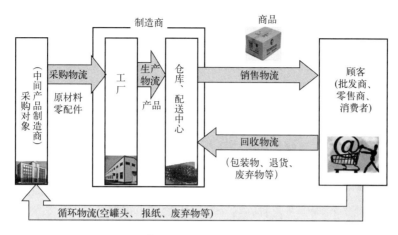

图 1-4 制造商的物流基本构成 (南京音飞)

 2. 何谓采购物流?

(1) 采购物流定义

采购物流是指包括原材料等一切生产物资的采购、进货运输、仓储、库存管理、用料管理和供应管理,也称为原材料采购物流。它是生产物流系统中独立性相对较强的子系统,并且和生产系统、财务系统等生产企业各部门以及企业外部的资源市场、运输部门有密切的联系。

采购物流是企业为保证生产节奏,不断组织原材料、零部件、燃料、辅助材料供应的物流活动,这种活动对企业的正常、高效率生产发挥着保障作用。企业采购物流不仅要实现保证供应的目标,而且要在低成本、少消耗、高可靠性的限制条件下来组织采购物流活动,因此难度很大。

(2) 采购物流内容

采购物流在不同的企业里重点有所不同。在加工制造型企业,采购基本上是采购原材料、零部件、毛坯料,甚至有时候还是半成品。在零售企业里采购的一般是商品,而不会去采购原材料和零部件,而且商品也有销售包装、配套说明书。

(3) 采购物流过程

采购物流过程因不同企业、不同供应环节和不同的供应链而有所区别。即企业的采购物流出现了许多不同种类的模式。尽管不同的模式在某些环节具有非常复杂的特点,但是采购物流的基本流程是相同的,有以下几个环节。

① 取得资源。这是完成供应活动的前提条件,所需资源取决于主要的生产过程。

② 厂外物流。取得资源必须经过物流才能达到企业。这个物流过程是企业外部的物流过程。在物流过程中,通过反复装卸、搬运、储存、运输等物流活动才能使资源到达企业。

③ 厂内物流。通过厂外物流把物资运到作为外部物流终点的企业仓库。若把此仓库作为划分企业内、外物流的界限,则从仓库开始继续到达车间或生产线的物流过程,称作采购物流的厂内物流。

3. 何谓生产物流?

　　生产物流是指在生产过程中,从原材料采购到在制品、半成品等各道生产程序的加工,直至制成品进入仓库全过程的物流活动。这种物流活动是与整个生产工艺过程相伴而生的,实际上已经构成了生产工艺过程的一部分。从前,在研究生产活动时,主要关注单个生产加工过程,而没有通过物流把每一个生产加工过程有机连接起来。例如,产品由上一工序进入下一工序要发生搬运作业,这就是物流活动。实际在一个生产周期中,物流活动所用的时间远多于实际加工的时间。所以,研究企业生产物流,可以节约大量时间和劳动,提高效率。

　　生产物流和生产流程同步,是从原材料购进开始直到产成品发送为止的全过程的物流活动。原材料、半成品等按照工艺流程在各个加工点之间不停顿地移动、转移,形成了生产物流。它是制造产品的生产企业所特有的活动,如果生产中断了,生产物流也就随之中断了。生产物流的发展历经了"人工物流→机械化物流→自动化物流→集成化物流→智能化物流"五个阶段。

 ### 4. 何谓销售物流?

　　销售物流是指生产企业、流通企业出售商品时,物品在供方与需方之间的实体流动,所以又称为企业销售物流,即企业为保证本身的经营利益,不断伴随销售活动将产品所有权转给用户的物流活动。

　　在现代社会中,市场环境是一个完全的买方市场,因此,销售物流活动带有极强的服务性,以满足买方的要求,最终实现销售。在这种市场前提下,销售往往以送达用户并经过售后服务才算终止。因此,销售物流的空间范围很大,这便是销售物流的难度所在。在这种前提下,企业销售物流的特点,便是通过包装、送货、配送等一系列物流实现销售,这就需要研究送货方式、包装水平、运输路线等,并采取诸如少批量、多批次和定时、定量配送等特殊的物流方式达到目的。

 ### 5. 何谓回收物流?

　　这是指不合格物品的返修、退货以及周转使用的包装容器从需方返回到供方所形成的物品实体流动,即企业在生产、供应、销售的活动中总会产生各种边角余料和废料,这些东西的回收是需要伴随物流活动的。如果回收物品处理不当,往往会影响整个生产环境,甚至影响产品的质量,占用很大空间,造成浪费。

　　在生产销售过程和生活消费中,部分物料可通过收集、分类、加工和供应等环节转化成新的产品,重新投入生产或消费中,这样就形成了回收物流。例如,货物运输和搬运中所发生的包装容器,废旧装载工具及工业生产中产生的边角余料,废旧钢材等在回收中所发生的物流活动。

　　回收物流系逆向物流的一部分,包含了从不再被消费者需求的废旧品变成重新投放到市场上的可用商品的整个过程的所有物流活动。回收物流是与传统的正向物流方向正好相反的系统。它的作用是将消费者不再需求的废弃物运回到生产和制造领域,重新变成新商品或者新商品的某些部分。

回收物流体系如果将大量废旧品仅回收到掩埋或焚烧处理的终端，不但达不到重新利用的效果，也达不到无害化处理的要求，反而对环境形成了很大的破坏。没有处理的大量废旧品占用大面积的山谷、沟壑和土地，造成了土地资源的严重浪费。

废旧品的回收处理过程是能源开发和再利用的过程，废旧品可以成为人类可利用的资源，是宝贵的物质财富。融智力、科技等要素于废旧品回收处理与再利用，可节约大量的土地资源，减少对环境的污染、破坏。

在回收物流合理化过程中最关键的环节是生产产品的制造企业，良好的制造企业能促使回收物流的合理化。

制造企业的生产原料可采用原物料、再生物料。制造过程中可采用再用的工具或器械，生产过程剩余的废弃品或物料可以进行适当的资源回收，并在生产时就要注意到产品的回收问题，尽量做到绿色生产，从源头上提高物品的回收活性。

消费者在一定程度上影响着制造企业在原料选择和制造方式中的取向，如果对消费者的购物意向能进行合理引导，也是使我国回收物流趋于合理化的有效途径。为提高废弃物的回收活性，消费者还可采用正确的废弃物分类，一方面可增加资源的复生效率，另一方面也可减少废弃物对环境的污染。

回收企业担负着将废旧品进行处理的任务，对废旧品的处理方式将直接影响最终这些废旧品处理的合理程度，是回收物流合理化的一个重要方面。在处理方式上，处理中心可根据被处理物品的状况，用回收或再生的方式恢复其经济价值或效益。对低价值的废弃物，采用无害化掩埋、造肥或焚化产生能源的方式进行处理等。

回收物流是一项社会性的工作，需要社会各类企业间相互合作才能达到合理性的最大化，这种合作就体现为一种供应链思想。此外，回收物流循环的思想不是指某一个企业内部循环，而应是一种社会大循环，包括了制造企业、销售企业、运输企业、回收企业等，各个企业都有自己的分工，使物流在整个社会中形成一个大循环，这样才是真正意义上的回收物流合理化。

 6. 何谓废弃物物流?

废弃物物流是指将经济活动中失去原有使用价值的物品，根据实际需要进行收集、分类、加工、包装、搬运、储存等，并分别送到专门处理场所时所形成的物品实体流动。它仅从环境保护的角度出发，不管对象物有没有价值或利用价值，而将其妥善处理，以免造成环境污染。

随着科学技术的发展和人民生活水平的提高，人们对物资的消费要求越来越高，既要质量好又要款式新，于是被人们淘汰、丢弃的物资日益增多。这些产生于生产和消费过程中的物质，由于变质、损坏，或使用寿命终结而失去了使用价值。它们有生产过程的边角余料、废渣废水以及未能形成合格产品而不具有使用价值的物质，有流通过程产生的废弃包装材料，也有在消费后产生的排泄物（如家庭垃圾、办公室垃圾等）。这些排泄物一部分可回收并再生利用，称为再生资源，形成回收物流；另一部分在循环利用过程中，基本或完全丧失了使用价值，形成无法再利用的最终排泄，即废弃物，废弃物经过处理后，返回自然界，形成废弃物物流。图1-5为回收物流与废弃物物流。

图 1-6 为废弃物循环利用图。在物流循环系统中有"流出"和"回流"之说。"流出"被喻为"动脉物流"，即通过商流、信息流、资金流、物流把商品安全送达用户手中。"回流"被喻为"静脉物流"，即充分利用空托盘之类容器，把返品、资源垃圾、废弃物、包装物等回收再利用的物流活动。循环物流有利于降低物流成本、净化环境、减少污染。

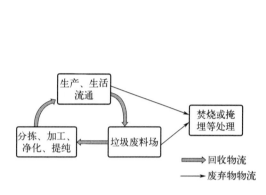

图 1-5　回收物流与废弃物物流

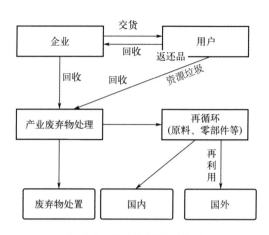

图 1-6　废弃物循环利用图

废弃物处理时，对于纸张类、金属类等物品可以处理后再利用；对于机械类、汽车及运输机械类等物品可解体后取出可用零部件再利用；对于衣服类可经过清洗并消毒之后捐送给欠发达地区及灾区，实现回收资源再利用。回收物流与废弃物物流可能无法直接给企业带来效益，但非常有发展潜力。

 7. 何谓物流循环利用法？

物流循环利用法是以减少垃圾为目的的物流方法，工业发达国家和地区从 1997 年起就提倡并开始实施。

（1）循环利用法主要内容

① 废弃物再生利用法：将使用过的物品、工厂生产中产生的副产品等作为再生资源的原材料进行循环利用。

② 包装物循环利用法：玻璃容器和酒瓶等都是循环利用对象。

③ 家电循环利用法：电视机、空调、冰箱、洗衣机等 4 种产品的生产厂家有回收的义务。

通常，商品是从生产者流向消费者的，把这种方向的流动路线称为动脉物流。与此相反，回收物流的物品流动一般与通常方向相反，因而称为静脉物流。图 1-7 为物流循环利用法。

图 1-7　物流循环利用法

（2）有限资源循环利用

图 1-8 为有限资源循环利用。有限资源随意开发将日益枯竭，要利用废弃物再生能源，减少污染，特别要重视太阳能、风能等自然能源的开发利用，减少自然资源采掘、温室效应

废气排放，加强垃圾利用和处理。

发展循环经济有利于节约资源，提高经济增长的质量和效益，建设资源节约型社会，促进人与自然的和谐，充分体现以人为本，是保护环境的一种新生产方式和消费模式。

经济增长不能建立在过度消耗资源和污染环境的基础上，应该根据本地区的资源和环境承载能力组织产业结构和经济规模，采取节能、节地、节水、减排等循环经济措施。

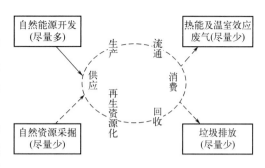

图 1-8 有限资源循环利用

发展循环经济要形成一种节约资源、保护环境的生产方式和消费模式。人类不断利用自然资源，改造自然资源，改变人类社会。但是环境警示人们不能无限制、无节制开发利用资源，不保护自然环境，会导致对人类自身的毁灭。利用循环经济，在遵循自然规律、节约资源、保护环境等方面起到重要作用。

第 3 节 智能物流

1. 何谓智能物流？

所谓智能物流就是在物流的各个环节之中，充分应用智能化技术，以达到提高效率和降低成本的目的，极大限度地满足日益增长的客户需求。

物流的基本环节有运输、装卸、存储、包装、流通加工、拣选、配送等。

要理解什么是智能物流，就是要验证在典型环节中是否引入了智能化技术。只要在一些环节上引入了智能化技术，无论程度如何，都可以称为智能物流系统。

射频识别技术（RFID）、地理信息系统（GIS）、全球定位系统（GPS）等技术是智能物流的基础技术，但还没有达到智能程度。基于大数据以及优化原则做出的某些判断，如路线优化等，类似于人工智能，但实际上还属于自动化范畴。

智能物流的基本功能是智能物流在技术上要实现物品识别、地点跟踪、物品溯源、物品监控、实时响应。图 1-9 为智能物流系统基本构成。

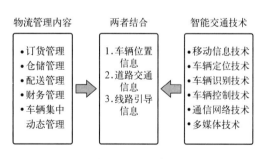

图 1-9 智能物流系统基本构成

2. 智能物流系统结构

(1) 智能物流信息系统

图 1-10 为智能物流信息系统构成。此信息系统能使仓储、包装、流通加工、配送、运

输等物流作业有序进行。

（2）智能物流运输管理系统（图 1-11）

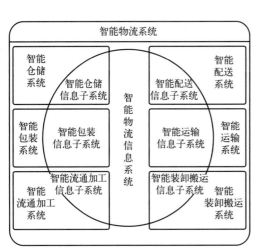

图 1-10　智能物流信息系统构成

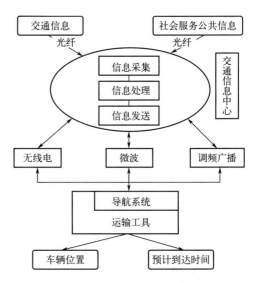

图 1-11　智能物流运输管理系统

（3）智能物流仓储管理系统（图 1-12）

仓储包括货物堆存、管理、保管、保养、维护等一系列活动。智能仓储系统由智能物流仓储信息子系统和仓储管理子系统等构成。

智能仓储系统功能有：自动准确获得产品和仓储的信息，如产品库存数量、库存位置、库存时间、货位信息查询、随机抽查盘点、综合盘点；自动形成并打印入库清单和出库清单；自动分配货位，实现随机储存；汇总和统计各类库存信息，输出各类统计报表。

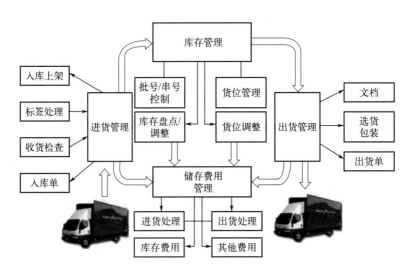

图 1-12　智能物流仓储管理系统（南京音飞）

（4）智能物流配送系统

图 1-13 为智能物流配送系统构成图。配送服务是按照用户订货时间及交货地点，在物

流节点进行理货、配送工作。配送作业是距离短、小批量、多品种、高频率的货物运输服务。

智能物流配送系统包括智能配送信息处理子系统、智能配载和送货路径规划子系统、配送车辆智能跟踪子系统、智能客户管理子系统。

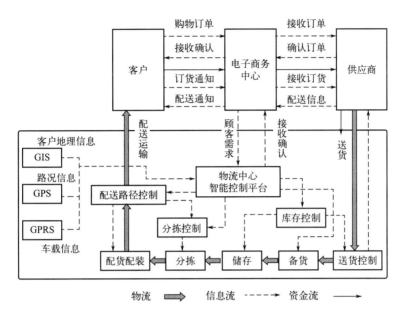

图 1-13 智能物流配送系统构成图

(5) 智能物流信息传输系统

图 1-14 为智能物流信息传输系统示意图。在运输、配送、包装、仓储、流通加工、装卸搬运等物流作业过程中始终伴随着信息流。图 1-15 为智能物流系统基本构成。

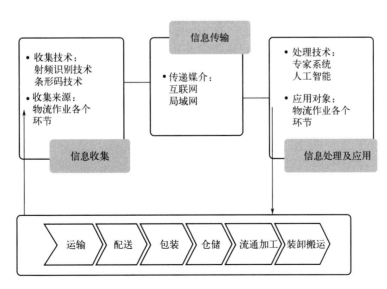

图 1-14 智能物流信息传输系统示意图

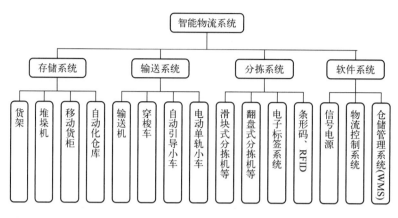

图 1-15　智能物流系统基本构成（南京音飞）

第4节　电子商务物流

 1. 何谓电子商务物流？

（1）定义

电子商务作为一种新的数字化商务模式，代表当前主流的贸易、消费和服务方式。因此，要完善整体商务环境，建立以商品代理和配送为主要特征，成为物流、商流、信息流有机结合的社会化物流配送体系。电子商务物流的概念是伴随电子商务技术和社会需求的发展而出现的，是实现电子商务真正的经济价值的重要组成部分。

电子商务物流即利用互联网技术和电子化手段来完成物流全过程的协调控制和管理，实现从网络前端到最终客户端的所有中间过程服务。最显著的特点是利用各种软件技术与物流服务的融合应用，把信息流、资金流和物流服务三者统一起来。电子商务物流实现了物流组织、交易、管理、服务方式等的电子化。

电子商务物流又称网上物流，就是基于互联网技术，旨在创造性地推动物流行业的新商业模式。通过互联网，货主客户在更大范围内迅速找到物流公司，帮助物流公司在全国乃至世界范围内拓展业务；贸易公司和工厂能够更加快捷地找到性价比最适合的物流公司。网上物流致力于把世界范围内最大数量的有物流需求的货主企业和提供物流服务的物流公司结合一起，提供中立、诚信、自由的网上物流交易市场，帮助物流供需双方高效达成交易。目前已经有越来越多的客户通过网上物流交易市场找到了客户、合作伙伴和海外代理。网上物流提供的最大价值就是更多的机会。图 1-16 为电子商务物流供应链流程。

（2）电子商务物流主要内容

电子商务物流能够实现系统之间，企业之间以及资金流、物流、信息流之间的无缝连接。这种连接同时还具备预见功能，可以在上下游企业间提供一种透明的可见性功能，帮助企业最大限度地控制和管理库存。信息技术、物流管理技术和物流模式为电子商务物流提供了一套先进的集成化物流管理系统，从而为企业建立敏捷的供应链系统提供强大的技术和决策支持。

从物流活动来看，物流服务过程本身就是一个商务活动，也包括商务活动的洽谈签约、支付结算的各个过程。这些商务过程可以进行电子化，这一过程的电子化也包含了信息流、资金流、物流服务，即物流服务商务活动的电子化。

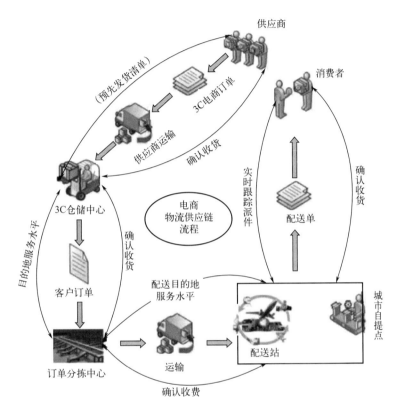

图 1-16　电子商务物流供应链流程

 2. 何谓"四流"？

所谓"四流"即信息流、资金流、商流和物流。

（1）信息流

随着社会进步，交易链上的第一层中介便是人类发明的货币。货币购物，"一手交钱，一手交货"，从此开始了伴随商品所有权转移的活动。随着生产力的发展和社会分工，出现了信息流，并开始发挥作用。

（2）资金流

在信息流形成的同时，随着社会分工的日益细化和商业信用的发展，出现了专门为货币作中介服务的第二层中介专门机构，如银行，其从事的是货币中介服务和货币买卖。从此，物流和资金流开始分离，产生了交易方式：交易前的预先付款；交易中的托收、支票、汇票；交易后的付款，如分期付款、延期付款。这就意味着商品所有权的转移和物流分离。在这种情况下出现了信息流。因为这种分离带来了一个风险问题，要规避这种风险就得依靠尽可能多的信息，比如对方的商品质量信息、价格信息、支付能力、支付信用等。总之，在这一阶段，商流与资金流分离，信息流的作用日益重要起来。

随着网络和电子技术的发展，电子中介作为一种工具被引入了生产、交换和消费中，人类进入了电子商务时代。在这个时代，贸易的顺序未变，还是分为交易前、交易中和交易后的几个阶段，但交流和联系的工具发生了巨大变化。如从以前的纸质单证变为现在的电子单证。其重要特点就是信息流电子化，更多地表现为票据资料的流动。此时体现了信息流的重要作用，它始终贯穿于商品交易过程，对商品流通全过程进行控制，记录整个商务活动的流程，是分析物流、导向资金流、进行经营决策的重要依据。在电子商务时代，由于电子工具和网络通信技术的应用，使交易各方不受距离限制，有力地促进了信息流、资金流、商流、物流这"四流"的有机结合。对于某些可以通过网络传输的商品和服务，甚至可以做到"四流"的同步处理，例如网上浏览、查询、挑选、点击付款，用户可以完成对某一电子化产品的整个购物过程。图 1-17 为信息流、资金流和物流之间的关系。

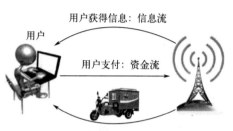

图 1-17　信息流、资金流和物流

（3）商流

商流指商品所有权发生转移，即商品从生产者到消费者之间不断转卖的价值形态转化过程，就由若干次买卖所组成的序列而言，这是商品所有权在不同的所有者之间转移的过程。具体的商流活动包括买卖交易活动及商情信息活动。

比如，你从淘宝上买了一件商品，一旦付钱给卖家，商品所有人就由卖家变成了你，商品所有权发生了转移，这就是商流。

当卖家把商品委托给物流公司运送给买家，这件商品就由卖家转移到物流公司，再由物流公司转移到买家，这就是物流。

（4）物流

物流指商品物质实体发生转移。物流是由商流所带动的商品实体从生产者手中向消费者手中的转移过程，即流通领域的物质运动，也就是流通领域的物流。物流是物资有形或无形地从供应者向需求者进行的物资物质实体的流动。通过物流活动，可以创造物资的空间效用、时间效用，流通加工活动还可能创造物资的形质效用。

 3. 试述流通的构成要素 ⋯⋯⋯⋯⋯⋯⋯⋯

图 1-18 为构成流通的商流和物流。只有流通能够消除在生产者和消费者之间的地区距离和时间间隔的差异。流通包括商流和物流，即流通是由"实现商品所有权转移的商流"和"实现商品物理性移动的物流"所组成。其中，物流承担着消除地区、时间等差异的职能。商流和物流合为一体，商品才能最终提供

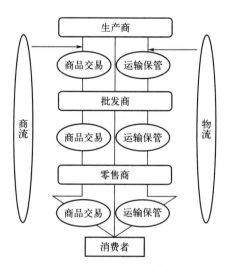

图 1-18　构成流通的商流和物流

给消费者。

商品从生产到消费的移动过程叫作流通，商品所有权发生改变的过程叫作商流，商品实体位置发生改变的过程叫作物流。物流随商流而存在，即有了买卖行为之后，才有物流。物流虽然只是在商流确定之后实现买卖的具体行为，但如没有物流，买卖行为也无法实现。可知，商流和物流是相辅相成、互相补充的。因此，在流通领域中，物流与商流是同等重要的。

在商流和物流一体化时代，营业担当者一旦接受订单，就从营业所的仓库中出货、发运。为了防止畅销品脱销，必须增加库存，从而积压资金。如果建立营业（商流）和配送（物流）分开的体制，即商流和物流分开，营业所接受订单，把许多仓库集中起来成为物流据点，拥有满足用户需要的丰富物品，并对商品统一管理。

 ### 4. 电子商务物流有何特征？

电子商务时代，由于企业销售范围扩大，企业和商业销售方式及最终消费者购买方式的转变，使得送货上门等业务成为一项极为重要的服务，促使了物流业的兴起。信息化、全球化、多功能化和一流的服务水平等，已成为电子商务物流企业追求的目标。

（1）多功能化

多功能化是物流业发展方向。在电子商务时代，物流发展到集约化阶段，一体化的配送中心不但提供仓储和运输服务，还要开展配货、配送和各种提高附加值的流通加工服务项目，也可按客户的需要提供其他服务。现代供应链管理即通过从供应者到消费者供应链的综合服务，使物流达到最优化。

供应链不仅能够降低成本，而且能够提供用户要求的增值服务。从某种意义上讲，供应链是物流系统的延伸，是产品与信息从原料到最终消费者之间的增值服务。

（2）一流的优质物流服务

一流的优质物流服务是物流企业的追求。在电子商务中，物流业是介于供货方和购货方之间的第三方，以服务作为第一宗旨。物流企业不仅要为本地区服务，还要进行长距离的服务，因为客户希望得到多点的优质服务。因此，如何提供高质量的多点服务便成了物流企业管理的中心课题。有的配送中心起初提供的是区域性物流服务，以后发展到长距离服务，而且能提供越来越多的服务项目。例如，配送中心派人到生产厂家"驻点"，直接为客户发货。越来越多的生产厂家把所有物流业务全部委托给配送中心，从根本意义上讲，配送中心的工作已延伸到生产制造中。

如何满足客户需要把货物安全送到客户手中，这与配送中心的作业水平有关。配送中心一方面与生产厂家保持紧密的伙伴关系，另一方面直接与客户保持联系，能及时了解客户的需求信息，并与厂商和客户沟通，起着桥梁作用。如工业发达国家的物流业不仅为货主提供优质服务，而且拥有进出口贸易等一系列专业知识，深入研究货主企业的生产经营，更好地为其全方位的系统服务。优质和系统的服务使物流企业与货主企业结成战略伙伴关系，一方面有助于货主的产品迅速进入市场，提高竞争力，另一方面则使物流企业有稳定的资源，对物流企业而言，服务质量和服务水平正逐渐成为比价格更为重要的选择因素。

（3）高度信息化

信息化是现代物流业的必由之路。在电子商务时代，要提供最佳的服务，物流系统必须具有良好的信息处理和传输系统。发达国家的报关公司与码头、机场、海关信息联网。当货物从世界各地起运时，客户首先从该公司获得到货时间、到泊岸的准确位置，使收货人与各仓储、运输公司等做好准备，使商品在几乎不停留的情况下，快速流动，直达目的地。

大型配送公司建立了 ECR。所谓 ECR 是至关重要的有效客户信息反馈。据此，就可做到客户要什么就生产什么，而不是生产什么顾客就买什么。若利用客户信息反馈这种有效手段，每年可增加仓库商品的周转次数。这样，可增加仓库吞吐量。通过信息系统，可从零售商店很快地得到销售反馈信息。配送不仅实现了内部的信息网络化，而且增加了配送货物的跟踪信息，从而大大提高了物流的服务水平，降低了成本，增强了竞争力。

欧洲的一些配送公司通过远距离数据传输，汇总客户订单，通过计算机系统编制最优化路径的"组配拣选单"。配货人员只需到仓库转一次，即可配好订单上的全部要货。

信息管理技术和互联网的应用，大大提高了现代化物流效率。电子计算机的普遍应用，提供了更多的需求和库存信息，提高了信息管理科学化水平，使产品流动更加容易和迅速。物流信息化，包括商品代码和数据库的建立、运输网络合理化、销售网络系统化和物流中心管理电子化等。

（4）全球化

物流业竞争趋势是物流全球化。在 20 世纪 90 年代早期，由于电子商务的出现，加速了全球经济的一体化进程，致使物流业发展达到了多国化。它从许多不同的国家收集所需要资源，再加工后向各国出口。

全球化战略的趋势，使物流企业和生产企业更紧密地联系在一起，形成了社会大分工。生产厂集中精力制造产品、降低成本、创造价值；物流企业则花费大量时间、精力从事物流服务。例如，在配送中心里，对进口商品的代理报关业务、暂时储存、搬运和配送、必要的流通加工、从商品进口到送交消费者手中实现了一条龙服务。

（5）物流中央化

物流中央化强调"整体化的物流管理系统"，特别重视整体利益，突破按部门分管的体制，是从整体出发统一规划管理的管理方式。在市场营销方面，物流管理包括分配计划、运输、仓储、市场研究、为用户服务五个过程。在流通和服务方面，物流管理过程包括需求预测、订货过程、原材料购买、加工过程，即从原材料购买直至送达顾客的全部物资流通过程。

（6）高效物流配送中心

物流过程也是生产、流通、消费、还原（废物再利用等）的过程。物流不是独立领域，受多种因素制约。物流（少库存多批量）与销售（多库存少批量）相互对立，必须利用统筹学管理来获得最小成本的整体利益。物流的前提是企业的销售政策、商业管理、交易条件，因为交货、订货、库存量等条件对物流的结果影响巨大。流通中的物流问题已转向研究供应、生产、销售中的物流问题。

（7）物流代理

物流代理（TPL）是适应电子商务的全新物流模式，即第三方提供物流服务。其定义为：物流渠道中的专业化物流中间人，以签订合同的方式，在一定期间内，为其他公司提供的所有或某方面的物流业务服务。

从广义的角度看，物流代理包括一切物流活动，以及发货人可以从专业物流代理商处得到的其他一些有价值增值服务。提供这一服务是以发货人和物流代理商之间的正式合同为条件的。这一合同明确规定了服务费用、期限及相互责任等事项。

　　狭义的物流代理专指本身没有固定资产，但仍承接物流业务，借助外界力量，负责代替发货人完成整个物流过程的一种物流管理方式。

　　物流代理公司承接了仓储、运输代理后，为减少费用的支出，同时又要使生产企业觉得有利可图，就必须在整体上尽可能地统筹规划，使物流合理化。

　　许多商业和生产企业在市场竞争条件下，把主要精力放在自己的核心业务上，而将运输、仓储等相关业务交给更专业的物流企业，以求节约和高效。物流企业为提高服务质量，也在不断拓宽业务范围，提供配套服务。我国在发展电子商务时，正积极推动物流企业以代理形式为客户定制服务的第三方物流模式。

5. 何谓电子商务物流配送？

　　图 1-19 为新型配送系统结构图。电子商务物流配送，就是信息化、现代化、社会化的物流配送，是物流配送企业采用网络化的计算机技术和现代化的硬件设备、软件系统及先进的管理手段，针对社会需求，得按用户订货要求，进行一系列分类、编配、整理、分工、配货等理货作业，定时、定点、定量地交给没有范围限度的各类用户，满足其对商品的需求。可以看出，这种新型的物流配送是一种全新的面貌，代表了现代市场营销的主方向。新型物流配送能使商品流通较传统的物流配送方式更容易实现信息化、自动化、现代化、社会化、智能化、合理化、简单化，使货物畅流，物尽其用，既减少生产企业库存，加速资金周转，提高物流效率，降低物流成本，又刺激了社会需求，有利于整个社会的宏观调控，也提高了整个社会的经济效益，促进市场经济的健康发展。

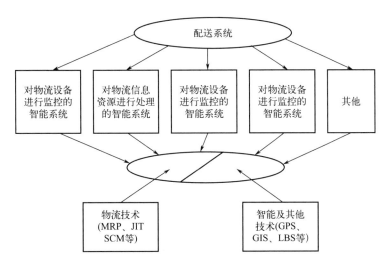

图 1-19　新型配送系统结构图

第5节 现代物流配送中心

1. 什么是现代物流配送中心？

现代物流配送中心是一种全新的流通模式和运作结构，其管理水平要求达到科学化和现代化。通过合理的科学管理制度、现代化的管理方法和手段，物流配送中心可以充分发挥其基本功能，从而保障相关企业和用户整体效益的实现。管理科学的发展为流通管理的现代化、科学化提供了条件，促进流通产业的有序发展。此外，也要加强对市场的监管和调控力度，使之有序化和规范化。

现代物流配送中心是接收并处理末端用户的订货信息，对来自上游的多品种货物进行分拣，根据用户订货要求进行拣选、流通加工、组织配货，并进行送货的设施和机构。即物流配送中心是从事货物的配备（集货、加工、分货、拣选、配货）组织和优质送货的现代化流通设施。现代物流配送中心是基于物流合理化和发展市场两个需要而发展起来的，是以组织配送式销售和供应，执行实物配送为主要功能的流通型物流节点。它很好地解决了用户多样化需求和厂商大批量专业化生产之间的矛盾，是现代化物流的标志。

这种现代化、智能化的物流配送中心，采用自动分拣、自动输送系统、货位管理及无线手持终端系统等先进设备。

图 1-20 为现代物流配送中心基本构成示例，其主要构成包括：托盘式自动仓库、旋转

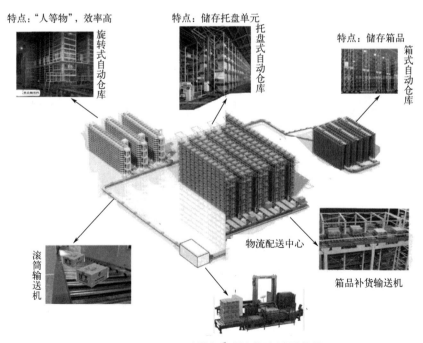

图 1-20 现代物流配送中心基本构成示例（南京音飞）

式自动仓库、箱式自动仓库、滚筒输送机、拆垛机、箱品补货输送机以及控制系统、WMS（仓库管理系统）等。图 1-21 为 4 层大型现代化物流配送中心仿真图。图 1-22 为智能物流配送中心要素及技术功能。图 1-23 为物流中心基本的功能及作业流程，由图可知，物流中心最基本的功能是保管、装卸、流通加工、包装及运输配送等。

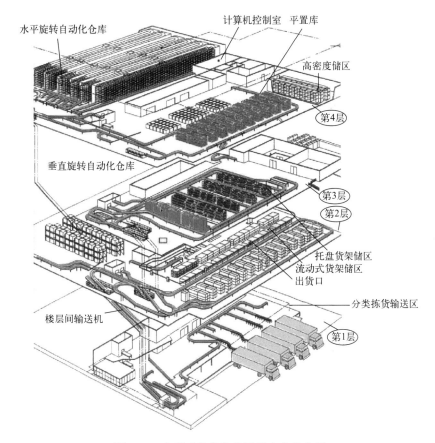

图 1-21　大型现代化物流配送中心仿真图

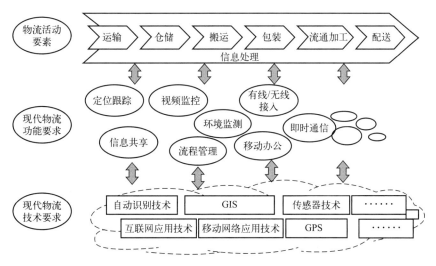

图 1-22　智能物流配送中心要素及技术功能

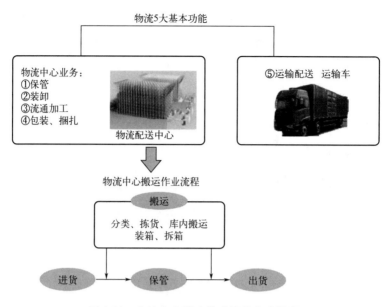

图 1-23　物流中心基本的功能及作业流程

 2. 试述物流配送中心基本分类

一般来说，物流配送中心有 4 种分类：①按物流配送中心的拥有者进行分类；②按配送中心的功能分类；③按物流配送中心属性分类；④按物流配送中心自动化、信息化程度分类。图 1-24 为物流配送中心基本分类。

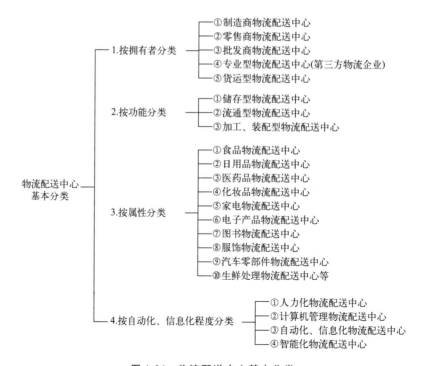

图 1-24　物流配送中心基本分类

图 1-25 为储存型、流通型和加工、装配型三大类物流配送中心及其特点。

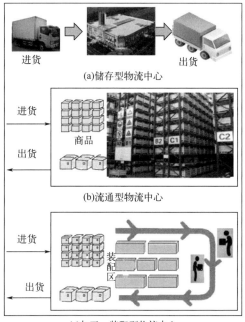

图 1-25　三大类型物流配送中心及特点

表 1-1 为一般物流配送中心种类及功能。物流配送中心的性质和功能不同，所选用的设备型号和数量以及区域大小和布置方案等也不相同。根据物流配送中心要求的性质和功能，一般有 7 种配送中心：生产工厂型配送中心、批发型配送中心、营业仓库型配送中心、保管型配送中心、零售店配送中心、超市等加工型配送中心、工厂仓库型配送中心等。

表 1-1　物流配送中心种类及功能

物流配送中心的种类	功能	物流配送中心的种类	功能
1. 生产工厂型配送中心	① 工厂进货（购入、检品） ② 托盘化 ③ 进货存储 ④ 储藏保管（自动仓库、托盘货架、移动货架等） ⑤ 补充物品 ⑥ 有效保管（拣选货架、流动货架、箱货架等） ⑦ 拣选（拣选货架、箱货架等） ⑧ 检品、捆包 ⑨ 发货分类 ⑩ 发货存储 ⑪ 发货（发货检品、送货装车） ⑫ 流通加工（批组、贴标作业） ⑬ 现场事务（进货、发货、拣选） ⑭ 间接事务	2. 批发型配送中心	① 分类进货 ② 散货保管 ③ 拣选 ④ 流通加工功能
		3. 营业仓库型配送中心	① 进货 ② 托盘化 ③ 按顾客分保管 ④ 流通加工（批组、贴标作业等） ⑤ 间接事务

续表

物流配送中心的种类	功能	物流配送中心的种类	功能
4. 保管型配送中心	① 进货（按箱接收） ② 按客户分类保管 ③ 检索 ④ 检索信息（检索指示、检索完成） ⑤ 再入库 ⑥ 返回出库（发货） ⑦ 废弃物回收 ⑧ 间接事务	6. 超市等加工型配送中心	① 原料进货 ② 按原料、商品分别保管 ③ 按温度带分别保管 ④ 原料出库 ⑤ 按商品群分类进行半成品加工 ⑥ 按商品群分类进行加工 ⑦ 成品保管 ⑧ 按店分类 ⑨ 按店进行台车取货 ⑩ 按店进行台车存取 ⑪ 按店发货 ⑫ 空容器回收 ⑬ 容器洗净前的保管 ⑭ 容器洗净 ⑮ 洗净后容器保管 ⑯ 容器供给
5. 零售店配送中心	基本与批发型物流中心相同，其他为附加功能 ① 按店分别编组 ② 按店分别存储 ③ 按店分别发货	7. 工厂仓库型配送中心	与生产工厂型配送中心相同

 3. 试述现代物流配送中心特征及基本构成 ·······························

（1）现代化物流配送中心特征

现代化物流配送中心特征如图 1-26 所示。

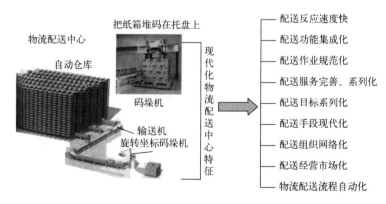

图 1-26　现代化物流配送中心特征

（2）现代物流配送中心基本构成

现代物流配送中心采用高架立体存储、智能化密集储存、机械化作业、自动化物流设备，应用了无线网络通信技术和 RFID 技术，采用电子标签拣选系统、语音拣选系统等，实现库内作业无纸化、任务分配智能化，依托强人的信息和软硬件系统，提高了物流效率及物流服务水平。

1）设备构成

现代物流配送中心必须配备现代化的物流装备，如电脑网络系统、自动分拣输送系统、自动化仓库、自动旋转货架、自动装卸系统、自动导向系统、自动起重机、商品条形码分类系统、输送机、工业机器人、自动导引车（AGV）、智能化密集储存等新型高效现代化、自动化的物流配送机械化系统。

图 1-27 为一般物流配送中心构成概要图，根据保管物的种类、数量、货物吞吐量来选择相应的物流准备。

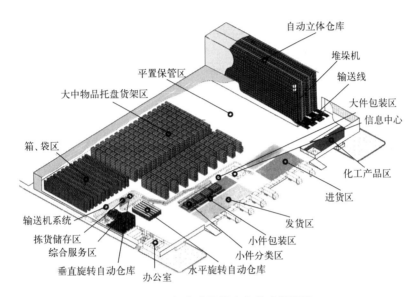

图 1-27　一般物流配送中心构成概要图

2）一般物流配送中心的设备结构位置示意图

图 1-28 为一般物流配送中心的设备结构示意图，由图可知，最基本的物料流动过程是进货、入库、拣货集货、拣货入库，信息流贯穿全部物流过程。

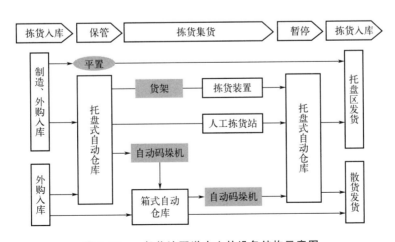

图 1-28　一般物流配送中心的设备结构示意图

（3）现代物流配送中心管理系统

图 1-29 为现代物流配送中心管理系统。现代物流配送中心的主要物流活动是信息流和物流。信息流层次如下：

① 上层——战略层管理。

② 中层——经营管理层管理。又分为进货、存货、销售 3 项信息管理。

③ 下层——物流作业层管理。又分为入库管理、在库管理、出库管理 3 项管理系统。

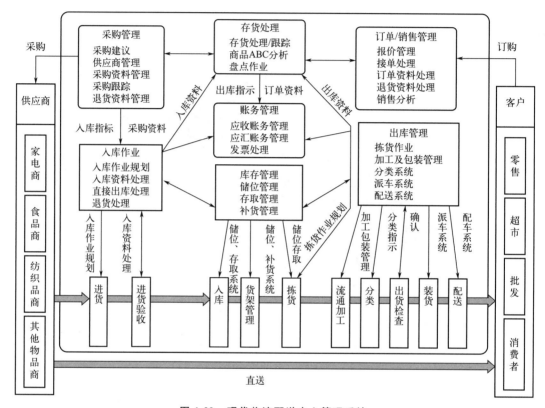

图 1-29　现代物流配送中心管理系统

图 1-30 为物流配送中心主要作业区及其作业内容，主要包括存储和拣货区、拣货及拣货的物品按照单位进行分播的分播作业区、收货暂存区、集货区、复核打包区和退货区。自动仓库是物流配送中心的最主要储存装备。

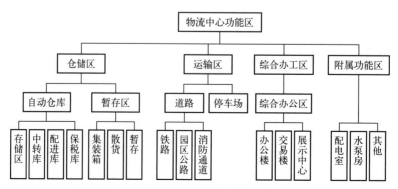

图 1-30　物流配送中心主要作业区及其作业内容

图 1-31 为现代物流配送中心计算机控制与管理的主要内容，对各项工作进行现代化统一管理，即物流从卸货、入库开始到物料出库、配送之间的计算机全程监控管理。

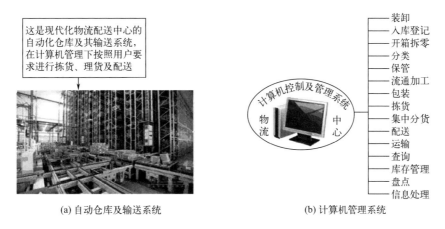

 (a) 自动仓库及输送系统   (b) 计算机管理系统

图 1-31　现代物流配送中心计算机控制与管理内容

 4. 现代物流配送中心管理系统之间有何关系？

图 1-32 为 WMS 和 ERP、TMS 之间关系。图 1-33 为 ERP 和物流、信息流三者有机关系，即只要有物料移动就有信息流产生。

WMS 指仓库管理系统；ERP 指企业资源规划，管理整个企业，它是一个对企业资源进行有效共享与利用的系统。ERP 通过信息系统对信息进行充分整理，有效传递，使企业的资源在"购、存、产、销、人、财、物"等各个方面能够得到合理配置与利用，从而实现企业经营效率的提高。从本质上讲，ERP 是一套信息系统，是一种工具。ERP 在系统设计中可集成某些管理内容，可帮助企业提升管理水平。

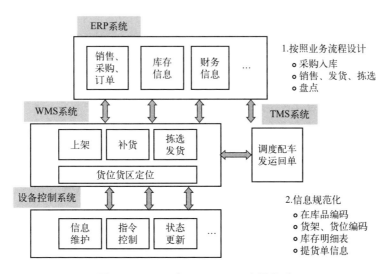

图 1-32　WMS 和 ERP、TMS 之间关系

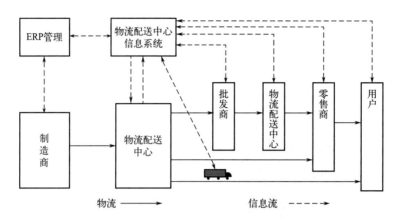

图 1-33　ERP 和物流、信息流关系

二者区别是：①ERP 关注的是结果，它是从财务角度出发去实现管理；②WMS 仓库管理软件关注的是达成这些结果的过程，专一地从仓储的进出库、库存管理角度去支持仓储管理。简单来看，WMS 好比仓库主管，必须重视对过程中的"人、机、料、法、环"进行全面管理，而 ERP 就像是仓库经理，只重点关注进销存，但两者配合形成现代化物流仓储管理的标准化体系。

 5. 什么是运输管理系统（TMS）？

TMS 是运输管理系统（transportation management system）的英文缩写，是一种"供应链"分组下的（基于网络的）操作软件。

使用 TMS 能够提高物流的管理能力和效率，包括管理装运单位，指定企业内、国内和国外的发货计划，管理运输模型、基准和费用，维护运输数据，生成提单，优化运输计划，选择承运人及服务方式，招标和投标，审计和支付货运账单，处理货损索赔，安排劳力和场所，管理文件（尤其当国际运输时）和管理第三方物流。

图 1-34 大型物流配送中心运输管理系统（TMS）运行图，实时监控物料的详细流动过程。

 6. 试述 WMS 及其主要功能

仓库管理系统（warehouse management system）简称 WMS，是对物料存放空间进行管理的软件。其功能主要有两方面，一是通过在系统中设定一定的仓库仓位结构，对物料具体空间位置定位，二是通过在系统中设定一些策略，从而对物料入库、出库、库内等作业流程进行指导。

该系统有效控制并跟踪仓库业务的物流和成本管理全过程，实现完善的企业仓储信息管理，有利于仓库资源使用。

图 1-35 现代仓储管理系统（WMS）功能，是对物料存放空间进行管理的软件。图 1-36 为现代仓储管理系统（WMS）的基本管理流程。

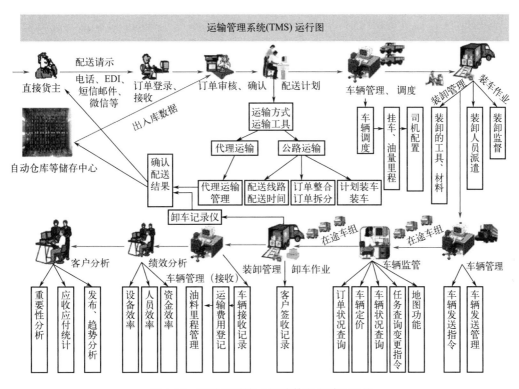

图 1-34 物流配送中心运输管理系统运行图

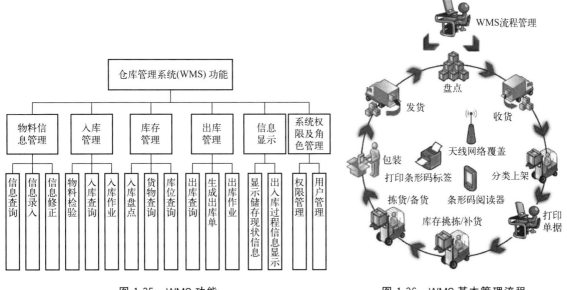

图 1-35 WMS 功能

图 1-36 WMS 基本管理流程

7. 什么是物流配送中心跟踪管理系统？

货物跟踪系统是指物流运输企业利用物流条形码和电子数据交换（EDI）技术及时获取

有关货物运输状态的信息（如货物品种、数量、货物在途情况、交货期间、发货地和到达地、货物的货主、送货责任车辆和人员等），提高物流运输服务质量的方法。

图 1-37 为物流配送中心物品跟踪管理示意图，在商品流动过程中，通过监控系统，能够掌控其实时信息。

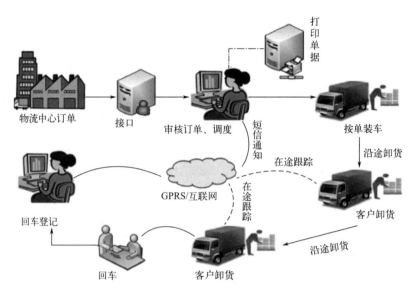

图 1-37　物流配送中心物品跟踪管理示意图

图 1-38 为物流配送中心在线配送管理。优点：通过卫星定位系统，能够实时掌握物品配送过程中的信息，及时了解商品的配送情况。

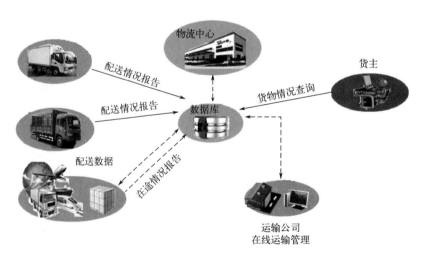

图 1-38　物流配送中心在线配送管理

图 1-39 为物流、信息流、资金流一体化。随着网络技术、电子商务、交通工具现代化的迅速发展，国际商务活动日益频繁，极大地促进了国际物流业务发展。图 1-40 为物联网与车载跟踪管理系统。

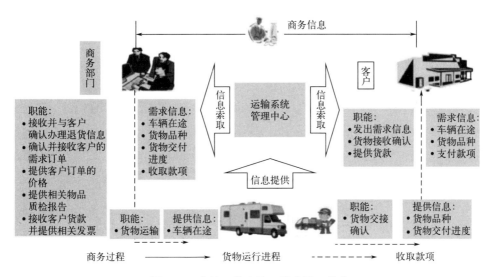

图 1-39　物流、信息流、资金流一体化

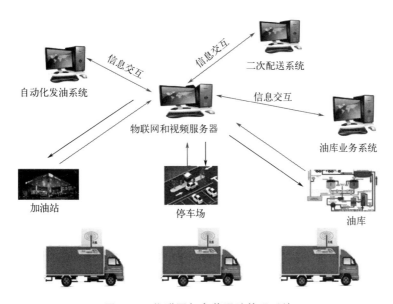

图 1-40　物联网与车载跟踪管理系统

 8. 试述物流与信息流一体化

　　"进货→储存→拣货→检查→装车→配送→送货→消费者"的全过程始终是在信息指引下进行的。每当时间、地点、担当者发生变化时都要通过条形码扫描进行确认。确认内容：作业内容、数量计数、有无差错、作业完成报告、物品数量累计、物品路径、作业完成报告书等。运营是否正确关键是物品与信息一致。信息包括：把进入物流中心或者仓库的物品数量、时间、品名、物流公司、运输车规格尺寸及性能等做成进货表，并做成出库传票、送货传票分别给出库拣货的担当者及配送者。必须做到信息和物流高度一致，确保万无一失。

　　图 1-41 为物流和信息流一体化示意图，由图可知，物品从保管到配送经过不同的物流

路线都能够达到用户端，但是交货期和运费可能差异较大。物流的每一步都是在信息指引下顺利完成的，即在用户订货、接受订货、进货、在库确定、出库指示书、配车、传票、配送、回收、价格等每一环节都必须是物流和信息流同步进行。

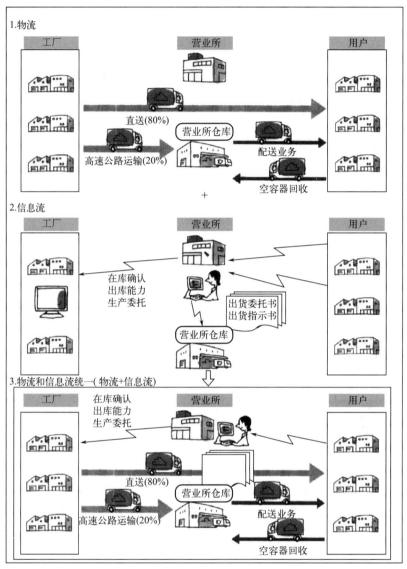

图 1-41 物流和信息流一体化示意图

第 6 节 物流配送中心常用的储存及输送设备

 1. 物流配送中心常用的储存设备有哪些？

图 1-42 为物流配送中心的储存设备，由图可知，储存托盘类商品的储存设备主要有自

动化仓库、货架类。储存容器类商品的除尘设备主要有货架、自动仓库、垂直或水平旋转自动仓库等。储存单品的储存设备主要有货架、自动拣货系统、垂直或水平旋转自动仓库等。

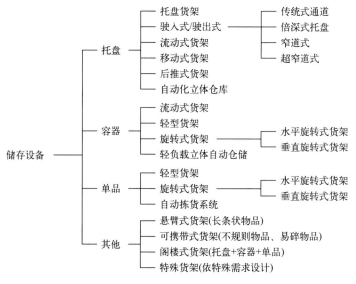

图 1-42　物流配送中心的储存设备

2. 试述物流配送中心的常用输送设备

图 1-43 为物流配送中心常用的单元负载式输送机。根据实际需要选择其中某种或几种类型的输送机。

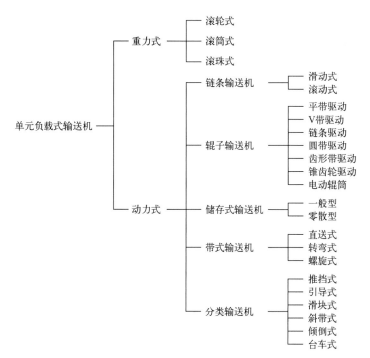

图 1-43　物流配送中心的单元负载式输送机

3. 图示一般现代化物流配送中心的设备布置结构

图 1-44 为一般现代化物流配送中心的设备布置结构示例，由图可知，现代化物流配送中心必须具备现代化的计算机控制系统、管理系统和相应的设施设备，如以自动化仓库为代表的各种存储设备、输送系统、分类拣货系统、运输系统、检测系统、控制系统和出入库运输系统等，按照物流逻辑顺序布置，使物流过程有序进行。

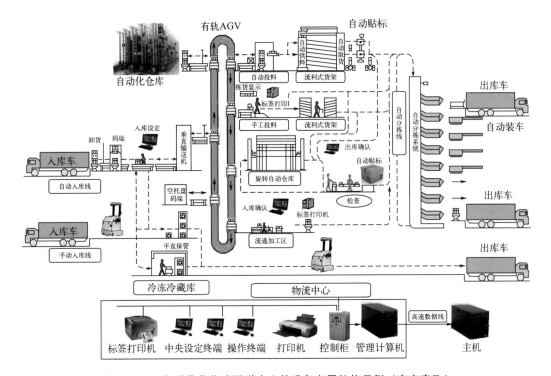

图 1-44 一般现代化物流配送中心的设备布置结构示例（南京音飞）

第2章 现代物流配送中心基本作业流程及其效益评估

第1节 物流配送中心的基本作业流程

1. 图示物流配送中心的基本作业流程

图 2-1 为某产品经过生产制造到运输的基本流程。把多个产品汇集在物流配送中心并通过订单处理等一系列流程后,产品可到用户手中。

物流配送中心是一种多功能、集约化的物流据点。图 2-2 为物流配送中心的作业流程,由图可知,物流配送中心内部的物流过程分为入库作业和出库作业两大部分。

① 入库作业包括进货入库、入库分拣、放入货架、保管等作业。

② 出库作业包括拣货配货、流通加工、检验、包装、捆扎、出库分拣、出库、配送运输等作业。

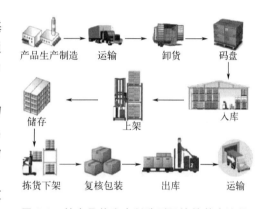

图 2-1 某产品从生产制造到运输的基本流程

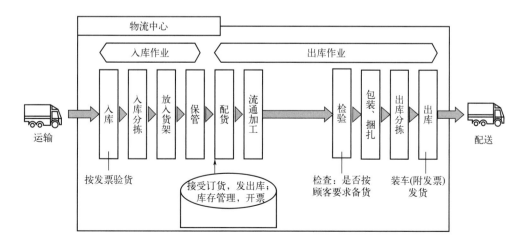

图 2-2 物流配送中心作业流程

2. 图示物流配送中心的搬运作业时机

图 2-3 为物流配送中心的搬运作业。在"进货→储存→盘点→订单处理→拣选→补货→发货→配送"等作业过程中，"搬运"作业始终伴随着物的流动过程。所以"搬运"作业也是物流过程中的重要环节。

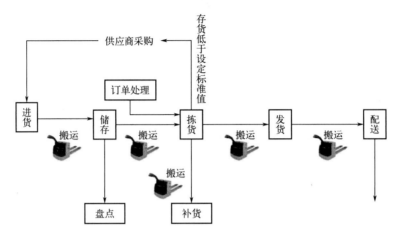

图 2-3 物流配送中心的搬运作业

 3. 试述改善搬运作业的原则和方法

（1）减少搬运距离和增加搬运品数量

为降低物流成本，搬运距离越短越好，搬运物品的数量越多越好。为此，应对搬运的对象、距离、空间、时间和手段进行研究。

搬运对象是指搬运物的数量、重量、形态。

搬运距离。要用最低成本、最快速度和最有效方法在水平、垂直或倾斜方向的移动距离最小。

搬运空间。就是说使物料和搬运设备占一定的空间，满足搬运需要，既不拥挤，又不浪费厂房。

搬运时间。使搬运物到达各个环节的工作点时，既不"过快"，又不"过慢"，使整个物流过程的节拍统一有序。

搬运手段。根据搬运对象，按照最经济、最大效率的原则，采用合理有效的搬运手段。

（2）改善搬运工作的原则与方法

表 2-1 为改善搬运工作的原则与方法。搬运路线是否最佳将直接影响物流作业效率和效益。根据经验，搬运路线可以归纳为直线式和间接式两类。

直线式就是不同货物分别由各自起点直接向终点移动，即货物由起点到终点的搬运距离最短。这个货物搬运路线适合于物料流程密度大、移动距离短的情况。一般说来，此法是较为经济的。直线式又分单线和双线两种路线。双线式用于大量生产的情况。

间接式路线是利用相同的设备和相同的路线，把分布在不同区域各类货物相对集中起来共同搬运，而不是把每个货物直接搬运到终点。这种方式适用于搬运密度不高、距离较长，而且厂房布置不规则的生产情况。根据生产实际需要，有时货物还要经过中间转运一次再运到终点。总之，无论采用哪种搬运路线，都必须从提高物流效率和效益的实际情况出发。

对于短距离高密度流量，采用叉车或抓举机等复杂的搬运设备；短距离低密度流量时则采用手推车之类的简单搬运设备。对于长距离高密度流量，采用无人搬运车、自动输送机等无人操作的复杂运输设备；而对长距离低密度流量，则采用如动力拖板车之类的简单运输设备。

表 2-1　改善搬运工作的原则与方法

因素	目标	想法	改善原则	改善方法
搬运对象	减少总重量、总体积	减少重量、体积	尽量废除搬运	调整厂房布置
				合并相关作业
			减少搬运量	
搬运距离	减少搬运总距离	减少回程	废除搬运	调整厂房布置
			顺道行走	
		回程顺载	掌握各点相关性	调整单位相关性布置
		缩短距离	直线化、平面化	调整厂房布置
		减少搬运次数	单元化	托盘、货柜化
			大量化	利用大型搬运机
				利用中间转运站
搬运空间	降低搬运使用空间	减少搬运	充分利用三维空间	调整厂房布置
		缩减移动空间	降低设备回转空间	选用合适、不占空间、不需太多辅助设施的设备
			协调错开搬运时机	时程规划安排
搬运时间	缩短搬运总时间	缩短搬运时间	高速化	利用高速设备
			争取时效	搬运均匀化
		减少搬运次数	增加搬运量	利用大型搬运设备
	掌握搬运时间	估计预期时间	时程化	时程规划控制
搬运手段	利用经济效率的手段	增加搬运量	机械化	利用大型搬运机
				利用机器设备
			高速化	利用高速设备
			连续化	利用输送带等连续设备
		采用有效管理方式	争取时效	搬运均匀化
				循环、往复搬运
		减少劳力	利用重力	使用斜槽、滚轮输送带等重力设备

4. 如何计算搬运作业设备及能力？

(1) 货物搬运设备数量

计算公式如下：

$$机器数 = \frac{每天货物需要搬运的总时间（h）}{每台机器每天的工作小时 \times 利用系数} \qquad (2\text{-}1)$$

式中，利用系数是指一台机器每天使用时间的百分比。

(2) 搬运系统能力计算

总运输能力计算：

$$运输能力 = 物流速度 \times 运输长度 \qquad (2\text{-}2)$$

$$总运输能力 = \Sigma\,运输能力 \qquad (2\text{-}3)$$

物流速度：每单位时间搬运的货物量。

运输长度：搬运距离。

 5. 图示进货作业流程

进货作业是指对物品实体的接收，从货车上将物品卸下，并核对该物品的数量及状态（数量检验、品质检验、技术检验，开箱检查等），然后将必要信息书面化等。图 2-4 为进货作业流程图。

进货作业主要内容包括核验单据、装卸、搬运、分类、验收以及确认商品后将商品按预定的货位储存入库的整个过程。商品进货作业是后续作业的基础和前提，进货工作的质量直接影响到后续作业的质量。其作业流程如图 2-4 所示。

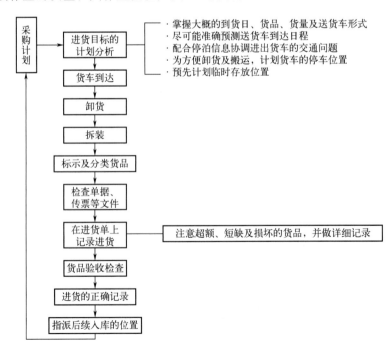

图 2-4　进货作业流程

6. 何谓搬运对象及搬运四要素？

（1）搬运对象

指搬运物的数量、重量、形态。就是说利用良好的搬运作业，使各个工作点都能保质保量收到完好的货品。

（2）搬运四要素

指搬运的距离、空间、时间和手段。参见前述。

 7. 搬运单位有哪些？

搬运单位有散装、个装和包装三种形式。

① 散装是最简单而廉价的搬运方法，每次运输量大。其缺点在于物品易破损，应特别注意。

② 个装是体积很大的物品，需要大型搬运设备来运输。

③ 体积不太大的包装品如纸箱，可码垛在托盘、笼车等器具中成为运输单元后再搬运。其优点在于保护物品，降低每单位的运输和装卸成本。

 8. 试述搬运通道种类及其影响因素

通道的布置和大小对仓库效率的影响很大。通道种类有：物品放入或取出储区的工作通道、员工进出的人行通道、存货或检查用的服务通道、储藏室通道、电梯通道、公共设施或防火设备用的通道。

影响通道位置和宽度的因素有：通道形式，搬运设备的型号、尺寸和回转半径，回品尺寸，防火墙的位置，服务区和设备的位置，地板负载能力以及电梯位置等。

仓库通道宽度设计主要考虑托盘尺寸、货物单元尺寸、搬运车辆型号及其转弯半径的大小等参数，同时，还要考虑货物堆存方式、车辆通行方式等因素。

一般仓库通道宽度可以从以下两个方面确定：

① 根据物料的周转量、物料的外形尺寸和库内通行的运输设备来确定物料周转量大、收发较频繁的仓库，其通道应按双向运行的原则来确定，其最小宽度可按下式计算：

$$B = 2b + C$$

式中，B 为最小通道宽度，m；C 为安全间隙，一般采用 0.9m；b 为运输设备宽度（含搬运物料宽度），m。

用手推车搬运时通道的宽度一般为 2.0～2.5m；用小型叉车搬运时，一般为 2.4～3.0m；进入汽车的单行通道一般为 3.6～4.2m。

② 根据物料尺寸和放进取出操作方便等来确定采用人工存取的货架之间的过道宽度，一般为 0.9～1.0m；货堆之间的过道宽度，一般为 1m 左右。柱子间距设计：仓库内柱子的主要设计依据包括建筑物的楼层数、楼层高度、地盘载重、抗震能力等，另外还需考虑仓库内的保管效率及作业效率。

第 2 节　储存作业

1. 说明储位作业的种类及其优缺点

正确选择储位：减少物品出入库移动距离、缩短作业时间、充分利用储存空间。

① 定位储存：每项物品都有固定的储位。例如：有的物品要求控制温度储存条件；易燃易爆物存于满足安全标准及防火条件的储位；某些物品必须分开储存，如化学原料和药品必须分开储存以及重要保护物品等。

定位储存法易于管理，搬运时间较少，但需较多的储存空间。

② 随机储存：物品储位不是固定的，而是通过计算机优化计算产生的随机储位。此法的优点是共同储位，最大限度地提高了储区空间的利用率。但是，对物品的出入库管理及盘点工作带来一定困难。特别是周转率高的物品可能被置于离自动化仓库出入口较远的储位，增加了出入库的搬运距离。

一个良好的储位系统中，采用随机储存能有效利用货架空间，减少储位。通过模拟或仿真实验，随机储存比定位储存节约 35％ 的移动储存时间及增加了 30％ 的储存空间。这种方法适用于空间有限以及物品品种少而体积小的情况。

③ 分类储存：按产品相关性、流动性、尺寸和重量以及产品特性来分类储存。

④ 分类随机储存：每一类物品有固定的存放储区，但在各类的储区中，每个储位的指定是随机的。其优点在于既吸收分类储存的部分优点，又可节省储位数量，提高储区利用率。

⑤ 共同储存：当准确知道各物品进出库的时间时，不同物品可共用相同的储位。这在管理上会带来一定困难，但是可减小储位空间，缩短搬运时间。

2. 什么是指定储位原则？

① 靠近出口原则。刚到的物品指定在离出口最近的空储位上。

② 周转率原则。物品周转率越高离出口越近。

③ 物品相关性原则。同时订购相关性大的物品并置于相邻储位。

④ 物品同一性原则。把同一种物品存放在同一位置。

⑤ 物品类似原则。把类似品储存于相邻的储位。

⑥ 物品相容性原则。相容性低的物品决不能储于一起，以免损害品质。如烟、香皂和茶不可放在一起。

⑦ 先入先出原则。即先入库物品应先出库。如寿命周期短的感光纸、胶卷、食品、药品等商品。

⑧ 堆高原则。为提高空间利用率，能用托盘堆高的物品尽量用托盘储存。

⑨ 面对通道原则。物品面对通道，便于识别条形码、标记和名称。

⑩ 产品尺寸原则。为了有效地利用空间，在布置仓库时，必须知道物品装载单元大小

和相同物品的整批形状。

⑪ 重量特性原则。按物品重量大小来指定储位高低，重者置于地面或货架下层，轻者置于货架上层。

⑫ 产品特性原则。易燃易爆物储存于有防火设备的空间，易窃物储于加锁处，易腐物储于冷冻处，易污物加套储存等。

 3. 什么是储存保管的经济指标？

(1) 储区面积率

$$储区面积率 = \frac{储区面积}{物流配送中心建筑面积} \tag{2-4}$$

储区面积率可用于比较空间利用率是否合理。

(2) 保管面积率

$$保管面积率 = \frac{可保管面积}{储区面积} \tag{2-5}$$

保管面积率可用于判断储位通道规划是否合理。

(3) 储位容积使用率

$$储位容积使用率 = \frac{存货总体积}{储位总体积} \tag{2-6}$$

$$单位面积保管量 = \frac{平均库存量}{可保管面积} \tag{2-7}$$

利用此公式可以判断储位和货架的规划、布局是否合理，从而有效利用空间。

(4) 平均每品项所占储位数

$$平均每品项所占储位数 = \frac{货架储位数}{总品项数} \tag{2-8}$$

利用此公式可以计算每储位保管品项数，从而判断储位管理是否合理。

(5) 库存周转率

$$库存周转率 = \frac{发货量}{平均库存量} 或 \frac{营业额}{平均存金额} \tag{2-9}$$

利用此公式可以检查物流公司运营成绩、现货库存是否合理。

(6) 库存掌握程度

$$库存掌握程度 = \frac{实际库存量}{标准库存量} \tag{2-10}$$

该指标表示库存率，可为存货管理者提供科学管理数据。

(7) 呆废料率

$$呆废料率 = \frac{呆废料件数}{平均库存量} 或 \frac{呆废料金额}{平均库存金额} \tag{2-11}$$

利用此公式可以评价物品耗损对资金积压的影响程度。呆料就是物料在仓库中滞留时间超过仓库周转期的物品。一旦呆废料率较高时，可能存在如下原因：

① 产品变质；

② 验收产品时疏忽；

③ 仓库管理不善、保管不佳；

④ 存量过多、过久；

⑤ 用户退货或取消订单；

⑥ 市场变化。

通过分析呆废料率高的原因之后，针对实际情况，逐一改善。

 4. 试述四种储存形式 ....

① 大批储存：大于三个托盘单元以上的存量。大批储存形式有地面直置、托盘货架、自动仓库等。

② 中批储存：1~3 个托盘的储存量。

③ 小批储存：小于一个托盘单元的储存量。这是以箱为拣/发货单位的储存方法。

④ 零星储存：零星区或拣选区所使用棚架储存量小于整包的物品量。

 5. 常用储存设备及其选择方法有哪些? ....

一般常用储存设备有地面、货架、储物柜和自动化仓库四种。

(1) 地面堆积法

把托盘单元或单品置于地面上的堆积方法，有行列堆积法和整区堆积法两种。

① 行列堆积法：在托盘单元之间留有足够的空间，以便取货畅通无阻。

② 整区堆积法：指每一行与每一列之间的托盘堆积没有空间，节约库房。此法适用于储存大量产品的情况。

图 2-5 为托盘平置区，即直接把托盘整齐地堆放在地面上。

(2) 货架储存

图 2-6 为托盘式货架，是把物品置于货架各层的储位中。货架有两面开放式和单面开放式之分。两面开放式的货架前后两面均可用于储存和拣货工作，最适合于先进先出的原则。单面开放式货架只有一面可供储存和拣货之用，这种货架存取较为方便。

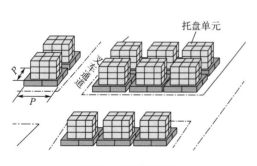

图 2-5 托盘平置区

图 2-6 托盘式货架（南京音飞）

(3) 储物柜

一般是背对背安放或一排靠墙放置，可储存不规则形状物及长时间储存的物品。储物柜可拆装和搬运，并可调整储存空间。

（4）自动化仓库

效率高、错误率极少。图 2-7 为大型自动仓库仿真图。

（5）根据储存需要及设备特性选择设备

① 少品种大批量采用地面堆积和自动仓库储存；

② 多品种小批量采用托盘货架储存；

③ 大批量不可堆积物采用驶入式货架；

④ 大批量小体积物品采用棚架或储物柜；

⑤ 小批量物品采用棚架或储物柜。

图 2-7　大型自动仓库仿真图

 6. 存货管理的关键问题是什么？ ····················

① 订货时间：科学控制订货时间。当某物品库存量降低到设定的某一极限时，必须及时订货，按期补货。订货过早会增加存货，提高在库成本和空间成本。反之，不及时补货则造成缺货进而流失用户，影响信誉。

② 订货数量：科学控制订货数量。订货数量过多，会增加在库成本。反之，货品脱销，降低了营业额，影响经营收益。

③ 库存标准：物品库存量必须保持在最高存量和最低存量之间。最高存量是防止存货过多，浪费资金。各种物品必须限定在最高极限之内。这个最高极限值是内部管理的一个警戒指标。最低库存量是指通过配送中心的实际经营经验，总结出一个库存量的最低极限值。最低库存量又分为理想最低库存量和实际最低库存量两种。理想最低库存量就是在采购期间尚未进货时的物品需求量，这是一个估计值，也是企业的临界库存量。一旦物品库存量低于此界限时，将导致缺货和停工。实际最低库存量是为防止物品脱销而定的一个比理想最低库存量略大的安全库存量。

 7. 如何判断最佳存货量？ ····················

为了决定最佳存货量，必须了解物品的需求状况、订购性质和限制因素。在市场导向的经营方式下，有三种需求状况：

a. 已知的固定需求状况；b. 风险情况，这是大概知道未来需求的估计情况；c. 对未来需求不确定情况。

各段时间的库存量公式如下：

$$Q(t) = Q(0) - D(t/T)^{1/n}$$

式中　T——需求决定时间；

　　t——T 时间内的任一时间段；

　$Q(t)$——t 时的库存量；

　$Q(0)$——初期（$t=0$）的库存量；

　　D——T 期间内的需求量；

n——需求形态指数，当 $n=\infty$ 时，需求为瞬时型，所有需求在初期发生；当 $n=1$ 时，需求为固定型；当 $1<n<\infty$ 时，需求的大部分发生在初期；当 $n=0$ 时，需求在末期。

由此公式可对各时间段库存量作预先测算。这对整个存货管理有较大的好处。图 2-8 为影响存货因素。

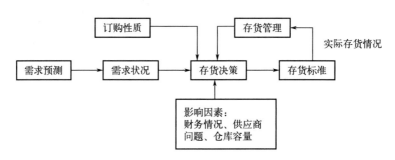

图 2-8　影响存货因素

 8. 如何计算经济订货量？

经济订货量是"一次订购最经济的数量"和"最经济的订购周期"，即求出"订购和保管的成本和为最低值"的订购量和订购周期。通常以一年为预测期，其订购成本与保管成本总和的公式如下：

$$T_c = \frac{C_2 D}{Q} + \frac{C_1 Q}{2} \tag{2-12}$$

式中　T_c——全年存货的订购与保管总成本；

$\dfrac{C_2 D}{Q}$——全年总订购成本；

$\dfrac{C_1 Q}{2}$——全年总保管成本；

　Q——每次订购存货量；

　D——全年需求量；

　C_1——存货的单位成本；

　C_2——每次订购成本。

对上式通过微分求极值，可以推导出在订购与保管的总成本为最低条件下的经济订购量、金额、次数和周期。

经济订购量　　　　　　　　$Q^* = \sqrt{2C_2 D / C_1}$ 　　　　　　　　　(2-13)

经济订购金额　　　　　　　$C_1 Q^* = \sqrt{2C_1 C_2 D}$ 　　　　　　　　(2-14)

经济订购次数　　　$N = D/Q^* = \sqrt{DC_1/(2C_2)}$ 　　　　　　　　(2-15)

经济订购周期　　　$t = 1$（年）$/N = \sqrt{2C_2/(DC_1)}$ 　　　　　　(2-16)

由以上公式可知，在假设物品价格不变的条件下，当订购数量增加时，可享受优惠折扣的待遇。若这个优惠折扣值大于所增加的保管成本时，则应增加购货量。反之，则不应该增加订购量。图 2-9 为存货量管理系统图。

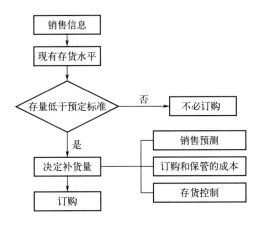

图 2-9　存货量管理系统图

第 3 节　盘点作业

1. 试述盘点作业流程

(1) 盘点目的

① 确定现存量。由于库存资料记录不实，货物损坏、丢失、验收与发货清点有误，有时误盘、重盘和漏盘等原因造成库存量不实，必须定期盘点确认现存数量。

② 确认企业损益。企业损益与总库存金额有极为密切的关系，而库存金额与货品库存量及单价成正比。为准确计算出企业实际损益，必须进行货物的盘点。

③ 核实物品管理成效。通过盘点，可发现呆品和废品的处理情况、存货周转率以及货物保养维修情况。相应地可谋求改善策略。

(2) 盘点作业流程（图 2-10）

① 准备。盘点作业准备工作如下：a. 确定盘点的程序和方法；b. 配合会计决算进行盘点；c. 培训盘点、重盘和监盘人员等。

② 确定盘点时间。为使事物与账相符合，必须按实际情况确定盘点次数。事实上，造成盘点误差的原因有货物在出入库传票的输入和查点数目的错误，或者出入库搬运造成了货物损失。由此可见，出入库频率越高，误差也越大。所以，一般来说，货物流动速度不快，可以半年至一年盘点一次。对于货物流动速度快的物流配送中心，既要防止长期不盘点造成重大经济损失，又要防止盘点频繁造成经济损失。为此，视物品

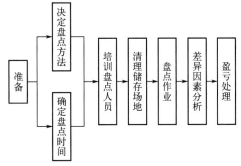

图 2-10　盘点作业流程

的性质来确定周期。例如：按货物性质分为 A、B、C 等级。A 类重要货品，每天或每周盘点一次；B 类货品每 2～3 周盘点一次；C 类一般货品每月盘点一次。

 2. 如何处理盘点盈亏？

对呆废品、不良品应视为盘亏。物品在盘点时，除了产生数量的盈亏外，有些在价格上也会发生增减情况。这种价格变化经主管部门批准后，利用盘点盈亏和价目增减表格更正过来。

 3. 如何评估盘点结果？

通过盘点落实物品出入库及保管情况。具体应落实的问题有：各品种的实际存量与账面存量相差多少？这些误差造成的损失有多大？评判方式如下：

$$盘点数量误差 = 实际库存数 - 账面库存数 \tag{2-17}$$

$$盘点数量误差率 = \frac{盘点数量误差}{实际库存数} \tag{2-18}$$

由此可知，若盘点误差数量过高时，表示计算机中有库存物品，但库中无货。反之，计算机中无库存物品，但库中有货。这说明在库管理不佳。造成盘点误差的原因有：

① 运送过程中发生物品损耗。
② 记账号看错品项和数字。
③ 单据丢失，进出货未过账。
④ 包装出错。
⑤ 盘点记数有误。

根据上述原因逐一整改，加强管理。

$$盘点品项误差率 = \frac{盘点误差品项数}{盘点实际品项数} \tag{2-19}$$

平均盘差品金额公式如下：

$$平均盘差品金额 = \frac{盘点误差金额}{盘点误差量} \tag{2-20}$$

如果平均盘差品金额较高，表示高价位产品的误差较大，即高价位货品流失量严重，这对企业利益造成较大损失，必须加强管理，最好的管理方法是对在库品进行"ABC"分类管理。例如，A 类物品品项数占 20%，但金额却占 70%；B 类物品品项数占 30%，金额占 20%；C 类物品品项数占 50%，金额只占 10%。因此，必须对 A 类物品加强管理。

$$平均每件盘差品金额 = \frac{盘点误差金额}{盘点误差量} \tag{2-21}$$

$$盘点次数比率 = \frac{盘点误差次数}{盘点执行次数} \tag{2-22}$$

$$平均每品项盘差次数率 = \frac{盘差次数}{盘差品项数} \tag{2-23}$$

如果盘点数量误差率高，而盘点品项误差率小的话，说明发生误差的货品品项数少，但发生误差品项的数量都较大。改进方法是负责此货物品项的人员要尽职尽责，物品置放区域要得当。

当盘点数量误差率低，而盘点品项误差率较高时，表示发生误差的货物种类增多了。如果货物品项增加，将影响出货速度。解决方法是适当减少物品种类，并加强管理。

第4节　订单处理

 1. 试述订单处理及其内容和步骤 ....

(1) 订单处理

所谓订单处理，就是订单管理部门从客户下订单开始到客户收到货物为止，这一过程中所有单据和信息的处理活动，其中还包括有关客户订单的资料查询、存货查询、单据处理等内容。订单处理活动的相关费用为订单处理费用。及时处理客户的需求信息，这是物流活动的关键之一。

(2) 订单处理内容和步骤

订单处理是企业的一个核心业务流程，包括订单准备、订单传递、订单登录、按订单供货、订单处理状态跟踪等活动。改善订单处理过程，缩短订单处理周期，提高订单满足率和供货的准确率，提供订单处理全程跟踪信息，可以大大提高顾客服务水平与顾客满意度，同时也能够降低库存水平，在提高顾客服务水平的同时降低物流总成本。

订单处理有人工处理和计算机处理两种形式。目前主要是用计算机处理，不但速度快，效率高，而且成本低。图 2-11 为订单处理的详细内容和步骤。图 2-12 为电子商务订单处理流程。图 2-13 为网上订单处理流程。

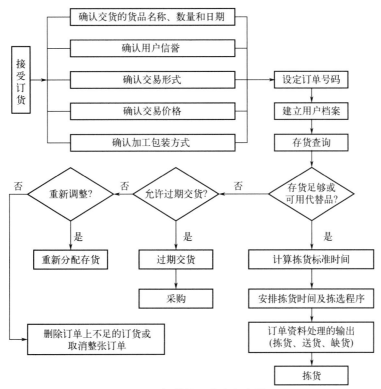

图 2-11　订单处理内容和步骤

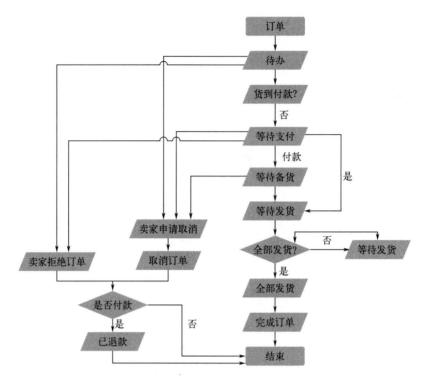

图 2-12 电子商务订单处理流程

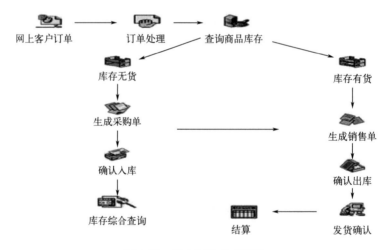

图 2-13 网上订单处理流程

 2. 订单处理评估指标有哪些？

订单处理优劣将直接影响到企业经济效益，为此，必须对订单处理提出评估指标。

(1) 平均每日订单数

$$平均每日订单数 = \frac{订单数量}{工作天数}$$

(2-24)

(2) 平均客单数

$$平均客单数 = \frac{订单数量}{下级客户数} \qquad (2\text{-}25)$$

(3) 平均每订单含货品个数

$$平均每订单含货品个数 = \frac{出货量}{订单数量} \qquad (2\text{-}26)$$

(4) 平均客单价

$$平均客单价 = \frac{营业额}{订单数量} \qquad (2\text{-}27)$$

如果上述公式的指标数值不高，表明企业业务量不多，有待拓展业务，谋求较大效益。改进方法是强化经营体制，加强促销，提高产品质量，经营用户欢迎的货物。

(5) 订单延误率

$$订单延误率 = \frac{延期交货订单}{订单数量} \qquad (2\text{-}28)$$

由此式可知，当订单延误率较高时，表示企业没有按计划交货的订单较多。为此，必须对影响交货期的作业进行分析和改进。

(6) 订单和订单货件的延迟率

$$订单延迟率 = \frac{延迟交货订单数}{订单数量} \qquad (2\text{-}29)$$

$$订单货件延迟率 = \frac{延迟交货量}{出货量} \qquad (2\text{-}30)$$

当订单延迟率较低，而订单货件延迟率高时，表示对订货件数较多的用户延迟交货比率较高。解决方法是对用户进行“ABC”分析，对重点用户进行重点管理。

在进行“ABC”分析时，应调查各用户购买量和金额占营业额的百分比。一般而言，对 A 类用户应重点投入人力和物力，确保 A 类用户能按时得到货品。

(7) 货物速交率

$$货物速交率 = \frac{12h \text{ 内的发货订单}}{订单数量} \qquad (2\text{-}31)$$

由上式可知，若能迅速接单和缩短交货时间，并在 12h 内发货，说明企业管理水平较高，效益较好。为了实现这一目标，必须制订和规范快速作业流程，实现快速配送计划。

(8) 退货率和折扣率

$$退货率 = \frac{退货数}{出货量} 或 \frac{退货金额}{营业额} \qquad (2\text{-}32)$$

$$折扣率 = \frac{折扣数}{出货量} 或 \frac{折扣金额}{营业额} \qquad (2\text{-}33)$$

通过物流配送中心的实际经验，当退货率和折扣率较高时，表示货物品质不良，致使用户不满，造成退货和折扣的结果。

一般来说，退货和折扣的原因主要是在拣货时使包装损坏。为此，必须加强拣货作业管理，减少货物破损率。

(9) 取消订单率和用户意见率

$$取消订单率 = \frac{取消订单数}{订单数量} \qquad (2\text{-}34)$$

$$用户意见率 = \frac{意见次数}{订单数量} \qquad (2\text{-}35)$$

当上述两公式指标较高时，原因如下：

① 货物品质不良。

② 服务态度不佳。

③ 未按时交货。

④ 同业竞争激烈。

针对上述原因，需加强管理，提高服务质量，按期交货，降低成本，力求用户满意。

(10) 缺货率

$$缺货率 = \frac{缺货数}{出货量} \qquad (2\text{-}36)$$

据此公式可知企业的存货控制决策是否正确，该式表示，当用户订货时，因库存缺货，而无法接单或不能按时发货的比例。

一旦缺货率太高，会使用户失去信心而流失用户。造成缺货率高的原因如下：

① 库存量控制不佳。

② 购货时机不当。

③ 上级供应商交通延误。

④ 商品主档和业务员的商品档案不一致。

(11) 短缺率

$$短缺率 = \frac{出货品短缺量}{出货量} \qquad (2\text{-}37)$$

由上式可知，如果出货短缺率较高，必然导致用户不满，失去信任。造成短缺货的原因可能是出货作业过程中产生的失误。具体原因可能是：

① 接单时登录出错；

② 拣货单打印出错；

③ 拣货时造成短货；

④ 拣货分类时出错；

⑤ 包装货品时出错；

⑥ 检查作业时失误；

⑦ 搬运装车时出错；

⑧ 配送过程中物品损耗。

为了减少短缺率，提高企业信誉度，必须针对上述出错环节逐一整改，加强管理。

第 5 节　拣货作业

 1. 试述拣货作业的重要性与拣货单位

拣货作业是物流配送中心的作业中极为重要的坏节。物流成本约占商品最终售价的

30%左右，其中包括配送、搬运和储存等成本。一般说来，拣货成本约是其他堆叠、装卸和运输等成本总和的9倍，占物流搬运成本的绝大部分。为此，若要降低物流成本，首先要改善拣选作业，才能达到事半功倍的效果。

拣货单位有三种形式：托盘、箱和单品。根据订单分析决定拣货单位。订货最小单位是箱，则拣货单位也是箱为单位。对于大体积、形状特殊的无法按托盘和箱来归类的商品，采用特殊拣货方法。图2-14为拣货作业流程。图2-15为各区之间的拣货单位，例如进货区到托盘储存区就是用托盘单元作为拣货单位。

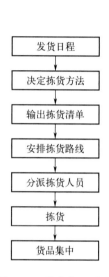

图2-14　拣货作业流程

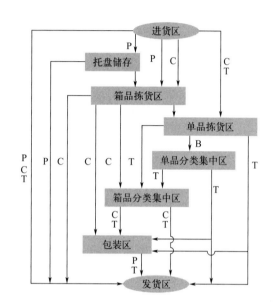

图2-15　各区之间的拣货单位

P—托盘；T—容器（如料箱等）；C—箱品；B—单品

 2. 试述拣货作业基本过程

拣货作业的基本过程包括如下四个环节：形成拣货信息；行走与搬运；拣货；分类与集中。

（1）形成拣货信息

拣货作业开始前，指示拣货作业的单据或信息必须先行处理完成。虽然一些物流配送中心直接利用顾客订单或公司交货单作为拣货指示，但此类传票容易在拣货过程中受到污损而产生错误，所以多数拣货方式仍需将原始传票转换成拣货单或电子信号，使拣货员或自动拣取设备进行更有效的拣货作业，即电子拣货系统（EOS，electric ordering system）。

（2）行走与搬运

拣货时，拣货作业人员或机器必须直接接触并拿取货物，这样就形成了拣货过程中的行走与货物的搬运。这一过程有两种完成方式：

①"人到物"方式，即拣货人员以步行或搭乘拣货车辆方式到达货物储位。这一方式的特点是物静而人动。拣取者包括拣货人员、自动拣货机、拣货机器人。图2-16为"人到物"拣货方式。

②"物到人"方式，与第一种方式相反，拣取人员在固定位置作业，而货物保持动态的储存方式。这种方式的特点是物动人静，如轻负载自动仓储、旋转自动仓储等。图2-17为

"物到人"的拣货方式。

图 2-16　"人到物"的拣货方式

图 2-17　"物到人"的拣货方式（南京音飞）

（3）拣货

仓库拣选作业模式最常用的有：播种式拣选；摘果式拣选；边拣边分；先拣后分；二次拣选；二次播种；等等。

① 摘果式拣选是针对每一份订单（即每个客户）进行拣货作业。摘果法适用于大批量、少品种订单处理。图 2-18 为摘果式拣货流程图。

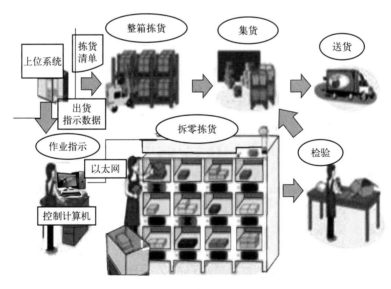

图 2-18　摘果式拣货流程

无论是人工或机械拣取货物，都必须首先确认被拣货物的品名、规格、数量等内容是否与拣货信息传递的指示一致。这种确认既可以通过人工目视读取信息，也可以利用无线传输终端机读取条形码，由计算机进行对比。后一种方式误拣率几乎为零。拣货信息被确认后，拣取的过程可以由人工或自动化设备完成。

② 播种式拣选是把多份订单（多个客户的要货需求）集合成一批，把其中每种商品的数量分别汇总，再对每个品种按所有客户进行分货（形式播种）。所以，称其为"商品分别

汇总再分播"更为恰当。播种法拣货效率较高，图 2-19 为播种式拣货流程图。

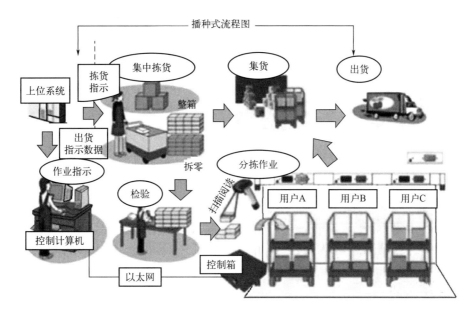

图 2-19　播种式拣货流程

(4) 分类与集中

配送中心在收到多个客户的订单后，可以形成批量拣取，然后再根据不同的客户或送货路线分类集中，有些需要进行流通加工的商品还需根据加工方法进行分类，加工完毕再按一定方式分类出货。多品种分货的工艺过程较复杂，难度也大，容易发生错误，必须在统筹安排形成规模效应的基础上提高作业的精确性。分类完成后，经过查对、包装便可以出货了。

拣货作业消耗的时间主要包括四大部分：

① 订单或送货单经过信息处理过程，形成拣货指示的时间；

② 行走与搬运货物的时间；

③ 准确找到货物的储位并确认所拣货物及数量的时间；

④ 拣取完毕，将货物分类集中的时间。

提高拣货作业效率主要是缩短以上四个作业时间。此外，防止发生拣货错误，提高储存管理账物相符率及顾客满意度，降低拣货作业成本也是拣货作业管理的目标。

 ### 3. 如何分析拣货效率？

(1) 拣货人员效率

① 每人时平均拣取能力：

$$每人时拣取品项数 = \frac{拣货单笔数（1 个行为 1 笔）}{拣取人数 \times 每日拣货时数 \times 工作天数} \qquad (2-38)$$

$$每人时拣货次数 = \frac{拣货单位累计总件数}{拣货人数 \times 每日拣货时数 \times 工作天数} \qquad (2-39)$$

② 拣货能力：

$$拣货能力 = \frac{订单数量}{一日目标拣货订单数 \times 工作天数} \tag{2-40}$$

③ 拣货责任品项数：

$$拣货责任品项数 = \frac{总品项数}{拣货区域数} \tag{2-41}$$

此指标数值大，表示每位拣货员负责品项多，必然影响拣货效率。为提高效率，必须减少品项数。

④ 拣货品项移动距离：

$$拣货品项移动距离 = \frac{拣货行走距离}{订单总笔数} \tag{2-42}$$

这个指标用来衡量拣货设计是否符合动作效率、拣货区布置是否合理。指标太高，表示人员在拣货中耗费太多时间和体力，影响整体效率。

(2) 拣货设备

拣货设备的优劣直接影响了拣货效率及效益，可用如下指标来研究拣选设备问题：

$$拣货装备率 = \frac{拣货设备成本}{拣货人员数} \tag{2-43}$$

$$每人时拣货金额数 = \frac{出货品金额数}{拣货人数 \times 每拣货时间 \times 工作天数} \tag{2-44}$$

$$拣货设备投入与产出 = \frac{出货品金额数}{拣货设备成本} \tag{2-45}$$

利用这三种指标可评估投资合理化程度和效率大小。装备率代表设备投资程度。投入与产出表示在已投放设备拣货效率大小。

(3) 拣货策略

拣货方案对拣货效率影响较大，其评估公式如下：

$$每批量包含订单数 = \frac{订单数量}{拣货分批次数} \tag{2-46}$$

$$每批量包含品项数 = \frac{订单总笔数}{拣货分批次数} \tag{2-47}$$

$$每批量处理次数 = \frac{发货箱数}{拣货分批次数} \tag{2-48}$$

$$每批量拣货体积数 = \frac{发货品体积数}{拣货分批次数} \tag{2-49}$$

$$批量拣货时间 = \frac{拣货人数 \times 每天拣货时间 \times 工作天数}{拣货分批次数} \tag{2-50}$$

(4) 拣货时间

拣货时间长短反映拣货能力大小。评估如下：

$$单位时间处理订单数 = \frac{订单数量}{每日拣货时数 \times 工作天数} \tag{2-51}$$

$$单位时间拣货品项数 = \frac{订单数量 \times 每件订单平均品项数}{每日拣货时数 \times 工作天数} \tag{2-52}$$

$$单位时间拣货体积数 = \frac{发货品的体积数}{每日拣货时间 \times 工作天数} \tag{2-53}$$

（5）拣货成本

拣货作业是物流配送中心的最重要工作之一，拣货成本大，必须努力降低成本。成本组成有：

人工成本：直接或间接拣选工时成本。

拣选设备折旧成本：储存、搬运和计算机信息处理等设备折旧费。

信息处理成本：耗材等费用。

要研究各项成本具体情况，采用如下公式：

$$每订单投入拣货成本 = \frac{拣货投入成本}{订单数量} \tag{2-54}$$

$$每订单笔数投入拣货成本 = \frac{拣货投入成本}{订单总笔数} \tag{2-55}$$

$$每拣货单位投入拣货成本 = \frac{拣货投入成本}{拣货单位总件数} \tag{2-56}$$

$$单位体积投入拣货成本 = \frac{拣货投入成本}{发货品体积数} \tag{2-57}$$

一旦发现拣货成本太高，应采取措施降低成本。

（6）拣货质量

$$误拣率 = \frac{错拣货物笔数}{订单总笔数} \tag{2-58}$$

第 6 节　补货作业

 1. 什么是补货作业？

补货作业是将货物从仓库保管区域搬运到拣货区的工作，即由保管区向动管区补货，以保证拣货作业时有足够的物品。图 2-20 为补货作业。补货作业主要应包括：确定所需补充的货物、收货领取商品、上架作业、立库储存、补货、分拣、发货区、发货；另一种是收货、平库储存、补货、发货区、发货。图 2-21 为保管区向动管区补货示意图。

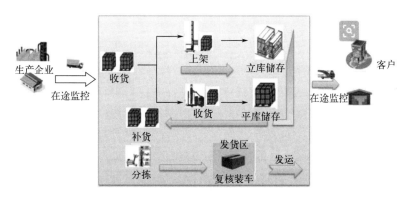

图 2-20　补货作业

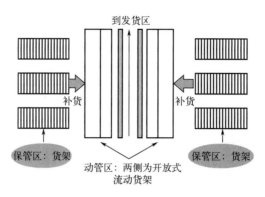

图 2-21　保管区向动管区补货示意图

 2. 试述补货方式（表 2-2）

表 2-2　补货方式

方式		说明
整箱补货		由货架保管区补货到流动货架的拣货区。这种补货方式的保管区为货架储放区，动管拣货区为两面开放式的流动拣货区。拣货员拣货之后把货物放在输送机上并运到发货区。当动管区的存货低于设定标准时，则进行补货作业。这种补货方式由作业员到货架保管区取货箱，用手推车载箱至拣货区，较适合于体积小且少量多样出货的货品
托盘补货		以托盘为单位进行补货。托盘由地板堆放保管区运到地板堆放动管区，拣货时把托盘上的货箱置于中央输送机送到发货区。当存货量低于设定标准时，立即补货，使用堆垛机把托盘由保管区运到拣货动管区，也可把托盘运到货架动管区进行补货。这种补货方式适合于体积大或出货量多的货品
由货架上层到货架下层的补货方式		保管区与动管区属于同一货架，也就是将同一货架上的中下层作为动管区，上层作为保管区，而进货时则将动管区放不下的多余货箱放到上层保管。当动管区的存货低于设定标准时，利用堆垛机将上层保管区的货物搬至下层动管区。这种补货方式适合于体积不大、存货量不高，且多为中小量出货的货物
补货时机		补货作业的发生与否主要看拣货区的货物存量是否符合需求，因此究竟何时补货要看拣货区的存量，以避免出现在拣货中途才发现拣货区货量不足需要补货，而影响整个拣货作业
	批次补货	在每天或每一批次拣取之前，经计算机计算所需货品的总拣取量和拣货区的货品量，计算出差额并在拣货作业开始前补足货品。这种补货原则比较适合一天内作业量变化不大、紧急追加订货不多，或者每一批次拣取量需事先掌握的情况
	定时补货	将每天划分为若干个时段，补货人员在某时段内检查拣货区货架上的货品存量，如果发现不足，马上予以补足。这种"定时补足"的补货原则，较适合分批拣货时间固定且处理紧急追加订货的时间也固定的情况
	随机补货	随机补货是一种指定专人从事补货作业方式，这些人员随时巡视拣货区的分批存量，发现不足随时补货。此种"不定时补足"的补货原则，较适合于每批次拣取量不大、紧急追加订货较多，以至于一天内作业量不易事前掌握的场合

图 2-22 为常用补货方法。一种是由自动仓库直接补货，另一种是商品入库后直接补货到拣货区。

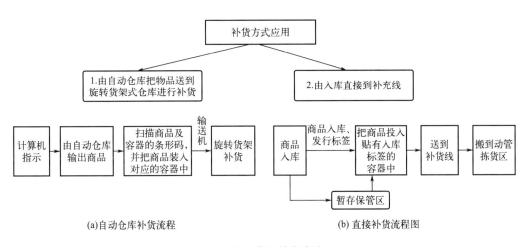

图 2-22 常用补货方法

3. 图示补货作业流程

补货作业是把保管区的货品搬运到拣货区的工作，图 2-23 为补货作业流程。

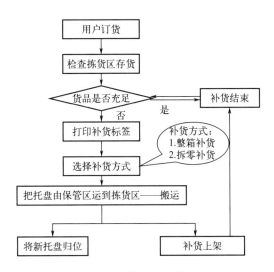

图 2-23 补货作业流程

第 7 节 发货及配送作业

1. 何谓发货作业？

把拣货完毕的物品经过发货检查之后，装入容器、做好标识。按照车辆趟次把商品运输到发货准备区等待装车发货,这一过程叫作发货作业。图 2-24 为发货作业流程。

(1) 分货

所谓分货就是把拣货完毕的货品,按用户或配送路线进行分类工作。分货方式如下。

① 人工目视处理。有人工根据订单把各用户的货品放在已贴好各用户标签的货筐中。

② 自动分类机。自动分类机利用计算机和识别系统对货品分类,准确、快速、效率高。自动分类机组成如下:

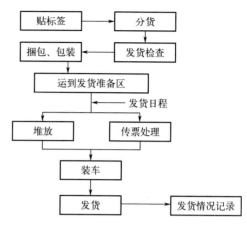

图 2-24 发货作业流程

a. 搬运输送机:
- 皮带输送机。
- 滚筒输送机。
- 整列输送机。
- 垂直输送机。

b. 移载装置。移载装置是把搬运来的物品及时取出并移送到自动分类机本体上。
- 直线型自动分类机的移动装置:移载装置与分类装置成直线配置。
- 环形分类机的移载装置:移载装置与分类装置多数呈 45°,也有 30°和 90°配置的。

c. 分类装置。分类装置是自动分类机的主要部分,其形式如下:
- 推出式。
- 浮起送出式。
- 倾斜滑下式。
- 皮带送出式。

d. 排出装置。排出装置是尽快使货物离开自动分类机并避免与下一货物相碰撞的装置。

e. 输入装置。在自动分类机分类之前,把分类物的信息输入控制系统的装置,其输入方法如下:
- 键入式。
- 条形码及激光扫描器。
- 光学读取器。
- 声音输入装置。
- 反射记忆。
- 主计算机。
- 体积测量器。
- 重量器。

f. 控制装置。根据分类物的信息,对分类机上的货品进行分类控制的装置,其控制方式如下:
- 磁气记忆式。
- 脉冲发信式。

(2) 发货检查

发货检查是根据用户信息和车次对拣选物品进行商品号码和数量的核实,以及品质的检查。发货检查是进一步确认拣货作业是否有误的处理工作。检查方法有商品条形码检查法、声音输入检查法和重量计算检查法三种。

① 商品条形码检查法。因为条形码随货品移动，检查时用条形码扫描器阅读条形码内容，计算机自动把信息与发货单对比，从而检查商品数量和号码是否有误。

② 声音输入检查法。这是一种新技术。当作业员读出商品名称、代码和数量之后，计算机接收声音并自动判断后，转变成资料信息再与发货单进行对比，从而判断是否有误。

③ 重量计算检查法。这种方法是把货单上的货品重量自动相加起来，之后，称出发货品的总重量。把两种重量相对比，可以检查发货是否正确。

(3) 包装、捆包

包装可以保护商品，便于搬运、储存，提高用户购买欲望和易于辨认。包装分个装、内装和外装三种形式。所谓个装是每个商品都要包装，这样提高商品价值，更美观，同时保护了商品。个装又叫"商业包装"。内装是为了防止水、湿气、光、热、冲击等对商品的影响而进行的货物的内层包装。所谓外装是指货物包装的外层，即把货物装入箱、袋、木桶、金属桶和罐等容器中。在没有容器的条件下，应对货物进行捆绑和打记号等工作。外装容器的规格也是影响物流效率的重要因素。要求尺寸与托盘、搬运设备相适应。同时要求具有承重、耐冲击和抗压等能力。

 2. 何谓配送作业？ ....

配送是利用配送车辆把用户订购物品从制造厂、生产基地、批发商、经销商或物流配送中心，送到用户手中的工作。图 2-25 为影响配送费用的因素。

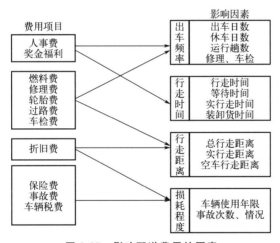

图 2-25　影响配送费用的因素

为了安全、高效完成储运、配送工作，实现最佳输配送效率，必须根据物品大小确定容器尺寸。图 2-26 为托盘尺寸分析。

输配送作业在物流配送中心的物流成本中占有重要地位，因而输配送规划将直接影响运送成本和效益。实际输配送的分派过程受许多动静态因素的影响。静态因素有用户的分布区域、道路交通网络、车辆通行限制、送达时间要求等。动态因素有车流量变化、道路施工、用户变动、车辆变化等，必须进行科学配送规划，方可提高配送效率和效益。图 2-27 为配送规划决策流程。

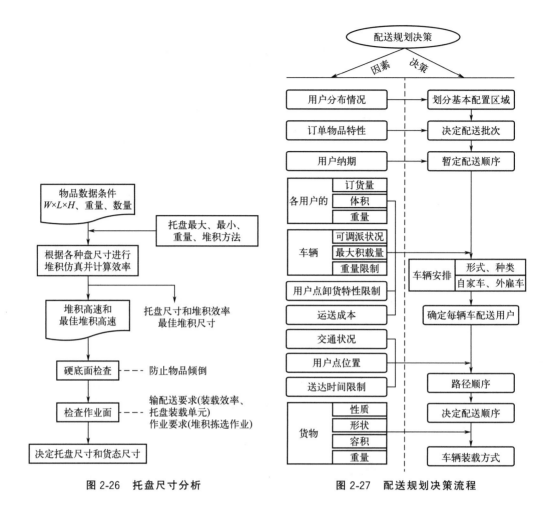

图 2-26　托盘尺寸分析　　　　　　　图 2-27　配送规划决策流程

 第 8 节　物流配送中心的生产力

1. 何谓生产力评估？

物流配送中心的生产力就是各种生产因素的有效利用程度。一个生产力不好的企业主要表现在作业效率和产品附加值低，导致管理不佳、经营不善、投入与产出比低，效益不佳。如何用科学方法评估企业生产力是至关重要的。

评估生产力即评定企业投入与产出比，如式（2-59）所示：

$$生产力 = \frac{产出量}{投入量} \tag{2-59}$$

式中，投入量和产出量可以折算成相同的可比因素。

在物流配送中心基本作业流程中，入库作业包括入库、入库分拣、投放到货架、仓储；出库作业包括配货、流通加工、检验、包装、出库分拣、发货装车等。每一种作业都有相应的评估内容和标准。图 2-28 为一般物流配送中心基本作业流程。

图 2-29 为物流过程中所产生的影响物流成本的费用。每一物流过程均会发生费用。

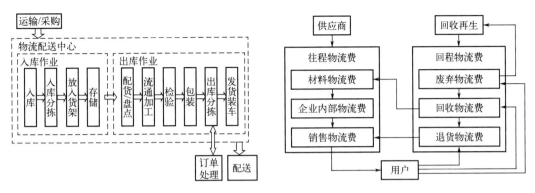

图 2-28　一般物流配送中心基本作业流程　　　　图 2-29　物流相关费用

 2. 试述码头的使用率和峰值率

为观察码头使用情况，分析码头存在的实质问题，采用如下公式：

$$码头使用率 = \frac{进/出货车次的装卸停留总时间}{月台数 \times 工作天数 \times 每日工作时数} \tag{2-60}$$

$$码头峰值率 = \frac{峰值车数}{月台数} \tag{2-61}$$

若码头使用率偏高，则码头月台数不足，造成交通堵塞。改进方法是增加停车码头数量，增加人员，提高作业效率，减少车辆停留装卸时间。

此外，若码头使用率和码头峰值率高，则车辆停靠码头的平均时间不高和月台数有余，但在峰值时间进出货时仍然拥挤。发生此现象说明没有控制好进/出货时间带。改进方法是把进/出货车辆的到达时间分开，避免产生峰值时间。

若物流配送中心的进/出货码头分开设置，则码头使用率计算如下：

$$进货码头使用率 = \frac{进货车次的卸货停留总时间}{进货月台数 \times 工作天数 \times 每日工作时数} \tag{2-62}$$

$$出货码头使用率 = \frac{出货车装卸货停留总时间}{出货月台数 \times 工作天数 \times 每月工作时数} \tag{2-63}$$

 3. 试述每人时处理进/出货量

为了评估进出人员工作量、作业效率和进出货时间，应计算每人时处理的进/出货量。

$$每人时处理进货量 = \frac{进货量}{进货人员数 \times 每日进货时间 \times 工作天数} \tag{2-64}$$

$$每人时处理出货量 = \frac{出货量}{出货人员数 \times 每日出货时间 \times 工作天数} \tag{2-65}$$

$$进货时间率 = \frac{每日进货时间}{每日工作时数} \tag{2-66}$$

$$出货时间率 = \frac{每日出货时间}{每日工作时数} \tag{2-67}$$

若进/出货人员共用，则每人时处理进/出货量公式如下：

$$每人时处理进/出货量 = \frac{进货量 + 出货量}{进/出货人数 \times 每日进/出货时间 \times 工作天数} \qquad (2\text{-}68)$$

$$进/出货时间率 = \frac{每日进货时间 + 每日出货时间}{每日工作时数} \qquad (2\text{-}69)$$

若每人时处理进/出货量高，且进/出货时间率高，表示进/出货人员平均每天工作量大。当业务量超过设定值时，应适当增加作业人员。

若每人时处理进/出货量低，且进/出货时间率高，表示每日进/出货时间长，每人进/出货工作量低。其原因在于作业人员过多和作业人员工作效率低。改进方法是减少作业人员，提高作业人员业务水平，增加装卸效率较高的器具。

若每人时处理进/出货量低，且进/出货时间率也低，表示作业人员每天工作量不饱满，作业人员过多。对于这种情况适当减少作业人员。

若每人时处理进/出货量高，但进/出货时间率较低，这表示上游进货和下游出货时间可能集中在某一段时间，造成在此段时间作业量较大。解决方法是分散进/出货作业时间。

 4. 试计算每台进/出货设备每天的装卸货量

为了计算每台设备的工作量，必须计算其每天的装卸货量。

$$每台进出货设备每天装卸货量 = \frac{出货量 + 进货量}{装卸设备数 \times 工作天数} \qquad (2\text{-}70)$$

如果指标数值较低，说明设备开动率差，资产过于闲置。其原因在于进/出货量低，设备数量较多。如果指标数值较高，说明每台设备效率较高。

 5. 试求每台进/出货设备每小时装卸货量

为了评估设备的工作效率，必须计算其每小时的装卸量。公式如下：

$$每台进/出货设备每小时装卸货量 = \frac{出货量 + 进货量}{装卸设备数 \times 工作天数 \times 每日进/出货时数} \qquad (2\text{-}71)$$

 6. 试述库存管理费率

一般的库存管理费用包括：

① 仓库租金。

② 仓库管理费：入/出库验收、盘点和整理等工作的人工费，保安费，仓库照明费，空调费，设施和设备的维修费等。

③ 保险费。

④ 损耗费：品质恶化、破损损失和盘点损失等费用。

⑤ 商品陈旧化费用：用户退回流行商品和季节品等的过时费用。

$$库存管理费率 = \frac{库存管理费用}{平均库存量} \qquad (2\text{-}72)$$

当库存管理费率过高时，表示没有很好控制库存管理费用，使物流成本增加。为了降低物流管理成本，必须对库存管理费逐项研究，力求降低各项成本。

7. 试述拣货作业指标

在物流配送中心的作业中，拣货作业的工作量是最大的。制订拣货作业指标、提高拣货作业效率是至关重要的。关于拣货作业的评估要素有人员效率、设备驱动、拣货策略、时间效率、成本费用和拣货品质等几方面。

（1）拣货时间率

$$拣货时间率 = \frac{每天拣货时数}{每天工作时数} \qquad (2\text{-}73)$$

利用此公式可以衡量拣货耗费时间是否合理。拣货时间过多或过少都能影响出货量、拣货人员数量和效率。如果拣货时间较多，容易延误出货时间。

为了提高拣货效率，应充分利用拣货信息化，缩短拣货员寻货路程和时间，提高拣货准确率。此外，按 ABC 分析，合理分布货物存区，缩短步行时间，对数量大或价值高的尺寸、形状和重量基本统一的物品实行机械化、信息化和智能化管理。

（2）每人时平均拣取能力

$$每人时拣取品项数 = \frac{订单总笔数}{拣货人数 \times 每日拣货时数 \times 工作天数} \qquad (2\text{-}74)$$

$$每人时拣取件数 = \frac{累计总件数}{拣货人数 \times 每时拣货时间 \times 工作天数} \qquad (2\text{-}75)$$

$$每人时拣取货物体积数 = \frac{出货品货物体积数}{拣货人数 \times 每日拣货时间 \times 工作天数} \qquad (2\text{-}76)$$

利用以上指标可判断拣货人员拣货能力。

（3）拣取能力使用率

$$拣取能力使用率 = \frac{订单数量}{每日计划拣取订单数 \times 工作天数} \qquad (2\text{-}77)$$

这个公式表示实际拣货量与计划拣货量的比率。若此比率大于 1，表示拣货能力已充分发挥了；若此比率小于 1 时，说明企业尚未达到计划的拣货能力。

（4）拣货责任品项数

衡量拣货人员工作负荷和效率是否合理，其公式如下：

$$拣货责任品项数 = \frac{总品项数}{拣货区域数} \qquad (2\text{-}78)$$

由此式可知，若拣货责任品项数较大时，表示每位拣货员负责的品项数多，寻货时间较多，从而降低了拣货效率。

为了提高拣货效率，可增加拣货区，使每个拣货员负责区域缩小，减少每人负责的品项数，降低寻货时间和寻货距离。

（5）拣货品项移动距离

$$拣货品项移动距离 = \frac{拣货移动距离}{订单总笔数} \qquad (2\text{-}79)$$

由此公式可知，若拣货品项移动距离值较大，表示在拣货过行走距离，耗时多，拣货效率低。解决方法是优化长拣货路线，实现最佳订单分批拣货。可利用计算机对货品搬运进行流量分析。

（6）拣货人员装备率

$$拣货人员装备率 = \frac{拣货设备成本}{拣货人员数} \qquad (2\text{-}80)$$

通过此式可以衡量企业对拣货作业的投资程度、投入与产出比。

（7）批量拣货时间

$$批量拣货时间 = \frac{每日拣货时间 \times 工作天数}{拣货分批次数} \tag{2-81}$$

通过此公式可衡量每批次平均拣货时间。若批量拣货时间少，表示拣货作业所需时间少、效率高。

（8）每批量的订单数、品项数和拣货次数

$$每批量订单数 = \frac{订单数量}{拣货分批次数} \tag{2-82}$$

$$每批量品项数 = \frac{订单总笔数}{拣货分批次数} \tag{2-83}$$

$$每批量拣货次数 = \frac{出货箱数}{拣货分批次数} \tag{2-84}$$

若每批量的订单数小于 2，表示当前拣货策略多是按订单拣货。这种方式适用于少品种量大的订单。若每批量的订单数≥2，表示拣货策略为批量拣货方式。这种方式适用于少品种小批量的订货方式。

利用这些公式可以衡量每批次的拣货能力和负担情况。

（9）单位时间的处理订单数、拣取品项数和拣货次数

$$单位时间处理订单数 = \frac{订单数量}{每日拣货时间 \times 工作天数} \tag{2-85}$$

$$单位时间拣取品项数 = \frac{订单数量 \times 每张订单平均品项数}{每日拣货时数 \times 工作天数} \tag{2-86}$$

$$单位时间拣取次数 = \frac{拣货总件数}{每日拣货时数 \times 工作天数} \tag{2-87}$$

通过上述公式可以观察拣货系统单位时间处理订单的能力、品项数和付出劳力的程度。

（10）每订单成本

$$每订单拣货成本 = \frac{拣货成本}{订单数量} \tag{2-88}$$

$$每订单笔数拣货成本 = \frac{拣货成本}{订单总笔数} \tag{2-89}$$

$$每拣取件数拣货成本 = \frac{拣货成本}{拣货单位的总件数} \tag{2-90}$$

拣货作业是物流配送中心的重要工作，拣货成本较大。一般拣货成本有：

① 人工成本：拣货工时成本。

② 拣货设备折旧费：储存、搬运、信息处理设备和计算机系统等折旧费。

③ 拣货作业的信息处理耗材：纸张、连接线等。

如果这些拣货成本较高，说明拣货设备投资过高或损耗太快，操作者效率低。改进方法是针对拣货成本较高的实际情况逐一解决，降低成本，提高效率。

（11）拣误率

$$拣误率 = \frac{拣错笔数}{订单总笔数} \tag{2-91}$$

通过此公式能够衡量拣货作业质量、拣货员工作态度和细心程度。

为了降低拣误率，应从拣货方式的规划、自动拣货系统的正确操作和拣货员敬业程度等方面进行改进。

 8. 配送作业的评估标准

配送作业的评估内容如下。

（1）人员负担

$$人均配送量 = \frac{出货量}{配送人数} \tag{2-92}$$

$$人均配送距离 = \frac{配送总距离}{配送人数} \tag{2-93}$$

$$人均配送重量 = \frac{配送总重量}{配送人数} \tag{2-94}$$

$$人均配送车次 = \frac{配送总车次}{配送人数} \tag{2-95}$$

通过上述公式，可以充分了解配送人员的工作量和作业贡献，可根据实际情况随时调整配送人员数量。

（2）车辆负荷

$$每车吨公里数 = \frac{配送总距离 \times 总吨数}{配送车辆总数} \tag{2-96}$$

$$每车配送距离 = \frac{配送距离}{配送总车数} \tag{2-97}$$

$$每车配送重量 = \frac{配送总车量}{配送总车数} \tag{2-98}$$

通过上述公式可以评估配送车辆的负荷大小，从而决定是否增减车辆。最佳车辆负荷大小应根据实际情况来确定。

（3）空车率

$$空车率 = \frac{空车行走距离}{配送总距离} \tag{2-99}$$

当空车率较高时，表示没有充分做到"回程顺载"的原则，提高了配送成本。为了减少空车率，首先应提高回程顺载率，加强"回收物流"管理。

（4）配送车辆开动率

$$配送车辆开动率 = \frac{配送总车次}{车辆数量 \times 工作天数} \tag{2-100}$$

通过此公式可以观察车辆的利用率。如果利用率过高，则应增加车辆。如果利用率太低，则应减少车辆数量或增加配送货物。

（5）配送平均速度

$$配送平均速度 = \frac{总配送距离}{总配送时间} \tag{2-101}$$

利用这个公式可以评估配送路线是否最佳。

（6）时间效益

$$配送时间比率 = \frac{配送总时间}{配送人数 \times 工作天数 \times 每天工作时数} \tag{2-102}$$

$$单位时间配送量 = \frac{出货量}{配送总时间} \tag{2-103}$$

$$单位时间生产能力 = \frac{营业额}{配送总时间} \tag{2-104}$$

通过上述公式，可以分析单位时间的贡献度。

(7) 配送成本

$$配送成本比率 = \frac{车辆配送成本}{物流总费用} \tag{2-105}$$

$$每吨配送成本 = \frac{车辆配送成本}{总配送重量} \tag{2-106}$$

$$每车次配送成本 = \frac{车辆配送成本}{总配送车次} \tag{2-107}$$

$$每公里配送成本 = \frac{车辆配送成本}{总配送距离} \tag{2-108}$$

通过这些公式，可以分析配送成本，从而采取措施，降低成本，提高效益。

(8) 配送延误率

$$配送延误率 = \frac{配送延误车次}{总配送车次} \tag{2-109}$$

若配送延误率较高，其原因可能是车辆故障、交货配送延误、路况不良等。改良方法是针对具体原因，逐一改进。

第 9 节 采购作业评估指标

1. 采购成本计算

$$售出品成本占营业额比率 = \frac{售出品采购成本}{营业额} \tag{2-110}$$

如果售出品成本占营业额比率较高，表示企业的购入品的耗费太高，应力求降低此费用。可用集中采购等方式来降低采购费用。

$$货品采购及管理总费用 = 采购作业费 + 库存处理费 \tag{2-111}$$

库存处理费包括仓库租金、仓库处理费、保险费、损耗费和物品陈腐带来的费用等。一旦此费用总额太高，应研究物品单价等问题。

2. 采购质量计算

$$进货数量误差率 = \frac{进货误差量}{进货量} \tag{2-112}$$

$$进货不良品率 = \frac{进货不合格数量}{进货量} \tag{2-113}$$

$$进货延误率 = \frac{延误进货数量}{进货量} \tag{2-114}$$

根据这三个公式，可以掌握进货准确度，调整安全库存，保质保量和准时进货。

第 10 节　其他评估指标

 1. 物流配送中心单位面积效益

$$物流配送中心单位面积效益 = \frac{营业额}{建筑总面积} \tag{2-115}$$

当物流配送中心单位面积效益过小时，说明销售量减小，基于营业额不高和产品价值降低等原因，应扩大营业范围或针对实际情况加以改进。

 2. 工作人员效率情况

(1) 人均生产量和人均生产率

$$人均生产量 = \frac{出货量}{企业总人数} \tag{2-116}$$

$$人均生产率 = \frac{总业额}{企业总人数} \tag{2-117}$$

通过这两个公式可以衡量企业员工贡献大小和商品价格情况。

(2) 直接/间接工比率

$$直接/间接工比率 = \frac{作业人数}{企业总人数 - 作业人数} \tag{2-118}$$

通过此公式可以了解作业人员和管理人员的比例是否合理。

(3) 加班率

$$加班率 = \frac{月加班时数}{每天工作时数 \times 工作天数 \times 企业总人数} \tag{2-119}$$

如果加班率过高，不但增加员工工作时间，而且增加企业高频加班费。为此，应研究是否需要加班和加班效益。

(4) 职工队伍稳定性

$$新员工比例 = \frac{新员工人数}{企业总人数} \tag{2-120}$$

$$临时工比例 = \frac{临时工人数}{企业总人数} \tag{2-121}$$

$$离职率 = \frac{离职人员数}{企业总人数} \tag{2-122}$$

通过这三个公式可以确定企业人员流动性。人员流动性过高，自然影响企业职工队伍的稳定性和技术操作水平。

3. 物流配送中心生产力评估指标汇总（图 2-30）

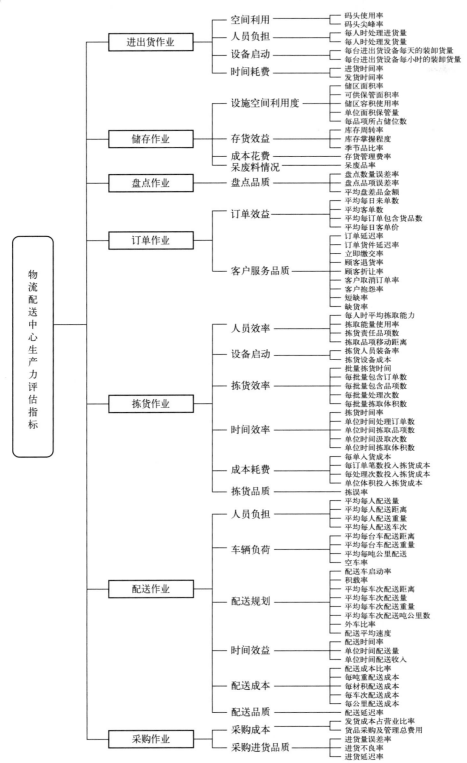

图 2-30　物流配送中心生产力评估指标汇总

第3章 现代物流配送中心规划设计

按不同业种和业态来设计的物流配送中心，其作业内容、设备型号、营业范围是完全不同的，但是就其系统规划分析方法和步骤而言有许多共同之处。随着科技进步，物流配送中心已逐步由传统的仓库型过渡到计算机化、信息化、自动化和智能化的综合型物流配送中心。

第1节 物流配送中心系统规划设计

 1. 图示物流配送中心规划设计流程

物流配送中心规划设计阶段的工作是：分析基本资料、规划作业程序和信息系统框架、物流设备的规划与选择、周边设施的规划和选择、区域布置规划。图 3-1 为基本资料收集流程，图 3-2 为物流配送中心系统规划设计步骤。

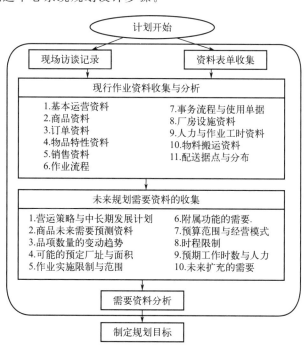

图 3-1　基本资料收集流程

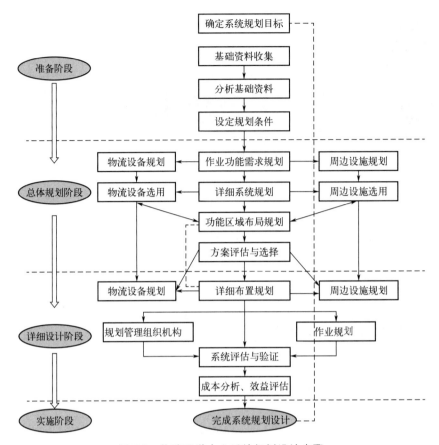

图 3-2 物流配送中心系统规划设计步骤

系统规划设计程序实际是一个逻辑分析的反复过程。从初步资料与概略规划逐步演变成完整的设计方案。在此过程中，对初步资料进行分析试算，初步得到概略性的规划和布置方案；再经过对设备选用，逐步修正原来的规划与布置，从而得到较明确的规划内容和方案。当进行详细规划设计时，通过详细信息的渗入，反复修正规划方案，最终成为较合理的规划设计方案。

 2. 物流配送中心规划设计主要内容

图 3-3 为物流配送中心规划设计的内容，主要包括物流作业系统规划、物流信息系统规划、物流运营系统规划三大部分。

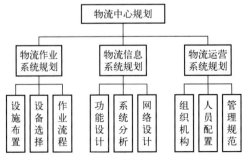

图 3-3 物流配送中心规划设计主要内容

3. 如何分析基本规划资料？

来自有关企业的原始资料，必须通过整理分析，并结合建设物流配送中心的实际情况加以修订，才能作为规划设计的重要参考。

① 定量分析内容：品项与数量分析；货物的物性分析；供需变化预测分析；储存单位和数量分析；等等。

② 定性分析内容：作业时序分析；人力需求分析；作业流程分析；作业功能分析；事务流程分析；等等。图 3-4 为物流配送中心资料分析与规划设计流程。

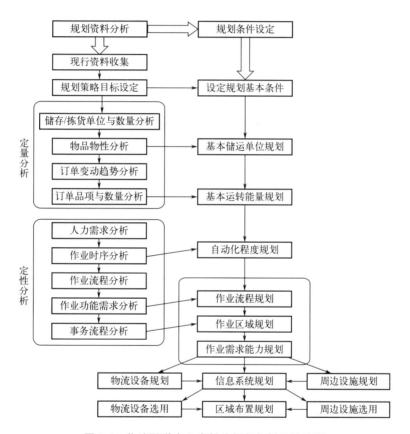

图 3-4 物流配送中心资料分析与规划设计流程

 4. 如何分析订单变化趋势？

在物流配送中心的规划过程中，首先总结历来销售和发货资料，并进行分析，从而了解销售趋势和变化情况。若能得到有关的变化趋势或周期，则有利于后续资料分析和物流配送中心的建立。就货物销售趋势而言有：

① 长时间内渐增或渐减的长期趋势；

② 以一年为周期的因自然气候、文化传统、商业习惯等因素影响的季节变化；

③ 以固定周期为单位（如：月、周）的变化趋势的循环变动；

④ 偶然变动的不规则变化趋势。

根据预测不同种类的变化趋势，制订相应的对策和目标值。通常设峰值的 80% 为目标值。若某订单的峰值与谷值之比超过 3 倍，在同一个物流系统内处理将使效率降低，运营将更为困难。此时，必须制订适宜的运营政策和方法，以取得经济效益和运营规模的平衡。

关于分析过程的时间单位，视资料收集范围及广度而定。对于未来发展趋势预测，以年为单位；对季节变化预测，则以月为单位；分析月或周内变化倾向，则以周或日为单位。

常用的分析方法有时间数列分析法、回归分析法、统计分析法等。

如果以一个年度月份的时间单位为横轴，纵轴代表销售量，进行时间序列分析，如图 3-5 所示，图中包括长期趋势变化、季节变化、循环变化和不规则变化。根据变化趋势可预测市场情况，从而制订销售计划。

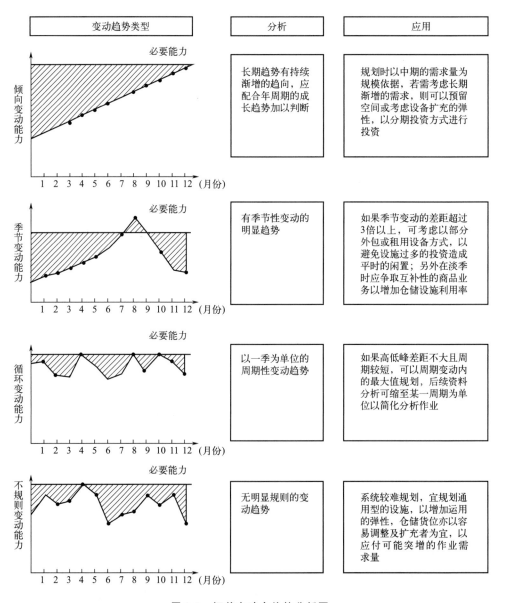

图 3-5　订单变动全趋势分析图

5. 如何用 EIQ 法分析订单品项和数量？

订单是物流配送中心的生命线，掌握了订单就能了解物流配送中心的特性。然而订单的品名、数量、发货日期千变万化，它既是物流配送中心的活力，也是不确定因素，即物流配送中心业务随订单变化而波动。这样经常使得物流配送中心的规划人员，无论规划新系统还是改造旧系统，都感到无从下手。若能掌握数据分析原则，作出有效的资料群组，再进行相关分析，简化分析过程，得出有益的规划结果，那就再好不过了。

日本的铃木震先生倡导 EIQ 规划法用于物流配送中心的设计规划，颇有成效。所谓 EIQ 即订单件数（entry）、货品种类（item）和数量（quantity）。由此可见，EIQ 是物流特性的关键因素。

EIQ 规划方法是针对不确定和波动条件的物流配送中心系统的一种规划方法，其意义在于掌握物流配送中心的物流特性，根据物流特性衍生出来的物流状态、运作方式，规划出合适的物流系统。EIQ 方法能有效规划出系统的大致框架结构，从宏观上有效掌握系统特色。

在进行订单品项数量分析时，首先应考虑时间范围和单位。在以每天为单位的分析数据中，主要订单发货资料可分解为表 3-1 的格式。在资料分析时必须注意统一计量单位。同时，应把所有订单品项的发货量转换成相同的计算单位。如重量、体积、箱、个或金额等单位。金额单位和价值功能分析有关，多用在货品和储区分类等方面。重量、体积等单位与物流作业有直接密切关系，它将影响整个系统的规划。

要了解物流配送中心实际运作的物流特性，只分析一天的资料是不够的。但若分析一年的资料，往往因资料数量庞大，分析过程太费财力和物力。为此，可先分析一天的发货量，找出可能的作业周期和波动幅度。若各周期中出现大致相同的发货量，则可缩小资料范围。如一周内发货集中在星期五和星期六，一个月集中在月初或月末，一年集中在某一季度。这样可求出作业周期和峰值时间。总之，尽可能将分析资料缩到某一个月份、一年中每月的月初第一周或者一年中每周的周末。如此取样可节省许多财力、物力，又有代表性。

表 3-1　EIQ 资料分解格式（天）

发货订单	发货品项						订单发货数量	订单发货品项
	I_1	I_2	I_3	I_4	I_5	...		
E_1	Q_{11}	Q_{12}	Q_{13}	Q_{14}	Q_{15}		$Q_{1.}$	N_1
E_2	Q_{21}	Q_{22}	Q_{23}	Q_{24}	Q_{25}		$Q_{2.}$	N_2
E_3	Q_{31}	Q_{32}	Q_{33}	Q_{34}	Q_{35}		$Q_{3.}$	N_3
...								
...								
单品发货量	$Q_{.1}$	$Q_{.2}$	$Q_{.3}$	$Q_{.4}$	$Q_{.5}$		$Q_{..}$	$N_{.}$
单品发货次数	K_1	K_2	K_3	K_4	K_5		......	$K_{.}$

注：$Q_{1.}$（订单 E_1 的发货量）＝ $Q_{11} + Q_{12} + Q_{13} + Q_{14} + Q_{15} + \cdots$；

$Q_{.1}$（品项 I_1 的发货量）＝ $Q_{11} + Q_{21} + Q_{31} + Q_{41} + Q_{51} + \cdots$；

N_1（订单 E_1 的发货项数）＝ 计数（Q_{11}，Q_{12}，Q_{13}，Q_{14}，Q_{15}，$\cdots$）>0 者；

K_1（品项 I_1 的发货次数）＝ 计数（Q_{11}，Q_{21}，Q_{31}，Q_{41}，Q_{51}，$\cdots$）>0 者；

$N_{.}$（所有订单的发货总项数）＝ 计数（K_1，K_2，K_3，K_4，K_5，$\cdots$）>0 者；

$K_{.}$（所有产品的总发货次数）＝ $K_1 + K_2 + K_3 + K_4 + K_5 + \cdots$。

6. 什么是订单量（EQ）分析？

关于订单量（EQ）分析：通过对订单量的分析，可以了解单张订单的订购量分布情况，从而决定处理订单的原则、拣货系统的规划、发货方式和发货区的规划。一般是以对营业日的 EQ 分析为主，各种 EQ 分布图的类型分析如图 3-6 所示。EQ 分布图形对规划储区和拣货模式都有重要参考价值。当订单量分布趋势越明显时，分区规划越容易。否则应以柔性较强的设计为主。EQ 量很小的订单数所占比例大于 50％时，应把该订单另外分类，以提高效率。

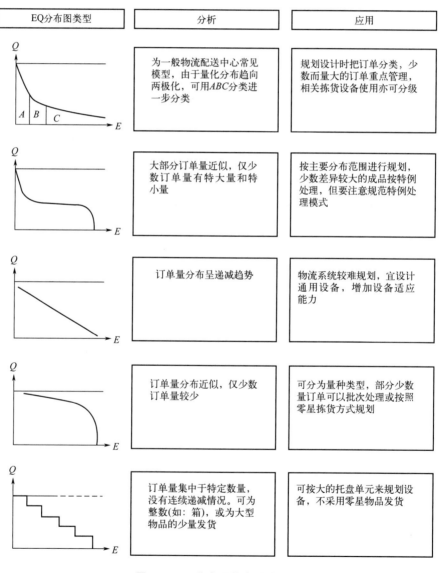

图 3-6　EQ 分布图的类型分析

7. 什么是品项数量（IQ）分析？

关于品项数量（IQ）分析：通过对品项数量（IQ）分析，可以知道各种产品发货量的分布情况，有利于分析产品的重要性和运输情况。这可用于仓储系统的规划选用、储位空间的估算、拣货方式及拣货区规划。图 3-7 为 IQ 分布图的类型分析。

在规划储区时多采用时间周期为一年的 IQ 分析为主。此外，在规划拣货区时还要参考单日的 IQ 分析。通过对单日和全年 IQ 量分析，结合发货量和发货频率的相关分析，使整个仓储拣货系统的规划更结合实际情况。

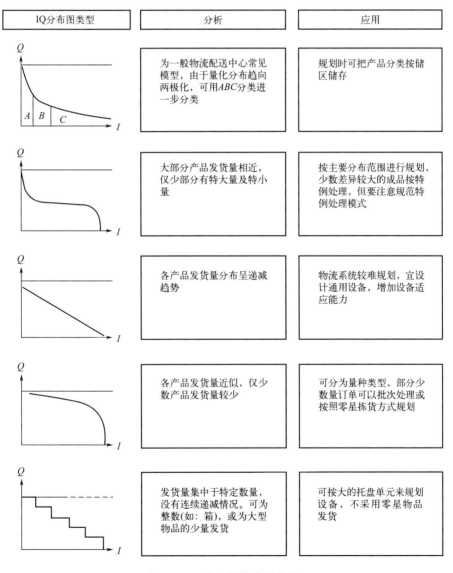

图 3-7　IQ 分布图的类型分析

8. 如何分析物品特性与储运单位? ··························

在进行订单品项和数量分析时，最好结合相关物性、包装规格和特性，以及储运单位等因素进行分析。这样，更有利于对仓储和拣货区的规划。

根据储存保管特性也可分为干货区、冷冻区、冷藏区。按货物重量可分为重物区、轻物区。按货物价格可分为贵重物品区和一般物品区。针对一般基本物性与包装单位的分类整理，可参考表 3-2 的商品物性与包装单位分析表。

表 3-2　商品物性与包装单位分析表

特性	资料项目	资料内容
物料性质	1. 物态	□ 气体　□ 液体　□ 半液体　□ 固体
	2. 气味特性	□ 中性　□ 散发气体　□ 吸收气体　□ 其他
	3. 储存保管特性	□ 干货　□ 冷冻　□ 冷藏
	4. 温湿度需求特性	＿＿＿＿℃　　＿＿＿＿%
	5. 内容物特性	□ 坚硬　□ 易碎　□ 松软　□ 其他＿＿＿
	6. 装填特性	□ 规则　□ 不规则
	7. 可压缩性	□ 可　□ 否
	8. 有无磁性	□ 有　□ 无
	9. 单品外观	□ 方形　□ 长条形　□ 圆筒　□ 不规则　□ 其他＿＿＿
单品规格	1. 质量	＿＿＿＿（单位：　）
	2. 体积	＿＿＿＿（单位：　）
	3. 尺寸	长＿＿＿×宽＿＿＿×高＿＿＿（单位：　）
	4. 物品基本单位	□ 个　□ 包　□ 条　□ 瓶　□ 其他＿＿＿
基本包装单位规格	1. 质量	＿＿＿＿（单位：　）
	2. 体积	＿＿＿＿（单位：　）
	3. 外部尺寸	长＿＿＿×宽＿＿＿×高＿＿＿（单位：　）
	4. 基本包装单位	□ 箱　□ 包　□ 盒　□ 捆　□ 其他＿＿＿
	5. 包装单位个数	＿＿＿＿（个/包装单位）
	6. 包装材料	□ 纸箱　　　□ 捆包　　　□ 金属容器 □ 塑料容器　□ 袋　　　　□ 其他＿＿＿
外包装单位规格	1. 质量	＿＿＿＿（单位：　）
	2. 体积	＿＿＿＿（单位：　）
	3. 外部尺寸	长＿＿＿×宽＿＿＿×高＿＿＿（单位：　）
	4. 基本包装单位	□ 托盘　□ 箱　□ 包　□ 其他＿＿＿
	5. 包装单位个数	＿＿＿＿（个/包装单位）
	6. 包装材料	□ 包膜　　　□ 纸箱　　　□ 金属容器 □ 塑料容器　□ 袋　　　　□ 其他＿＿＿

9. 试述物流与信息流分析

在进行物流配送中心规划时，除了数量化信息分析之外，一般物流与信息流等定性化的资料分析也很重要。

(1) 作业流程分析

作业流程分析是针对一般常态性和非常态性的作业加以分类，并整理出物流配送中心的基本作业流程。因为产业与产品不同，物流配送中心的作业流程也不相同。一般物流配送中心作业流程内容的分析项目如表 3-3 所示。

表 3-3 物流配送中心作业流程内容分析表

作业性质	作业分类	作业内容	
1. 一般常态性物流作业	① 进货作业	□ 车辆进货 □ 进货点收	□ 进货卸载 □ 理货
	② 储存保管作业	□ 入库	□ 调拨补充
	③ 拣货作业	□ 订单拣货 □ 集货	□ 拣货分类
	④ 发货作业	□ 流通加工 □ 发货点收	□ 品检作业 □ 发货装载
	⑤ 输配送作业	□ 车辆调度指派 □ 车辆运送	□ 路线安排 □ 交递货物
	⑥ 仓储管理作业	□ 定期盘点 □ 到期物品处理 □ 移仓与储位调整	□ 不定期抽盘 □ 即将到期物品处理
2. 非常态性物流作业	① 退货物流作业	□ 退货 □ 退货点收 □ 退货良品处理 □ 退货废品处理	□ 退货卸载 □ 退货责任确认 □ 退货瑕疵品处理 □ 其他_____
	② 换货补货作业	□ 退货或换货作业 □ 零星补货拣货 □ 零星补货运送	□ 误差责任确认 □ 零星补货包装 □ 其他_____
	③ 物流配合作业	□ 车辆货物出入管制 □ 容器回收 □ 废料回收处理	□ 装卸车辆停泊 □ 空容器暂存

(2) 事务流程分析

在物流配送中心运转过程中，除了物流与信息流相结合之外，还有大量表单和资料等信息在传递。一般物流配送中心由于品项繁多，每日订单量大，使得处理订单和相关发货表单的工作量很大。每日接单与发货的工作量太大，使事务员难以胜任。使物流业实现无纸化作业，关键在于信息流和信息传递界面的分析与规划。表 3-4 为物流配送中心事务流程内容分析。

表 3-4　物流配送中心事务流程内容分析表

作业性质	作业分类	作业内容	
1. 物流支援作业	① 接单作业	□客户资料维护 □货量分配计算 □订单资料异动 □客户咨询服务 □其他_____	□订单资料处理 □订单资料维护 □退货资料处理 □交易分析查询
	② 发货作业	□发货资料处理 □发货与订购差异之处理 □紧急发货处理	□发货资料维护 □换货补货处理 □其他_____
	③ 采购作业	□厂商资料维护 □采购资料维护 □货源规划	□采购资料处理 □采购资料异动 □其他_____
	④ 进货作业	□进货资料处理 □进货与采购差异之处理 □其他_____	□进货资料维护 □进货时程管理
	⑤ 库存管理作业	□产品资料维护 □库存资料处理 □盘点资料处理 □其他_____	□储位管理作业 □到期日管理 □移仓资料处理
	⑥ 订单拣货作业	□配送计划制作 □配送标签列印处理 □其他_____	□拣货作业指示处理 □分类条形码列印处理
	⑦ 运输配送作业	□运输计划制作 □配送路径规划 □货运行基本资料维护	□车辆调度管理 □配送点管理 □运输费用资料处理
2. 一般事务性作业	① 财务会计作业	□一般进销存账务处理作业 □相关财务报表作业	□成本会计作业 □其他_____
	② 人事薪资作业	□差勤资料处理 □薪资发放作业 □教育训练 □其他_____	□人事考核作业 □员工福利 □绩效管理
	③ 厂务管理作业	□门禁管制作业 □厂区整洁维护 □设备财产管理	□公共安全措施 □一般物料订购发送 □其他_____
3. 决策支援作业	① 效益分析	□物流成本分析	□营运绩效分析
	② 决策支援管理	□车辆指派系统	□配送点与道路网络分析

 10. 什么是作业时序分析？

在物流配送中心工作过程中，必须了解作业时间分布。根据用户作息时间考虑配送时间，以满足用户需要。许多物流配送中心采取夜间进货，一是避免白天车流量大，二是在此时间段购物人少，便于处理进货、验收作业。表 3-5 为物流配送中心一天内各项作业的时间段，由表可以观察和分析物流配送中心作业时序和特性。

表 3-5　物流配送中心作业时序分析

作业名称	作业时间/时																							
	7	8	9	10	11	12	13	14	15	16	17	18	19	20	21	22	23	24	1	2	3	4	5	6
1. 订单处理		▬	▬	▬	▬	▬	▬	▬	▬															
2. 派车	▬								▬															
3. 理货												▬	▬	▬										
4. 流体加工				▬			▬	▬	▬	▬				▬										
5. 发货	▬																							
6. 配货				▬	▬	▬	▬	▬	▬															
7. 回库处理							▬	▬	▬															
8. 退货处理																								
9. 进货验收			▬	▬	▬	▬	▬	▬																
10. 入库上架				▬	▬	▬	▬	▬	▬															
11. 仓库管理			▬	▬	▬	▬	▬	▬	▬															
12. 库存反应资料传递														▬	▬	▬	▬	▬	▬	▬	▬	▬	▬	▬

 11. 自动化水平分析

自动化水平分析是对现有系统设备的自动化程度进行分析。通过分析，可知自动化水平过低和过高都会影响物流配送中心的效益。这种分析结果对规划新建物流配送中心有重要的参考价值。物流配送中心自动化水平分析表如表 3-6 所示。

表 3-6　物流配送中心自动化水准分析表

作业分类	作业内容	自 动 化 水 准				
		手动	手动＋机械	半自动	全自动＋人工监控	全自动
① 进货作业	□ 车辆进货					
	□ 进货卸载					
	□ 进货点收					
	□ 理货					
② 储存保管	□ 入库					
	□ 调拨补充					
③ 拣货作业	□ 订单拣货					
	□ 拣货分类					
	□ 集货					

续表

作业分类	作业内容	自 动 化 水 准				
		手动	手动＋机械	半自动	全自动＋人工监控	全自动
④ 发货作业	□ 流通加工					
	□ 品检作业					
	□ 发货点收					
	□ 发货装载					
⑤ 输配送作业	□ 车辆调派					
	□ 路线安排					
	□ 车辆运送					
	□ 交递货物					
⑥ 仓储管理作业	□ 定期盘点					
	□ 不定期抽盘					
	□ 到期物品处理					
	□ 即将到期物品处理					
	□ 移仓与储位调整					

第 2 节　作业功能的规划

规划设计的物流配送中心应该符合简单化、机械化和合理化要求。合理化就是各项作业流程具有必要性和合理性。简单化就是使整个系统简单、明确、易操作，并努力做到作业标准化。机械化就是规划设计的现代物流系统应力求减少人工作业，尽量采用机械或自动化设备来提高生产效率，降低人为可能造成的错误。

 1. 如何规划作业流程？

物流配送中心的主要活动是订货、进货、发货、仓储、订单拣货和配送作业。首先确定物流配送中心主要活动及其程序之后，才能规划设计。有的物流配送中心还要进行流通加工、贴标和包装等作业。当有退货作业时，还要进行退货品的分类、保管和退回等作业。图 3-8 为一般物流配送中心的作业流程。

经过基本资料分析和基本条件设定之后，便可针对物流配送中心特性进一步分析，并制订合理的作业程序，以便选用设备和规划设计空间。通过对各项作业流程的基本分析，便可进行作业流程合理化分析，从而找出作业中不合理和不必要的作业，力求简化物流配送中心里可能出现的不必要的计算和处理单位。这样规划设计出的物流配送中心可减少重复堆放的搬运、翻堆和暂存等工作，提高整个物流配送中心的效率。如果储运单位过多时，可将各作业单位予以分类合并，避免内部作业过程中储运单位过多的转换。尽量简化储运单位，以托盘或储运箱为容器。把体积、外形差别大的物品归类成相同标准的储运单位，这样可以简化物流配送中心的储运单位。

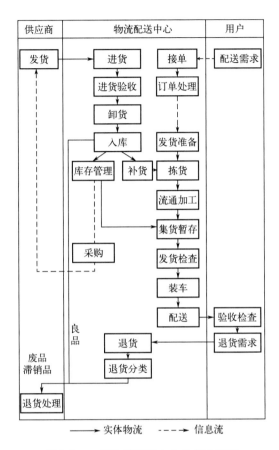

图 3-8　一般物流配送中心的作业流程

 2. 何谓作业区域的功能规划？

在作业流程规划后，可根据物流配送中心运营特性进行作业区域、各区域包括物流作业区及周边辅助活动区和物流作业区（如装卸货、入库、订单拣货、出库、发货等作业）的规划。此外，周边辅助活动区如办公室、计算机室和维修间等也要进行规划。通过归类整理，可把物流配送中心作业区分类如下：

① 一般物流作业区；

② 退货物流作业区；

③ 换货补货作业区；

④ 流通加工作业区；

⑤ 物流配合作业区；

⑥ 仓储管理作业区；

⑦ 厂房使用配合作业区；

⑧ 办公事务区；

⑨ 计算机作业区；

⑩ 劳务性活动区；

⑪ 厂区相关活动区。

表 3-7 为物流配送中心作业区域分析表，利用此表可逐一分析各作业项目和性质。

表 3-7　物流配送中心作业区域分析表

作业类别	作业项目	作业性质说明	作业区域规划		
一般物流作业	1. 车辆进货	物品由运输车辆送入物流配送中心并停靠于卸货区域	□ 进货口	□ 进发货口	□ 其他_____
	2. 进货卸载	物品由运输车辆卸下	□ 卸货平台	□ 装卸货平台	□ 其他_____
	3. 进货点收	进货物品清点数量或品检	□ 进货暂存区	□ 理货区	□ 其他_____
	4. 理货	进货物品拆柜拆箱或堆栈以便入库	□ 进货暂存区	□ 理货区	□ 其他_____
	5. 入库	物品搬运送入仓储设备区域储存	□ 库存区	□ 拣货区	□ 其他_____
	6. 调拨补充	配合拣货作业把物品移至拣货区域或调整储存位置	□ 库存区	□ 补货区	□ 其他_____
	7. 订单拣货	依据订单内容与数量拣货发货物品	□ 库存区　□ 散装拣货区	□ 拣货区	
	8. 分类	在批次拣货作业下依客户将物品分类输送	□ 分类区	□ 拣货区	□ 其他_____
	9. 集货	在订单分割拣货之后集中配送货物	□ 分类区　□ 发货暂存区	□ 集货区	
	10. 流通加工	根据客户需求另行处理的流通加工作业	□ 分类区　□ 流通加工作业区	□ 集货区	
	11. 品检	检查发货物品品质或清点数量	□ 集货区　□ 流通加工作业区	□ 发货暂存区	
	12. 发货点收	确认发货物品品项数量正确性	□ 集货区	□ 发货暂存区	□ 其他_____
	13. 发货装载	发货物品装载至运输配送车辆	□ 装货平台	□ 装卸货平台	□ 其他_____
	14. 货物运送	车辆离开物流配送中心进行配送	□ 发货口	□ 进发货口	□ 其他_____
退货物流作业	1. 退货	客户退回物品至物流配送中心	□ 进货口	□ 退货卸货区	□ 其他_____
	2. 退货卸货	退回物品自装运车辆卸下	□ 卸货平台	□ 退卸货平台	□ 其他_____
	3. 退货点收	退货物品之品项数量清点	□ 退货卸货区	□ 退货处理区	□ 其他_____
	4. 退货责任确认	退货原因与物品可用程度确认	□ 退货处理区	□ 办公区	□ 其他_____
	5. 退货良品处理	退货中属于良品之处理作业	□ 退货良品暂存区　□ 其他	□ 退回处理区	
	6. 退货瑕疵品处理	退货中有瑕疵但仍可用之物品处理作业	□ 瑕疵品暂存区	□ 退货处理区	
	7. 退货废品处理	退货中属于报废品之处理作业	□ 退货处理区	□ 废品暂存区	

续表

作业类别	作业项目	作业性质说明	作业区域规划
换货补货作业	1. 退货后换货作业	客户退货后仍换货或补货之处理作业	☐ 办公区　　☐ 其他_____
	2. 误差责任确认	物品配送至客户产生误差短少情形之处理	☐ 办公区　　☐ 其他_____
	3. 零星补货拣货	对于订单少量需求或零星补货的拣货作业	☐ 散装拣货区　☐ 拣货区　☐ 其他_____
	4. 零星补货包装	对于订单少量需求或零星补货所需另行包装的运送作业	☐ 流通加工作业区 ☐ 装拣货区　　☐ 其他_____
	5. 零星补货运送	对于订单少量需要或另行补货所需另行配送的运送作业	☐ 发货暂存区　☐ 装货平台 ☐ 其他_____
流通加工作业	1. 拆箱作业	根据单品拣货需求的拆箱割箱作业	☐ 流通加工作业区 ☐ 散装拣货区　☐ 其他_____
	2. 裹包	根据客户需求将物品另行裹包	☐ 流通加工作业区 ☐ 集货区　　☐ 其他_____
	3. 多种物品集包	根据客户需求将数件数种物品集成小包装或附赠品包装	☐ 流通加工作业区 ☐ 集货区
	4. 外部外箱包装	根据运输配送需求将物品装箱或以其他方式外部包装	☐ 流通加工作业区 ☐ 集货区　　☐ 其他_____
	5. 发货物品称重	根据运输配送需求或运费计算时所需之发货物品称重作业	☐ 流通加工作业区　　☐ 发货暂存区 ☐ 称重作业区　　　☐ 其他_____
	6. 附印条形码文字	根据客户需求在发货物品外箱或外包装物印制有关条形码文字	☐ 流通加工作业区 ☐ 分类区　　☐ 其他_____
	7. 印贴标签	根据客户需求印制条形码文字标签并贴附在物品外部	☐ 流通加工作业区 ☐ 分类区　　☐ 其他_____
物流配合作业	1. 车辆货物出入管理	进货或发货车辆出入物流配送中心的管制作业	☐ 厂区大门　　☐ 其他_____
	2. 装卸车辆停泊	进发货车辆在没有装卸载码头可用时临时停车与回车之作业	☐ 运输车辆停车场 ☐ 一般停车场　☐ 其他_____
	3. 容器回收	配合储运箱或托盘等容器流通使用作业	☐ 卸货平台　　☐ 理货区 ☐ 容器回收区　☐ 其他_____
	4. 空容器暂存	空置容器暂存及存取使用作业	☐ 容器暂存区　☐ 容器储存区 ☐ 其他_____
	5. 废料回收处理	拣货配送与流通加工过程产生废料空纸箱的处理	☐ 废料暂存区　☐ 废料处理区
仓储管理作业	1. 定期盘点	定期对整个物流配送中心物品盘点	☐ 库存区　　☐ 拣货区　　☐ 散装拣货区
	2. 不定期抽盘	不定期依物品种类轮流抽盘	☐ 库存区　　☐ 其他_____
	3. 到期物品处理	针对已超过使用期限物品所做的处理作业	☐ 库存区　　☐ 废品暂存区 ☐ 其他_____
	4. 即将到期物品处理	针对即将到期物品所做的分类标示或处理作业	☐ 库存区　　☐ 其他_____
	5. 移仓与储位调整	配合需求变动与品项变化调整仓储区域与储位分配	☐ 库存区　　☐ 调拨仓储区 ☐ 其他_____

3. 如何分析物流配送中心辅助作业区域？

　　在规划设计物流配送中心各区域时，应以物流作业区为主，再延伸到相关辅助作业区域。对物流作业区的规划可根据流程进出顺序逐区规划。表 3-8 为物流配送中心辅助作业区域分析表。

表 3-8　物流配送中心辅助作业区域分析表

作业类别	作业项目	作业性质说明	作业区域规划
厂房使用配合作业	1. 电气设备使用	电气设备机房的安装与使用	☐ 变电室　　☐ 配电室 ☐ 电话交换室　☐ 其他＿＿＿＿
	2. 动力及空调设备使用	动力与空调设备机房的安装与使用	☐ 空调机房　☐ 动力间 ☐ 空压机房　☐ 其他＿＿＿＿
	3. 安全消防设备使用	安全消防设施的安装与使用	☐ 安全警报管制室 ☐ 其他＿＿＿＿
	4. 设备维修工具器材存放	设备维修保养作业区域与一般作业所需工具及器材存放	☐ 设备维修间　☐ 工具间 ☐ 器材室　　☐ 其他＿＿＿＿
	5. 一般物料储存	一般消耗性物料文具品之储存	☐ 物料存放间　☐ 其他＿＿＿＿
	6. 人员出入	人员进出物流配送中心区域	☐ 大厅　　　☐ 玄关 ☐ 走廊
	7. 人员车辆通行	人员与搬运车辆在仓库区内通行的通道	☐ 主要通道　☐ 辅助通道 ☐ 其他＿＿＿＿
	8. 楼层间通行	人员与物料在楼层间通行或搬运活动	☐ 电梯间　　☐ 楼梯间
	9. 机械搬运设备停放	机械搬运设备非使用时所需停放空间	☐ 搬运设备停放区 ☐ 其他＿＿＿＿
办公事务	1. 办公活动	物流配送中心各项事务性的办公活动	☐ 主管办公室 ☐ 一般办公室　☐ 总机室
	2. 会议讨论与人员训练	一般开会讨论的活动及内部人员进行教育训练的活动	☐ 会议讨论室　☐ 训练室 ☐ 其他＿＿＿＿
	3. 资料储存管理	一般公文文件与资料档案的管理	☐ 资料室　　☐ 收发室
	4. 电脑系统使用	电脑系统操作与处理的活动及相关电脑档案报表存档与管理	☐ 电脑作业室　☐ 档案室
劳务活动	1. 盥洗	员工盥洗及厕所使用	☐ 盥洗室　　☐ 其他＿＿＿＿
	2. 员工休息及娱乐活动	员工休息时间及提供员工一般娱乐健身休闲使用	☐ 休息室　　☐ 吸烟室 ☐ 娱乐室　　☐ 其他＿＿＿＿
	3. 急救医疗	因应紧急工作伤害与基本救护	☐ 医务室　　☐ 其他＿＿＿＿
	4. 接待厂商来宾	接待厂商来宾与客户	☐ 接待室　　☐ 其他＿＿＿＿
	5. 厂商司机休息	厂商司机等待作业之临时休息区	☐ 司机休息室　☐ 其他＿＿＿＿
	6. 员工膳食	提供员工用餐的区域	☐ 餐厅　　　☐ 厨房 ☐ 其他＿＿＿＿

续表

作业类别	作业项目	作业性质说明	作业区域规划
厂区相关活动	1. 警卫值勤	警卫值勤与负责门禁管制工作	□ 警卫室　　□ 其他_____
	2. 员工车辆停放	提供员工一般车辆停放区域	□ 一般停车场　□ 其他_____
	3. 厂区交通	厂区人员车辆进出与通行	□ 厂区通道　□ 厂区出入大门 □ 其他_____
	4. 厂区填充	厂区内预流扩充的预定地	□ 厂区扩充区域 □ 其他_____
	5. 环境美化	美化厂区环境区域	□ 环境美化绿化区 □ 其他_____

4. 试述作业区的能力规划

在确定作业区之后，进一步应确定各作业区的具体内容。表 3-9 为物流配送中心物流作业区域的作业规划表。

当缺乏有关资料而无法逐区规划时，可对仓储和拣货区进行详细分析，再根据仓储和拣货区的规划进行前后相关作业的规划。以下就仓储和拣货区分别说明。

表 3-9　物流配送中心物流作业区域的作业规划表

项次	作业区域	规划要点		作业区域功能设定	作业需求运转能量
1	□装卸货平台	□ 进发货口共用与否 □ 装卸货车辆进出频率 □ 有无装卸货物配合设施 □ 装卸货车辆回车空间 □ 供货厂商数量 □ 进货时段	□ 进发货口相邻与否 □ 装卸货车辆形式 □ 物品装载特性 □ 每车装卸货所需时间 □ 配送客户数量 □ 配送时段		
2	□进货暂存区	□ 每日进货数量 □ 容器流通程度 □ 进货等待入库时间	□ 托盘使用规格 □ 进货点收作业内容		
3	□理货区	□ 理货作业时间 □ 品检作业时间 □ 有无叠卸托盘配合设施	□ 进货品检作业内容 □ 容器流通程度		
4	□库存区	□ 最大库存量需求 □ 产品项目 □ 储位指派原则 □ 自动化程度需求 □ 储存环境需求 □ 物品周转效率	□ 物品特性基本资料 □ 储区划分原则 □ 存货管制方法 □ 产品使用期限 □ 盘点作业方式 □ 未来需求变动趋势		
5	□拣货区	□ 物品特性基本资料 □ 每日拣出量 □ 订单分割条件 □ 客户订单数量资料 □ 有无流通加工作业需求 □ 未来需求变动趋势	□ 配送品项 □ 订单处理原则 □ 订单汇总条件 □ 订单拣货方式 □ 自动化程度需求		

项次	作业区域	规划要点		作业区域功能设定	作业需求运转能量
6	□ 补货区	□ 拣货区容量 □ 每日拣出量 □ 拣货补充基准	□ 补货作业方式 □ 盘点作业方式 □ 拣货补充基本量		

(1) 仓储区的储运量规划

设计物流配送中心仓储运转能力大小的原则和方法如下。

1）周转率估计法

利用周转率估计储存能力是简便快速的初估方法。这种方法虽然不太精确，但适用于初步规划和储存能力的概算。

① 年运转量计算：把物流配送中心的各项进出产品单元换算成相同单位的储存总量，如托盘单元或标准纸箱等。这种单位是现在或今后规划的仓储作业基本单位。求出全年各种产品的总量就是物流配送中心的年运转量。

② 估计周转率：这是估计未来物流配送中心仓储存量周转率目标。一般情况下，食品零售业年周转率次数约为 20～25 次，制造业年周转率次数约为 12～15 次。企业在设立物流配送中心时，可针对经营品项的特性、产品价值、附加利润、缺货成本等因素，决定仓储区的周转次数。

③ 估计仓容量：在实际规划仓储空间时，可根据商品类别分类计算年运转量。之后根据产品特性分别计算年运转次数和计算总容量。表 3-10 为仓储区以周转率计算仓容量的计算表。

以年仓储运转量除以周转次数便是仓容量，即

$$仓容量 = \frac{年仓储运转量}{周转次数} \qquad (3\text{-}1)$$

④ 估计放宽比：估计仓储运转的变化弹性，以估计的仓容量加上放宽比，便是规划仓容量。这可以适应高峰期的高运转量要求。一般取放宽比为 10%～25%。比值取得太高，会增加仓储空间过剩的投资费用。

表 3-10　仓储区以周转率计算仓容量的计算表

商品名	年运转量 ①	周转次数 ②	估计仓容量 ③＝①/②	放宽比 ④	规划仓容量 ⑤＝③×(1＋④)

2）商品送货频率估计法

在缺乏足够分析资料时，可利用周转率来估计储存区储量。如果能收集到各产品的年储运量和发货天数，根据厂商送货频率进行分析，也可估算仓容量。其计算程序如下：

① 计算年运转量。

② 估计发货天数。

③ 计算平均发货日的储运量：

$$平均储运量 = \frac{各产品年运转量}{年发货天数} \qquad (3\text{-}2)$$

④ 估计送货频率。

⑤ 估算仓容量：

$$估算仓容量＝平均储运量×送货频率$$

⑥ 估计放宽比：估计仓储运转的变化弹性。

⑦ 求规划仓容量：估算仓容量×（1＋放宽比）。

关于实际工作天数计算有两种基准。一是年工作天数，二是以各产品的实际发货天数为单位。若能真实求出各产品的实际发货天数，则可计算平均日储运量。这个基准接近真实情况。但要特别注意，当部分商品发货天数很小并集中在少数天数发货而使仓储量计算偏高时，会造成闲置储运空间，浪费投资。

（2）拣货区的储运量规划

拣货区是以单日发货品所需拣货作业空间为主。为此，最主要考虑因素是品项数和作业面。一般拣货区的规划不包括当日所有发货量，在拣货区货品不足时由仓储区进行补货。拣货区储运量规划计算方法如下。

① 年发货量计算：把物流配送中心的各项进出产品换算成相同拣货单位的拣货量，并估计各产品的年发货量。

② 估计各产品平均发货天数：把各产品的年发货量除以年发货天数。

③ 估计各产品的发货天数：分析各类产品估计年发货天数。

④ 计算各产品平均发货天数的发货量：将各产品年发货量除以年发货天数。

⑤ ABC 分析：对各产品进行年发货量和平均发货天数的发货量 ABC 分析。根据这种分析，可确定发货量高、中、低的等级和范围。在后续的规划设计阶段，可根据高、中、低等级的产品类别进行物性分析和分类。这样，根据发货高、中、低的类别，可确定不同拣货区存量水平。将各类产品的品项数乘以拣货区存量水平，便是拣货区储运量的初估值。

假设一般物流配送中心年工作天数为 300 天，把发货天数分成三个等级，即 200 天以上、30～200 天和 30 天以下。把各类产品发货天数分为高、中、低三组。实际上，天数分类范围是根据发货天数分布范围而定的。表 3-11 为综合发货天数的产品发货量分类情况。

表 3-11　综合发货天数的产品发货量分类

发货量	发货天数		
	高 200 天以上	中 30～200 天	低 30 天以下
A. 年发货量和平均日发货量均很大	1	1	5
B. 年发货量大，但平均日发货量较小	2	8	—
C. 年发货量小，但平均日发货量较大	—	—	6
D. 年发货量小，平均日发货量小	3	8	6
E. 年发货量中，平均日发货量小	4	8	7

表 3-11 中有 8 类物品，现在对各类物品说明如下：

分类 1：年发货量和平均发货日的发货量均很大，发货天数很高。这是发货最多的主力产品群，要求仓储拣货系统的规划有固定储位和大的存量水平。

分类 2：年发货量大，平均发货日的发货量较小，但是发货天数很多。虽然单日的发货量不大，但是发货很频繁。为此，仍以固定储位方式为主，但存量水平较低。

分类 3：年发货量和平均发货日的发货量都小。虽然发货量不高，但是发货天数超过 200 天，是最频繁的少量产品。处理方法是单品发货。

分类 4：年发货量中等，平均发货日的发货量较小，但是发货天数很多。处理烦琐，以单品发货为主。

分类 5：年发货量和平均发货日的发货量均很大，但发货天数很少，可集中在少数几天内发货。这种情况可视为发货特例，应以临时储位方式处理为主，避免全年占用储位和浪费资金。

分类 6：年发货量和发货天数也小，但品项数多。为避免占用过多的储位，可按临时储位或弹性储位的方式来处理。

分类 7：年发货量中等，平均发货日的发货量较小，发货天数也小。对于这种情况，可视为特例，以临时储位方式处理，避免全年占用储位。

分类 8：发货天数在 30～200 天之间，发货量中等。对于这种情况，以固定储位方式为主，但存量水平亦为中等。

上述 8 种分类是参考性指标。在实际规划过程中，仍要根据发货特性来调整分类范围和类型。

订单发货资料经过分类之后，可对各类产品存量定出基本水平。例如：分类 1 的产品，存量水平高，估计需要较大的拣选空间，为此应提高放宽率；而分类 2 的产品存量水平较低，在估算拣货空间时应减少放宽率，从而减少多余的拣货空间。如果在实际拣货时因缺货影响发货时，则以补货方式来补足拣货区的货存量。

对于年发货量较小的商品，在规划中可省略拣货区。这种情况，可与仓储区一起规划，即仓储区兼拣货作业区。若采用批量拣货时，则批量处理的品项应加以考虑。上述分类 1 较适合于批量拣货配合分类系统方式进行，因为自动化分类输送设备能满足规模较大的发货要求。分类 3 和分类 4 较适合一边批量拣货一边分类的方式，因为种类多、数量少，易于在拣货台车上一次拣货完成和分货处理。

 5. 什么是物流平衡分析？

为了使物流作业有序流畅，必须根据作业流程的顺序，整理各程序的物流量大小，把物流配送中心内由进货到发货各阶段的物品动态特性、数量和单位表示出来。因为作业时序安排、批次作业的处理周期可能产生作业高峰和瓶颈现象。为了避免这种现象，必须调整规划，使前后作业平衡。表 3-12 为物流配送中心作业流程的物流量平衡分析表。通过物流量平衡分析，可调整各作业的调整值使物流畅通。

表 3-12　物流配送中心作业流程的物流量平衡分析表

作业程序	主要规划参数	平均作业频率 ①	规划值 ②	峰值系数 ③	调整性 ④ ＝②×③
进货	进货车台数	10 台/日	7	1.3	9
	进货厂家数				
	进货品项数				

续表

作业程序	主要规划参数	平均作业频率 ①	规划值 ②	峰值系数 ③	调整性 ④＝②×③
储存	托　盘　数				
	箱　　　数				
	品　项　数				
拣货	托　盘　数				
	箱　　　数				
	品　项　数				
	拣货单数				
	发货品项数				
	发货家数				
集货	发货家数				
	托　盘　数				
	箱　　　数				
发货	发货台车数				
	发货家数				

第3节　物流设施规划与选用

一个完整的物流配送中心包含的设施相当广泛，最基本的三类为物流作业区域设施、辅助作业区域设施和厂房建筑周边设施。

 1. 试述物流作业区域设施

物流配送中心内的主要作业活动，基本上均与物流仓库、搬运和拣货等作业有关。为此，规划设计的重点是对物流设备的规划设计和选用。不同功能的物流设备要求与之相适应的厂房布置与面积。在系统规划阶段，由于厂房布置尚未定型，物流设备规划主要按要求的功能、数量和选用型号等内容为主。在详细规划设计阶段，必须进行设备详细规格、设施配置等内容的设计。在自动化物流系统中，主要系统设备包括自动仓库设备、钢架结构、物流管理系统、堆卸托盘设备、监控设备、控制系统、通信网络系统、识别系统、无人搬运车设备、堆垛设备、输送设备和分级分类设备。现在就物流作业区的主要物流设备说明如下。

(1) 容器类设施

容器设施包括搬运、储存、拣货和配送用的容器，如纸箱、托盘、铁箱、塑料箱等。在各项作业流程及储运单位规划结束后，则可进行容器的规划。部分以单品发货为主的发货类型，如品种多，体积、长度和外形等差异较大的货物，可利用储运箱等容器把储运单位统一化，达到单元负载的原则，从而简化储运作业。

（2）储存类设备

储存类设备包括自动仓储设备（如单元负载式、水平旋转式、垂直旋转式、轻负载式等自动化仓库），重型货架（如普通重型货架、直入式钢架、重型流动棚架等）和多品种少量储存设备（如轻型货架、轻型流动货架和移动式储柜等）。

（3）订单拣货设备

订单拣货设备包括一般的订单拣货设备（如计算机辅助拣货台车）、自动化订单拣货设备、拣货机器人等。一般说来，拣货区和库存区分区存放，再由库存区补货到拣货区，也有把拣货区和库存区规划在同一个区，但以分层方式处理。此时，在不同的拣货要求条件下，所需要的拣货区保管设备和拣货台车等搬运设备，因按各订单拣货和批量拣货有差异，为此应加以分析后确定。

① 当拣货区和仓储区分区规划时，作业方式为由仓储区补货到拣货区，拣货量为中等水平，发货频率较高。这种情况适用于零散发货和拆箱拣货。

② 当拣货区和仓储区在同一区而分层规划时，作业方式为由上层仓储区补货到下层拣货区，拣货量大，发货频率为中等。这种情况适用于整箱发货。

③ 当拣货区和仓储区在同一区时，没有另设仓储区，直接在储位上拣货，拣货量较小，发货频率较低。这种情况适用于少量的零星发货。

（4）物料搬运设备

物料搬运设备包括自动化搬运设备（如无人搬运车、驱动式搬运台车）、机械化搬运设备（如堆垛机、液压拖板车）、输送带设备、分类输送设备、堆卸托盘设备和垂直搬运设备等。规划设计物料搬运设备时应配合仓储和拣货设备进行综合考虑，并估计每天进发货的搬运、拣货和补货次数，从而选择适用的搬运设备。

（5）流通加工设备

流通加工设备包括裹包、集包设备，外包装配合设备，印贴条形码标签设备，拆箱设备和称重设备等。随着物流配送中心服务项目的多元化开展和越来越严的用户要求，物流配送中心进行二次包装、裹包和贴标签等加工作业也日益增加。随着国际物流的发展，由国际物流转运后再分装和简易加工的业务越来越多，从而使物流作业的附加值大为增加。

（6）物流周边配合设备

包括楼层流通设备、装卸货平台、装卸载设施、容器暂存设施和废料处理设施等。根据物流配送中心实际需要来选定。

有关物流作业区域的功能和需求规划之后，可以根据各区域特性，规划设计所需设备型号、功能和数量。表 3-13 为物流配送中心物流作业区域设备规划表。

表 3-13　物流配送中心物流作业区域设备规划表

项次	作业区域	使用设备	需求数量	主要规格	估计使用空间	项次	作业区域	使用设备	需求数量	主要规格	估计使用空间
1	□ 装卸货平台					7	□ 散装拣货区				
2	□ 进货暂存区					8	□ 分类区				
3	□ 理货区					9	□ 集货区				
4	□ 库存区					10	□ 流通加工区				
5	□ 拣货区					11	□ 发货暂存区				
6	□ 补货区					12	□ 称重作业区				

续表

项次	作业区域	使用设备	需求数量	主要规格	估计使用空间	项次	作业区域	使用设备	需求数量	主要规格	估计使用空间
13	□ 退货卸货区					19	□ 容器暂存区				
14	□ 退货处理区					20	□ 容器储存区				
15	□ 退货良品暂存区					21	□ 废纸箱暂存区				
16	□ 瑕疵品暂存区					22	□ 废料处理区				
17	□ 废品暂存区					23	□ 调拨仓储区				
18	□ 容器回收区										

 ## 2. 什么是辅助作业区域设施？

物流配送中心除了主要的物流设备之外，还需要辅助作业区域的配合。物流配送中心内主要的周边设施如下。

① 办公设备：办公桌椅、文件保管设备、休闲娱乐设施等。

② 计算机及其周边设施：信息系统设施、主计算机、网络设施及其相关周边设施等。

③ 劳务设施：洗手间、娱乐室、休息室、餐厅、医务室等。

表 3-14 为物流配送中心辅助作业区域设备规划表。

表 3-14　物流配送中心辅助作业区域设备规划表

项次	作业区域	使用设备	需求数量	主要规格	估计使用空间	项次	作业区域	使用设备	需求数量	主要规格	估计使用空间
1	□ 厂区大门					21	□ 档案室				
2	□ 警卫室					22	□ 资料室				
3	□ 厂区通道					23	□ 收发室				
4	□ 一般停车场					24	□ 设备维修室				
5	□ 运输车辆停车场					25	□ 工具室				
6	□ 环境美化区域					26	□ 器材室				
7	□ 厂房扩充区域					27	□ 物料存放间				
8	□ 厂房大门					28	□ 搬运设备停放区				
9	□ 大厅					29	□ 机房与动力间				
10	□ 走廊					30	□ 配电室				
11	□ 电梯间					31	□ 空调机房				
12	□ 楼梯间					32	□ 电话交换室				
13	□ 主要通道					33	□ 安全警报管制室				
14	□ 辅助通道					34	□ 盥洗室				
15	□ 主管办公室					35	□ 休息室				
16	□ 一般办公室					36	□ 医务室				
17	□ 总机室					37	□ 接待室				
18	□ 会议讨论室					38	□ 司机休息室				
19	□ 训练教室					39	□ 厨房				
20	□ 计算机室					40	□ 餐厅				

第 4 节　信息系统规划设计

在物流配送中心的全部运营中，信息流始终伴随着各项物流活动。当作业区域及基本作业程序建成时，通过对物流配送中心全体事务流程分析，便可进行信息系统框架结构及其主功能系统的规划。当相关物流设备和周边设施的规划实际完成之后，便可配合设备管理和控制要求，进行全体信息系统的详细设计。

 1. 信息系统有哪些功能？

在完成了物流配送中心的作业程序分析及其设备规划之后，可根据各项作业功能特性及物流配送中心主管部门对管理要求程度，规划物流配送中心信息系统的功能，并建立功能结构。一般要求物流配送中心主要信息系统功能如下：

① 销售贩卖功能。以商业活动的相关业务为主，如订单处理，采购定价和市场分析等功能。

② 仓储保管功能。以仓储作业相关的业务为主，如进、销、存资料管理，储位管理和库存管理等功能。

③ 输配送功能。以配送运输的调度和指派工作为主，如拣货计划、配派车辆和路线规划等功能。

④ 信息提供功能。进一步提供分析完整的管理信息，如成绩管理、决策分析和资源计划等功能。

就现代化物流配送中心而言，信息系统的功能不再是只处理作业信息，而是进一步向业绩管理和决策支持分析的高层次发展。为此，在规划物流配送中心信息管理系统功能框架时，应基本包括如下六个单元：采购进货管理系统；销售发货管理系统；库存储位管理系统；财务会计系统；运营业绩管理系统；决策支援系统。图 3-9 为物流配送中心信息系统功能模块。

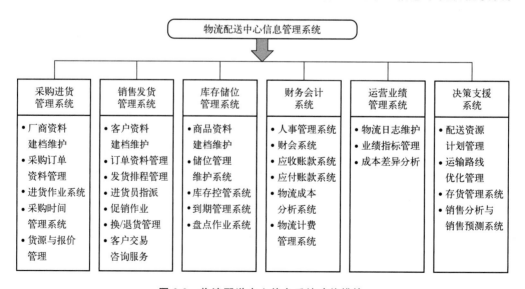

图 3-9　物流配送中心信息系统功能模块

　　① 采购进货管理系统。货品入库是物流配送中心实际物流的起点，必须自采购单发出开始就应该掌握确实信息。要求包括如下功能：

　　• 厂商资料建档维护：包括供货厂商的基本资料、交易形态（如买断、代理、委托配送等）、交货方式和交货时间等。

　　• 采购订单资料管理：以采购作业和预订交货资料为主，包括供货厂商、预定交货日期等基本资料。

　　• 进货作业系统：除了进货验收核实工作之外，仍要考虑是否有进一步管理要求。如制造日期和到期日期的核对、入库堆垛托盘的标准要求，进货标签处理。此外，还要考虑实际进货品项、数量和日期等信息和预定交货信息的差别及调整。

　　• 采购时间管理系统：必须对采购物品、交货时间和预定交货期的准确性做管理。

　　• 货源与报价管理：对于货品取得商源、替代品和厂商报价等记录作定期维护管理。

　　② 销售发货管理系统。要求提供完整精确的发货信息，以供发货作业之用，并及时对业务员、产品计划、储运经理及用户提供发货信息。为此，要求系统功能有：

　　• 客户资料建档维护：根据地理和交通路线特性对用户进行配送区域分类。根据用户所在地点及交通限制，确定选派适合用户的配送车辆的类型。说明用户的建筑环境（如地下室、高楼层）和设施不足造成卸货困难的特点。有无收货时间的特别要求。

　　• 订单资料管理：在订单资料输入计算机之后，如何有效汇总和分类，是拣货作业和派车的关键。例如预定送货日期管理，在订单状态的管理中，一旦订单进入物流配送中心，其处理状态将一直随着作业流程而移动。订单处理分为输入、确认、汇总、发货指令、拣货、装车、用户验收签字和完成确认等步骤。订单汇总是单一订单处理，按用户路线特性分批处理，按配送区域或路线分批处理，按流通加工要求分批处理，按车辆型号分批处理和批量拣货条件下分批处理。

　　• 发货排程管理：以用户要求送货日期为主进程核对库存量，拣货及配送作业。

　　③ 库存储位管理系统。这个系统内容包括：

　　• 商品资料建档维护：建立商品的基本资料、包装特性、包装规格、储存环境特性和进货有效周期等信息。

　　• 储位管理维护系统：根据储区和储位的配置，记录储位存储内容，储位单位及相对位置信息资料等。

　　• 库存控管系统：要求系统能做到进、销、库存资料处理和进出库记录处理。此外，进一步实现在库存量、订单保留量、运输途中的在途量和剩余库存量等商品的动态管理。

　　• 到期管理系统：要求此系统实现对产品进货日期、发货有效周期、物品先进先出、过期或即将过期的产品分析和处理等一系列管理。

　　• 盘点作业系统：这个系统包括库存冻结作业、盘点表单打印、盘点资料输入处理、盘差分析、盘点盈亏调整和库存解冻作业等。

　　④ 财务会计系统。包括如下内容：

　　• 人事管理系统：包括人事档案、工资统计和打印以及银行计算转账等项目。

　　• 财会系统：通过采购进货、销售发货、库存等系统，把有关进出货物料转入财务系统，制作会计总账、分类账和各类财务报表，此外还具有现金管理和支票管理等功能。

　　• 应收账款系统：主要是把订单资料和发货资料转成应收账款系统，并可实现已收款项统计、到期管理、催款管理和用户信用记录分析等功能。

• 应付账款系统：主要是把采购资料和进货资料转入应付账款系统，可实现已付款项统计和到期管理等功能。

• 物流成本分析系统：在现代化物流配送中心中，除具有一般财务会计系统功能外，还具有成本分析等功能。比如：物流作业定量分析，包括对物流作业量的整理分析，入库作业人数、入库量、出库作业人数和发货量等作业信息收集分析；科目分类，包括会计科目、作业阶段、商品及订单，成本分摊条件下的成本指标分析，求出各种条件下的物流成本；物流直接费用分析，从财务会计的相关科目中求出与物流量有直接关系的费用科目，如输送费用、包装费、保管费等，从而求出各阶段的主要物流成本。

• 物流计费管理系统：系统根据物流成本分析快速准确求出用户计费账单，这些费用包括仓储保管费、配送处理费、运输费等，还可根据不同的用户、区域、订货量、发货单位、紧急发货等建立不同的计费标准。

⑤ 运营业绩管理系统。这个系统包括如下内容：

• 物流日志维护：把每个物流作业区货物进出量、时间、作业人数及每一天订单完成状态、完成率和错误率等信息收集和管理。

• 业绩指标管理：主要任务是定期收集各项运营数据，进行各项运营业绩的比较分析，如订单延迟率、退货率、缺货率、拣误率和存货周期率等。

• 成本差异分析：此系统除了能够分析各项作业成本外，还可根据历史资料和作业流程分析制订物流作业标准成本。定期进行成本差异分析、研究，加强对物流成本的控制和管理。

⑥ 决策支援系统。为使现代化物流配送中心具有竞争力，成为经营策略分析工具的决策支援系统应具备如下功能：

• 配送资源计划管理：在物流配送作业及接单过程中，应对库存量、人员、设备和运输车辆等资源进行确认。必须掌握人员数、车型、载重量、各车的可调度时间和车辆运输时间等信息，从而进行最有效的调度，实现最佳决策支援。

• 运输路线优化管理：根据用户要求送货时间、地区位置、卸货条件、车辆型号、物流配送中心位置、交通路线和各时间段的交通状况等因素，进行配送车辆指派和运输路线的规划。随着物流业和城市环境的发展，企业可应用全球卫星定位系统及地理信息系统等信息科学技术，实现车辆指派和路线规划的最优化。

• 存货管理系统：要求这个系统以降低库存量为目标，分析制订最佳订货时点、安全库存量水平和库存周转率，缩短交货的前置时间，分类分项管理各物品，并根据货品价值、发货规模和货物性质计算出库存量管理水平，实现在有限成本内发挥较大的管理效益。

• 售货分析与销售预测系统：要求此系统能分析订单增长趋势和季节变化趋势，并对用户的地区、阶层和订购习惯等进行销售分析。此外，还对未来的需求变化、库存需求、物流成本和投资成本等做预测分析，从而向经营管理者提供决策用的参考信息。

2. 试述信息系统的框架结构

根据物流作业流程、设备选用和信息系统功能，可以建立一个如图 3-10 所示的物流配送中心信息系统框架图。

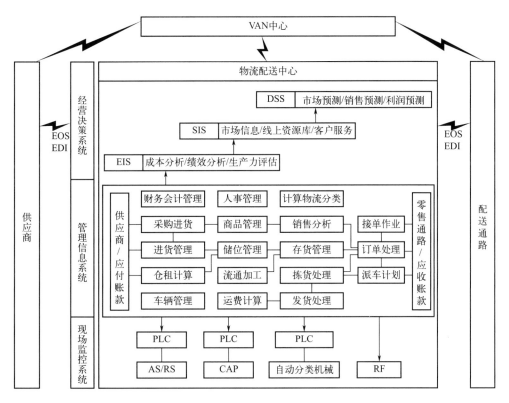

图 3-10　物流配送中心的信息系统框架图

(1) 信息控管系统框架图

在规划物流配送中心信息管理系统时，应考虑到物流配送中心系统功能的发展和自动化设备升级情况。例如：信息控管系统应和条形码系统、计算机辅助拣货系统、掌上型终端系统和分类输送机系统等相适应，具有在线信息收集和相关作业监控管理功能。图 3-11 为物流配送中心信息控管系统框架图。

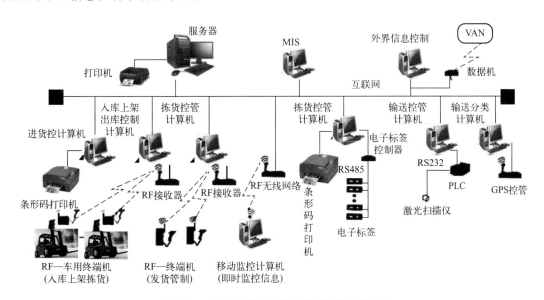

图 3-11　物流配送中心信息控管系统框架图

（2）信息网络系统框架图

在规划物流配送中心信息系统时，应考虑到未来物流配送中心的发展规模、地区特性和与厂商及用户之间的信息系统的界面形式，从而建立现代化的信息网络系统框架。应用这种信息网络系统可减少企业之间订单资料的重复性，实现无纸化、效率化和准确化的信息资料的传输。图 3-12 为物流配送中心信息传输多元化的框架图，它具有电子会议、国际网络和加值网络等信息交换功能，以利于资料的迅速交换和共享。

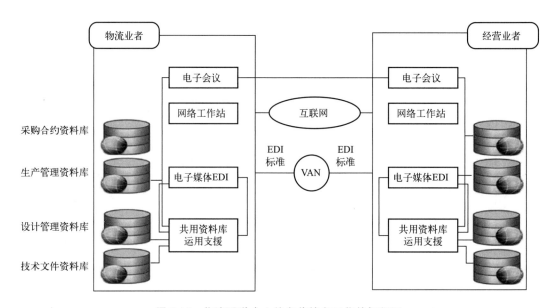

图 3-12　物流配送中心信息传输多元化的框架图

第 5 节　区域规划设计

 1. 图示物流配送中心区域设计基本流程

在完成各作业程序、作业区域以及主要物流设备和周边设施等的规划之后，便可进行空间区域的布置规划和作业区域的区块布置工作以及标示各作业区域的面积和界限范围。有关区域布置规划与详细布置规划的分析如图 3-13 所示。

区域规划设计的主要内容有：

① 活动关联分析。

② 作业空间规划。

③ 活动关系与区域面积的配置。

④ 活动流程的动线分析。

⑤ 实体限制的修正。

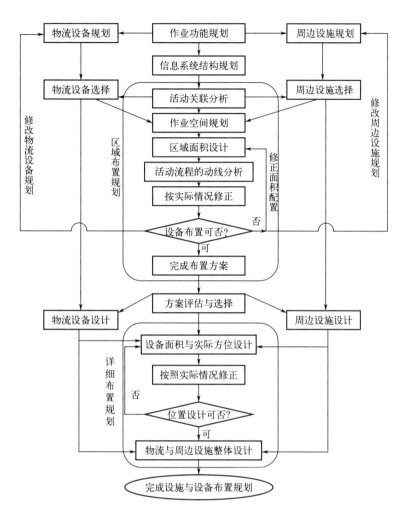

图 3-13　物流配送中心区域布置规划

 2. 如何规划作业空间?

　　作业空间规划设计对物流配送中心规划设计具有重要意义。这一规划将直接影响运营成本、空间投资与效益。在规划空间时,首先根据作业流量、作业活动特性、设备型号、建筑物特性、成本和效率等因素,确定满足作业要求的空间大小、长度、宽度和高度。

　　在完成物流设备和周边设备规划并选定各项设备型号和数量之后,便可进行各作业区内的设备规划工作。表 3-15 为物流配送中心设备规划选用表。

　　通过对各区域的分析,可估计各区域的面积大小,根据各区域性质不同,要求作业空间的标准也不同,最后根据整个物流配送中心的实际和发展情况做适当调整。表 3-16 为物流配送中心作业区域面积分析表。

表 3-15 物流配送中心设备规划选用表

作业区域					区域功能					
项次	设备项目	设备功能	数量	单位	设备尺寸/mm			承载/kg	电力需求/kV·A	空压需求/(N·m³/h)	其他配合需求
					长	宽	高				
合计											
长宽比例限制	最小（长：宽）				最大（长：宽）						
配合注意事项	□ 有无空调需求_____ □ 有无高度限制_____ □ 有无地基特别需求_____ □ 是否预留内部通道 □ 是否预留外部通道 □ 是否预留作业空间 □ 是否预留扩充空间 □ 其他配合事项：_____										
设备概略配置											

表 3-16 物流配送中心作业区域面积分析表

作业区域	基本预估面积		区域面积调整比例						需求调整后的面积	
	面积/m²	长×宽/m×m	作业活动空间	内部通道预留	外部通道预留	扩充空间预留	其他配合事项宽放	调整比例	面积/m²	长×宽/m×m
合计										

厂区面积规划	作业区域或部门	厂区通道	停车场	连外道路区域	大门出入管制区域	厂区扩充区域	其他美化区域	其他配合事务区域	作业面积合计	
大小/m²										
长×宽/m×m										

3. 图示物流配送中心作业空间规划设计程序分析

在规划作业空间时，除了估计设备的基本使用面积外，还要估计操作、活动、物料暂存作业空间和通道面积等。图 3-14 为物流配送中心作业空间规划程序分析图。

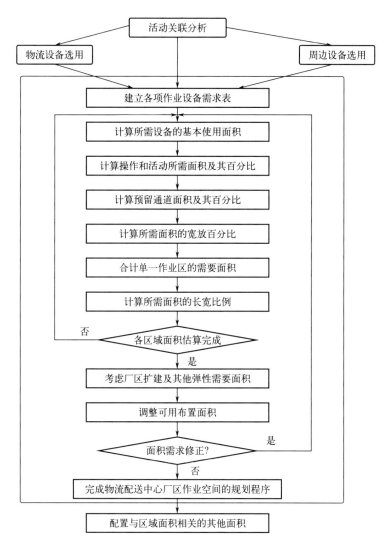

图 3-14 物流配送中心作业空间规划程序分析图

 4. 如何规划通道空间?

(1) 影响通道位置和宽度的因素

① 通道形式;

② 搬运设备的型号、尺寸、能力和旋转半径;

③ 储存货物尺寸;

④ 到进出口和装卸区的距离;

⑤ 储存物的批量尺寸;

⑥ 防火墙位置;

⑦ 行列空间;

⑧ 服务区和设备的位置;

⑨ 地板负载能力；

⑩ 电梯和通道位置以及出入方便性等。

(2) 物流配送中心的通道种类

1）厂区通道

厂区通道将对车辆及人员的进出、车辆回转、上下货等动线有影响。

2）厂内通道

① 工作通道：物流仓储作业和出入厂房作业的通道，包括主通道和辅助通道。主通道连接厂房的进出口和各作业区，道路最宽；辅助通道连接主通道和各作业区内的通道，一般平行或垂直于主通道。

② 员工进出特殊区的人行道。

③ 电梯通道：出入电梯的通道，距主通道约 3～4.5m。

④ 其他各种性质的通道：公共设施、防火设备或紧急逃生所需要的道路。

 5. 试述通道设置和宽度 ⋯⋯⋯⋯⋯⋯⋯⋯⋯⋯⋯⋯⋯⋯⋯⋯⋯⋯⋯⋯⋯⋯

在空间分配时主要考虑通道设置和宽度。良好通道的设计应该注意如下几个因素：

① 流量经济性，即厂房通道必须保证人和物料移动有专门路线。

② 空间经济性，即慎重设计空间大小，有效发挥空间的效益。

③ 设计顺序，首先设计主通道和出入厂门的位置，然后设计出入厂门和作业区间的通道，最后设计服务设施和参观走道。

④ 大规模厂房的空间经济性。在一个 6m 宽的厂房内应有一条 1.2～2m 的通道，约占有效地面空间的 20%～30%。一个 180m 宽的厂房应有 3 条宽 3.6m 的通道，只占空间的 6%，再加上一些次要通道，也只占 10%～12%。由此可见，大厂房在通道设计方面可实现最大的空间经济性。

⑤ 防灾条件，即在设计通道时要宽阔，当遇危险时以便逃生。

⑥ 楼层间的交通，电梯是楼层间的主要交通工具，电梯位置不能妨碍主要通道的交通。

此外，不同储区布置其通道空间比例也不一样。就一般物流配送中心的作业特性而言，采用中枢通道式。只要通道穿过厂房中央，便可有效利用空间。

关于通道宽度设计，要根据不同作业区域、人员或车辆行走速度、单位时间通行人数、搬运物品体积等因素而定。

 6. 如何计算员工通道？ ⋯⋯⋯⋯⋯⋯⋯⋯⋯⋯⋯⋯⋯⋯⋯⋯⋯⋯⋯⋯⋯⋯⋯⋯⋯⋯⋯

设员工通过速度 V（m/min），单位时间（min）通过人数 n 人，每人平均所占最短距离 d（m），平均每人身宽 w（m），则每人在通道上所占空间为 dw（m²），为此通道宽度 W 公式如下：

$$W = dw \frac{n}{v} \ (\text{m}) \tag{3-3}$$

设每人行走时需要的最短距离 $d = 1.5\text{m}$，平均人身宽度 $w = 0.75\text{m}$，一般人行走速度 $v = 53\text{m/min}$，每分钟通过 105 人，把这些数据代入上述公式，即

$$W=dw\frac{n}{v}=1.5\times0.75\times\frac{105}{53}=2.2\text{（m）}$$

表 3-17 为厂房通道宽度参考值。

表 3-17　厂房通道宽度参考值

通道种类或用途	宽度	通道种类或用途	宽度
中枢主通道	3.5～6m	堆垛机（直角堆叠）	3.5～4m（1100mm×1100mm 托盘）
辅助通道	3m		
人行通道	0.75～1m	伸臂式（reach）堆垛机 跨立式（straddle）堆垛机 转柱式（swing-mast）堆垛机	2～3m
小型台车（人员可于周围走动）	车宽加 0.5～0.7m		
手动叉车	1.5～2.5m（视载重而定）	伸臂式（reach）堆垛机 跨立式（straddle）堆垛机 转柱式（swing-mast）堆垛机	2～3m
堆垛机（直线单行道）	1.5～2m（1100mm×1100mm 托盘）		
堆垛机（直角转弯）	2～2.5m（1100mm×1100mm 托盘）	转叉窄道式（turret）堆垛机	1.6～2m

 7. 如何规划设计进出货平台？

众所周知，货品在进货时可能需要拆装、理货、检查或暂存，以待车装载配送。为此，在进出货平台上应留空间作为缓冲区。为了使平台与车辆高度满足装卸货的顺利进行，进出货平台需要连接设备。这种连接设备需要 1～2.5m 的空间。若使用固定式连接设备时需 1.5～3.5m 的空间。为使车辆及人员畅通进出，在暂存区和连接设备之间应有出入通道。图 3-15 为暂存区、连接设备和出入通道的布局形式。

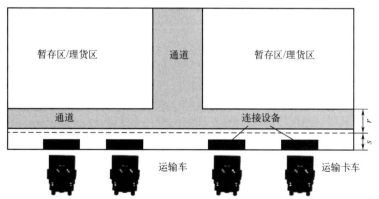

(使用拆装式的连接设备，s=1~2.5m；使用固定式连接设备，s=1.5~3.5m；
若通道上使用人力车搬运，r=2.5~4m)

图 3-15　暂存区、连接设备和出入通道的布局形式

 8. 试述进出货码头配置形式设计

关于出入码头的设计，可根据作业性质、厂房形式以及仓库内物流动线来决定码头的安排形式。为使物料顺畅进出仓库，进货码头与发货码头的相对位置是很重要的。两者位置将直接影响进出货效率。图 3-16 为进出货码头配置形式。

两者位置关系有如下几种：

① 进出货共同码头：这种形式可提高空间和设备利用率，但管理困难。特别是进出货高峰时间，容易造成进出相互影响的不良效果。这种形式适合进出货时间错开的仓库。

② 进出货区分开使用码头，两者相邻管理：此方案使进出货空间分开，进出货区互不影响，但是空间利用率低，适用于厂房空间较大、进出货容易互相影响的仓库。

③ 进出货区分别使用码头，两者不相邻：进出货作业是完全独立的两个码头，不但空间分开，而且设备也独立。优点是进货与动线更加畅通迅速，但设备利用率较低。这种设计适用于厂房空间不足的情况。

④ 多个进出货码头：适用于进出货频繁且空间足够的仓库。

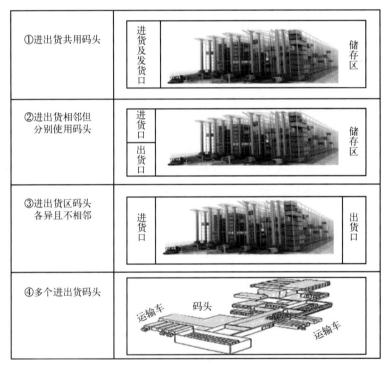

图 3-16 进出货码头配置形式

9. 试述码头的设计形式

码头形式有锯齿形和直线形两种。锯齿形适用于货车回旋空间较小的情形，但缺点是占用仓库内部空间较大，如图 3-17（a）所示；直线形优点在于占用仓库内部空间小，但是占用外部空间较大，如图 3-17（b）所示。

究竟选用哪种形式的停车码头，可根据土地和建筑物的价格而定。如果土地费用远低于仓库造价时，选直线形为最佳。

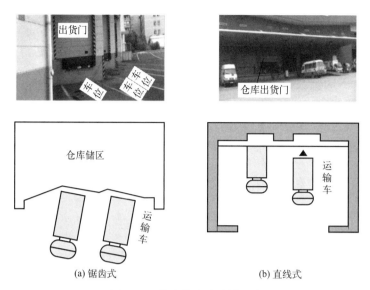

(a) 锯齿式　　　　　　　　　　(b) 直线式

图 3-17　进出货码头设计形式

 10. 试述装卸货平台与动线形式的种类 ··

图 3-18 为装卸货平台配置与动线形式。①装卸货区为同一平台；②装卸货区在厂房同侧两端；③装卸货区在厂房两相邻边的不同位置；④装卸货区在厂房两侧。

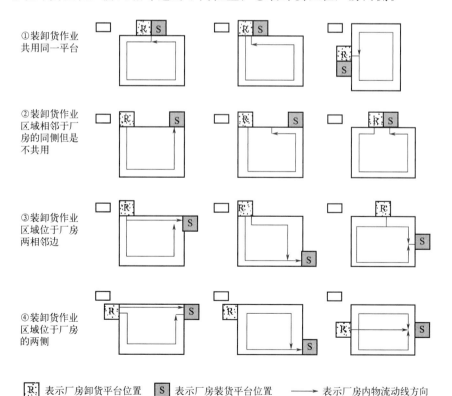

图 3-18　装卸货平台配置与动线形式

11. 如何设计停车码头? ....

在设计进出货空间时，除考虑效率和空间之外，还应该考虑安全问题，尤其是设计车辆和码头之间的连接部分时，必须考虑到如何防止大风吹入仓库和雨水进入仓库。此外，还应该避免库内空调的冷暖气外溢和能源损失。为此，停车码头有以下三种形式：

① 内围式 [图 3-19 (a)]：把码头（月台）围在厂房内，进出车辆可直接入厂装卸货。其优点在于安全、不怕风吹雨打以及冷暖气不怕外溢。

② 齐平式 [图 3-19 (b)]：月台与仓库外边齐平，优点是整个月台仍在仓库内，可避免能源浪费。此种形式造价低，目前被广泛采用。

③ 开放式 [图 3-19 (c)]：月台全部突出在厂房之外，月台上的货物完全没有遮掩，库内冷暖气更易外溢。

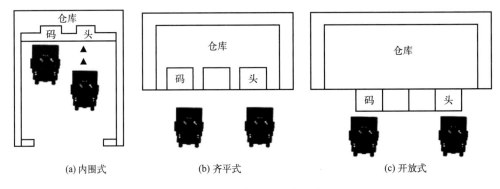

(a) 内围式　　　　　　(b) 齐平式　　　　　　(c) 开放式

图 3-19　停车码头设计形式

 12. 如何计算月台数量? ....

计算月台数量，应掌握高峰时段的车数和每车装卸货需要的时间。此外，还应考虑发展情况。为了使设备顺利进出码头，要考虑每一个停车月台门面尺寸。一般物流配送中心月台门高为 2.44m，门宽 2.75m。

(1) 月台尺寸规范化

① 高式月台的开口尺寸。当运输车辆不进入月台内时，月台大小＝车厢大小＋余量。

月台尺寸：

$$W_h = w_t + 2C_0 \tag{3-4}$$

$$H_h = h_t + a \tag{3-5}$$

式中　W_h——高式月台开口宽度；

　　　H_h——高式月台开口高度；

　　　h_t——车辆最大高度；

　　　w_t——车辆最大宽度；

　　　C_0——侧面余量；

　　　a——上面余量。

一般取 $C_0 = a > 300$mm。当运输车辆为普通货车时，装载高度较高，取 $a > 600$mm。

由图 3-20 知：

$$H_s = H + H_d$$

式中　H_s——月台高度；

　　　H——月台开口高度；

　　　H_d——月台平台高度。

② 低式月台的开口尺寸。低月台装卸一般是人工作业，月台大小等于车辆大小加一定余量即可。

月台尺寸：

$$W_1 = w_t + 2C_0 \tag{3-6}$$
$$H_1 = h_t + a \tag{3-7}$$

式中　W_1——低式月台开口宽度；

　　　H_1——低式月台开口高度。

当运输车辆进入月台时，在宽度方向上必须留有一定余量。图 3-21 为低式月台开口尺寸图。

(2) 月台数量计算

$$N = a/(W + d_0) \tag{3-8}$$
$$N = b/(W + d_0) \tag{3-9}$$

式中　N——月台数量；

　　　a——长度方向仓库长度；

　　　b——宽度方向仓库长度；

　　　W——月台开口宽度；

　　　d_0——月台两侧建筑预留宽度。

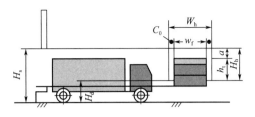

图 3-20　高式月台开口尺寸

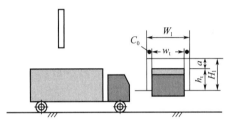

图 3-21　低式月台开口尺寸

13. 如何计算托盘单元平置堆放作业空间？

(1) 普通平直托盘单元空间计算

当大量发货时，把托盘单元平置堆放在地板上为宜，如图 3-22 为托盘单元平置区。此时应考虑托盘数量、尺寸和通道。设托盘尺寸 $P \times P$（P^2），通过货品和托盘的尺寸计算每个托盘平均可堆放 N 箱货品。若平均存货量为 Q，则需要空间 D 为：

$$D = \frac{Q}{N} P^2 \tag{3-10}$$

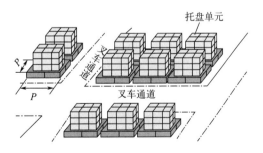

图 3-22　托盘单元平置区

在考虑实际仓储所需空间时，还应考虑到叉车存取作业所需空间。此外，通道约占全部面积的 $30\% \sim 35\%$。为此，实际仓储所需空间 A 计算如下：

$$A = \frac{D}{1 - 35\%} = 1.54D \tag{3-11}$$

（2）多层码垛箱式托盘单元平置区考空间计算

图 3-23 为多层箱式托盘平置区。设料框尺寸为 $P \times P$（m²），由货品尺寸和料框尺寸算出每个托盘平均可堆放 N 箱货品，料框在仓库中可堆放 L 层，平均存货量 Q，则存货空间 D 为：

$$D = \frac{Q}{LN} P^2 \tag{3-12}$$

当计算实际仓储所需空间时，还要考虑到高层叉车存取作业所需空间，采用一般的中枢型通道，则通道约占全部面积的 $35\% \sim 40\%$，所以实际仓储需要空间 A 为：

$$A = \frac{D}{1 - 40\%} = 1.67D \tag{3-13}$$

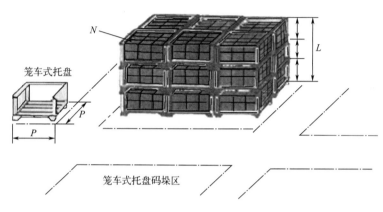

图 3-23　多层箱式托盘平置区

 14. 如何计算托盘式货架储存空间？

当使用托盘货架储存货品时，在计算存货空间时除了考虑货品尺寸和数量、托盘尺寸、货架形式和层数之外，还要考虑相应通道空间。设货架 L 层，每个托盘可堆放 N 箱，平均存货量约为 Q，则每层托盘所需空间 P 为：

$$P = \frac{Q}{LN} \tag{3-14}$$

由于货架具有区块特性，即每个区块由两排货架和通道组成。实际仓储区空间包括存取通道和仓库区块空间（由托盘所占空间换算而成）。在计算货架的货位空间时，应以一个货位为计算基础。设一个货位可存放两个托盘或一个托盘。现在以存放两个托盘为例加以说明。图 3-24 为货位空间计算图。

设货位宽度 P_1，长度为 P_2，区块货位列数 Z，叉车直角存取通道宽 W_1，储区区块侧向通道 W_2，仓储区的区块数为 B，每一区块空间面积 A，则

$$A = (2P_1 + W_1)(ZP_2 + W_2) \tag{3-15}$$

$$B = \frac{P}{2 \times 2 \times Z} \tag{3-16}$$

当求得仓储区块数 B 和每区块面积 A 之后，则可求出仓储区全部面积 S，即

$$S = AB \tag{3-17}$$

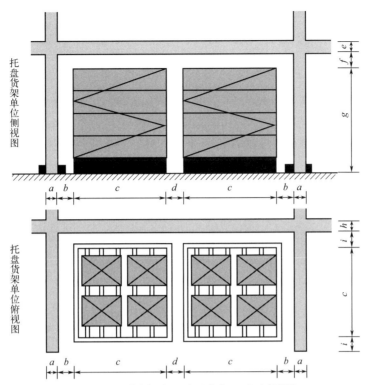

a=货架柱宽　b=托盘与货架间隙　c=托盘宽度　d=托盘间间隙
e=货架横梁高度　f=托盘堆放与货架横梁间隙　g=托盘堆放高度(含托盘厚度)
h=货架横梁宽度　i=托盘堆放前后深度间隙
P_1=(货格宽度)=$c+2\times i$　P_2=(货格长度)=$a+2\times b+2\times c+d$

图 3-24　货位空间计算图

每个区块内货格所占面积为 $2ZP_1P_2$。

图 3-25 为托盘货架储存区空间算例。设 $Z=10$ 列，$P_1=P_2=1.5\text{m}$，$W_1=W_2=3\text{m}$，则

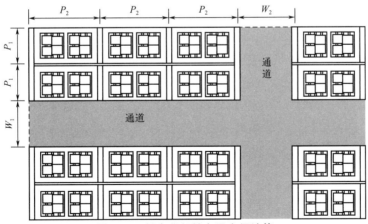

图 3-25　托盘货架储存区空间计算

P_1—货格宽度；P_2—货格长度；Z—货格列数；W_1—叉车通道宽度；W_2—货架侧向通道；

A—货架区面积，$A=(2P_1+W_1)(ZP_2+W_2)$；S—总库存区面积，$S=AB$；Q—平均库存量；L—托盘码垛层数；

N—平均每个托盘码垛物料箱数；P—存货需要托盘的地面空间，$P=\dfrac{Q}{NL}$；B—货架区总数，$B=\dfrac{P}{2\times 2Z}$

区块面积 $A = (2 \times 1.5 + 3) \times (10 \times 1.5 + 3) = 108\text{m}^2$。由此可知，通道面积 $= A - 2ZP_1P_2 = 63\text{m}^2$，约为储存区块面积的 58%。因此，为了增加空间利用率，在可能的条件下，应尽量增加储存高度。

利用轻型货架储存：

对于尺寸不大的小批量多品种货物采用轻型货架储存。如以箱为储存单位时，在计算空间时应考虑货品尺寸、数量、货架形式及层数、货架的储位空间等因素。设货架为 L 层，每个货位面积 $a \times b\text{m}^2$，每货位堆放 m 箱，平均存货量 Q，则存货空间 D 为

$$D = \frac{Q}{LM}ab \tag{3-18}$$

 第 6 节 拣货区作业空间

 1. 何谓储存和拣货区共用的托盘式货架？

体积大、发货多的物料适合采用储存和拣货共用的托盘式货架模式。一般是托盘货架第一层（地面层）为拣货区，第二、三层为库存区。当拣货结束后再由库存区向拣货区补货，即补货作业。

在计算空间时首先考虑拣货区的货物品项总数，因为品项数的多少将影响地面上的托盘空间。实际空间多少取决于品项总数和库存量所需的托盘数。因为实际库存单位为托盘单位，所以，不足一个托盘的品项仍按一个托盘计算。为此，库存空间应适当放大，一般放大 1.3 倍为宜。图 3-26 为储存区和拣货区共用的托盘式货架。

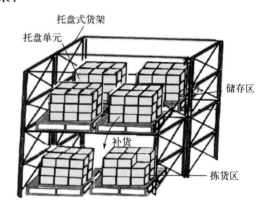

图 3-26　储存区和拣货区共用的托盘式货架

2. 何谓流动式货架拣货方式？

图 3-27 为流动式货架（也作流利式货架）拣货方式。这种方式适用于进出货量较小、体积不大或外形不规则货品的拣货工作。因为"进货→保管→拣货→发货"都是单向物流动线，可配合入、出库的输送机作业，让流动货架来实现储存和拣货的动管功能。这可达到先入先出的管理效果。在进货区把货品直接从车上卸到入库输送机上，入库输送机自动把货品送到储存和拣货区。这种方式的拣货效率较高。拣货完的货物立即被放在出库输送机上，自动把货品送到发货区。

拣货单位可分为箱品拣货和单品拣货两种。箱品拣货方式可配合加贴条形码标签作业进行输送带的分类作业。单品拣货配合拆箱作业，并可利用储运箱为拣货用户的装载单位进行集货，再通过输送带分送到发货区。当然储运箱应具有如条形码、发货单卡等之类的识别功能。

　　流动货架优点：仅在拣货区通路上行走便可方便拣货，使用出库输送机提高效率，出入库输送机分开可同时进行出入库作业。

　　对于规模较大的物流配送中心可采用多列流动货架进行平行作业。之后，再用合流输送机把各线拣发货物集中。图 3-28 为多列流动式货架拣货方式。

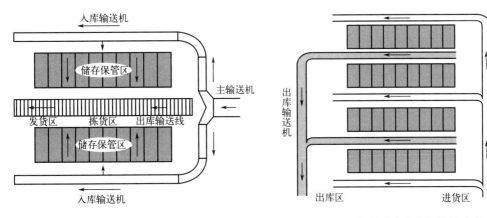

图 3-27　流动式货架拣货方式　　　　　图 3-28　多列流动式货架拣货方式

 3. 何谓单面开放式货架拣货作业？

　　用单面开放式货架进行拣货作业时，入库和出库在同一侧。为此，可共用一个入库输送机来进行补货和拣货作业。虽然节省空间，但是入库和出库时间必须错开，以免造成作业混乱。图 3-29 为单面开放式货架的拣货方式。

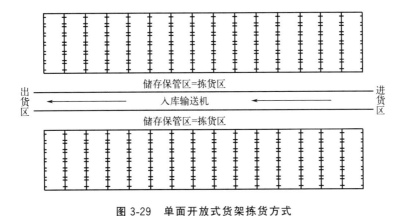

图 3-29　单面开放式货架拣货方式

 4. 什么是储存与拣货区分开的零星拣货方式？

　　这是储存区与拣货区不在同一个货架的拣货方式，通过补货把货品由储存区送到拣货区，适合中等进出货量的情况。图 3-30 为储存和拣货区分开的零星拣货方式。

　　如果作业是多品种小批量的单品发货方式，则可在拣货区出库输送机两侧增设无动力拣货输送机，如图 3-31 所示。这种方式的优点是拣货员利用拣货输送机一边推着空储运箱、一边按拣货单依箭头方向在流动货架前边走边拣货。当拣货完毕便把储运箱移到动力输送机上。这种方式工作方便，效率较高。

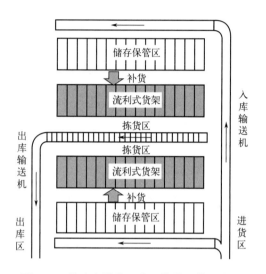

图 3-30　储存和拣货区分开的零星拣货方式

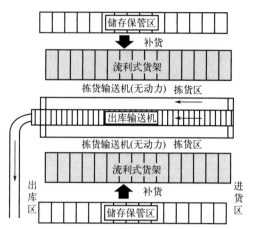

图 3-31　有/无动力输送机的拣货方式

 5. 什么是分段拣货的少量拣货方式？

当拣货区内拣货品项过多时，使得流动货架的拣货路线很长，则可考虑接力式的分段拣货方式。如果订单品项分布都落在同一分区中，则可跳过其他分区，缩短拣货行走距离，避免绕行整个拣货区。如图 3-32 为分段拣货补货方式。

 6. 什么是 U 形多品种少批量拣货补货方式？

图 3-33 为 U 形多品种少批量拣货补货方式。此法用于拣货人员不足或者拣货时还要兼顾输送机两侧货架的情况。

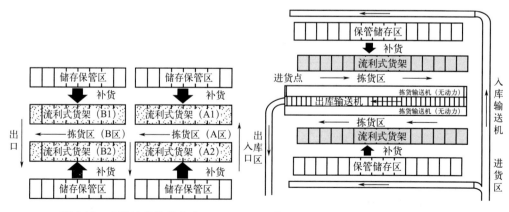

图 3-32　分段拣货补货方式　　　　　图 3-33　U 形多品种少批量拣货补货方式

7. 如何规划集货区

在物流配送中心的作业中，当物品经过拣货出库后，进行集货、清点、检查和准备装车等作业。由于拣货方式和装载容器的单位不同，在发货前的暂存和准备工作需要有一定的集货空间。各种集货作业的拣货类型如下：

① 按单一订单拣货。以单一订单用户为单位，拣货后的发货单元可能是储位箱、笼车、台车或托盘。集货区以此为单位规划暂存区以待发货。

② 订单批量拣货。这是把多张订单批量拣货的作业方式，在拣货后需要进行分类作业。为此，需要有分类输送设备或者人工分类的作业空间。

一般集货区货位设计以地面堆放为主，同时考虑发货装载顺序和动线畅通性，在空间允许条件下，以单排为宜，否则容易造成装车时在集货区反复查找货物及搬运工作，降低装载作业效率。

另外，在规划集货区空间时，还要考虑每天平均发货订单、发货车次和出车路线以及每天拣货和出车工作时序安排等因素。例如，有的工作是一天发货两次，拣货时段则在白天上班时间完成，在不同发车时序要求下需要集货空间配合工作，方便车辆达到物流配送中心时可立即进行货物清点和装载作业，减少车辆等待时间。

有时也可以把集货区和发货暂存区放在一起，但是发货暂存区的空间常作装载工作之用。如果拣出的货物需要等待较长时间才能装车，则有必要把发货码头和发货暂存区分开。

 8. 如何规划行政区域？

行政区的规划主要是指非直接从事生产、物流、仓储或流通加工部门的规划。如办公室、会议室、福利休闲设施等。现在分别说明如下：

① 办公室：办公室分为一般办公室和现场办公室两种，其面积大小决定于人数和内部设备。一般规划原则：办公室通道 0.9m 以上，每人办公面积约为 4.5～7m²，两桌间距离约为 0.8～1.2m，桌子与档案设备通道约为 1～1.5m，行政领导办公室面积约 28～38m²，单位领导办公室面积约为 14～28m²，管理人办公室面积约为 6～18m²。

② 档案室：这是保管文件的重要设施，除档案架或档案柜空间之外，应留通道和档案存取空间。抽屉拉出方面应留 1.2～1.5m 的通道以利工作。

③ 会客室：在 28～38m² 之间为宜。会议桌可采用长方形、U 形、H 形和环形排列。

④ 休息室：根据员工人数和作息时间而定。在物流配送中心中工作不允许吸烟，为此可在特定地方设立吸烟室。

⑤ 司机休息室：在入出库作业区附近可设立司机休息室，以便司机装卸货或等待表单。

⑥ 洗手间：良好的卫生设备使员工精神饱满、工作愉快。一般情况，男厕大便器是 10 人以下设一个，10～24 人 2 个，25～49 人 3 个，50～74 人 4 个，75～100 人 5 个，超过 100 人时每 30 人增加 1 个；小便器是每 30 人设一个。女厕大便器是每 10 人设 1 个。洗手池是男子每 30 人设一个，女子每 15 人设一个。

⑦ 衣帽间：为了使员工更换衣服和保管个人物品，在库存区外设立衣帽间，每人一个格位，并有门锁。

⑧ 膳食区：除餐厅之外，还应另设小卖部之类，为员工提供更多方便。餐厅按高峰期

人数考虑，每人约 $0.8 \sim 1.5 m^2$。厨房面积约为餐厅面积的 $22\% \sim 35\%$。

 9. 试述厂区规划设计

(1) 大门和门卫室

对厂区的出入大门和外连道路形式进行规划。如果出入共用一个大门时，警卫室设置在大门一侧，并可进行出入车辆管理。如果出入口相邻并位于厂区同侧时，出入道路较大，可把出入动线分开，警卫室设于出入口中间，分别进行出入车辆管理。若出入口位于厂区同侧时，可分别设立警卫室，严格执行一边进厂另一边出厂的出入管理制度。这种情况适用于进出货时段重合、进出车辆频繁的情况。

(2) 停车场

停车种类主要是进货车辆、来宾用车辆和职员用车。根据物流配送中心的现实和发展情况、车辆类型估计车数。常用停车角度有 90°和 60°两种。停车位应和车辆行走车道相关。不同角度下的车辆进出所需车道宽度是不一样的。表 3-18 为停车场停车角度与宽度对照表。

表 3-18　停车场停车角度与宽度对照表

列数	宽度/m		列数	宽度/m	
	停放角度 90°	停放角度 60°		停放角度 90°	停放角度 60°
一列	13.1	11.9	三列	32.0	30.2
二列	18.9	18.3	四列	37.8	36.6

① 60°停车场设计：车辆进出方便、车道宽度较小，但车位深度较深，同一列可停车数较少。表 3-19 为不同车辆尺寸规划的车位对照表。图 3-34 为 2.74m 的 60°车位设计图。

表 3-19　60°角停车场停车格位对照表

尺寸	长度/m				
静止宽度	2.44	2.59	2.74	2.90	3.05
静止长度	5.79	5.79	5.79	5.79	5.79
停车位长度	2.82	3.00	3.18	3.35	3.51
静止深度	6.22	6.32	6.40	6.48	6.55
车道宽度	5.79	5.64	5.49	5.49	5.49

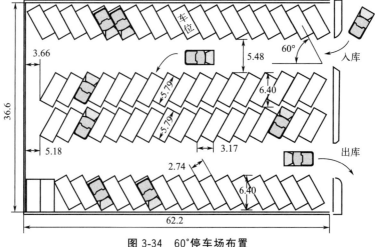

图 3-34　60°停车场布置

② 90°停车场设计：这种车位设计是车辆进出困难、要求车宽度较大时使用，车位深度和车长一样，同一列可停车数较多。表 3-20 为不同车辆尺寸的车位对照表。图 3-35 为 2.74m 宽车辆停车位设计图。

表 3-20　90°停车场停车格位对照表

尺寸	长度/m				
静止宽度	2.44	2.59	2.74	2.90	3.05
静止长度	5.79	5.79	5.79	5.79	5.79
车道宽度	7.92	7.62	7.31	7.31	7.31

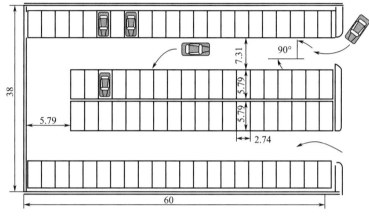

图 3-35　90°停车场布置

③ 运输车辆回车空间设计：对进出物流配送中心的车辆型号和尺寸进行分析，留出停车和回车的空间。各种车辆直角回车宽度尺寸如图 3-36 所示。

④ 车辆停泊与绿化空间：在停车场周围的围墙边设计为绿化区，以美化环境。

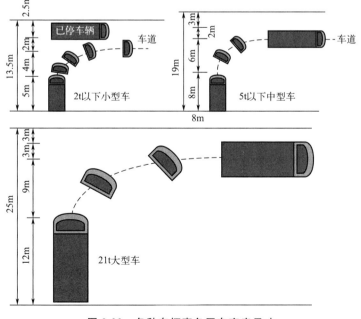

图 3-36　各种车辆直角回车宽度尺寸

10. 物流配送中心作业区域间的物流动线形式

各作业区域间 6 种物流动线形式如图 3-37 所示。

① 直线式：适合于出入口在厂房两侧、作业流程简单、规模较小的物流作业，无论订单大小和拣货品项多少，均要通过厂房全程。

② 双直线式：适合于出入口在厂房两侧、作业流程相似但有两种不同进出货形态。

③ 锯齿式：通常适用于多排并列的库存货架区内。

④ U 型：适合于出入口在厂房同侧、根据进出频率大小安排靠近进出口端的储区，以缩短拣货搬运路线。

⑤ 分流式：适用于批量拣货的分流作业。

⑥ 集中式：适用于因储区特性把订单分割在不同区域拣货后再进行集货作业。

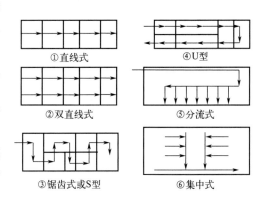

图 3-37　作业区域间物流动线形式

 11. 物流配送中心区域位置布置基本步骤

① 决定物流配送中心对外连接道路形式。

② 决定物流配送中心厂房空间范围、大小和长宽比。

③ 决定物流配送中心内由进货到发货的主要物流动线形式，如 U 型、双排型之类。

④ 根据作业流程顺序安排各区域位置。物流作业区域是由进货作业开始进行布置，根据物料流程前后关系顺次安排相关位置。

⑤ 作业区域中如有面积较大、长宽比不易变动的区域时，应首先安排在建筑平面中，如自动化立体仓库、分类输送机等作业区。

⑥ 再插入面积较小的长宽比容易调整的区域，如理货区和暂存区之类。

⑦ 决定行政办公区和物流仓储区的关系。一般物流配送中心行政办公区是集中式布置。为了提高空间利用率，多采用多楼层办公方案。

根据上述原则，用计算机对各种区域进行规划布置。图 3-38 是决定各区面积大小和长宽比。图 3-39 是决定进出货月台形式和厂内物流动线。图 3-40 是根据物流动线及作业流程，配置面积较大且长宽比不易变更的区域，如自动仓库、分类输送机等。图 3-41 是布置面积较大但长宽比可变更的物流作业区，如托盘式货架、流利式货架等。图 3-42 是布置其余面积较小且长宽比可变更的区域，流通加工区、贵重物品保管区等。图 3-43 是布置现场行政管理和办公区，如进发货办公室等。

经过上述精心布置的各区位置后，绘制出区域布置图。图中要求说明各区域界限和尺寸，详细设备位置在详细设计中加以说明。

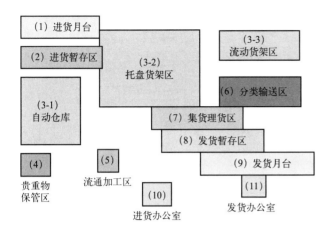

图 3-38　决定各区面积大小与长宽比

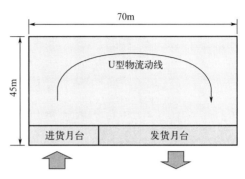

图 3-39　决定进出货月台形式及厂内物流动线

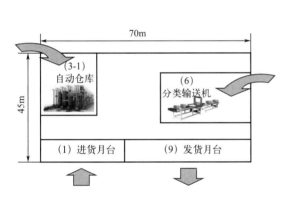

图 3-40　根据物流动线及作业流程配置面积
大且长宽比不易变更的区域

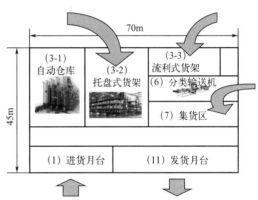

图 3-41　布置面积较大但长宽比可变更的
物流作业区

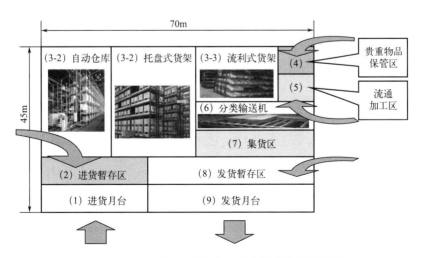

图 3-42　布置剩余面积较小且长宽比可变更的区域

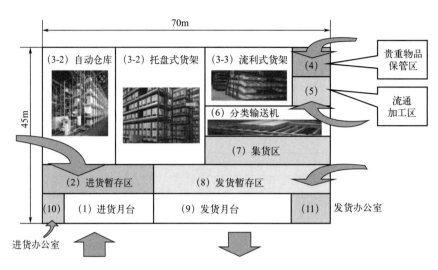

图 3-43　布置现场行政管理与办公区

 12. 什么是物流动线分析？

　　在区域布置阶段，还没确定各种设备的规格型号和尺寸大小，但是根据生产要求可以确定相关设备类型。根据这些设备性能逐一分析各区之间和区域内的物流动线是否流畅，分析步骤如图 3-44 所示。

　　① 厂内通道设计。即根据厂房装卸货的出入库形式、厂房内物流动线形式以及各区域相对位置，设计厂内主要通道。

　　② 物流设备方向和面积的规划。在此规划过程中应该考虑作业空间和区域内的通道大小。

　　③ 分析各区域之间物流动线形式，绘制物流动线图，研究物流动线的合理性和流畅性。

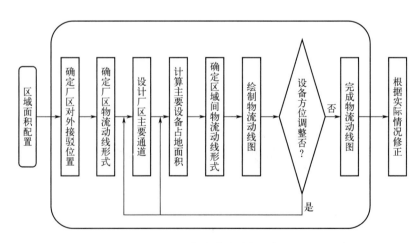

图 3-44　物流动线分析流程

　　图 3-45 为厂房布置物流动线图例。

　　在物流配送中心系统规划基本完成之后，必须对规划进行评估。评估内容如下：

① 经济性：a. 评估内容有土地及库房建筑面积；b. 机械设备成本；c. 人力成本；d. 耗能。

② 技术性：a. 自动化程度，指搬运省力化、出入库系统自动化、拣货系统自动化和信息处理自动化；b. 设备可靠性，指当发生任何故障时仍可进行配送作业，当主要系统发生故障时，可迅速修复或有备用系统代替等；c. 设备维护保养，指定期有人维护保养设备。

③ 系统作业：a. 储位柔性程度，指存取空间可否调整、储位可否按需要弹性应用和储位是否限定存放特性物品等；b. 系统作业柔性程度，指系统是否易于改变作业的原则、程序和方法；c. 系统扩充性，指当系统扩充时是否改变原有布置形式和现有建筑、原有设备是否能用、是否改变现有作业方式以及是否增加土地等；d. 人员安全性和人员素质等，例如仓库货架稳定性如何，人员和搬运设备、路径之间是否交错和频繁接触，自高处向下搬运货物是否潜在危及人员安全因素，电气设备是否有安全隐患，通道是否畅通，遇难时可否安全逃生等。

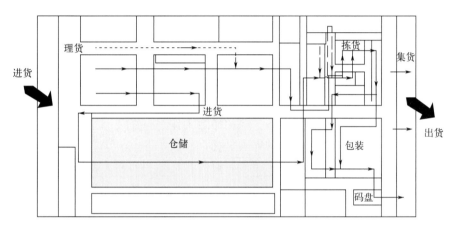

图 3-45　厂房布置物流动线图例

第 7 节　物流配送中心详细规划设计

 ### 1. 试述物流设备规格尺寸的选择步骤

在此设计阶段主要是对各项物流设备和物流周边设施等进行规格选择与布置。选择设计物流设备规格型号的依据是物流配送中心负载单元和储运作业单位。一般情况先决定箱品、托盘单元尺寸，码垛高度以及重量，之后再选择仓储设备的型号规格。在规划仓储设备时还要考虑到操作空间和搬运通道空间等因素。其设计流程如图 3-46 所示。

 ### 2. 物流系统基本设计原则是什么？

① 单元负载原则：根据产品尺寸大小和负荷形式决定搬运、储存单位。物品不能直接堆放在地面上，而是用单元负载容器作为基本搬运单位，如托盘单元。

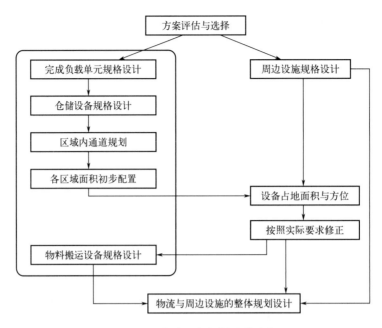

图 3-46　物流设备规划设计流程

② 简单化原则：减少不必要的设备，简化搬运工作。

③ 标准化原则：尽量采用标准化的容器、托盘和设备等。

④ 搬运距离原则：缩短物料的搬运距离，避免物料迂回和回流。

⑤ 机械化原则：尽量使搬运机械化，节省人力、提高效率。

⑥ 合并原则：把相关作业进行整理合并，简化作业内容。

⑦ 准时原则：按时按量把货物搬运到指定地点。

⑧ 人机学原则：按人体能力、可搬重量、可取高度和弯腰频率等因素设计物流搬运设备，使人能够最有效利用系统设备。

⑨ 节能原则：在物料搬运中尽力节省能源。

⑩ 生态环境原则：所使用的搬运设备和搬运程序应避免破坏环境，如对废弃包装材料、纸箱和其他废弃物的回收。

⑪ 空间利用原则：充分利用空间，如采用高层立体货架、储架和阁楼式货架等。

⑫ 柔性原则：能适合各种不同货物的储存工作。

⑬ 重力原则：在保证人员安全和不损坏产品的前提下，尽量利用物料重力搬运货物，从而节省人力和动力。如楼层之间搬运可利用物料重力由高层自由滑落到低层。

⑭ 安全原则：采用安全的搬运设备和方法，在相关地方采用防冲梁、颜色标示和作业指示等措施。

⑮ 简易化原则：简易化操作，避免出错。如色标管理、储位标示、拣货标签以及计算机辅助提示和管理等。

⑯ 信息化原则：对物流搬运和储存系统信息管理，实现物流信息化。

⑰ 系统流程原则：把搬运和实际物料流程、资料、信息流程相结合。

⑱ 物量节省原则：简化包装、批量作业和堆放物品等过程，减少搬运量，增加单位搬运量，提高作业效率。

⑲ 成本原则：精心计算每搬运单位所耗成本，比较每个设备的经济性。

⑳ 维护原则：对物料搬运设备进行定期维护保养，保持设备完好率。

 3. 试述物流设备设计原则

(1) 单位容器的选择

① 在选择容器时考虑适用于接收、搬运、储存运送和厂内各区间运送，尽量使用厂内外通用标准容器；

② 容器大小要和运货卡车相适应；

③ 为节省空间尽量用折叠式容器；

④ 选择适合自动搬运的容器；

⑤ 增加单位搬运量，达到经济运送目的；

⑥ 降低容器的回流成本；

⑦ 设计外包装，防止物品受损，同时也作搬运单位的容器用；

⑧ 根据厂房容量、搬运设备和产品形状来选择单位负荷量的大小。

(2) 物流系统设备规格型号的设计

在物流配送中心系统规划阶段，主要是规划设计全物流系统的功能、数量和形式，而在详细规划设计阶段，主要是设计各项设备的详细规格型号和设施配置。主要的物流设备如表 3-21 所示，包括了储存容器、储存、搬运和拣货等设备。表 3-22 为一般货架系统的形式和功能，表 3-23 为自动仓库种类及功能。图 3-47 为设计物流储运系统时应考虑因素。

表 3-21　物流系统设备选用表

设备形式	设备项目	设备选用内容		主要规格
1. 容器	(1) 搬运用容器	□ 纸箱 □ 托盘式折叠笼 □ 积叠架 □ 铁箱	□ 托盘 □ 储运箱 □ 折叠笼 □ 其他_____	
	(2) 储存用容器	□ 托盘 □ 其他_____	□ 积叠架	
	(3) 拣货用容器	□ 托盘 □ 储运箱 □ 其他_____	□ 折叠笼 □ 台车	
	(4) 配送用容器	□ 托盘 □ 其他_____	□ 储运箱	
2. 储存设备	(1) 自动仓储设备	□ 单元负载式 □ 垂直旋转式 □ 轻负荷式 □ 其他_____	□ 水平旋转式 □ 可拣货式 □ 窄道式	
	(2) 大量型仓储设备	□ 重型托盘钢架 □ 重量型流动货架 □ 放开式货架 □ 阁楼式货架 □ 其他_____	□ 直入式钢架 □ 移动式钢架 □ 悬臂式货架	

续表

设备形式	设备项目	设备选用内容	主要规格
2. 储存设备	(3) 多种少量储存设备	☐ 轻型移动储柜　☐ 轻型料架 ☐ 轻量型流动货架　☐ 角钢架 ☐ 其他_____	
3. 搬运设备	(1) 自动化配合搬运设备	☐ 自动仓储存取车　☐ 无人搬运车 ☐ 轴驱动式搬运台车 ☐ 单轨式悬吊搬运台车 ☐ 其他_____	
	(2) 输送带搬运设备	☐ 带式　☐ 滚筒式 ☐ 链条式　☐ 箕斗式 ☐ 其他_____	
	(3) 分类输送设备	☐ 箕盘式　☐ 推臂式 ☐ 浮出式　☐ 滑块式 ☐ 其他_____	
	(4) 机械化搬运设备	☐ 堆垛机　☐ 油压拖板机 ☐ 电动油压拖板机　☐ 台车 ☐ 轨道式牵曳车　☐ 牵曳车	
	(5) 垂直搬运设备	☐ 垂直输送带　☐ 升降梯（载货） ☐ 升降梯（客货两用）☐ 其他_____	
4. 订单拣货设备	(1) 一般拣货设备	☐ 重型钢架　☐ 轻型流动货架 ☐ 一般轻型料架　☐ 其他_____	
	(2) 计算机辅助拣货设备	☐ 计算机辅助拣货系统（CAPS） ☐ 附计算机拣货指示的堆垛机 ☐ 其他_____	
	(3) 自动订单拣货设备	☐ 自动拣货系统　☐ 拣货排出输送带 ☐ 其他_____	
5. 流通加工设备	(1) 裹包集包设备	☐ 裹包机　☐ 装盒机 ☐ 其他_____	
	(2) 外包装配合设备	☐ 钉箱机　☐ 裹包机 ☐ 打带机　☐ 其他_____	
	(3) 印贴标签条形码设备	☐ 钢印设备　☐ 喷印设备 ☐ 条形码列印机　☐ 其他_____	
	(4) 拆箱设备	☐ 拆箱机　☐ 拆柜工具 ☐ 其他_____	
	(5) 称重设备	☐ 称重机　☐ 地磅	

表 3-22　一般货架系统形式和功能

货架形式	意义	参考
货架	由立柱和隔板构成，是产业用物品的保管用具的总称	rack，棚架
托盘货架	主要用于堆积托盘的物品保管	钢架
驶入式货架	主要用于堆积托盘的物品保管，堆垛机可驶入货架内，存取托盘	
驶过式货架	用于堆积于托盘的物品的保管，堆垛机可驶入货架作业，并可通过另一端开出	

续表

货架形式	意义	参考
旋转式货架	可水平或垂直循环旋转，移动至所设定的出入位置	
多层式货架	货架可用阁楼使用的层式重叠	积层架
移动货架	利用轨道可直线水平的在其上移动，有手动及电动方式	
流动货架	利用滚筒输送机，滚轮输送机或轨道使其倾斜，将保管的物品靠重力的方式移动（滑）至出口的货架	输送机货架 滚筒货架 流利架
悬臂式货架	简洁构造的货架	
滑动货架	货架具有从前方向后方向拉出的机构	
吊具货架	配备吊车或省力搬运机构的货架，用于工模具等重物保管	
直立型货架	可将物品立起挂着保管的货架	
重型货架	每一储位承重超过 500kg 的货架	
中型货架	每一储位承重在 150kg 至 500kg 的货架	
轻型货架	每一储位承重在 150kg 以下的货架	

表 3-23　常见的自动仓库种类及功能

仓库系统性能	单元负载 自动仓库	密集式 仓库	杆料 自动仓库	拣选式 自动仓库	轻负荷旋转式 自动仓库	水平旋转 自动仓库	垂直旋转 自动仓库
积载负重	500～ 1500kg	100～ 2000kg	500～ 1500kg	500kg 以下	200kg 以下	30kg 以下	30kg 以下
仓库可利用空间 （通常情况）	35m	13m	12m	25m	25m	3m	可转弯 布置
整个托盘或料 箱的存入或取出	○	○	○	×	○	△	×
储存多量多样货品	△	×	△	○	○	○	○
储存多量少样货品	○		○	×	○	○	△
储存少量多样货品	△ 物料管理复杂	×	×	最佳	○	○	○
存取频率高	○	○	○	最佳	○	○	○
存取率低	○	○	○	△ 可用轻负荷 式取代	○	○	○
手动操作	△ 很少	△ 很少	△ 很少	○	×	○	○
全自动操作	○	○	○	△ 很少	○	○	○
计算机控制操作	○	○	○	×	○	○	△ 很少
先进先出	○ 需用计算机 软件控制	最佳 百分之百 先进先出	○ 需用计算机 软件控制	△ 需靠人力或 离线管理	○ 需用计算机 软件控制	○ 需用计算机 软件控制	○ 需用计算机 软件控制
同高度面积 之下存货密度	○	最佳	○	○	○	○	○

注：○—适合；△—尚可；×—不适合。

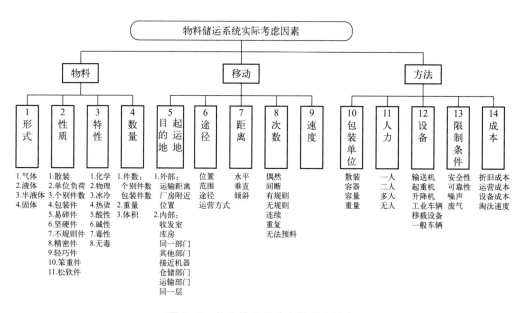

图 3-47　物流储运系统实际考虑因素

 4. 试述详细布置规划流程

经过区域布置规划、评估和确定布置方案之后，便可根据厂房建筑、物流设备和周边设施进行详细设备规格设计和厂房的详细规划。主要包括设备所占面积、实际位置确定、物流与周边设施的调整规划。图 3-48 为详细规划设计流程。

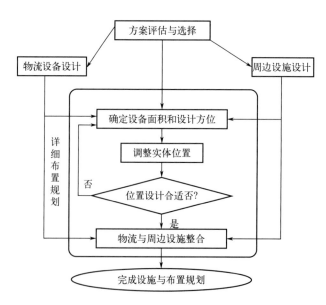

图 3-48　详细规划设计流程

（1）设备面积与实际位置的设计

在进行此步骤之前，首先应知道各项物流设备与周边设施的规格型号、各区域设备的规格型号，然后根据各区域规划图逐步进行分区的详细配置设计和区域内通道设计。其中包括主要物流作业区、办公室区、劳务设施区、餐厅、盥洗室、休息室和停车场等区域布置。

在各区域的设备配置完毕之后，则可进行物料搬运设备的规划设计。若使用输送带设备，应避免与通道重合或交叉。之后逐一确认各区域间的物流关系连接形式，检查物流搬运与作业程序是否通畅，有无迂回或不符合搬运原则的现象。图 3-49 为设备面积与实际方位设计流程。

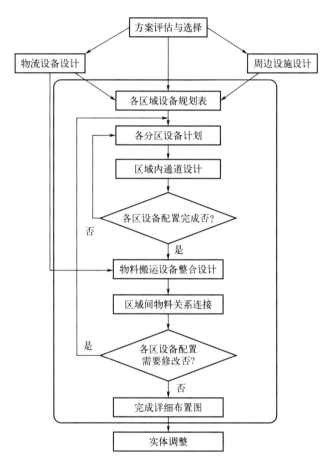

图 3-49　设备面积与实际方位设计流程

经过详细的设备和设施布置之后，还要根据实际情况反复进行调整，调整内容如下。

① 厂址与环境方面：如气候、温湿度和水电气的供应情况。

② 厂房特性方面：如支柱间距、门窗形式和大小与出入口高度是否相符合。

③ 厂区通道方面：通道直线性、整齐性、安全性和车辆回转空间的调整。

④ 法规方法：如建筑、交通、环保、劳保等方面是否符合有关规定。

（2）物流与周边设施的统一规划设计

在经过详细规划布置之后，便进行资料汇集整理和各项周边设施的规划设计。其内容包括如下：

　　① 电力配置图：根据各区域分项设备所需电力和控制线路绘制电力配置图，并标明电压、频率、相位和用电量。

　　② 压缩空气配置图：根据各区域分项设备所需压缩空气绘制压缩空气配置图，并标明气压、管径与流量。

　　③ 供排水配置图：根据各区域分项设施所需用水及排水绘制供排水配置图，并标明水压、管径，流量和水质等参数。

　　④ 照明配置图：根据各区域的作业类型和人员分布，绘制各区的照明图。

　　⑤ 空调配置图：根据各区域设备发热量、作业类型、物流动线与人员分布，绘制各区空调布置图。

　　⑥ 消防设施配置图：根据各区域设备配置、设备特性、安全要求、作业类型、物流动线和人员分布制订各区消防设施种类、数量和配置点，并绘制消防设施配置图。

　　⑦ 其他设施配置图：根据需要的通风换气设施，冷藏冷冻设施和电信设施等绘制图形。

　　此外，对于与正常物流作业程序无直接关系的作业，如清洁、维修、参观，或间接物料与耗材物流，如油料、包装材料、标签之类也需要逐一进行设计，并绘制间接活动及物料流线图、维修保养路线图、厂房清洁路线图和参观路线图等。最后完成物流配送中心设施与厂房布置规划图。图 3-50 为物流配送中心详细布置规划示例。

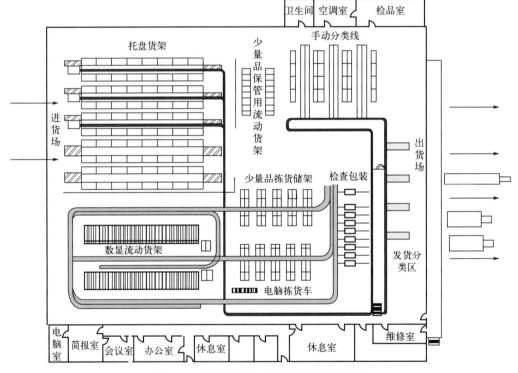

图 3-50　物流配送中心详细布置规划示例

 5. 什么叫事务流程？

　　事务流程就是把物流配送中心的物流和信息流统一起来，实现合理化的物流作业。

图 3-51 是以产品为主的物流配送中心事务流程分析图例。

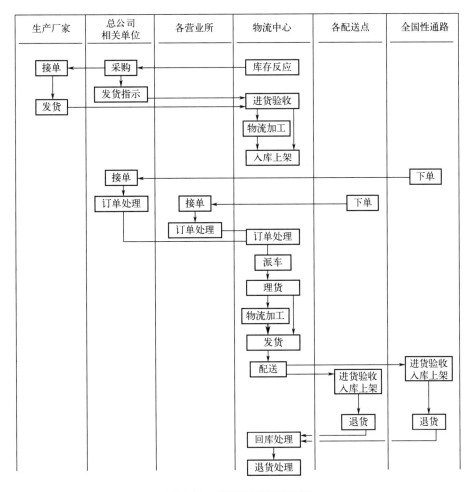

图 3-51　事务流程分析图例

第 8 节　物流配送中心常用数值分析

1. 什么叫销售额调查分析？

在设计物流配送中心时，要科学估计各种物品的销售额。由于物流配送中心的规模和性质不一样，销售额也不一样。

销售额的大小是决定新建物流配送中心规模的基本条件。企业最关心的是销售额和利益。表 3-24 为各种物流配送中心的销售额分析表。通过调查分析，掌握销售额的基本数据，对决定建设物流配送中心的性质和规模是非常重要的。

如果这些数据分析不够扎实可靠，在设计物流配送中心系统过程中将导致很大错误。可以说，规划设计成功与否和资料数据的收集分析有极为重要的关系。正确数据的调查分析是设计配送中心的关键。

表 3-24　销售额分析项目一览表

配送中心的性质	大分类	中分类	小分类
1. 生产工厂配送中心	（1）工厂类生产额（地域）（每年的数据） （2）地区类销售量	1）在线类生产额 2）工厂类生产额 （每年、每月数据）	① 商品组类生产额 ② ABC 分类生产额 ③ 每个商品的生产额 （每年、每月、每日数据）
2. 中间型批发配送中心	（1）按交易方的交易额 （2）按地区交易额 （每年的数据）		① 商品组处理额 ② ABC 分类处理额 ③ 每个商品的处理额 （每年、每月、每日数据）
3. 营业仓库型配送中心	（1）仓库类保管费及装卸费 （2）地区仓库类保管费及卸料费 （每年的数据）	交易保管费及装卸费 （每年、每月数据）	① 商品组类保管费及装卸费 ② ABC 分类的保管费及装卸费 ③ 品目类保管费及装卸费 （每年、每月、每期、每日数据）
4. 货车型配送中心	（1）用户保管费 （2）用户检索费 （每年的数据）	形状类保管费 （每年、每月数据）	① 用户保管费及检索费 ② 形状类保管费及检索费 （每年、每月、每日数据）
5. 零售店配送中心	（1）地区类销售额 （2）交易方交易额 （每年的数据）		① 商品组类销售额 ② 品目类销售额 ③ ABC 分类销售额
6. 超市等加工中心型配送中心	每个商品事业部的（生鲜、干品、衣服等）销售额（每年的数据）		① 每种商品组销售额 ② 每种 ABC 分类销售额 （每年、每月、每日数据）
7. 制造企业暂存型配送中心	（1）每个工厂的处理额（每年 1 回） （2）暂存型处理额		① 每种商品组处理额 ② 每种 ABC 分类销售额 （每年、每月、每日数据）

 2. 物流峰值系数内容

指通过对正在运行的物流配送中心的各种现状数据分析，并考虑到企业发展及年增长峰值系数，设计新建配送中心的能力。表 3-25 为物流配送中心峰值系数内容，据此表要求，应该确认的项目具体如下：

　　① 各种商品的年增长率，如 5%；

　　② 物流配送中心的远景规划，如 10～15 年后的综合水平；

　　③ 入库峰值系数，如 1.2 等；

　　④ 商品的在库月数，如 0.5～1 个月等；

　　⑤ 出库峰值系数，如 1.4 等。

表 3-25　物流配送中心峰值系数内容

中心	各部门确认内容	
	配送中心、营业部门	企　业
1. 生产工厂型配送中心	• 发货的峰值系数 • 发货增长率	• 各商品群的年度增长 • 各月的生产计划 • 生产的峰值系数 • 在库系数 • 项数的变化
2. 批发型配送中心	• 购进数增长率 • 每月进货量 • 进货峰值 • 出库峰值系数	• 在库系数 • 项数的增减 • 进货源的增减 • 渠道的变化
3. 营业型配送中心	• 入库增长量（按顾客分） • 每月入库量（按顾客分） • 入库峰值（按顾客分） • 出库峰值（按顾客分） • 在库系数（按顾客分）	• 交易方的变化 • 处理项目的变化、增加
4. 保管室型配送中心	• 出库峰值 • 发货增长量	• 入库增长量 • 检索增长量 • 在库系数
5. 小型商店型配送中心	• 进货增长量 • 每月进货量 • 进货峰值 • 流通加工增长量	• 出库峰值 • 出货峰值 • 在库系数 • 项数的增减
6. 超市加工中心型配送中心	• 原料在库系数 • 商品在库系数 • 发货增长量 • 进货地的变化	• 各商品群加工量的增长量 • 各月生产计划 • 加工峰值系数 • 项数的增长量
7. 工厂仓库型配送中心	• 出库峰值	• 入库量的增加 • 各月的入库计划 • 在库系数 • 出库的增长量 • 项数的变化

第 9 节　作业系统流程

 1. 进货作业与货态有何关系？

① 进货作业时要考虑货态要素，进货物品货态有托盘、货箱、袋装和简易包装等。

② 考虑进货物品的体积，以便决定接收物品的方法和设备。

③ 考虑接收物品后的工作，如暂存、托盘化、分类化（按品种分类或按方面分类）。根据这些作业性质，决定使用的设备有叉车、输送机（托盘输送机、箱用输送机）、垂直搬运机、手推车和无人台车等。

2. 储存要素与储存系统有何关系? ··

决定储存系统的主要因素是保管量、保管物品数、出库频率和货态。按货态整理成储存系统，表 3-26 是储存要素和储存系统的关系。

表 3-26　储存要素与储存系统的关系

货态	要素			保管系统的大致标准
	频度	保管量	保管物品类	
托盘箱或袋装托盘承载品	高	多 1000	2000 以上 大	存储单元型的大规模自动仓库。堆垛机台数与货位数的平衡是重点
			中	存储单元型的自动仓库。堆垛机台数确定是重点
		少 200 以下	大	流动型或直接堆放型
			中	紧凑型自动仓库
			少	输送线上暂存保管系统
	中	中	中	存储单元型自动仓库，托盘货架和叉车装卸
	少	多	大	托盘移动货架
		少	中	托盘货架＋叉车
			少	地面直接堆放
箱单体保管	高	多	大	此模式托盘保管交替进行
			少	箱货架保管
		少	大	由流动箱货架自动入库和出库
			少	输送线上存储系统
	中	中	中	箱货架保管
	少	多	大	箱货架保管
			少	箱货架、层板型货架
		少	大	流动箱货架
			少	箱货架、层板型
袋装单体	袋装物品保管系统大半被装入多托盘保管，单体保管的情况较少。在未使用托盘的时代，袋装的米等物品直接在地面上堆放是主流，现在很少见，而且更好的系统还没有提出			
长尺寸物品	高	少	多	长尺寸物品用托盘和托盘流动型的组合 叉车装卸（含侧叉）为主
			少	专用回转货架
		多	多	棒货架和专用堆垛机
	少	多	大	棒货架和侧叉，轻量时手工装卸
		少	大	角材（条木）等堆放同一物品
散装品（定型品）	多	多	少	轻量货架（有隔板）
		多	少	专用拣选机（立方体等有方向性的物品）
	少	多	少	轻量货架（有隔板）
散装品（不定型）	少	多	少	装入专用箱内保管

3. 出库物品参数和分类设备有何对应关系？

　　单位时间的分类量、分类容量和货态等不同，对应的分类系统也不一样。单位时间的分类量是用 1 天的发货数量除以实际工作时间，例如，1 天发货数为 15000 箱，实际发货分类时间为 6.5h，则单位时间分类量为 15000 箱/6.5h＝2307 箱/h。分类容量的大小取决于发货方向数、用户数、发货种类和每天作业批数等。

　　因为货态有箱装品、袋装品、长尺寸物品和散装品之分，所以分类方法与分类手段也不一样。表 3-27 是各因素对应的分类系统，要求分类系统省人、省力、占地面积小、分类精度和效率高。

表 3-27　各因素对应的分类系统

单位时间分类个数（大致）	分类容量个数（大致）	货态	分类系统
1000 个/h 以下	10 以下	箱	从输送机上取下分到有关方面托盘上
	10～20	箱	简单辊子输送机自动分类（辊子上浮式）直角分离
1000～2000 个/h	10 以下		简单辊子输送机上浮式低速自动分类，Y 形分离 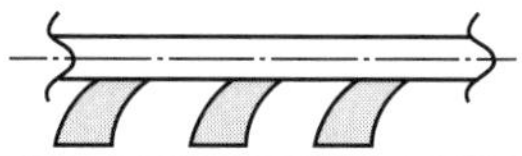
1000～3000 个/h	10～20	袋箱	借用输送带与转向式 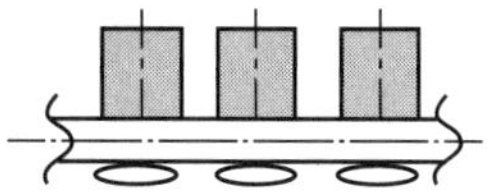
2000～3000 个/h	10 以上	箱	辊子输送机的批式自动分类 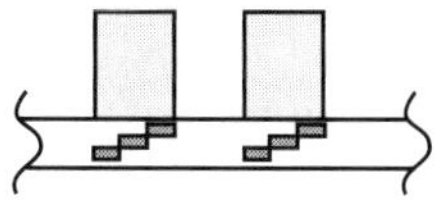
		箱袋散货（小物）	借用输送带与转向分类（高速型） 倾斜货架（低速型） 
3000～5000 个/h	20 以下	箱	输送带与回旋上浮式高速型（此系统分类节距 2.5m 以上）
	20 以下	箱袋小物	倾斜货箱标准型，自动分类 分类通道间距按物品大小取 1.2～1.5m
5000～7000 个/h	10 以上		倾斜货箱高速型自动分类
7000～10000 个/h	10 以上		输送带单元高速型自动分类 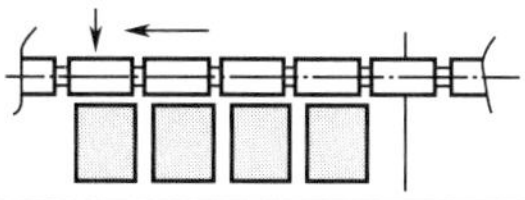

 4. 图示物流配送中心作业系统流程

　　图 3-52 为物流配送中心作业系统流程图，由图可知，物品每流动一步都伴随着信息流、

资金流和搬运作业，各种搬运作业都对应着相应的搬运设备。

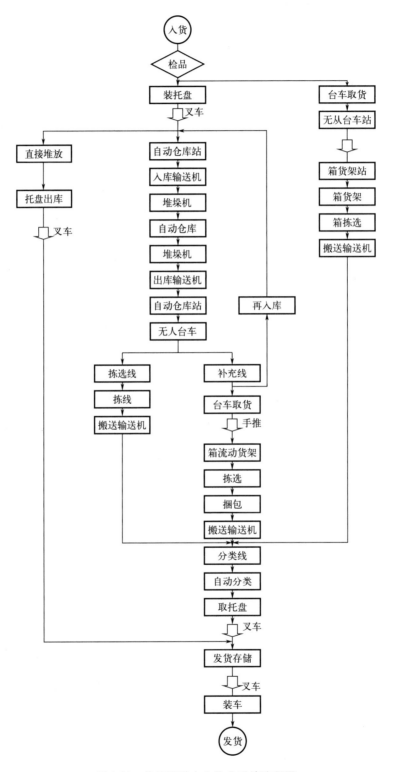

图 3-52　物流配送中心作业系统流程图

第10节　区域平面布置与计算

 ### 1. 如何计算进货车数量?

① 设进货时间按每天 2h 计算(根据初步调查设定时间值)。

② 进货车台数:根据物流配送中心的规模,设进货车台数和卸货时间如表 3-28 所示。设进货峰值系统为 1.5,要求在 2h 内必须进/卸货完毕的所需各种车辆数为 n,则

$$n = \frac{(20\text{min} \times N_1 + 60\text{min} \times N_3 + 10\text{min} \times N_2 + 30\text{min} \times N_4 + 20\text{min} \times N_5) \times 1.5}{60\text{min} \times 2}$$

表 3-28　进货车台数和卸货时间

进货方式	进货车台数			卸货时间		
	11t 车	4t 车	2t 车	11t 车	4t 车	2t 车
托盘进货	N_1 台	N_2 台	—	20min	10min	—
散装进货	N_3 台	N_4 台	N_5 台	60min	30min	20min

 ### 2. 如何计算进货大厅面积?

设每个车位宽度为 4m,进货大厅共需要 n 个车位,则进货大厅长度为 $M = n \times 4\text{m}$。设进货大厅宽度为 3.5m,则进货大厅总面积 $S = M \times 3.5\text{m}^2$,如图 3-53 所示。

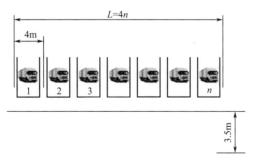

图 3-53　进货大厅设计

 ### 3. 如何计算保管区面积?

(1) 自动化仓库面积计算

图 3-54 为自动化仓库规划设计,图中 3.75m 是两排货架宽度与巷道宽度之和。设托盘尺寸为 $1.1\text{m} \times 1.1\text{m}$,货架有 N 排、n 列和 H 层,则总货位

$$Q = NnH$$

自动化仓库面积 $M = (10 + 1.35n) \times 3.75N/2$（$\text{m}^2$）。

（2）托盘式流动货架库面积计算

设每个货格可放两个托盘（2 个货位），必要的尺寸如图 3-55 中所示，货位长度为 1.5m，n 列、2 排、3 层，总货位数 $N = n \times 2 \times 3 \times 2$。

流动货架库面积 $A = 12 \times (1.5n + 5)$（m^2）。

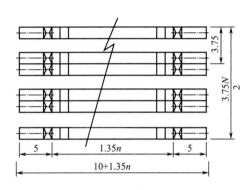

图 3-54　自动化仓库规划设计

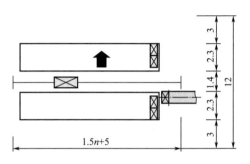

图 3-55　托盘流动货架库面积计算

（3）托盘式货架库面积计算

图 3-56 为托盘式货架库面积设计。货格（开间）长度为 2.7m，有 n 列、4 排，每个开间有 6 个托盘，则总货位数 $Q = 6 \times 4 \times n = 24n$。

托盘货架库总面积 $M = 13.8 \times (2.7n + 3)$（$\text{m}^2$）。

（4）箱式流动货架库面积计算

图 3-57 为箱式流动货架库面积设计，设有 2 排、n 列、H 层，n_1 个箱品（开间），货位宽度为 1.5m，则总货位数 $Q = 2nn_1H$。

流动货架区面积 $A = 9.5 \times (1.5n + 2)$（$\text{m}^2$）。

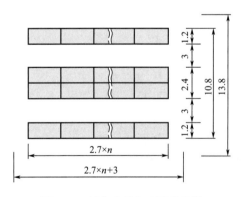

图 3-56　托盘式货架库面积设计

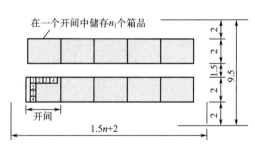

图 3-57　箱式流动货架库面积设计

（5）箱式货架库面积设计

如图 3-58 所示，设每个货格长度为 1.8m，n 列、5 层、4 排，左右两端各留 1m 余量。总货位数 $Q = n \times 5 \times 4 = 20n$。

箱式货架区面积 $M = 6 \times (1.8n + 2)$（m^2）。

4. 如何设计分拣区？

分拣区如图 3-59 所示，要求分拣参数如下。

① 每日分类箱数：n 个。

② 分类数：N 条分类方向（每隔 2m 一条）。

③ 分类时间：7h。

④ 单位时间分类数：$\dfrac{1.5n}{7}$（个/h，1.5 为峰值系数）。

⑤ 分类能力：5000～7000 箱/h。

⑥ 必要面积：$M=(L+2)\times(6\sim10)$（m^2）。

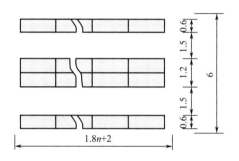

图 3-58　箱式货架库面积设计

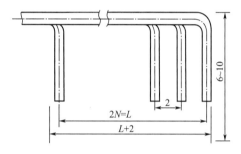

图 3-59　分拣区

 5. 如何设计流通加工区（增值作业区）面积？

制品在流通加工区经过切割、分包、计量、贴标等加工之后增加了附加值，所以此区也叫增值作业区。

每人作业面积如图 3-60 所示。设作业人员 N 人，流通加工区的必要面积 $m=3.5\times3\times N=10.5N$（$m^2$）。

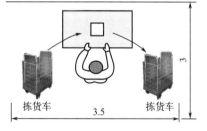

图 3-60　流通加工区每人作业面积计算

 6. 如何计算升降机前暂存区面积？

在升降机前面有一个物品暂存区，其基本尺寸如图 3-61 所示。根据升降机底面积、搭载台车或托盘数来计算其面积：$m=11\times10=110$（m^2）。

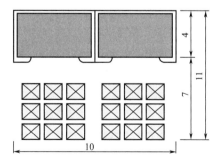

图 3-61　暂存区面积计算

 7. 如何计算发货存储区面积？

发货存储区的常用标准尺寸如图 3-62 所示。发货方向数（发货线）为 n_1，发货线间距为 1.2m，面积利用率为 0.7。发货存储区面积 $m = 12 \times (1.2 \times n_1 + 3)/0.7$（$m^2$）。

 8. 如何计算发货大厅面积？ ·····························

图 3-63 为发货大厅示意图，假设：

① 每天发货车辆台数：N 辆。

② 高峰时间的发货车辆台数：N_p。

③ 每台车装载时间：30min。

④ 每个车位宽度：4m。

发货大厅面积 $m = 5 \times 4 \times N_p$（$m^2$）。

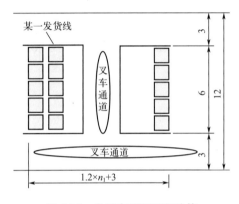

图 3-62　发货存储区面积计算

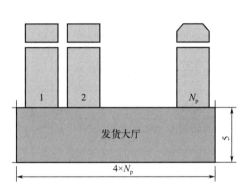

图 3-63　发货大厅面积计算

 9. 如何设计辅助区面积？ ·····························

（1）办公室面积计算

① 图 3-64 为 $3m^2$/人的办公室的 10 张桌子的配置，即 10 人办公室。办公室面积 $m = 6.2 \times 5.75 = 35.65$（$m^2$），人均面积约为 $3.6m^2$。

② 图 3-65 为 $5m^2$/人的办公室的 10 张桌子的配置，即 10 人办公室。办公室面积 $m = 7 \times 7.95 = 55.65$（$m^2$），人均面积约为 $5.6m^2$。

（2）食堂面积计算

图 3-66 为 $25 \sim 30$ 人/次的食堂规划设计。其面积 $m = 7.6 \times 9.7 \approx 74$（$m^2$）。

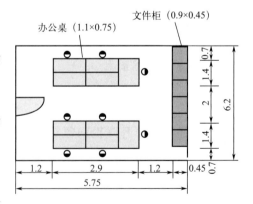

图 3-64　办公室面积计算例 1

（3）会议室面积计算

① 有办公桌的会议室。按 $15 \sim 20$ 人设计的有办公桌的会议室大小如图 3-67 所示。会议室面积 $m = 7.6 \times 11.3 \approx 86$（$m^2$）。

② 有椅无桌会议室。图 3-68 所示为有椅无桌会议室，其面积 $m = 7.0 \times 13.2 = 92.4$（$m^2$）。

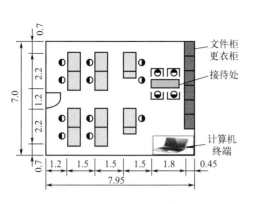

图 3-65　办公室面积计算例 2

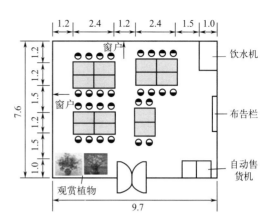

图 3-66　食堂面积计算

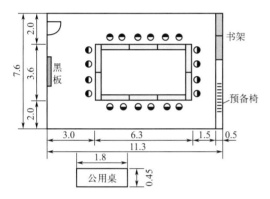

图 3-67　有办公桌的会议室面积计算

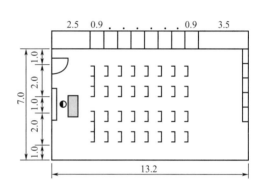

图 3-68　有椅无桌会议室面积计算

(4) 计算机室面积计算

图 3-69 为中等规模的计算机室，其面积 $m = 12 \times 6.5 = 78$（m^2）。

通过对各区域面积的规划设计后，整理成表 3-29 所示的各区面积汇总表。

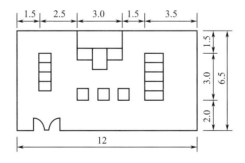

图 3-69　计算机室面积计算

表 3-29　各区面积汇总表

序号	区域名	损失率	A 案面积		B 案面积	
			基本面积	平面布置面积	基本面积	平面布置面积
1	进货车位	1.0				

续表

序号	区域名	损失率	A案面积		B案面积	
			基本面积	平面布置面积	基本面积	平面布置面积
2	进货事务所	1.0				
3	进货大厅	1.0				
4	进货暂存地	1.1				
5	保管区 ① 立体自动仓库 ② 托盘流动货架 ③ A、B 群箱流动货架 ④ C 群箱货架	1.0 1.2 1.2 1.2				
6	分类区	1.2				
7	流通加工区 ① 标价区 ② 捆包区	1.2 1.2				
8	批发店暂存区	1.1				
9	升降机前暂存区	1.1				
10	发货存储区	1.1				
11	发货大厅	1.0				
12	发货办公室	1.0				
13	发货车位	1.0				
14	多目的空间					
	小计					
15	办公室					
16	休息室					
17	接待室					
18	计算机室					
19	会议室					
20	入口室					
21	升降机室					
22	机械、电气室					
	小计					
	合计					

第 11 节　区域平面布置案例

 1. 区域平面布置的基本类型有几种？

物流配送中心进货区和发货区的相对位置有 I 型、L 型、U 型三种基本类型（图 3-70）。

可根据具体地理位置和物流配送中心的性质和规模决定基本类型。

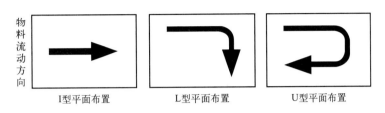

图 3-70　区域平面布置的基本类型

 2. 举例计算可用地和有效使用地面积 ··

当进货区和发货区的相对位置基本确定之后，逐个对进货区、进货、暂存区、入库办理区、自动仓库、小物品拣选区、分类区、发货存储区等的面积进行计算，把计算得到的各区域面积进行适当优化调整后填入确定的物流配送中心的面积图中。

区域平面布置就是把各区域面积按比例填入新建物流中心规划图中。图 3-71 为可用地和有效使用地面积图，由图可知可用地面 $G = 5400\text{m}^2$，考虑到周边车辆通道（最窄需要 25m）、各种车位等因素之后，有效使用总面积为 $A = 30 \times 70 = 2100$（m^2）。即要在这 2100m^2 的有限面积内新建一个物流配送中心。

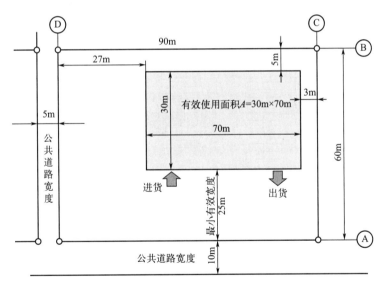

图 3-71　可用地和有效使用地面积图

 3. 试述区域平面布置设计 ··

确定进货和发货大厅：假设货物进出路线按 U 型平面布置，把进货大厅和发货大厅填入有效使用面积中（图 3-72）。

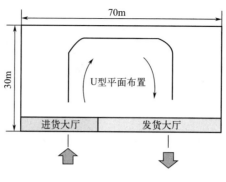

图 3-72　U 型平面布置

 4. 如何布置面积大而长宽比不变的装备？

依照 U 型动线，把面积大而长宽比不变的自动仓库、分类输送机等区域按照比例填入建筑框图中（图 3-73）。

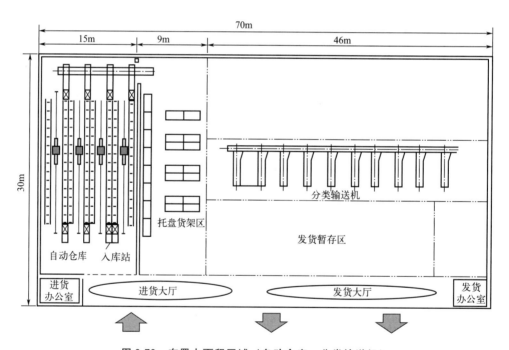

图 3-73　布置大面积区域（自动仓库、分类输送机）

 5. 如何布置面积大而长宽比可变的装备？

依照动线，把面积大而长宽比可变的活动区域（托盘货架、发货存储区、箱式流动货架等）填入图中（图 3-74）。

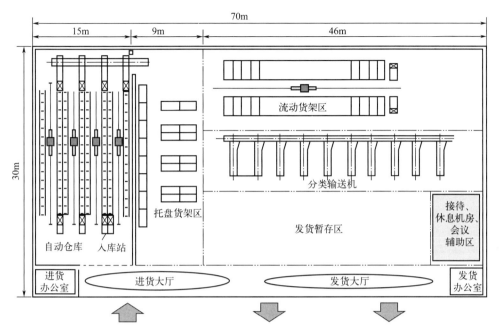

图 3-74　布置活动区（托盘货架、箱式流动货架等）

 6. 如何布置小面积活动区？

小面积活动区包括进货暂存区、流通加工区等，其布置如图 3-75 所示。

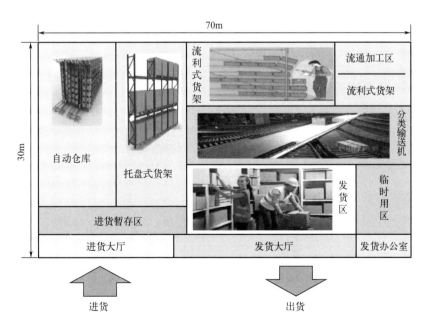

图 3-75　小面积活动区的布置

7. 进货、保管等各系统之间有何搬运设备？

在物流配送中心里，只要有物料移动就存在搬运作业。图 3-76 为各物流系统之间常用搬运手段，如图所示，采用叉车作业使物料由进货系统进入保管系统。

根据前述区域平面布置案例的实际物流系统选择对应的物流装备。表 3-30 为物流系统与对应设备，如托盘货架区对应的设备有托盘货架和叉车等。

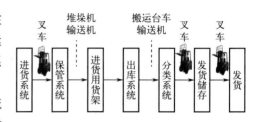

图 3-76　各物流系统之间常用搬运手段

表 3-30　物流系统与对应设备

系统名	活动区域名	设备名
进货系统	进货车位	无
	进货事务所	无
	进货大厅	进货站台板 升降机
	进货暂存区	无
储存系统	自动仓库	托盘升降机 立体货架和堆垛机 入出库台车
	托盘货架区	托盘货架 叉车
	AB 群流动货架	托盘流动货架 入库用堆剁机 无人台车
	C 群流动货架	箱流动货架 箱输送机 手推台车
出库系统		与储存系统设备相同
分类系统	分类输送机	输送机 分类输送机 分类用托盘
流通加工系统	流通加工区	流动加工作业台 手推台车 轻量货架
发货系统	发货储存区	托盘货架 托盘直接堆放 存储用台车 叉车
	发货大厅	发货站台板 升降机 叉车

8. 如何布置自动仓库和分类输送机？

　　首先根据 U 型动线，布置占地面积大和长宽比不变的自动仓库和分类输送机。把自动仓库和分类输送机的外形尺寸按照比例缩小后布置在图 3-77 中。

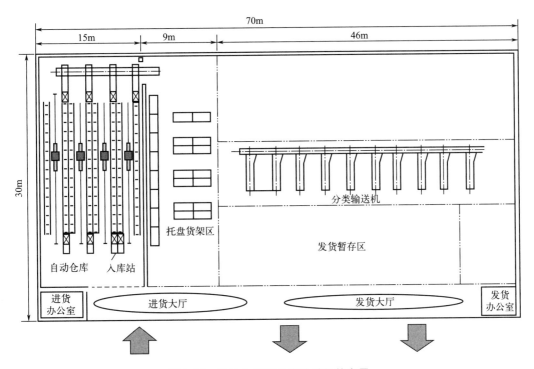

图 3-77　自动仓库和分类输送机的布置

 9. 如何布置占地面积较小且长宽比可变的设备？

　　当自动仓库和分类输送机的布置完成之后，则可布置托盘货架、托盘流动货架、箱式流动货架、流通加工区内箱货架等面积较小且长宽比可变的设备，如图 3-78 所示。

 10. 如何布置物流动线？

　　所谓动线，就是商品、资材（货品箱、托盘、料箱等）、废弃物和人员的移动路线。要求全体动线具有完整性和合理性，在整个物流配送中心范围内人、物、资材等不能发生阻断、迂回、绕远和相互干扰等现象。根据这一要求，在物流配送中心设备平面布置的基础上布置动线，图 3-79 为物流配送中心动线图，箭头所示为流动方向。

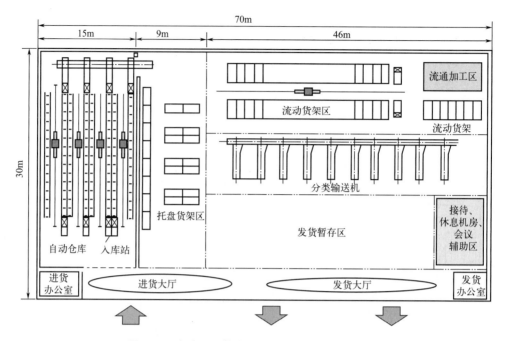

图 3-78 占地面积较小且长宽比可变的设备布置

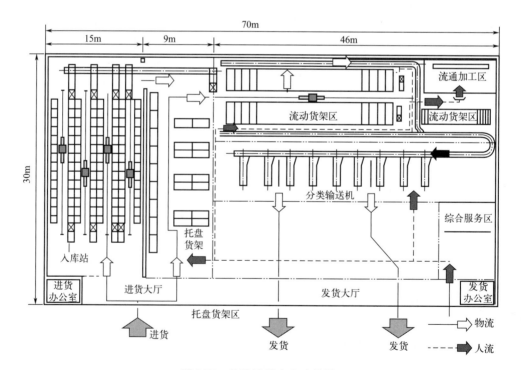

图 3-79 物流配送中心动线图

第 **12** 节　建筑要求

 1. 基本设备模型和柱跨度有何对应关系？

柱跨度是否合理，对物流配送中心成本、效益和运转费用都有重要影响。为此，在确定柱跨度时，必须考虑物流配送中心的存储设备型号和托盘规格尺寸。表 3-31 为常用基本存储设备与柱跨度的关系。

表 3-31　基本存储设备与柱跨度的关系

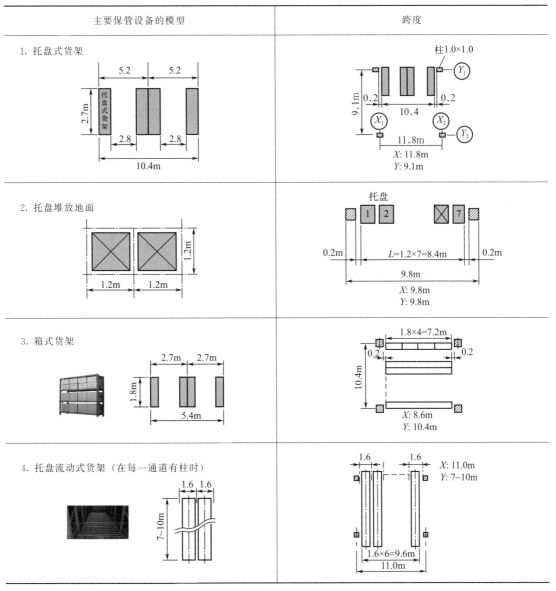

续表

主要保管设备的模型	跨度
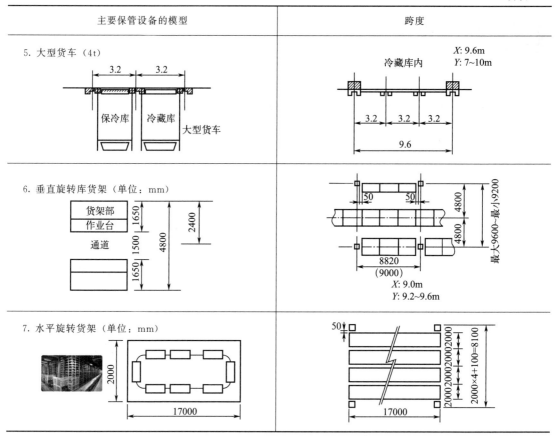	

 2. 如何计算地面载荷？

叉车和无人台车是物流配送中心内的重要运输工具之一，为顺利行车，要求地面精度在 2000mm 范围内的误差为 ±20mm。此外，还要求地面有足够的承载能力，即承受车轮的压力：

$$叉车轮压（P_w）=\frac{叉车自重+载荷}{4}×安全系数$$

设一般叉车自重 1.63t，载重为 1t，安全系数为 1.4，则

$$叉车轮压（P_w）=\frac{(1.63+1)×10^4}{4}×1.4=9205（N）$$

一般取轮压为 10000N 或 12000N。

 3. 如何计算输送机的楼板开孔尺寸？

（1）倾斜式输送机

对于多楼层的物流配送中心，各楼层之间的运输是采用输送机来实现的。对于倾斜式输送机应考虑如下一些问题：

① 倾斜式输送机的倾斜角度；

② 搬运物的形状和尺寸；

③ 物品形状；

④ 楼板结构。

只有了解上述问题之后，才能确定输送机通过楼板的开孔尺寸。图 3-80 为楼板上开孔范围，已知柱跨度如图中所示，$X=9000\text{mm}$，$Y=7000\text{mm}$，要求输送机倾角小于 18°，搬送物最大尺寸为 $L'=500\text{mm}$、$W'=400\text{mm}$、$H'=400\text{mm}$。

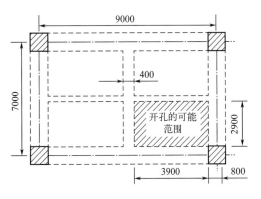

图 3-80　楼板上开孔范围

在图 3-80 中达到开孔的最大有效尺寸计算如下：

$$X=9000/2-(800+400)/2=3900\ (\text{mm})$$

$$Y=2000/2-(800+400)/2=2900\ (\text{mm})$$

实践表明，如果输送机倾角大于 18° 时，输送机上的方形输送物在输送机启动或停止时，可能因惯性作用倾倒。此外，还必须保证小梁与输送物的最小垂直距离为 200mm，输送机高度 $h=600\text{mm}$，如图 3-81 所示。

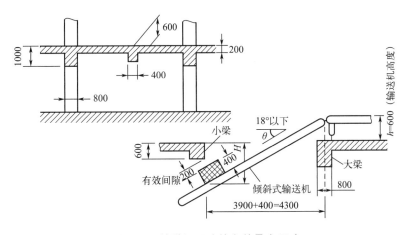

图 3-81　输送机开孔的有效最大尺寸

$$H=600\text{mm}+(200+400)\ \text{mm}/\cos18°=1230\text{mm}$$

输送机倾斜角：$\tan\theta=\dfrac{H+h}{4300}=\dfrac{1230+600}{4300}=0.425$，得 $\theta=23°$。

因为倾角 $\theta>18°$，必须增加开孔的 X 方向尺寸，为此，把小梁位置设计为 L_X。

$$L_X=(H+h)/\tan18°=1830/0.324\approx5648\text{mm}$$

开孔的 Y 方向尺寸：因为输送物的宽度 $W=400\text{mm}$，而输送机宽度为 600mm，按经验取开孔宽度 $L_Y=1200\text{mm}$ 为宜。图 3-82 为小梁处理位置。

这样向左移动小梁位，使楼板开孔尺寸为 5468mm×1200mm，则可安装倾角为 18° 的输送机。

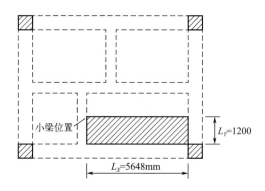

图 3-82　小梁处理位置

(2) 立式输送机

由于梁和搬送物品形状不允许在设置倾斜式输送机时设置垂直输送机。这种场合，楼板开孔尺寸要比机器外形尺寸大 200mm。图 3-83 为立式输送机及其楼板开孔尺寸。

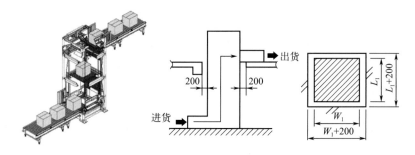

图 3-83　立式输送机及其楼板的开孔尺寸

(3) 货架和楼面梁的距离

托盘货架或者移动货架与楼面梁的下表面之间的距离必须大于 300mm，如图 3-84 所示。

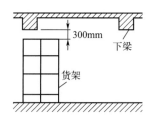

图 3-84　货架和楼面梁的距离

第4章 自动化仓库设计

第1节 自动化仓库应用与构成

 1. 何谓自动化仓库?

自动化仓库又称高层货架仓库、自动存取系统 (AS/RS, automatic storage & retrieval system),一般采用几层、十几层甚至几十层高的货架,并用自动化物料搬运设备(如巷道堆垛机)进行货物出库和入库作业,同时利用自动化存储设备和计算机管理系统实现自动化仓库的高层合理化、存取自动化以及操作简便化。

自动化仓库可以实时查询动态库存信息,进行数据处理,节省人力、物力、仓储空间,提高作业效率,减少浪费。自动化仓库是当前技术水平较高的储存形式。图 4-1 为自动化仓库示意图,由图可知,自动化仓库的主体有货架、巷道式堆垛起重机、入(出)库工作台和自动运进(出)及操作控制系统等。货架内是标准尺寸的货位空间。巷道堆垛机支撑在天地轨上并沿巷道左右移动,完成存、取货的工作;管理上采用仓储控制系统 WCS (warehouse control system)。

图 4-1　自动化仓库示意图(南京音飞)

自动化仓库广泛用于医药、汽车、电子、机械、烟草、机场货运、地铁、服装、化工以及军工等行业。

由于人工成本不断增加及柔性化制造系统 (flexible manufacturing system) 的迅速发展,许多现代化工厂积极新建了自动化仓库。随着计算机技术、传感器技术、条形码识别技术、GPS 等技术广泛应用,无人化、智能化仓库也迅速发展起来。自动化仓库取代了人力和烦琐的人员登录作业,精度好、效率高。

自动化仓库是物流配送中心的主要组成部分。图 4-2 为物流配送中心,由托盘式自动化仓库、水平旋转式自动化仓库、输送系统等构成。

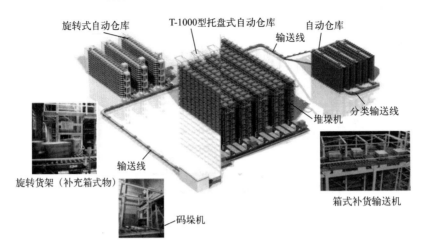

图 4-2　自动化仓库是物流配送中心的主要组成部分

 2. 自动化仓库有何基本特点？

自动化仓库基本特点如下：

① 仓库作业全部实现机械化、自动化或者智能化。

② 采用高层货架、立体储存，能有效利用空间，减少占地面积，降低土地购置费用。

③ 采用托盘或货箱储存货物，降低了货物的破损率。

④ 货位集中，便于控制与管理。特别是使用电子计算机、WMS（仓库管理系统），能够实时监控作业过程及信息处理。图 4-3 为托盘式自动化仓库的基本特点。

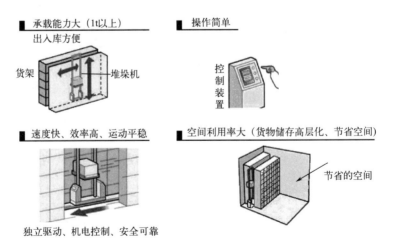

图 4-3　托盘式自动化仓库基本特点

图 4-4 为自动化仓库效果图，介绍如下：

① 堆垛机：把托盘单元自动送入货架货位中，或者从货位中自动取出托盘单元并送到

指定出货台。

②　环形穿梭车（RGV）：把托盘单元搬运到指定的各个巷道口待命。

③　码垛机器人：把相同批次货物自动码垛成托盘单元待命。

④　入库分拣系统：对入库前的物品按照批次分拣，以待入库作业。

⑤　空中输送系统：完成了包装作业的物品，由空中输送机向仓库集中，以待入库。

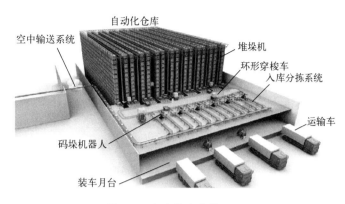

图 4-4　自动化仓库效果图

⑥　装车月台：当货物在一楼自动出库后，由叉车实现装车作业，卡车通过月台和出库快速对接。

3. 试述自动化仓库主要功能

图 4-5 为自动化仓库的主要功能示意图，图中箭头指示出拣货、集装、入库、盘点、出库等物流过程。

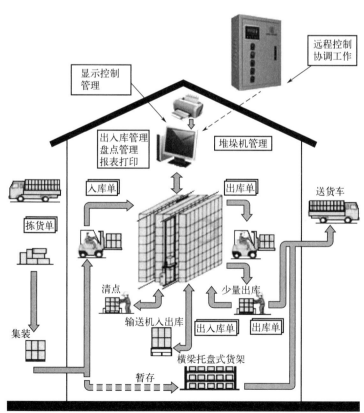

图 4-5　自动仓库主要功能

4. 试述自动化仓库防止地震对策 ···

在多地震国家，如日本，设计自动化仓库时特别要考虑防震问题。图 4-6 为自动化仓库防止地震对策方法。

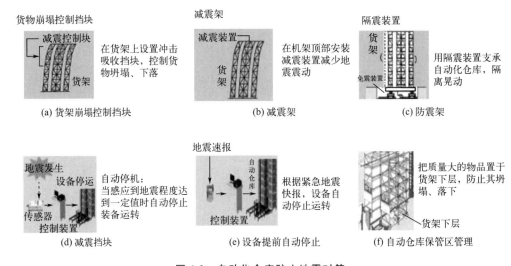

图 4-6 自动化仓库防止地震对策

 5. 试述 WMS 在自动化仓库的应用 ···

WMS 是仓库管理系统，是通过入库业务、出库业务、仓库调拨、库存调拨等功能，对批次管理、物料对应、库存盘点、质检管理、虚仓管理和即时库存管理等功能综合运用的管理系统，有效控制并跟踪仓库业务的物流和成本管理全过程，实现了企业仓储信息管理。该系统可以独立执行库存操作，也可与其他系统的单据和凭证等结合使用，可为企业提供最佳物流管理流程和财务管理信息。图 4-7 为自动化仓库 WMS 管理部分内容。

WMS 是专业的信息化仓储管理软件，具有以下优点：①系统化、标准化、信息化、智能化；②优化了仓库设施布局；③功能强大；④提高库存统计准确度，优化库存量；⑤高效的商品管理模式。

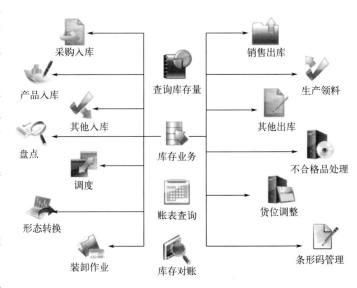

图 4-7 自动化仓库 WMS 管理部分内容

第2节　自动化仓库基本构成与布局

 1. 试述自动化仓库基本构成

　　自动化仓库（AS/RS）是由立体货架、有轨巷道堆垛机、出入库托盘输送机系统、尺寸检测条形码阅读系统、通信系统、自动控制系统、计算机监控系统、计算机管理系统以及其他如电线电缆桥架配电柜、托盘、调节平台、钢结构平台等辅助设备组成的复杂自动化系统，运用一流的集成化物流理念，采用先进的控制、总线、通信和信息技术，通过以上设备的协调动作进行出入库作业。此外，土建公用设施等也是自动化仓库的重要组成部分。货架一般为钢结构或钢筋混凝土结构的结构体，货架内部空间作为货位存放位置，堆垛机穿行于货架之间的巷道中，可由入库

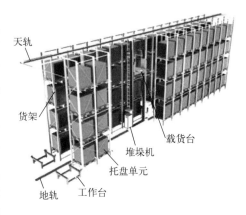

图 4-8　托盘式自动化仓库基本构成

站台取货并根据管理调度任务将物料存储到指定货位，或到指定货位取出物料并送至出库站台。图 4-8 为 2 排×16 列×4 层的托盘式自动化仓库基本构成，其最主要构件是货架、堆垛机、天地轨、出入库工作台、控制系统、WMS 等。图 4-9 为 2 排×9 列×5 层的托盘式自动化仓库基本构件名称。图 4-10 为穿梭车式自动仓库基本构成。

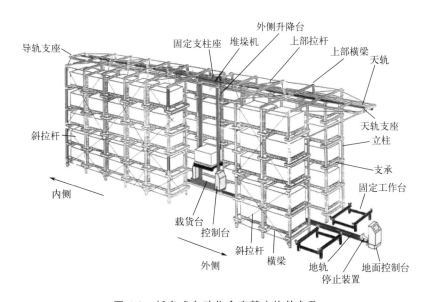

图 4-9　托盘式自动化仓库基本构件名称

　　图 4-11 为托盘式自动化仓库及其托盘单元。由图可知，托盘单元的尺寸范围将直接影

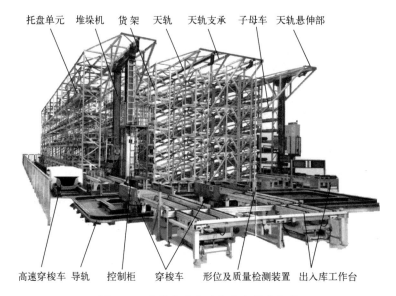

图 4-10　穿梭车式自动化仓库基本构成

响自动化仓库货位（或货格）大小、两排货架的总宽度 W 以及货架总高度 H。图 4-12 为自动化仓库基本构成要素。

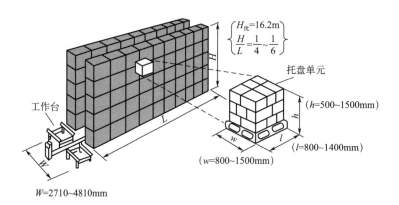

图 4-11　托盘式自动化仓库及其托盘单元

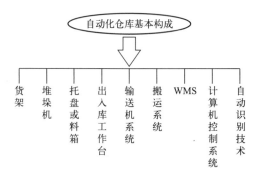

图 4-12　自动化仓库基本构成要素

2. 试述自动化仓库工作台布置方法

工作台的种类及布置方法如图 4-13 所示。根据物料出入库量的实际需要选择相应的工作台及其布置形式。

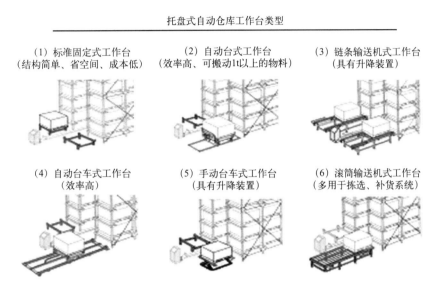

托盘式自动仓库工作台类型

(1) 标准固定式工作台
(结构简单、省空间、成本低)

(2) 自动台式工作台
(效率高、可搬动1t以上的物料)

(3) 链条输送机式工作台
(具有升降装置)

(4) 自动台车式工作台
(效率高)

(5) 手动台车式工作台
(具有升降装置)

(6) 滚筒输送机式工作台
(多用于拣选、补货系统)

图 4-13　工作台的种类及布置方法 (南京音飞)

 3. 自动仓库和作业区的衔接方式有几种?

(1) 叉车-出入库台组合方式

图 4-14 为叉车-出入库台组合方式,入库和出库的货物单元均用人工操作的叉车来完成搬运作业。图 4-15 为叉车-出入库台组合方式立体图。

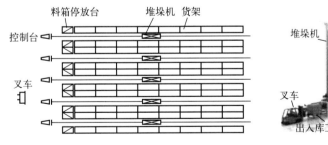

图 4-14　叉车-出入库台组合方式

图 4-15　叉车-出入库台组合方式立体图

(2) AGV 小车-出入库台组合方式

图 4-16 为 AGV 小车-出入库台组合方式,入库和出库的货物单元均用 AGV 小车来实现物料搬运作业。图 4-17 为 AGV 小车-出入库台组合方式立体图。

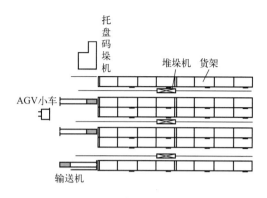

图 4-16 AGV 小车-出入库台组合方式

图 4-17 AGV 小车-出入库台组合方式立体图

（3）AGV 小车-输送机方式

图 4-18 为 AGV 小车-输送机组合方式，即用 AGV 小车和输送机组合来实现物料进出库的搬运作业。

（4）连续输送机方式

图 4-19 为连续输送机方式，即用进/出货输送机、辊子回转台等与堆垛机组合应用来实现物料搬运作业。图 4-20 为连续输送机方式实体。

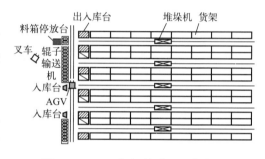

图 4-18 AGV 小车-输送机组合方式

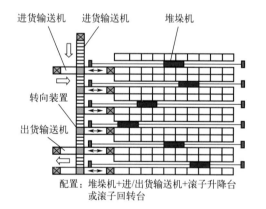

图 4-19 连续输送机方式

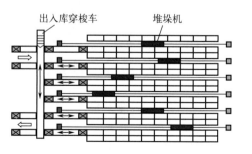

图 4-20 连续输送机方式实体（南京音飞）

（5）穿梭车方式

图 4-21 为穿梭车方式，是由堆垛机、穿梭车和出入库输送机构成的物料搬运系统。穿梭车动作敏捷，易于更换。图 4-22 为穿梭车方式自动仓库实体。

图 4-21 穿梭车方式

图 4-22 穿梭车方式自动仓库实体（南京音飞）

  4. 试述库内物流线种类

货物单元在自动化仓库内部的流动线路如图 4-23，有 U 型、I 型、L 型和双 U 型。

① I 型。I 型线路用于大规模生产，从一端入库，另一端出库作业。在大规模生产工厂中的分离式自动化仓库中应用较广，生产效率较好。

② U 型。其入库作业都在同一侧进行，应用较广。U 型物流线路最实惠，在管理和经济方面都有优点。特别是对于出入库场合、时间带受到限制时，这是最有效的形式。相反，当要求入库和出库作业同时进行时，U 型线路将造成拥挤和混乱，不能采用这种 U 型线路。

③ L 型和双 U 型。根据作业地点的条件和生产工程的特殊性来决定。

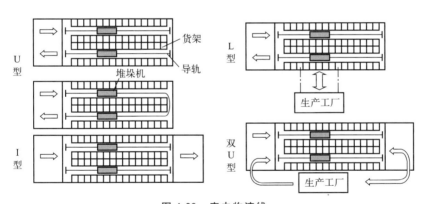

图 4-23 库内物流线

第 3 节 自动化仓库分类

  1. 如何按货架结构分类？

（1）整体式

图 4-24 为整体式自动化仓库，又称为库架合一式自动化仓库，即货架及其主要结构均

与库房的房顶或墙壁固连一体。优点：节约一定投资及土地面积。图 4-25 为整体式自动化仓库实体，由图可知，斜撑件把自动仓库货架和屋顶固为一体。

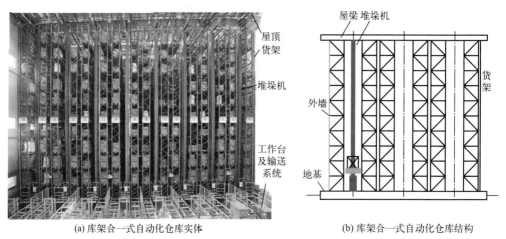

(a) 库架合一式自动化仓库实体　　　　(b) 库架合一式自动化仓库结构

图 4-24　整体式自动化仓库

图 4-25　整体式自动化仓库实体

(2) 分离式

图 4-26 为分离式自动化仓库，即自动化仓库独立在建筑物内，自动化仓库与建筑物相互独立。在实际物流装备应用中，分离式应用较多。

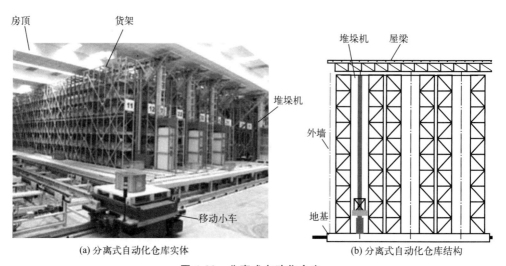

(a) 分离式自动化仓库实体　　　　(b) 分离式自动化仓库结构

图 4-26　分离式自动化仓库

2. 如何按使用环境分类?

保管商品的环境不同，相应的自动化仓库种类也不相同。主要有常温自动化仓库、低温自动化仓库、高温自动化仓库、防爆自动化仓库、特殊自动化仓库。

(1) 常温自动化仓库

在常温常湿度条件下保管物品的自动化仓库。图 4-27 为保管普通物料的托盘式常温自动化仓库。

(2) 低温 (冷藏/冷冻) 自动化仓库

在 0℃ 以下的封闭环境中保存物品的自动化仓库，如冷库。冷藏冷冻自动化仓库是低温环境下的恒温库。与常温自动化仓库不一样，库面地基要除湿、防冻，地面有保温层，地基具有足够的承载能力。库内排水道用于排出因为除霜、除水产生的流水。

图 4-27　常温自动化仓库

(3) 高温自动化仓库

在 40℃ 以上的环境中保存物品的为高温自动化仓库。图 4-28 为某钢铁公司热轧钢卷高温智能化钢卷自动仓库，实现了行车、调度、库房管理无人化标准，发货效率相比原来提升 30%。

这一智能化系统可广泛应用于钢铁厂钢卷库、板坯库、煤渣库等冶金全流程中间库和成品库，以及其他重工业仓储领域。

图 4-28　高温智能化钢卷自动仓库

(4) 防爆自动化仓库

防爆自动化仓库在防爆环境中保存危险物品，如具有易燃、易爆、有毒、腐蚀性强等特性的危险化学品。图 4-29 为防爆自动化仓库，由电机、传感器、供电电缆等防爆元件构成的防爆堆装起重机十分安全。图 4-30 为防止危险品倾倒滚落的护边托盘。图 4-31 为易燃易爆品自动化仓库。

图 4-29　防爆自动化仓库

图 4-30　防倾倒护边托盘

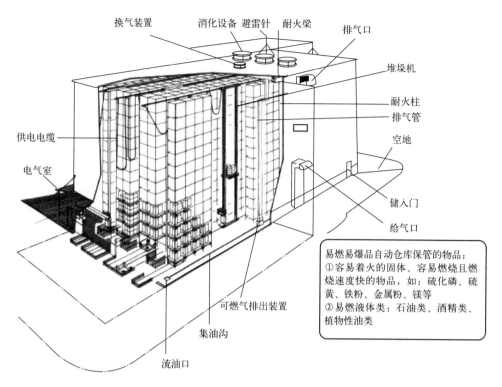

图 4-31　易燃易爆品自动化仓库

(5) 特殊自动化仓库

这是在特殊环境中保管特殊物料的自动化仓库。图 4-32 为保管铝型材细长件的四立柱宽轨自动化仓库。

图 4-33 为特殊长托盘自动化仓库，由于托盘单元长度特别大，相应的堆垛机长度达 4500mm。

图 4-32　四立柱宽轨自动化仓库

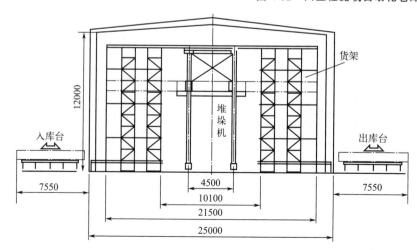

图 4-33　特殊长托盘自动化仓库

3. 如何按导轨配置分类？

常用的自动化仓库导轨有直线、U 型和横移式三种，图 4-34 为自动化仓库导轨种类。

① 直线导轨有单导轨和双轨之分，堆垛机行走线路是直线，如图 4-35 所示。

② 横移式导轨自动化仓库是通过横移接轨方式把多条平行导轨连接起来。优点是可用于出入库频率不高的仓库，节约堆垛机投资。图 4-36 为横移式导轨自动化仓库。

③ U 型导轨堆垛机行走路线为直线和弧线。优点是可用于出入库频率不高的仓库，节约堆垛机投资。图 4-37 为 U 型导轨自动化仓库。

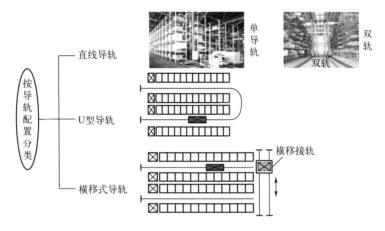

图 4-34　自动化仓库导轨种类

图 4-35　直线导轨自动化仓库

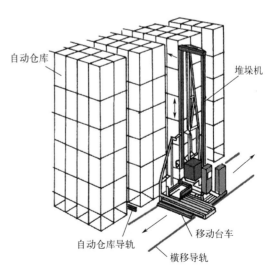

图 4-36　横移式导轨自动化仓库

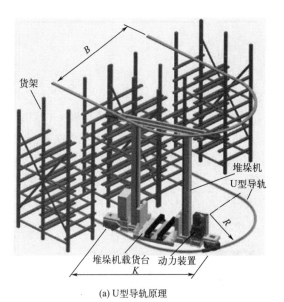

(a) U型导轨原理

(b) U型导轨自动化仓库实体（南京音飞）

(c) U型导轨局部放大图

图 4-37　U型导轨自动化仓库

 4. 如何按货格深度方向存储托盘单元数量分类？

如图 4-38 所示，托盘式自动化仓库货格深度方向储存托盘单元数量分类，有单货位、双货位和多货位的区别。单货位在货格深度方向只能够储存一个托盘单元，一个货格就是一个货位。双货位在一个货格的深度方向可储存 2 个托盘单元。多货位就是在货格深度方向有多个货位，可以储存多个托盘单元。

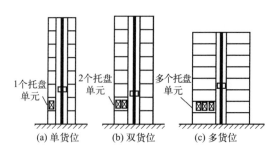

图 4-38　按货格深度方向存储托盘单元数量分类

5. 如何按用途分类？

① 原材料自动化仓库：用于暂时保存制造业所需原材料的仓库。

② 零部件自动化仓库：用于暂时保管加工和装配所需零部件的仓库。

③ 工序间自动化仓库：用于保管和调节工序间所需零部件和原材料的仓库。

④ 成品自动化仓库：用于暂时保管成品的仓库。

⑤ 流通型自动化仓库：用于保管和分类流通过程中商品的仓库。

 6. 如何按出入库工作台布置方式分类？

① 工作台单侧出入库方式：图 4-39 为出入库工作台设在堆垛机行走路线的一端。图 4-40 为工作台单侧出入库方式效果图。

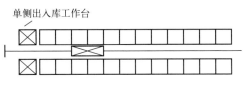

图 4-39　工作台单侧出入库方式

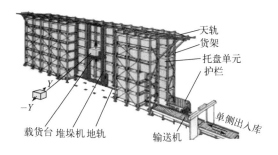

图 4-40　工作台单侧出入库方式效果图

② 两端出入库方式：出入库工作台分别设在堆垛机行走方向的两侧，如图 4-41 所示。

③ 中间出入库方式：出入库工作台设置在堆垛机行走路线的中间位置，如图 4-42 所示。

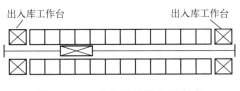

图 4-41　工作台两端出入库方式

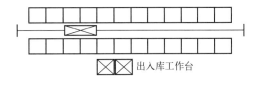

图 4-42　工作台在中间位置

 7. 如何按出入库工作台配置高度分类？

① 同一层出入库方式：出入库工作台设置在同一楼层上，如图 4-43 所示。

② 异层出入库工作台方式：把出入库工作台设在不同的楼层中，如图 4-44 所示。

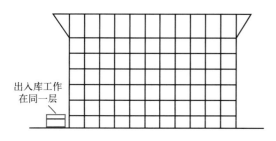

图 4-43　出入库工作台设置在同一楼层上

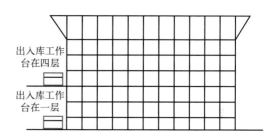

图 4-44　出入库工作台设置在不同楼层中

第 4 节　自动化仓库的最佳参数选择

1. 如何选择自动化仓库的最佳高度？

自动化仓库高度直接影响其占地面积、投资成本、投资回报率、起重运输机械的装卸效率及维修成本等。影响自动化仓库高度选择的因素有物品吞吐量、物品周转率（储存期）以及搬运输送设备等。早在 20 世纪 60 年代，工业发达国家的物流工程专家、教授经过实验一致认为：一般情况下，自动化仓库货架的最佳经济高度为 15～21m。自动化仓库折算费用随货架高度 H 而变化，如表 4-1 所示。折算费用越大，企业的生产成本越大、效益越低。

表 4-1　折算费用随货架高度 H 的变化

H/m	6	8.4	10.8	12.6	14.4	16.2
折算费用/%	100	96	92	73	64	58

自动化仓库的最佳经济高度取决于容量：当容量为 1000～4000t 时，最佳高度为 12.6m；当容量≥6000t 时，最佳高度为 16.2m。

但根据可建自动化仓库的土地面积大小的实际情况，一些工业发达国家的自动化仓库高达 50m 以上。特别是日本等国家，人口多、土地少、自动化程度高，50m 以上的自动化仓库拔地而起，数量激增。

2. 如何确定自动化仓库最佳长度？

货架的最大长度取决于一台堆垛机在一条通道中所服务的货位数。如图 4-45 所示为堆垛机及载货台的移动速度示意图，为保持 $H/L \approx v_y/v_x$ 均衡，使堆垛机的载货台垂直和水平移动平稳，推荐采用货架高度 H 和长度 L 比值为：

$$\frac{H}{L} = \frac{1}{4} \sim \frac{1}{6}$$

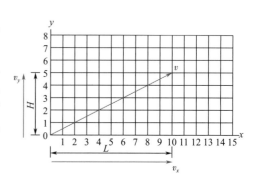

图 4-45　堆垛机及载货台的移动速度示意图

一般情况下，货架的最佳长度 L 在 $80 \sim 120\text{m}$ 之间为宜。

 3. 如何确定自动化仓库系统尺寸？

（1）货位和托盘单元之间的标准间隙尺寸

为了实现自动化仓库标准化，在货位中的托盘单元与货位的前后、左右、上下都有一定的标准间隙。图 4-46 为货位与托盘单元的尺寸关系。表 4-2 为其相关尺寸名称。

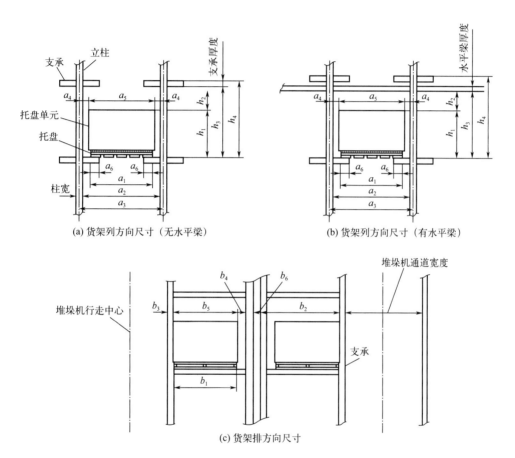

图 4-46　货位与托盘单元的尺寸关系

表 4-2　与货位相关的尺寸名称

项目	记号	项目	记号
托盘长度	a_1	前面间隙	b_3
有效列尺寸	a_2	后面间隙	b_4
列尺寸	a_3	货态尺寸（排方向）	b_5
侧面间隙	a_4	柱间距	b_6
货态尺寸（列方向）	a_5	货态高度	h_1
支承托盘的长度	a_6	上部间隙	h_2
托盘宽度	b_1	有效层高度	h_3
排尺寸	b_2	层高度	h_4

（2）确定货格尺寸

货格尺寸＝托盘单元尺寸＋间隙尺寸。各间隙尺寸的选取原则如下：

① 侧面间隙。侧向间隙 $2a_4 = a_2 - a_1$，一般取 $50 \sim 100\text{mm}$。对牛腿式货架，要求 $a_6 \geq a_4$。

② 垂直间隙。上部间隙 h_2 应保证货叉叉取货物过程中微起升时不与上部构件发生干涉。一般有：

$$h_2 \geq 货叉厚度 + 货叉下浮动行程 + 各种误差$$

③ 宽度方向间隙。货物单元前面间隙的选择应根据实际情况确定，对牛腿式货架，应使其尽量小；对横梁式货架，则应使货物不因各种误差而掉下横梁。后面间隙的误差应以货叉作业时不与后面拉杆发生干涉为准。

通过托盘单元尺寸和托盘单元与货格之间的间隙，可以计算出货格尺寸 $a_3 \times h_4$。如果已知列数和层数，则可计算出货架长度 L 和高度 H。

（3）货物与货位的间隙尺寸

为使货物能顺利无阻地入库和出库，货物与货架应保持一定间隙。图 4-47 为货物与货架的尺寸关系图，表 4-3 为货架与货物的尺寸关系表。货架与货物尺寸一般是在堆垛机行走方向上单侧取 $50 \sim 75\text{mm}$ 左右，在深度方向上取 50mm 左右。此外还加上堆垛机的制造精度和停止精度、货架制造精度以及富余尺寸，才能确定货架与货物之间的关系尺寸。考虑到货架制作与安装精度较低，货物与货架之间必须留有适量间隙。

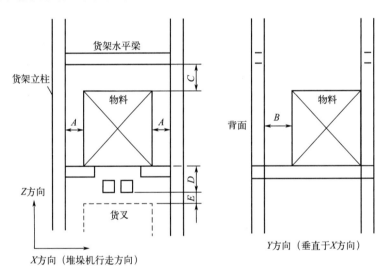

图 4-47　货物与货架的尺寸关系

表 4-3　货架与货物的尺寸关系　　　　　　　　　　　　　　mm

货架高度		10m 以下	15m 以下	30m 以下
X	A	60	65	75
Y	B	50		
	C	100		
Z	D	100（货重 1t、货物深度 1100mm）		
	E	60		

货架高度方向尺寸必须根据货叉厚度、货叉变形量和动作尺寸来确定。此外，还要加上货架水平梁位置尺寸。当自动化仓库设计有自动喷水装置时，还应该加上配水管尺寸。

关于货物倾倒尺寸有许多资料论述，但是使货物倾倒的原因很多，比较复杂。一般通过试验来取得实用数值，这样比较安全。

(4) 计算货态尺寸和实际货态尺寸

货态即托盘单元的外形尺寸。计算货态尺寸是通过包装箱和包装袋的标准尺寸计算出来的托盘单元货态尺寸，如图 4-48（a）所示。

实际货态尺寸是把物品堆放在托盘上的托盘单元外形尺寸。计算货态尺寸是按理想的包装箱尺寸计算出来的货态尺寸。但是，在实际生产中，在托盘上堆放物品时受到物品公差、码垛间隙等各种因素的影响，使实际货态尺寸与计算货态尺寸有一定误差，如图 4-48（b）所示，影响因素有：包装箱或包装袋的尺寸误差；码垛时箱与箱、袋与袋之间的间隙；码垛时箱与袋之间的膨胀量；堆放时产生的物品间偏移量。

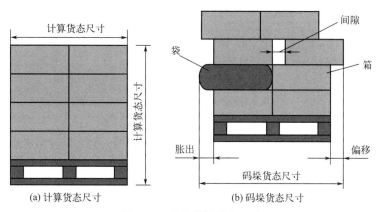

(a) 计算货态尺寸　　　　　　　(b) 码垛货态尺寸

图 4-48　托盘单元货态尺寸

当实际码垛货态尺寸超过规定的尺寸范围时，在出入库过程中容易脱落、倾倒，造成事故。为保证实际货态尺寸在规定范围之内，必须进行货态尺寸检验。图 4-49 为物体尺寸在线检测系统。

图 4-49　物体尺寸在线检测系统

 ### 4. 如何标注自动化仓库主要尺寸？ ⋯⋯⋯⋯⋯⋯⋯⋯⋯⋯⋯⋯⋯⋯⋯⋯⋯⋯⋯⋯⋯⋯⋯⋯⋯⋯

(1) 整体式自动化仓库货架尺寸

图 4-50 为整体式自动化仓库尺寸。

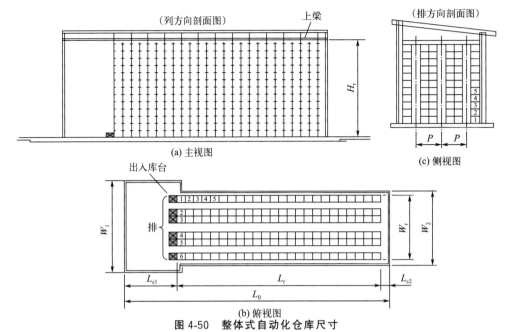

(a) 主视图

(c) 侧视图

(b) 俯视图

图 4-50 整体式自动化仓库尺寸

注：图中的数字（1，2，3，…）仅供参考

L_0—仓库列方向墙的中心间距；L_r—货架列方向的立柱中心间的最大尺寸；L_{c1}—仓库出入库侧的墙中心到货架端立柱中心尺寸；L_{c2}—仓库出入库侧的反侧墙中心到反侧货架端立柱中心间尺寸；H_r—货架地面到上梁下方的尺寸；W_r—货架排方向外侧立柱中心间最大尺寸；W_1—仓库出入库侧排方向墙中心距；W_2—仓库出库侧反侧排方向墙中心距；P—堆垛机巷道中心距

（2）分离式立体仓库尺寸

图 4-51 为分离式自动化仓库尺寸。

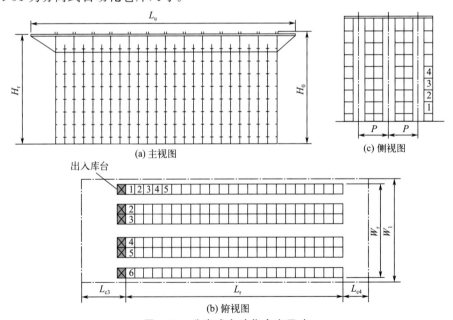

(a) 主视图

(c) 侧视图

(b) 俯视图

图 4-51 分离式自动化仓库尺寸

注：图中的数字（1，2，3，…）仅供参考

L_r—货架列方向立柱中心距；L_u—货架列方向的全长；L_{c3}—从出入库侧货架端到墙距离；L_{c4}—出入库侧的对面的货架端到墙的距离；W_r—货架排方向外侧的立柱中心距；W_1—货架排方向工作区或安全网等的外侧尺寸；H_0—货架地面到上部梁的顶面的尺寸；H_r—货架地面到上部梁的下面的尺寸；P—堆垛机轨道中心距

第 5 节　自动化仓库的出入库能力计算

 1. 如何计算堆垛机工作循环时间？

堆垛机的工作循环时间有平均单循环时间和平均复合循环时间。

（1）平均单循环时间

堆垛机从出入库工作台到达所有货位的出入库时间的总和除以总货位数的值称作平均单循环时间。图 4-52 为单循环图。单循环时间计算如下：

$$T_s = \frac{\sum\limits_{j=1}^{m}\sum\limits_{k=1}^{n} t_{jk} \times 2}{mn} + 2t_f + t_i \tag{4-1}$$

式中　T_s——平均单循环时间，s；

　　j——货架列数，$1 \sim m$；

　　k——货架层数，$1 \sim n$；

　　t_{jk}——堆垛机单边运动到某货位的时间，s；

　　t_f——货叉取货时间，s，即在出入库工作台或在货位处物品移动的时间；

　　t_i——停机时间，s。

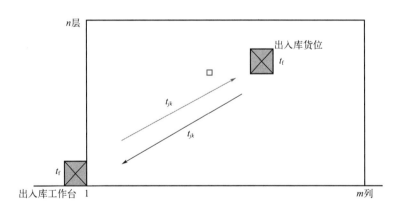

图 4-52　平均单循环作业时间

（2）平均复合循环时间

平均复合循环时间计算如下：

$$T_D = \frac{\sum\limits_{j=1}^{m}\sum\limits_{k=1}^{n} t_{jk} \times 2}{mn} + t_t + t_s + 4t_f + t_i \tag{4-2}$$

式中　T_D——平均复合循环时间，s；

　　t_t——平均货位之间移动时间，s，出入库的货位是随机决定的，一定次数的货位间移动的平均时间；

t_s——出入库工作台之间的移动时间，s，即入库工作台和出库工作在不同位置时的移动时间。

图 4-53 是出入库为一个工作台的平均复合作业循环时间。

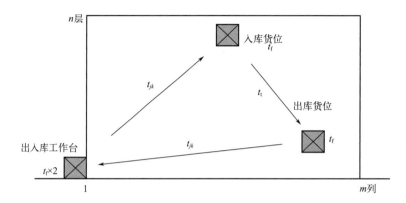

图 4-53　出入库为一个工作台的平均复合作业循环时间

图 4-54 为出入库工作台分开设置的平均复合作业循环时间。

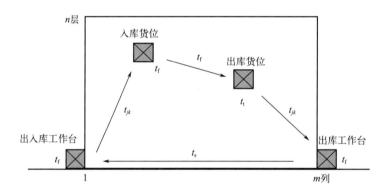

图 4-54　出入库工作台分开设置的平均复合作业循环时间

图 4-55 为出入库工作台在不同楼层上的平均复合作业循环时间。

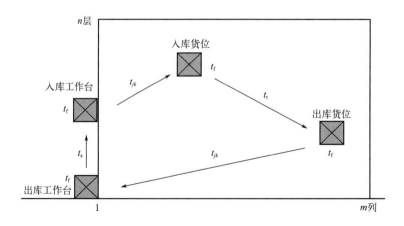

图 4-55　出入库工作台在不同楼层上的平均复合作业循环时间

2. 如何计算自动化仓库基本出入库能力？

　　自动化仓库的基本出入库能力也是堆垛机的基本出入库能力，即每小时出入库的托盘单元数量。

　　① 平均单循环时间的基本出入库能力：

$$N_s = 3600/T_s \qquad (4-3)$$

式中　N_s——每小时入库或者出库的托盘单元数量，个；

　　　　T_s——平均单循环时间，s。

　　② 平均复合循环时间的基本出入库能力：

$$N_D = (3600/T_D) \times 2 \qquad (4-4)$$

式中　N_D——每小时入库或者出库的托盘单元数，个；

　　　　T_D——平均复合循环时间，s。

 3. 如何计算物料的出入库周期？

　　物品出入库周期表示堆垛机存取货时间的长短，即表示其效率高低。通过对物品在库内流动的时间分析，确定各相关设备的能力，为设计自动化仓库的规模提供科学依据。

　　图 4-56 所示的堆垛机作业周期有单循环与复合循环两种。

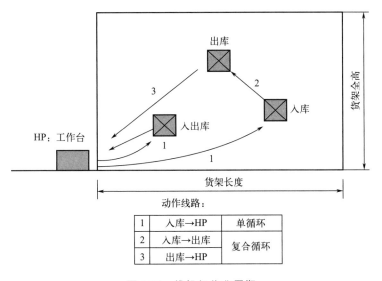

图 4-56　堆垛机作业周期

　　堆垛机存取物料周期大概算法如下：

　　① 计算位于自动化仓库平均位置的托盘的单循环时间。

　　② 计算位于自动化仓库 1/2 高度和 1/2 长度位置的托盘的单循环时间。

　　计算出堆垛机的工作循环时间之后，按照自动化仓库的设计原则便可计算出它的基本出入库能力。计算公式如下：

$$\eta = 3600/T_0 \tag{4-5}$$

式中 η——每小时托盘的出入库数量，个；

　　T_0——基本运动时间（周期），s。

例如循环时间 $T_0 = 180\text{s}$，则 $\eta = 3600/180 = 20$（个），就是说自动化仓库每小时的出入库能力为 20 个托盘装载单元，再根据 1 台运输车辆的装载能力可计算出每小时所需运输车辆的台数。此外，还可计算出堆垛机的台数，从而计算出自动化仓库的规模大小。

4. 举例说明自动化仓库出入库能力计算

自动化仓库出入库能力即每小时平均入库或出库的货物单元数。堆垛机出入库能力是指堆垛机每小时平均入库或出库的货物单元数。表 4-4 为自动化仓库和堆垛机的出入库能力对比。

表 4-4　自动化仓库和堆垛机的出入库能力对比

循环方式	堆垛机	自动仓库
	每台堆垛机出入库能力（托盘/时）	自动仓库出入库能力（托盘/时）
单循环作业方式	$P_1 = 3600/t_{ms}$	$P = nP_1$
复合循环作业方式	$P_1 = (3600/t_{ms}) \times 2$	$P = nP_1$

注：P_1——堆垛机每小时出库或入库托盘单元数；t_{ms}——平均单循环作业时间，s；n——堆垛机台数，即巷道数。

(1) 平均单作业循环时间计算

图 4-57 为平均单作业循环时间，即堆垛机完成一次单入库或单出库作业所需要的时间 t_{ms}。

$$t_{ms} = (t_{p1} + t_{p2})/2$$
或
$$t_{ms} = t_{p1} + t_{p2} + 2t_f + t_a$$
$$t_{p1} = \max(t_1, t_h)$$
$$t_{p2} = \max(t_1, t_h)$$

式中 t_{p1}——堆垛机完成 p_1 货位的作业循环时间，s；

　　t_{p2}——堆垛机完成 p_2 货位的作业循环时间，s；

　　t_1——从 0 到 p 点的水平运行时间，s；

　　t_h——从 0 到 p 点的垂直运行时间，s；

　　t_f——货叉取货（或存货）作业时间，s；

　　t_a——堆垛机运行速度附加时间，s。

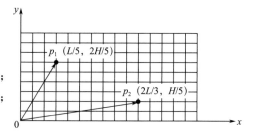
图 4-57　平均单作业循环时间

(2) 平均复合作业循环时间计算

图 4-58 为平均复合作业循环，即堆垛机按照复合循环搬运物料需要的时间。

$$t_{md} = t_{p1} + t_{p2} + t_{p1p2} + 4t_f + 2t_a$$

式中 t_{md}——平均复合循环时间，s；

　　t_{p1p2}——堆垛机货叉从 p_1 到 p_2 的运行时间，s。

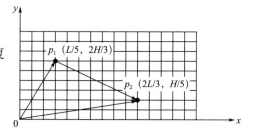
图 4-58　平均复合作业循环

(3) 例题 1

① 已知某自动仓库参数为：巷道数（堆垛机台数）$n=4$；堆垛机水平运行速度 $v=100\text{m/min}$、升降速度 20m/min；货叉存取货时间 $t_f=25\text{s}$，堆垛机运行速度附加时间 $t_a=5\text{s}$；货架总长 $L=80\text{m}$、高度 $H=15\text{m}$。试计算平均复合循环作业时间。

② 计算：

a. 平均复合循环搬运时间 $t_{md}=t_{p1}+t_{p2}+t_{p1p2}+4t_f+2t_a$

b. $t_{p1p2}=\max\left[(p_{2x}-p_{1x})/v_x,\ (p_{2y}-p_{1y})/v_y\right]$

$=\max\left[(2/3-1/5)\times 80/100,\ (2/3-1/5)\times 15/20\right]$

$=\max(0.373,\ 0.35)$

$=0.373(\min)=22.4(\text{s})$

c. $t_{p1}=\max\{[(1/5)\times(80/100)],\ [(2/3)\times(15/20)]\}$

$=\max(0.16,\ 0.5)$

$=0.5(\min)=30(\text{s})$

d. 同理，得 $t_{p2}=32\text{s}$。

把相关数据代入 t_{md} 的公式，得

$t_{md}=t_{p1}+t_{p2}+t_{p1p2}+4t_f+2t_a=30+32+22.4+4\times25+2\times5=194.4$

出入库能力　　　$P_2=4P_1=4\times(3600/194.4)\times2=148$（盘/h）

(4) 例题 2

根据如下已知条件，计算平均单循环作业时间 t_{ms}。

① 已知：某立体仓库规模 $L=100\text{m}$、$B=20\text{m}$、$H=20\text{m}$；采用单元货格式货架，堆垛机速度 $v_x=100\text{m/min}$，起升速度 $v_h=40\text{m/min}$，取货时间为 $t_{ms}=20\text{s}$；托盘单元尺寸（长×宽×高）$=1200\text{mm}\times1000\text{mm}\times1300\text{mm}$。

② 计算货架长度：

a. 货格长度。设一个货格储存 2 个托盘单元，区侧隙 $a_4=50\text{mm}$，则货格有效尺寸 $a_2=1200\times2+50\times3=2550$（mm）。参考图 4-46（a），货格长度尺寸 $a_3=a_2+$ 立柱宽度。假设立柱规格尺寸为 $90\times65\times2$，则 $a_3=a_2+90=2550+90=2640$（mm）。

b. 计算列数（货格数）。列数 $=L/a_3=100/2.64=37.88$，取列数 37。

c. 实际货架长度。实际货架长度 = 货格长度×列数 $=2640\times37=97680$（mm）$=97.68$（m）。

③ 货格宽度计算。在排方向托盘单元与立柱间隙 b_3、b_4 分别取 50mm，则货格宽度 $=1000+100=1100$（mm）。

④ 巷道宽度计算。巷道宽度 = 托盘单元宽度 $+200=1200$（mm）。

⑤ 货架排数计算：

货架排数 =（仓库宽度×2）/（货格宽度×2+巷道宽度）

$=11.76$

按实际情况，取架排数为 10（即 5 巷道）。

堆垛机中心距 = 巷道宽度 + 货格净宽度×2 $+b_6$

$=1200+1100\times2+50=3450$（mm）

货架全宽 = 堆垛机中心距×巷道数 $=3450\times5=17250$（mm）

⑥ 货架层高计算：设货架为没有水平横梁的牛腿式货架，则货格层高 $h_4=$ 货格净高 h_3+

支承厚度（设为 50）＝1450（mm）。

⑦ 货架层数计算：货架层数＝20000/1450＝13 层。

⑧ 货架高度计算：货架高度＝13×1450＝18850（mm）。

自动仓库货架尺寸：长×宽×高＝97680mm×17250mm×18850mm。

自动仓库规模：Q＝排×列×层＝10×37×13＝4810 货位。

⑨ 计算平均单循环作业时间 t_{ms}：

参看图 4-57 平均单作业循环图，得：

$p_{1x}=L/5=19.54$（m），$p_{1y}=2H/5=12.56$（m）

$p_{2x}=2L/3=65.12$（m），$p_{2y}=H/5=3.77$（m）

$t_{p1}=\max(p_{1x}/v_x,\ p_{1y}/v_y)=\max(19.54/100,\ 12.56/40)=(0.1954,\ 0.314)$

$t_{p1}=18.8s$

$t_{p2}=\max(p_{2x}/v_x,\ p_{2y}/v_y)=\max(65.12/100,\ 3.77/40)=(0.6512,\ 0.094)$

$t_{p2}=39.07s$

则 $t_{ms}=t_{p1}+t_{p2}+2t_f+t_a=18.8+39.07+2×20+5=102.87$（s）。

⑩ 自动仓库出入库能力：$P=5P_1=5×(3600/102.87)=175$ 托盘/h。

第 6 节　自动化仓库标准化

1. 试述托盘式自动化仓库标准化内容

储存和在库管理托盘单元的自动化仓库称为托盘式自动化仓库，它有一般式和倍深式之分。一般式即一个货格（即是一个货位）只储存一个托盘单元；倍深式一个货格有 2 个货位，即能存储 2 个托盘单元。大多数托盘式自动化仓库的存储单位是承载 1000kg 的托盘单元。

把托盘式自动化仓库标准化、规格化，用户可以快速计算出自动化仓库系统的基本外形尺寸。这样价格低、施工快、成本低，缩短了投资回收期。一般常用的托盘式自动化仓库系统的标准高度有 6m、9m、12m、15m、21m。托盘规格（800～1500mm）×（800～1500mm）。

图 4-59 为 T-1000 型自动化仓库标准图，这是 6 层 11 列 2 排、共 132 个货位的标准自动化仓库。用户可按照需要在此基础上增加层数、列数和排数，达到

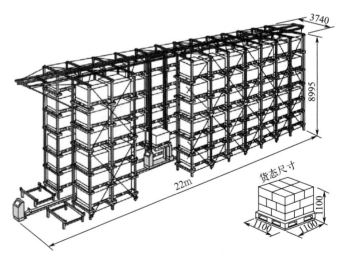

图 4-59　T-1000 型自动化仓库标准货架单元

需要货位数。

图 4-60 为托盘式货架标准尺寸示意图。表 4-5 为标准货架尺寸，用户可根据此表选择相应的标准货架规格尺寸。图 4-61 为 T-1000 型货架与建筑物的最小距离。只有保证这些基本数据才能方便维修和安全生产。

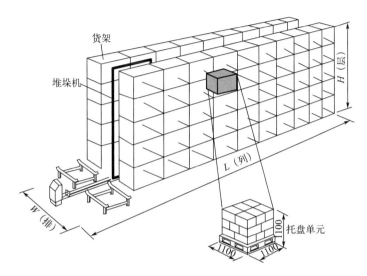

图 4-60　托盘式货架标准尺寸示意图

表 4-5　标准货架尺寸　　　　　　　　　　　　　　　　　　　　　　　mm

型号（高度）		6m	9m	12m	15m
货态	w	1100	1100	1100	1100
	d	1100	1100	1100	1100
	h	850	1100	1200	1300
排		2	2	2	2
层		5	6	8	9
列		10	13	16	20
货位数		100	150	256	360
货架尺寸	W	3740	3740	3740	3740
	L	18378	22228	26528	31728
	H	6220	8995	12682	15082

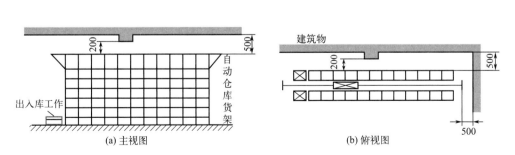

图 4-61　T-1000 型货架与建筑物最小距离

2. 试述托盘式自动化仓库的基本规划设计步骤 ·······························

在设计自动化仓库之前，调研确定所存物品的托盘单元数量，在此基础上适当留有一定的发展空间。这个总托盘数就是总的储位数，即自动化仓库的吞吐量。如果一个储位就是 1 个货格，则可计算出自动化仓库的长度、宽度、高度等外形尺寸和巷道数、排数、列数。

自动化仓库的基本设计步骤如下。

① 初步确定自动化仓库的外形尺寸，如图 4-62 所示。

确定托盘单元的外形尺寸及质量（含托盘）。

② 确定自动化仓库托盘单元的最大库存量（考虑年增长率）E。

③ 计算自动化仓库每小时最大出入库量 F（托盘数/h）。因为每小时最大进出库托盘数和自动堆垛机的台数有直接关系，这将直接影响到自动化仓库的投资大小。为了减少投资费用，可以把峰值进出货量平均到仓库作业时间内。

④ 确定堆垛机台数和货架行数。首先必须知道堆垛机的标准出入库能力，即每小时的入库或出库的次数。即

$$N = 3600/T$$

式中　N——标准出入库能力，次；

　　　T——标准动作时间，s。

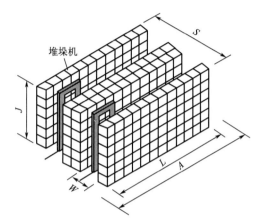

图 4-62　自动化仓库外形尺寸

A—系统长度；S—系统宽度；L—货架长度；J—货架高度；W—巷道宽度

标准动作时间是指堆垛机在进行入库或出库时所需要的时间（s）。图 4-63 为堆垛机入库单循环运动路线图。入库存货标准动作时间为工作台→收货→货架中心→存货→返回工作台过程所需时间（s）。取货出库标准动作时间为工作台→货架中心→取货→工作台→卸货过程所需时间（s）。

图 4-64 为堆垛机复合循环运动路线。入库存货及取货出库标准动作时间为工作台→收货→货架中心→存货→卸货→（3L/4，3H/4）处→取货→工作台→卸货过程所需时间（s）。

上述几种情况所指的货架中心，当货架的货格数为偶数格时，为

$$\left(\frac{x\ 方向货格数}{2} + 1,\ \frac{y\ 方向货格数}{2} + 1 \right)$$

标准动作时间和堆垛机的行走、升降、叉取等 3 种速度及距离有关系。

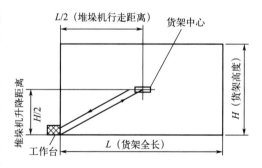

图 4-63　堆垛机入库单循环运动路线

a. 收货存货时间＝叉取距离/叉取速度×2＋(高位－低位)/升降速度。

b. 走到货架中心的时间：堆垛机货台可以同时用行走和升降两种速度运动，最后到达的时间即是所求时间。

根据 $N=3600/T$，则堆垛机台数（即巷道数）

$$G=F/N$$

式中　F——自动化仓库每小时需要最大进出库托盘单元数；

N——标准出入库能力；

T——标准运动时间。

自动化仓库内货架排数

$$Z=2G$$

⑤ 确定货格高度。图 4-65 为货格高度的确定图。

货架总高度　$J=(C+K)M$

式中　C——托盘装载单元高度，mm；

K——堆垛机叉车操作所需距离，即相邻两托盘单元的垂直距离，$K=150\sim230$mm；

M——在垂直方向的货格数。

⑥ 确定自动化仓库系统高度。图 4-66 为自动化仓库系统高度标准。货架系统高度

$$P=J+T_u+T_d$$

式中　J——货架高度，mm；

T_u——托盘单元顶面到屋顶下面的距离，$T_u=600$mm；

T_d——堆垛机叉车操作空间，$T_d=750$mm。

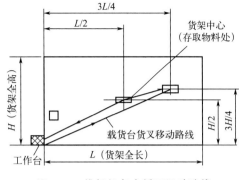

图 4-64　堆垛机复合循环运动路线

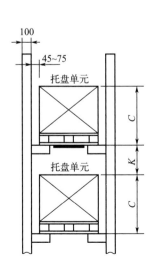

图 4-65　货格高度确定图

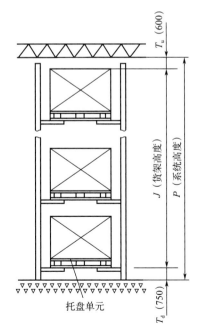

图 4-66　自动化仓库系统高度标准

⑦ 确定一排货架长度 L。图 4-67 为一排货架长度 L。

$$L = RS$$

$$R = B + 100 \text{mm} + (75 \times 2) \text{ mm}$$

$$S = E / (2GM)$$

$$Z = 2G \text{（货架排数）}$$

式中　L——一排货架长度；

　　　R——货格宽度；

　　　B——托盘宽度；

　　　S——每列的货格数；

　　　E——总托盘数。

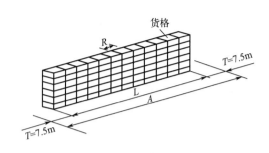

图 4-67　一排货架长度 L

⑧ 确定自动化仓库系统总长度 A：

$$A = L + T + U$$

式中　L——货架长度；

　　　T——堆垛机走出货架两端的必要距离（含出入库台架部分），$T = 7.5 \text{m}$；

　　　U——特殊设备所占长度，如堆垛机活动空间、周边设备所占空间等。

⑨ 确定自动化仓库系统宽度。图 4-68 为自动化仓库系统的宽度 V。

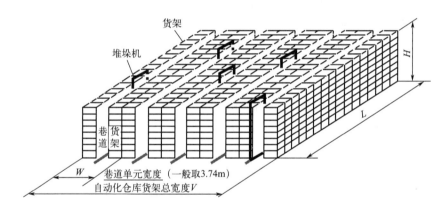

图 4-68　自动化仓库系统宽度

$$V = WX = 3.74X$$

式中　W——巷道单元宽度，一般 $W = 3.74 \text{m}$；

　　　X——巷道数。

一般情况下，自动化仓库的最佳经济高度约为 16.2m，货架高度与长度之比 $H/L = 1/4 \sim 1/6$。利用此关系检查所设计的自动化仓库尺寸是否符合上述基本原则。图 4-69 为托盘式自动化仓库实体图。

图 4-69　托盘式自动化仓库实体（南京音飞）

 3. 如何计算托盘式自动化仓库柱距？

根据通道宽度和储存设备间隔来计算柱距，在设计自动化仓库保管区时，必须考虑柱子位置是否影响堆垛机出入口位置及输送机安装位置。在设计柱距时，要保证通道宽度和储存设备的间隔要求。图 4-70 为托盘式自动化仓库的柱距设计。

$$W=(C_1+2C_2+C_3)N \tag{4-6}$$

式中　W——柱距；

　　　C_1——托盘（货架）背面间隔；

　　　C_2——托盘（货架）深度；

　　　C_3——堆垛机通道宽度；

　　　N——双排货架节距数。

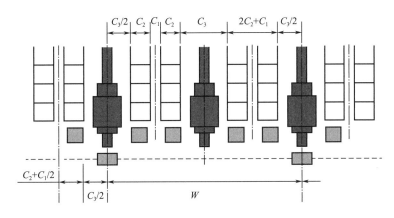

图 4-70　托盘式自动化仓库柱距

第 7 节　T-1000 型自动化仓库货架设计参考

 1. 何谓货态？

(1) 货态

所谓货态即包括托盘在内的托盘单元的外形尺寸和质量，如图 4-71 所示。

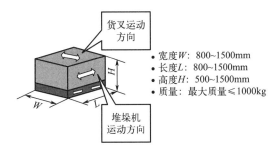

图 4-71　货态尺寸

(2) 适合 T-1000 型自动化仓库的货态尺寸和负载

表 4-6 为适用于 T-1000 型自动化仓库的货态尺寸。T-1000 型自动化仓库储存的托盘单

元最大质量为 1000kg。

表 4-6 T-1000 型自动化仓库货态尺寸

宽度（W）	长度（L）	宽度（W）	长度（L）
800	1100	1200	800
	1200		1000
900	1100		1100
1000	1200		1140
	1300	1300	1000
1100	800		1100
	900		1500
	1100	1400	1100
	1200	1440	1130
	1300		1200
	1400	1500	1300

(3) 标准尺寸的设置

要求装载单元符合标准宽度和高度的规定。

① 伸出（膨胀）：实际码垛货态尺寸与计算货态尺寸之差。实际货态尺寸是托盘尺寸与伸出尺寸之和。实际尺寸必须符合标准规定。图 4-72 为实际码垛尺寸，这必须控制在标准装载尺寸范围内。

② 弯曲：T-1000 型托盘的最大弯曲允许为 10mm。如果超过 10mm，由于货物重量会加速托盘弯曲，可能造成事故。托盘弯曲后的托盘单元高度必须在规定范围之内。图 4-73 为托盘弯曲示意图。

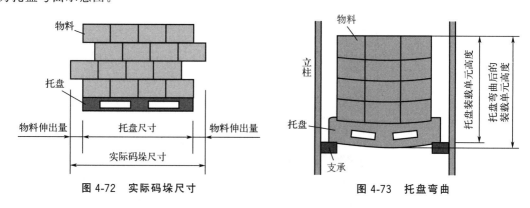

图 4-72 实际码垛尺寸　　　　图 4-73 托盘弯曲

 ### 2. 如何计算自动仓库容量？

图 4-74 为 T-1000 型标准自动化仓库立体图。设计托盘式自动化仓库时，如果托盘单元

的长×宽×高＝1100×1100×1100，并参考托盘单元与货位的间隙尺寸，则可计算出货架的实际尺寸。此例的储存容量（总托盘数，排×列×层）＝2×12×6＝144（托盘单元）。

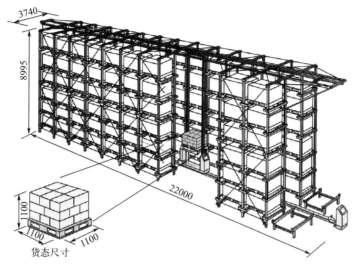

图 4-74　T-1000 型标准自动化仓库立体图

 3. 如何计算货架各层的高度尺寸？

(1) 货架各层高度尺寸的确定

根据货架各层所处位置不同，分为底层、标准层、横梁层和顶层，其高度可分别表示为 P_0、P_1、P_2、P_3，其计算方法见图 4-75，由图可知，当托盘单元的高度 H 确定后，则可计算出货架各层高度。

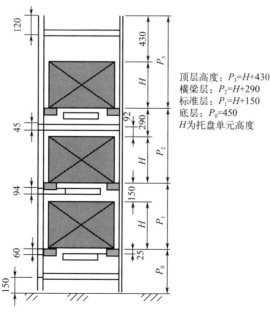

顶层高度：$P_3=H+430$
横梁层：$P_2=H+290$
标准层：$P_1=H+150$
底层：$P_0=450$
H 为托盘单元高度

图 4-75　自动化仓库货架层高度计算

（2）货架总高度的确定

T-1000 型自动化仓库在货架中增加了水平横梁、水平和垂直加强筋，所以整个结构非常牢固。货架在高度方向上每隔 3m 设置一根水平横梁，横梁的位置如图 4-76 所示。

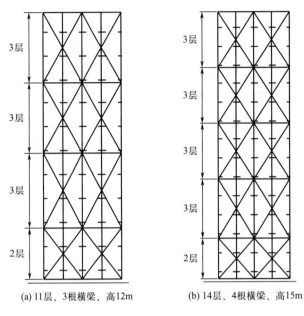

(a) 11层、3根横梁、高12m　　　　(b) 14层、4根横梁、高15m

图 4-76　横梁位置设置

 4. 如何计算货架宽度？

货架宽度的确定方法如图 4-77 和表 4-7 所示，其中，W 为货物的宽度。图 4-78 为堆垛机和货叉的运动方向。

注意：① 堆垛机过道的最小宽度如表 4-8 所示。

② 当货架外侧安装防护网时，必须在货架宽度的两侧各再加 50mm。

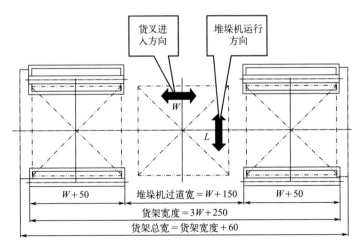

图 4-77　货架宽度确定方法

表 4-7 货架宽度确定表　　　　　　　　mm

货物宽度 W	堆垛机过道宽 $W_c = W + 150$	货架面板宽 $W_s = W + 50$	货架宽（外形）$W_r = W_c + 2W_s$	货架总宽（包括加强筋）
800	950	850	2650	2710
900	1050	950	2950	3010
1000	1150	1050	3250	3310
1100	1250	1150	3550	3610
1130	1280	1180	3640	3700
1200	1350	1250	3850	3910
1300	1450	1350	4150	4210
1400	1550	1450	4450	4510
1440	1590	1490	4570	4630
1500	1650	1550	4750	4810

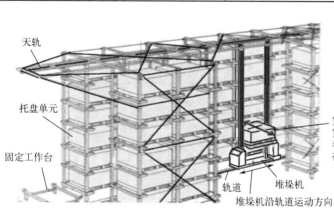

图 4-78　堆垛机和货叉的运动方向

表 4-8　堆垛机过道最小宽度确定表

货架高	堆垛机过道的最小宽度	货架高	堆垛机过道的最小宽度
A：6m	950mm	C：12m	1000mm
B：9m		D：15m	1100mm

 5. 如何计算货格宽度？

货格宽度的确定方法如图 4-79 和表 4-9 所示，其中，L 为货物的宽度，由图可知 $P_r = L + D + 2S$。

表 4-9　货格宽度计算表

货架总高 H_r	≤6m	6～9m	9～12m	12～15m
立柱厚度 D	60mm	75mm	100mm	100mm
货架和货物之间的间隙 S	50mm	50mm	50mm	50mm
货格宽度 $P_r = L + D + 2S$	$L+160$	$L+175$	$L+200$	$L+200$
最大层数（货物为1000kg）	7	11	15	15

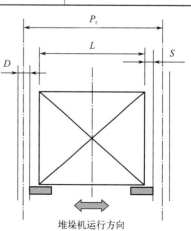

图 4-79　货格宽度确定方法

6. 如何计算货架的总长度？

货架各部分尺寸的表示如图 4-80 所示，其计算方法如表 4-10 和表 4-11 所示。

货架总长 $L_r = P_r \times m$，m 为货架列数。

货架上轨道长度 $L_u = L_{uf} + L_r + L_{ub}$。

货架下轨道长度 $L_d = L_{df} + L_r + L_{db}$。

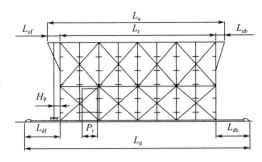

图 4-80　货格各部分尺寸表示

表 4-10　货架各部分尺寸表（1）　　　　　　　　mm

L（货物长度）	H_P	货架高			
		A：6m　　B：9m		C：12m　　D：15m	
		L_{uf}	L_{ub}	L_{uf}	L_{ub}
800～900	600	1700	$1100 - P_r/2$	1800	$1200 - P_r/2$
900～1100	700	1900	$1200 - P_r/2$	2000	$1300 - P_r/2$
1100～1300	800	2100	$1300 - P_r/2$	2200	$1400 - P_r/2$
1300～1500	900	2300	$1400 - P_r/2$	2400	$1500 - P_r/2$

表 4-11　货架各部分尺寸表（2）　　　　　　　　mm

L（货物长度）	H_P	货架高			
		A：6m　　B：9m		C：12m　　D：15m	
		L_{df}	L_{db}	L_{df}	L_{db}
800～900	600	2400	$1800 - P_r/2$	2500	$1900 - P_r/2$
900～1100	700	2600	$1900 - P_r/2$	2700	$2000 - P_r/2$
1100～1300	800	2800	$2000 - P_r/2$	2900	$2100 - P_r/2$
1300～1500	900	3000	$2100 - P_r/2$	3100	$2200 - P_r/2$

7. 如何计算自动化仓库货架与建筑物距离？

仓库货架和建筑物之间的最小距离如图 4-81 所示。

① 当设置防护网时，货架周边和建筑物至少应有 700mm 的距离。

② 每个距离会随着地面情况、货架规模和障碍物的不同而改变，应根据具体情况确定。

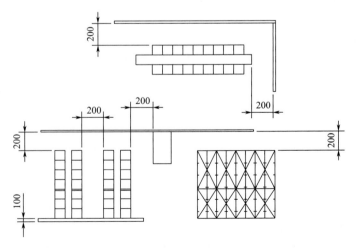

图 4-81　仓库货架和建筑物之间的最小距离

第8节　料箱式自动化仓库

 1. 试述料箱式自动化仓库的优点

① 节省空间，有效利用土地资源。机械制造业的各种仓库与存储区的面积占到全厂生产面积的 40%～50%，冶金制造业约为 30%～40%。例如，一个 $5m \times 20m = 100m^2$ 的地面建立一个 12m 高的立体仓库，可取代 $720m^2$ 平库。

② 节省人力，优化人员分配。现代化仓库系统只需 1 个操作人员和 1 个系统管理人员即可完成其操作和管理。

③ 节省时间，减少不必要的周转。在以往的流程中搬运时间多，产品交（供）货时间长。据统计，制造业中从原材料到产品的转换过程中，95% 的时间为物料的停顿或等待时间，其余 5% 中的 70% 为工装的调整及装夹时间，真正创造产品价值的时间仅占整个周期的 1.5%。如在制造业中利用现代物流技术，把停顿和等待时间与机械加工时间重合起来，可极大地提高创造产品价值的时间。

④ 优化流程，提高生产效率和产品质量。科学规划设计企业的物流系统，避免物料流动混乱，防止物料交叉、迂回、倒流、跳跃和拥挤状态。自动化仓库系统能够优化原材料、零部件、产品等的出入库和储存作业，实现元件与加工生产设备之间的及时搬运作业。自动化物流系统取代了人工搬运，减少搬运中的磕碰、挤压、损坏现象，有效地提高了产品的质量。

⑤ 便于管理，及时根据市场需要调整生产。利用现代物流系统，物品集中、调动方便，可以实时知晓库存及各个流程的生产情况，并根据市场需要，调配设备生产，满足市场所需。图 4-82 为料箱式自动化仓库一般优点。

⑥ 堆垛机的重量较轻，行走速度较快，效率高，噪声小。

⑦ 能源再利用。即利用台车下降的机械能转变为电能储存再利用。

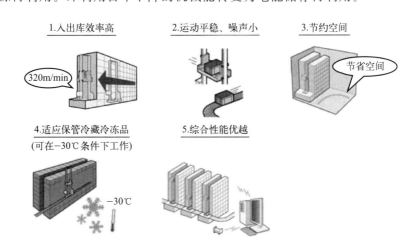

图 4-82　料箱式自动化仓库的一般优点

常用的 50kg 料箱式自动化仓库为 T-50 型，最适合电子零件、精密部品、各种维修零件、医药品、其他所有小物品的储存管理。

由于仓储升降机轻量化，行走速度快，最大行走速度可达 240m/min。走行和升降移动采用伺服控制，不需机械装置就可实现高速入出库作业，提高了入出库速度，使在库管理实用化、物流业务合理化。

 2. 试述料箱式自动化仓库基本构成

储存的货物单元为标准箱品的自动化仓库称为料箱式自动化仓库。T-50 料箱式自动化仓库系统主要由立体货架、有轨巷道堆垛机、出入库输送机系统、检测浏览系统、通信系统、自动控制系统、计算机监控管理等构成。此物流仓储系统综合了自动化控制、自动输送、自动分拣及场内自动输送等技术，并通过货物自动录入、管理和查验货物信息的软件平台，实现仓库内货物的物理活动及信息管理的自动化及智能化。

一般情况下，箱品的最大质量为 50kg，堆垛机的质量较轻，行走速度较快，可达到 200m/min，效率高，噪声小，应用广，用户可根据物品吞吐量选择货位数和自动化仓库规模大小。

图 4-83 为 T-50 型料箱式自动化仓库基本构成及各部分名称。

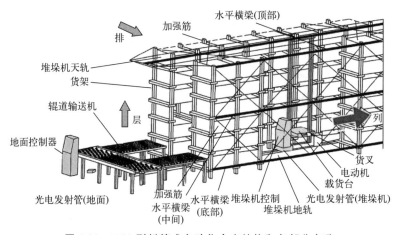

图 4-83　T-50 型料箱式自动化仓库结构和各部分名称

T-50 型料箱式自动化仓库已经标准化，一旦选型确定，节约投资，建库快，交货期短。图 4-84 为料箱式自动化仓库实体，图 4-85 为料箱式自动化仓库出入库端。

图 4-84　料箱式自动化仓库实体（南京音飞）

图 4-85　料箱式自动化仓库出入库端

3. 如何选择 T-50 型料箱式自动化仓库？

图 4-86 为 T-50 型料箱式自动化仓库的标准货架。其基本容量为：排×列×层＝2×21×18＝756 货位。在设计 T-50 料箱式自动化仓库时，根据实际储存容量在此基础上进行排×列×层的调整设计。

图 4-87 为 T-50 型料箱式自动化仓库工作台选择，其工作台有固定式和输送机式两种。固定式工作台较为经济，输送机式工作台效率较高。这两种形式的料箱式自动化仓库其货架长度计算公式为 $L=(W+75)\times$ 列数 $+26$，W 为料箱宽度。

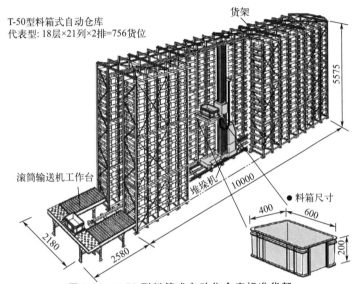

图 4-86　T-50 型料箱式自动化仓库标准货架

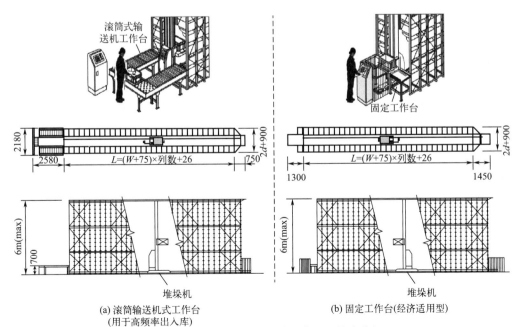

(a) 滚筒输送机式工作台
(用于高频率出入库)

(b) 固定工作台(经济适用型)

图 4-87　T-50 型料箱式自动化仓库工作台选择

图 4-88 为料箱式自动化仓库实体。图 4-89 为 T-50 型标准料箱式自动化仓库与料箱，图 4-90 为 T-50 型料箱式自动化仓库货架高度及其基本参数对照，可以根据实际需要选择自动化仓库的大小。根据料箱高度及仓库层数可决定其高度 H 值，例如，设料箱高度 300mm、14 层仓库，其对应的货架高度 $H = 5775$mm。

表 4-12 为料箱式自动化仓库常用堆垛机技术参数性能。常用的有铝立柱堆垛机、单立柱堆垛机和双立柱堆垛机，可根据需要按照参数选择。图 4-91 为料箱式自动化仓库堆垛机。图 4-92 为单立柱堆垛机。

图 4-88　料箱式自动化仓库实体（南京音飞）

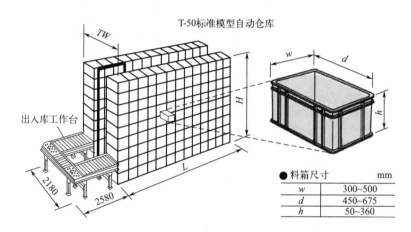

图 4-89　T-50 型标准料箱式自动化仓库与料箱

● 料箱尺寸　　　　mm

w	300~500
d	450~675
h	50~360

货架高度 H

mm

料箱高 ＼ 层数	10层	12层	14层	16层	18层	20层	22层	24层
50~100	2375	2775	3125	3475	3825	4175	4525	4875
120	2605	2995	3385	3775	4165	4555	4945	5385
140	2785	3215	3645	4075	4505	4935	5415	5845
160	2965	3435	3905	4375	4845	5365	5835	
180	3145	3655	4165	4675	5235	5745		
200	3325	3875	4425	4975	5575			
220	3505	4095	4685	5325	5915			
240	3685	4315	4945	5625				
260	3865	4535	5255	5925				
280	4045	4755	5515					
300	4225	4975	5775					
320	4425	5265						
340	4625	5505						
360	4825	5745						

货架宽度 TW　　　　mm

料箱深度 d	货架宽度 TW
450~475	1850
500	1900
525	1950
550	2000
575	2050
600	2100
625	2150
650	2200
675	2250

● 料箱承载能力(含料箱)
最大50kg
最小30kg

● 货架长度
$L = (W + 75\text{mm}) \times$ 列数 $+ 26\text{mm}$

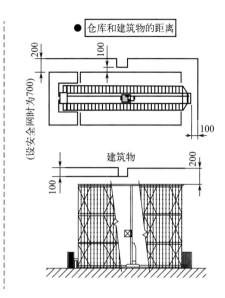

图 4-90　T-50 型料箱式自动化仓库货架高度及基本参数对照

表 4-12　料箱式自动化仓库常用堆垛机技术参数性能

种类	铝立柱有轨巷道堆垛机	单立柱有轨巷道堆垛机	双立柱有轨巷道堆垛机
最大高度	12m	18m	24m
最大载荷	50kg	100kg	200kg（可非标扩展）
自动伸缩货叉-单深	标准	标准	标准
自动伸缩货交-双深/三深	可选	可选	可选
单工位	标准	标准	标准
双工位	可选	可选	可选
搭载输送机/穿梭车	可选	可选	可选
最大水平运行速度	240m/min	240m/min	240m/min
最大水平运行加速度	1.0m/s²	1.0m/s²	1.0m/s²
水平运行定位精度	±5mm	±5mm	±5mm
最大垂直提升速度	80m/min	80m/min	80m/min
最大垂直提升加速度	0.8m/s²	0.8m/s²	0.8m/s²
垂直提升定位精度	±5mm	±5mm	±5mm
最大货叉运行速度	40m/min	40m/min	40m/min
最大货叉运行加速度	0.5m/s²	0.5m/s²	0.5m/s²
货叉运行定位精度	±3mm	±3mm	±3mm
地轨	铝轨	铝轨、热轧轻轨或重轨	热轧轻轨、重轨或方钢
天轨	方管	方管	
载具类型	塑料箱、纸箱	塑料箱、纸箱	塑料箱、纸箱
操作方式	手动、半自动、自动	手动、半自动、自动	手动、半自动、自动
供电方式	滑触线移动供电	滑触线移动供电	滑触线移动供电
控制方式	变频控制或伺服控制	变频控制或伺服控制	变频控制或伺服控制
定位方式	绝对认址	绝对认址	绝对认址
通信方式	光通信或无线通信	光通信或无线通信	光通信或无线通信

图 4-91　料箱式自动化仓库堆垛机（南京音飞）

图 4-92　单立柱堆垛机

 4. 试述 T-50 型料箱式自动化仓库技术参数 ┄┄┄┄┄┄┄┄┄┄┄┄┄┄┄┄┄

表 4-13 为标准的 T-50 型料箱式自动化仓库技术参数，可为设计料箱式自动化仓库提供参考。

表 4-13　T-50 型料箱式自动化仓库技术参数

项目			说明		
容器	尺寸	长/mm	450～675		
		宽/mm	330～500		
		高/mm	50～360		
	承重/kg		≤50		
	形状		料箱		
货架尺寸	长/m		≤42		
	宽/mm		1850～2250		
	高/mm		≤6000		
堆垛机	高/mm		≤5929		
	长/mm		1600		
	轮间距/mm		1500		
	宽/mm		700		
	载货台最低位置/mm		350		
	载货台升起高度/mm		≤5200		
地面控制面板尺寸			500×300×1250（mm×mm×mm）		
堆垛机运动说明			速度/(m/min)	电动机功率	速度控制
	行走		≤200	2.2kW	转换器
	升降		≤100	2.2kW	转换器
	伸叉		≤40	90W	转换器
电源			三相交流电 200V/50Hz，220V/60Hz		
供电方式			集电轨		
寻址方式	行走		编码器		
	升降		编码器		
	伸叉		编码器		
堆垛机质量			≤387kg/6m（通常为 20.25kg/m）		

5. 试述辊道输送机及其参数

图 4-93 为料箱自动化仓库辊道输送机平面尺寸。图 4-94 为料箱式自动化仓库拣货作业及料箱移动方向。表 4-14 为料箱式自动化仓库常用几种输送设备参数。

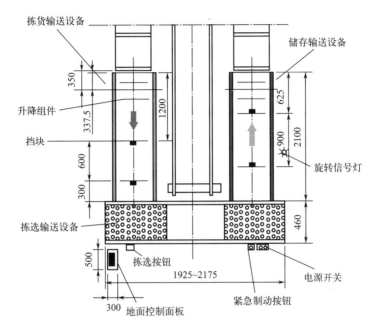

图 4-93　料箱自动化仓库辊道输送机平面尺寸

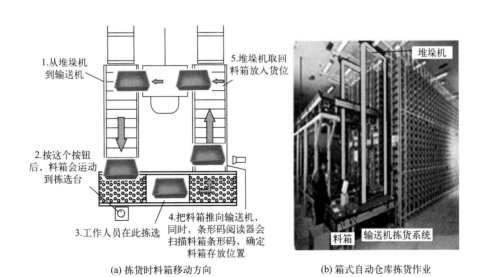

(a) 拣货时料箱移动方向　　　(b) 箱式自动仓库拣货作业

图 4-94　料箱式自动化仓库拣货作业及料箱移动方向

表 4-14　料箱式自动化仓库常用输送设备参数

分类	取出输送设备		储存输送设备		拣选输送设备	
	$d \leqslant 550$	$d > 550$	$d \leqslant 550$	$d > 550$	$d \leqslant 550$	$d > 550$
输送机宽度/mm	560	690	560	690	460	
输送机长度/mm	2100		2100		1925	2175
辊子间距/mm	75		75		75	
辊子直径/mm	50.8		50.8		50.8	
辊子表面高度/mm	700		700		700	
输送速度/(m/min)	20		20			
电动机功率/kW	0.2		0.2			

6. 如何选择料箱规格尺寸？

图 4-95 为料箱尺寸范围及货叉方向。为了标准化和简化尺寸系列，料箱的尺寸规格必须满足：

长度 d：末位数字必须为 25 或 0。

宽度 w：末位数字必须是 5 或 0。

高度 h：末位数字必须为 5 或 0。

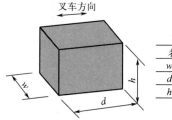

料箱尺寸范围	
名称	范围/mm
w(宽)	330~500
d(长)	450~675
h(高)	50~360

图 4-95　料箱尺寸范围及货叉方向

7. 如何计算 T-50 型标准料箱式自动化仓库货架尺寸？

(1) 货架的层间距计算

① 层高小于 6m。层间距的确定方法如图 4-96 所示，其中，h 为料箱高度。

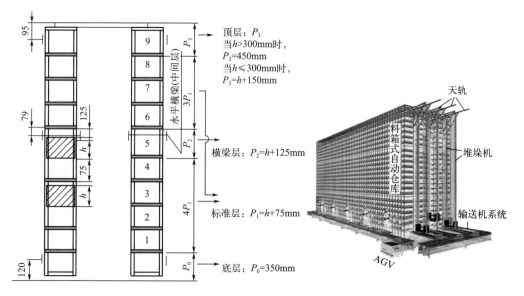

顶层：P_3
当 $h > 300$mm 时，
$P_3 = 450$mm
当 $h \leqslant 300$mm 时，
$P_3 = h + 150$mm

横梁层：$P_2 = h + 125$mm

标准层：$P_1 = h + 75$mm

底层：$P_0 = 350$mm

图 4-96　层高小于 6m 的货架尺寸

② 层高为 6～10m。层间距的确定方法如图 4-97 所示，其中，h 为料箱高度。

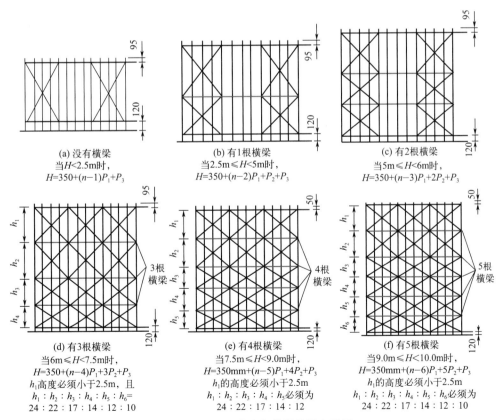

图 4-97　层高 6～10m 的货架尺寸

(2) 货架的总高与横梁位置及数量

水平横梁的位置与货架的总体高度有关，图 4-98 为货架的总高度与横梁位置及数量，图中附有货架高度 H 的计算公式，各式中 n 为总层数。表 4-15 为货架层数、高度与料箱尺寸的关系。

(a) 没有横梁
当 $H<2.5$m 时，
$H=350+(n-1)P_1+P_3$

(b) 有1根横梁
当 2.5m$\leqslant H<5$m 时，
$H=350+(n-2)P_1+P_2+P_3$

(c) 有2根横梁
当 5m$\leqslant H<6$m 时，
$H=350+(n-3)P_1+2P_2+P_3$

(d) 有3根横梁
当 6m$\leqslant H<7.5$m 时，
$H=350+(n-4)P_1+3P_2+P_3$
h_1高度必须小于2.5m，且
$h_1:h_2:h_3:h_4:h_5:h_6=$
24:22:17:14:12:10

(e) 有4根横梁
当 7.5m$\leqslant H<9.0$m 时，
$H=350$mm$+(n-5)P_1+4P_2+P_3$
h_1的高度必须小于2.5m
$h_1:h_2:h_3:h_4:h_5$必须为
24:22:17:14:12

(f) 有5根横梁
当 9.0m$\leqslant H<10.0$m 时，
$H=350$mm$+(n-6)P_1+5P_2+P_3$
h_1的高度必须小于2.5m
$h_1:h_2:h_3:h_4:h_5:h_6$必须为
24:22:17:14:12:10

图 4-98　货架总高度与横梁位置和数量

表 4-15 货架层数、高度与料箱尺寸的关系

货架总层数	2500＜货架总高（mm）＜5000			5000≤货架总高（mm）≤6000			
	料箱高度/mm	货架层数		料箱高度/mm	货架层数		
		下	上		下	中	上
8	165～490	3	5				
9	135～425	4	5				
10	115～375	4	6				
11	95～335	5	6	340～420	3	4	4
12	80～330	5	7	300～380	3	4	5
13	65～270	6	7	275～345	3	4	6
14	55～240	6	8	245～315	3	5	6
15	55～220	7	8	225～285	4	5	6
16	55～200	7	9	205～265	4	5	7
17	55～180	8	9	185～240	4	6	7
18	55～165	8	10	170～225	5	6	7
19	55～155	9	10	160～205	5	6	8
20	55～140	9	11	145～190	5	7	8
21	55～130	10	11	135～180	6	7	8
22	55～120	10	12	125～165	6	7	9
23	55～110	11	12	115～155	6	8	9
24	55～105	11	13	110～145	7	8	9

（3）货架的总高与横梁位置及数量的算例

已知 T-50 型料箱式货架 14 层，料箱高度为 260mm。求货架高度 H 及水平梁数量。

解：根据货架层数为 14、料箱高度为 260mm，在图 4-90 的货架高度表中可查得货架高度 $H = 5255$mm。再根据货架总高度 H（5000mm＜5255mm＜6000mm）及料箱尺寸范围（245mm＜260mm＜315mm），从表 4-15 货架层数与料箱高度关系中可知横梁数为 3，分别设计在第 3、5 和第 6 层，如图 4-99 所示。

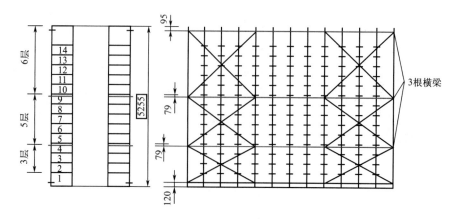

图 4-99 仓库货架横梁位置决定

8. 如何计算货格宽度和货架总长度？

(1) 货架总长≤6m

如图 4-100 所示，货格宽度方向平行于堆垛机运动方向，货格宽度计算方法为：

$$货格宽度 = W + 75$$

为了防止料箱从货架上跌落，料箱尺寸必须满足：

$$W_2 - (W - 110) > 49 \ 或 \ W - W_2 < 61$$

考虑到料箱的制造公差，在实际选择时，$W - W_2$ 必须小于等于 56。

货架总长计算如图 4-101 所示。

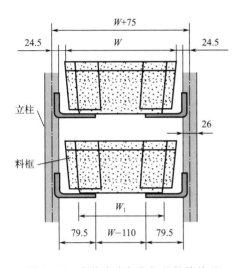

图 4-100　货格宽度与货架总长的关系

（$L \leqslant 6m$）

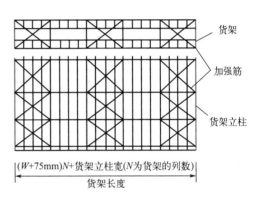

图 4-101　货架总长计算

(2) 6m＜货架总长≤10m

如图 4-102 所示，货格宽度方向平行于堆垛机运动方向，货格宽度计算方法如下：

$$货格宽度 = W + 85$$

为了防止料箱从货架上跌落，料箱尺寸必须满足：

$$W_2 - (W - 100) > 49 \ 或 \ W - W_2 < 51$$

考虑到料箱的制造公差，在实际选择时，$W - W_2$ 必须小于等于 46。

货架总长计算方法如图 4-103 所示。

(3) 货架宽度计算

由表 4-16 和图 4-104 可知货架宽度的确定方法。根据料箱长度尺寸，在表 4-16 中可查取对应的货架宽度尺寸 D、W、T_W。

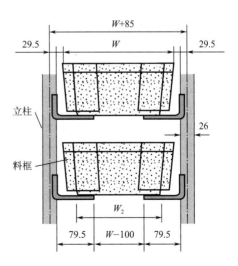

图 4-102　货格宽度与货架总长度的关系

（$6m < L \leqslant 10m$）

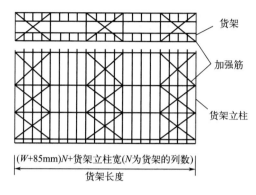

图 4-103　货架总长度

表 4-16　货架宽度计算表　　　　　　　　　　　mm

序号	料箱长度	D	W	T_W
1	475	500	1800	1850
2	476~500	525	1850	1900
3	501~525	550	1900	1950
4	526~550	575	1950	2000
5	551~575	600	2000	2050
6	576~600	625	2050	2100
7	601~625	650	2100	2150
8	626~650	675	2150	2200
9	651~675	700	2200	2250

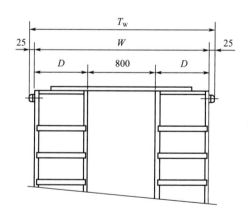

图 4-104　货架宽度尺寸表示法

（4）货架高度计算

表 4-17 为 T-50 型料箱式自动化仓库货架高度表，根据料箱高度及货架层数，查此表可参考货架总高度。例：已知料箱高度 260mm、16 层，则货架总高度为 5925mm。

表 4-17　货架高度表　　　　　　　　　　　　mm

高	层																	
	8	9	10	11	12	13	14	15	16	17	18	19	20	21	22	23	24	25
100			2375	2600	2775	2950	3125	3300	3475	3650	3825	4000	4175	4350	4525	4700	4875	5100
105			2420	2650	2830	3010	3190	3370	3550	3730	3910	4090	4270	4450	4630	4810	4990	5220
110			2465	2700	2885	3070	3255	3440	3625	3810	3995	4180	4365	4550	4735	4920	5155	5340
115			2560	2750	2940	3130	3320	3510	3700	3890	4080	4270	4460	4650	4840	5080	5270	5460
120			2605	2800	2995	3190	3385	3580	3775	3970	4165	4360	4555	4750	4945	5190	5385	5580
125			2650	2850	3050	3250	3450	3650	3850	4050	4250	4450	4650	4850	5100	5300	5500	5700
130			2695	2900	3105	3310	3515	3720	3925	4130	4335	4540	4745	4950	5205	5410	5615	5820
135		2530	2740	2950	3160	3370	3580	3790	4000	4210	4420	4630	4840	5100	5310	5520	5730	5940
140		2570	2785	3000	3215	3430	3645	3860	4075	4290	4505	4720	4935	5200	5415	5630	5845	
145		2610	2830	3050	3270	3490	3710	3930	4150	4370	4590	4810	5080	5300	5520	5740	5960	
150		2650	2875	3100	3325	3550	3775	4000	4225	4450	4675	4900	5175	5400	5625	5850		
155		2690	2920	3150	3380	3610	3840	4070	4300	4530	4760	4990	5270	5500	5730	5960		
160		2730	2965	3200	3435	3670	3905	4140	4375	4610	4845	5130	5365	5600	5835			
165	2530	2770	3010	3250	3490	3730	3970	4210	4450	4690	4930	5220	5460	5700	5940			
170	2565	2810	3055	3300	3545	3790	4035	4280	4525	4770	5065	5310	5555	5800				
175	2600	2850	3100	3350	3600	3850	4100	4350	4600	4850	5150	5400	5650	5900				
180	2635	2890	3145	3400	3655	3910	4165	4420	4675	4930	5235	5490	5745	6000				
185	2670	2930	3190	3450	3710	3970	4230	4490	4750	5060	5320	5580	5840					
190	2705	2970	3235	3500	3765	4030	4295	4560	4825	5140	5405	5670	5935					
195	2740	3010	3280	3550	3820	4090	4360	4630	4900	5220	5490	5760						
200	2775	3050	3325	3600	3875	4150	4425	4700	4975	5300	5575	5850						
205	2810	3090	3370	3650	3930	4210	4490	4770	5100	5380	5660	5940						
210	2845	3130	3415	3700	3985	4270	4555	4840	5175	5460	5745							
215	2880	3170	3460	3750	4040	4330	4620	4910	5250	5540	5830							
220	2915	3210	3505	3800	4095	4390	4685	4980	5325	5620	5915							
225	2950	3250	3550	3850	4150	4450	4750	5100	5400	5700	6000							
230	2985	3290	3595	3900	4205	4510	4815	5170	5475	5780								
235	3020	3330	3640	3950	4260	4570	4880	5240	5550	5860								
240	3055	3370	3685	4000	4315	4630	4945	5310	5625	5940								
245	3090	3410	3730	4050	4370	4690	5060	5380	5700									
250	3125	3450	3775	4100	4425	4750	5125	5450	5775									
255	3160	3490	3820	4150	4480	4810	5190	5520	5850									
260	3195	3530	3865	4200	4535	4870	5255	5590	5925									
265	3230	3570	3910	4250	4590	4930	5320	5660	6000									
270	3265	3610	3955	4300	4645	4990	5385	5730										
275	3300	3650	4000	4350	4700	5100	5450	5800										

续表

高	层																	
	8	9	10	11	12	13	14	15	16	17	18	19	20	21	22	23	24	25
280	3335	3690	4045	4400	4755	5160	5515	5870										
285	3370	3730	4090	4450	4810	5220	5580	5940										
290	3405	3770	4135	4500	4865	5280	5645											
295	3440	3810	4180	4550	4920	5340	5710											
300	3475	3850	4225	4600	4975	5400	5775											
305	3515	3895	4275	4655	5085	5465	5845											
310	3555	3940	4325	4710	5145	5530	5915											
315	3595	3985	4375	4765	5205	5595	5985											
320	3635	4030	4425	4820	5265	5660												
325	3675	4075	4475	4875	5325	5725												
330	3715	4120	4525	4930	5385	5790												
335	3755	4165	4575	4985	5445	5855												
340	3795	4210	4625	5090	5505	5920												
345	3835	4255	4675	5145	5565	5985												
350	3875	4300	4725	5200	5625													
355	3915	4345	4775	5255	5685													
360	3955	4390	4825	5310	5745													

 9. 图示仓库货架和建筑物之间的最小距离

为了保证安全和节约投资，必须保证货架与建筑物之间的最小距离，如图 4-105 所示。堆垛机轨道的伸出量由堆垛机运行方向决定。

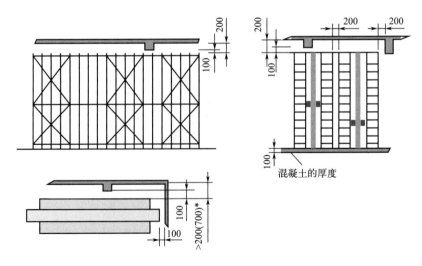

图 4-105 货架与建筑物之间的最小距离

注：假如装有安全网，最小距离不得小于 700mm。

10. 试述料箱式自动化仓库作业循环时间

（1）堆垛机运行距离和时间关系曲线图

图 4-106 为堆垛机运行距离与时间的关系曲线，此图的水平轴表示距离，垂直轴表示所需时间，按照此图，可计算出平均单一作业循环时间。

例如：堆垛机行走距离（单程）为 8.5m，由此图可知所需时间为 6.4s，货叉伸缩时间为 5.5s，运行行程为 680mm。

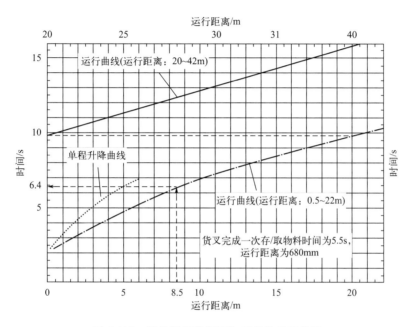

图 4-106　堆垛机运行距离与时间的关系曲线

（2）基本动作时间

基本动作时间是堆垛机进行一个入库（或出库）动作所需要时间（s）。

入库时间：从货台取货到货架中央存货再回货台等需要的时间（s）。

出库时间：从货台到货架中央取货再回货台出库等需要的时间（s）。

货架中央：堆垛机移动方向的 1/2 货位数和 1/2 层的货位数，货位数和层数均为偶数时，则分别加 1。

（3）平均单一作业循环时间

计算平均单一作业循环时间的步骤如下：

① 计算工作台和货架中心之间的距离。

② 计算堆垛机行走时间和升降时间。

③ 由以下公式计算出平均单一作业循环时间：

平均单一作业循环时间＝运行时间或升降时间中最大者×2＋5.5×2

例如：有一仓库货架有 13 层、30 列，料箱尺寸为 600mm×400mm×300mm，如图 4-107 所示。

设货架的中心在第 7 层，

$$h'=350+375\times5+425=2650 \text{（mm）}$$
$$h=h'-700=1950 \text{（mm）}$$

如果货架的中心在第 16 列，则

$$L'=15\times475+475/2=7362.5 \text{（mm）}$$
$$L=L'+350=7713 \text{（mm）}$$

从曲线图 4-106 中可查出升降时间为 4.2s，行走时间为 6.1s，升降时间比行走时间短。

平均单一作业循环时间 $=6.1\times2+5.5\times2=23.2$（s）。

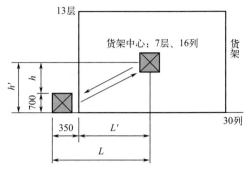

图 4-107　作业循环时间计算例

第 9 节　旋转货架式自动化仓库

 1. 试述旋转货架式自动化仓库及其特点

旋转货架自动化仓库出库频率高、处理物料品种多、速度快。依靠计算机进行货格管理，各层独立旋转，检索和搬运同时进行。物品连续到达指定位置，等待时间少，拣货准确性高、速度快。

旋转自动化仓库适合保管和处理大量的多品种少批量的物品。自动出入库装置把物品送至拣货员身边，实现"人等货"的拣货模式，可节省许多时间。把多层水平式回转自动化仓库和输送机连在一起，成为大规模的仓储及拣货系统。

（1）旋转货架

旋转货架操作简单，存取作业迅速，适用于电子元件、精密机械等小批量多品种小件物品的储存及管理。货架转动的速度很快，可以达到 30m/min 的速度。旋转货架的存取效率很高，通过计算机控制实现自动存取和自动管理。其计算机快速检索功能可迅速寻找储位，快捷拣货。储存物可以是纸箱、包、小件物品。取料口高度符合人体工程学，适合操作人员长时间作业。由于旋转货架可适用于各种空间配置，存取入出口固定，所以空间利用率较高。

旋转货架一般有水平旋转和垂直旋转两种形式。

水平旋转货架又分一台电机驱动的和多台电机驱动的两种形式。用一台电机驱动的方式是把上下各层货物连在一起，实现水平方向旋转的自动旋转货架。另外一种水平方向旋转的自动旋转货架是各层均有一台电动机启动，可实现各层独立转动。

垂直旋转货架的原理与水平旋转货架大致相同，只是旋转方向垂直于水平面，充分利用垂直空间。这是一种节省空间的仓储设备，比一般传统式平置轻型货架节省了 1/2 以上的货架摆放面积。但旋转速度比水平旋转货架慢，约为 5～10m/min。垂直旋转货架可以设计成独立式的，根据用户需要可任意组合。由旋转货架组成的自动旋转货架，单位储存成本低，安装容易，是一种自动化储存设备，适用于小批量多品种高效率的存取。例如：日本 OKAMURA 开发的一种多层且独立回转的棚架系统，一台计算机可以轻松管理数千项货品。这种多层水平式回转自动化仓库是能够使出库频率高且品种多的物品、商品加快入出库速度的水平回转仓储。

水平旋转货架自动化仓库把"保管""寻货""搬运"三种功能融为一体，外观独特，具有拣取速度快、省人力、省空间等许多优点。"保管"，是指根据保管物的形态和数量进行尺寸的选择，是高效率的保管方式。"寻货"，指输入出库品的相关信息，所需物品就会自动运转到拣货口。"搬运"，即各层独立水平回转货架具有搬送机能，实现"人等物"拣货模式。

（2）特点

在旋转货架式自动化仓库中，根据指令承载料箱的托盘（移动式货位）固连在链轮链条机构的链条上，托盘随链条移动到指定位置，以待拣货出库。旋转货架式自动化仓库种类较多。

这种操作简单、存取作业迅速的旋转货架式自动化仓库特点为：

① 省人力，增加空间。

② 由标准化的组件构成，适用于各种空间配置。

③ 存取入出口固定，货品不易丢失。

④ 计算机快速检索和寻找储位，拣货快捷。

⑤ 取料口高度符合人机工程学，宜作业员长时间工作。

⑥ 储存物可以是纸箱、包、小件物品。

⑦ 需要电源，维修费高。

 2. 试述旋转货架式自动化仓库种类

旋转货架式自动化仓库有水平旋转和垂直旋转两种形式。

（1）水平旋转货架式自动化仓库

图 4-108 为水平旋转货架式自动化仓库及其构件名称，各层可以独立旋转，如箭头所示旋转方向。由于其规模不同，旋转货架式自动化仓库的种类也不一样。当前国际上流行的是多功能 2 转轴旋转货架式自动化仓库。图 4-109 为水平旋转货架自动化仓库实体。图 4-110

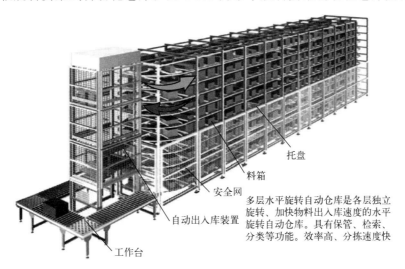

托盘

料箱

安全网

自动出入库装置

多层水平旋转自动仓库是各层独立旋转、加快物料出入库速度的水平旋转自动仓库。具有保管、检索、分类等功能。效率高、分拣速度快

工作台

图 4-108　水平旋转货架式自动化仓库及其构件名称

为水平旋转货架式自动化仓库旋转基本原理及相关尺寸名称。图 4-111 为水平旋转货架特征，由图可知，各层可以独立旋转，同时旋转连续出库，托盘自动选择方向，拣货等待时间为零。

图 4-109　水平旋转货架自动化仓库实体

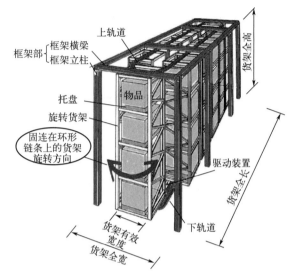

图 4-110　水平旋转货架原理及相关尺寸名称

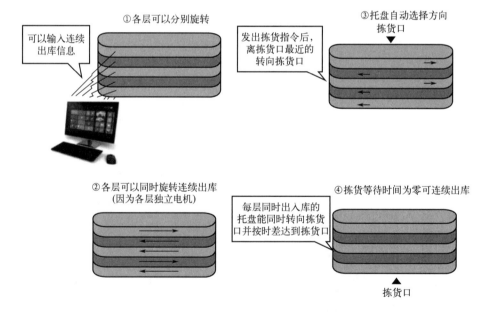

图 4-111　水平旋转货架特征

　　图 4-112 为高层水平旋转自动化仓库，容量大、拣货效率高。由旋转货架组成的自动化仓库，单位储存成本低，安装容易，是一种自动化的储存设备，适用于少批量多品种高效率的存取。

　　旋转货架操作简单，存取作业迅速，适用于电子元件、精密机械等小批量多品种小物品的储存及管理。货架转动很快，速度可达 30m/min。存取效率很高，可通过计算机控制。

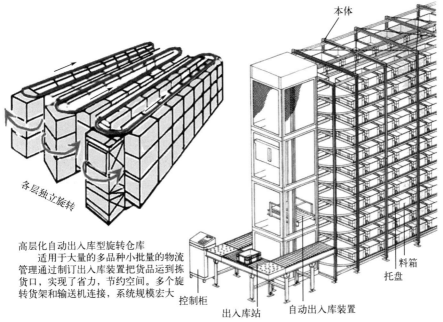

高层化自动出入库型旋转仓库
　　适用于大量的多品种小批量的物流管理通过制订出入库装置把货品运到拣货口，实现了省力，节约空间。多个旋转货架和输送机连接，系统规模宏大

图 4-112　高层水平旋转自动化仓库

　　图 4-113 为水平旋转自动化仓库特征，具有出入库频率高、集保管、检索、搬运、拣货、节省人力、空间等于一身的优点。

　　图 4-114 为水平旋转自动化仓库硬件系统及其在线控制，图中右侧为标准硬件系统构成及其技术参数，左侧为在线控制管理。只要连续输入出入库物料的代码及其数量，旋转货架把物品自动旋转到指定工作站，按照"人等物"的拣货方法，拣货员按单取出相应数量后，料箱自动返回自动化仓库。

　　(2) 垂直旋转货架式自动化仓库

　　垂直旋转货架可以设计成独立式的，根据用户需要可任意组合。图 4-115 为垂直旋转货架式自动化仓库结构。

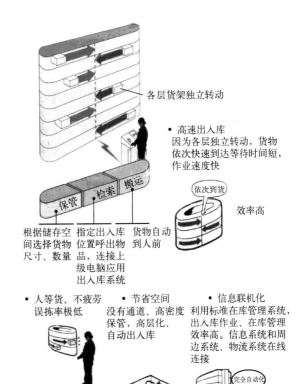

图 4-113　水平旋转自动化仓库特征

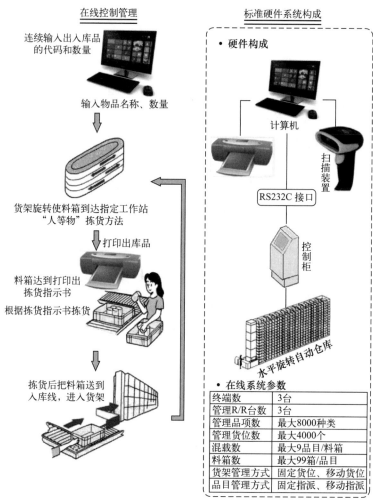

图 4-114 水平旋转自动化仓库硬件系统及其在线控制

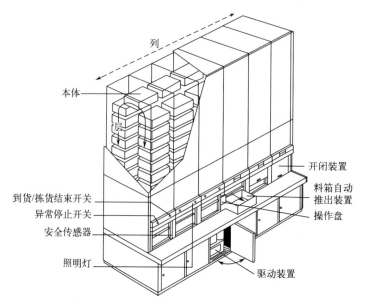

图 4-115 垂直旋转货架式自动化仓库结构

堆垛机设计

 1. 试述堆垛机的工作原理

参看图 5-1 堆垛机详细构件图，堆垛机是由行走电机通过驱动轴带动车轮在下导轨上做水平运动，由提升电机通过钢丝绳带动载货台做垂直升降运动，由载货台上的货叉做伸缩运动。通过上述三维运动可将指定货位的货物取出或将货物送入指定货位。

通过光电识别以及光通信信号的转化，实现计算机控制，也可实现堆垛机控制柜的手动和半自动控制。同时采用优化的调速方法，减少堆垛机减速及停机时的冲击，大大缩短堆垛机启动、停止的缓冲距离，提高了堆垛机的运行效率。

巷道式堆垛机是自动化立体仓库的最核心的物料搬运设备，其主要用途是在高层货架的巷道内往复穿梭运行，将位于巷道口的物料存入货格。反之，取出货格内的物料并搬运到巷道口，担负着全部出库、入库、盘库等物料的搬运任务。巷道式堆垛机提高了空间利用率，是自动化仓库的主要设备，又称有轨堆垛机。

一般堆垛机高度为 6～24m，特殊情况下最大可达 50m。一般运行速度 80～120m/min，高速型堆垛机可达 200m/min。升降速度最大 20m/min，高速型堆垛机可达 50m/min。货叉伸缩速度最大 12m/min，高速型堆垛机可达 50m/min。

如图 5-2 所示，堆垛机被支撑在天轨和地

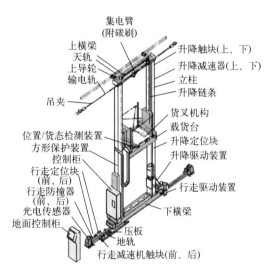

图 5-1 堆垛机详细构件图

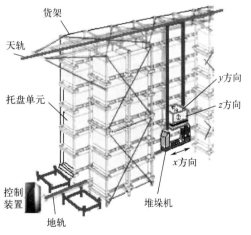

图 5-2 堆垛机工作原理

轨之间，通过实现 x、y、z 方向移动，使货叉达到存取物品目的。如图 5-3 所示，堆垛机是自动仓库的存取物品的关键设备，自动化仓库的全部出入库作业均由堆垛机来完成。图 5-4 为堆垛机载货台升降机构，减速电机驱动卷筒并使滑轮组的钢丝绳随卷筒正反转而使货台上下运动。由于有 2 个滑轮组，每个滑轮组中有一个动滑轮。设总载重为 G（N），则每根钢丝绳受力为 $1/4G$。图 5-5 为载货台上的货叉取货运动。货叉存取物料的前进或后退运动方向垂直于堆垛机地轨方向。此外，货叉在存取物料时还有一个微小的抬高或放下动作。

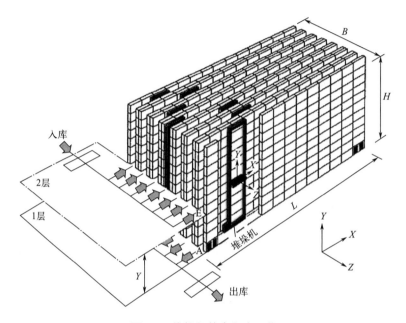

图 5-3　堆垛机的出入库工作

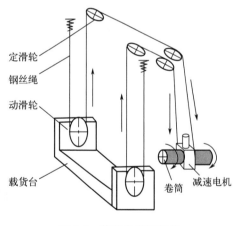

图 5-4　载货台升降机构

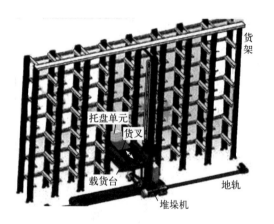

图 5-5　货叉取货运动

 2. 试述堆垛机的结构组成

堆垛机主要由主体结构、载货台、载货台楔块式制动装置、水平运行机构、起升机构、货叉机构等几大部分组成。

（1）主体结构

堆垛机主体结构主要由上横梁、立柱、下横梁和控制柜支座组成。上、下横梁是由钢板和型钢焊接成箱形结构，截面性能好，下横梁上两侧的运行轮轴孔在落地镗铣床一次装夹加工完成，确保了主、被动轮轴线的平行，从而提高了整机运行平稳性；立柱是由方钢管制作，在方钢管两侧一次焊接两条扁钢导轨（材质 16Mn），导轨表面进行硬化处理，耐磨性好。在焊接中采用了具有特殊装置的自动焊接技术，有效克服了整体结构的变形；上横梁焊于立柱之上，立柱与下横梁通过法兰定位，用高强度螺栓连接，整个主体结构具有重量轻、抗扭、抗弯、刚度大、强度高等特点。图 5-6 为双立柱堆垛机主要构件图。图 5-7 为堆垛机上横梁示意图。图 5-8 为堆垛机下横梁示意图。

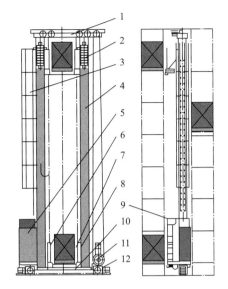

图 5-6　双立柱堆垛机主要构件图

1—上横梁；2—平衡重；3—爬梯；4—立柱；5—电器控制柜；6—载货台；7—伸缩货叉；8—松绳、过载与断绳安全装置；9—安全护栏；10—下横梁；11—提升机；12—运行机构

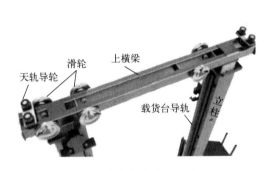

图 5-7　堆垛机上横梁示意图

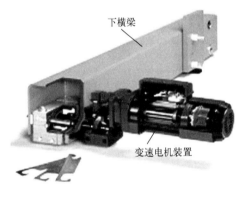

图 5-8　堆垛机下横梁示意图

（2）载货台

载货台是通过动力牵引做上下垂直运动的部件，由垂直框架和水平框架焊接成的金属结构，垂直框架用于安装起升导轮和一些安全保护装置。水平框架采用无缝钢管制成，用于安装货叉机构。图 5-9 为堆垛机载货台示意图，由图可知载货台及其货叉运动方向。

（3）载货台楔块式制动装置

载货台的安全防坠落装置种类较多，

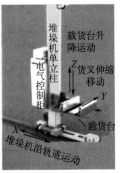

（a）双立柱堆垛机　　（b）单立柱堆垛机

图 5-9　堆垛机载货台示意图

这是一种瞬时楔块式制动装置。如图 5-10 所示，当提升钢丝绳断裂时，压缩的弹簧 9 突然伸长使活动板 7 下移，使拉臂 6 把垫铁推向立柱 8。与此同时，滚轮 1 沿垫铁斜面向下移动到自然停止，从而达到防止载货台下落的目的。

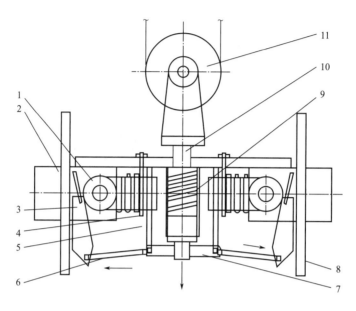

图 5-10　载货台断绳保护装置原理示意图

1—滚轮；2—动滑楔；3—垫铁；4—U 形螺栓；5—拉臂支架；6—拉臂；
7—活动板；8—立柱；9—弹簧；10—拉杆；11—提升滑轮

（4）水平运行机构

水平行走机构是有轨巷道堆垛机的重要组成部分，它主要由减速电机、下横梁、主动行走轮组、被动行走轮组、下横梁导向轮及缓冲器等零件组成。其基本功能是通过减速电机驱动主动行走轮组在地轨上运动，以一定的速度安全可靠地完成巷道堆垛机沿巷道方向上的水平行走运动。下横梁导向轮通过支架固定在下横梁上，使有轨巷道堆垛机水平运行时，能够沿着地轨行走不至于跑偏，起到导向的作用。缓冲器主要用来吸收堆垛机运行到巷道两端时发生碰撞产生的能量。

1）行走机构的主要构成

行走机构主要由减速电机、下横梁、主动轮组、从动轮组、下横梁导向轮、缓冲器等构成。水平运动机构是由动力驱动和主从动轮组构成，使堆垛机沿巷道方向运动。最常用的运行机构是地面行走式的地面支承型。地面行走式用 2～4 个车轮在地面单轨或双轨上运行，立柱顶部设有导向轮。图 5-11 为堆垛机行走机构实体。

水平运动机构有直线式和曲线转轨式两种。图 5-12 为直线水平运动机构，采用变频调

图 5-11　堆垛机行走机构实体

速和减速电机等可以对车轮、水平轮组以及缓冲器进行调试。从动车轮内装有调心轴承组，具有自动调整车轮平行度的作用。固定在下横梁端头上的偏心法兰可以调整从动车轮中心与运行轨道门的距离，从而调整立柱对运行轨道的距离。水平轮组及安全夹钩可通过水平轮偏心轴调整水平轮与运行轨道的间隙，安全夹钩可保证堆垛机不会倾倒。轻轨器和缓冲器保证堆垛机运行时不会卡轨，减少碰撞的冲击。

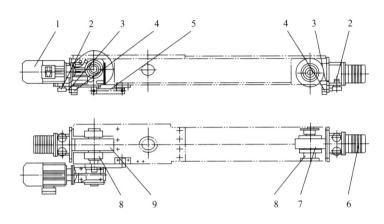

图 5-12　直线水平运动机构

1—减速电机；2—水平轮组；3—轻轨器；4—安全夹钩；

5—加速器托架；6—缓冲器；7—从动轮组；8—轴承；9—主动轮组

图 5-13 为曲线转轨型水平运动机构，主要由水平导轮、主动轮组、从动轮组、减速电机、转轴、缓冲器等构成。

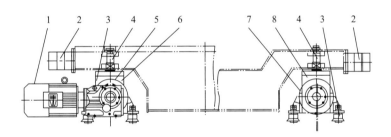

图 5-13　曲线转轨型水平运动机构

1—减速电机；2—缓冲器；3—水平导轮；4—转轴；

5—主动轮组；6—主动轮支架；7—从动轮组；8—被动轮支架

2）主动行走轮直径的确定

为了选择主动行走轮，应考虑以下因素以确定其直径：①行走轮上的载荷；②制造行走轮的金属材料；③轨道形式；④行走轮转速；⑤机构工作级别。

行走轮直径主要根据疲劳计算轮压选取，其计算公式为

$$F_c = \frac{2R_{\max} + R_{\min}}{3} \leqslant [F_c] \tag{5-1}$$

式中　F_c——疲劳计算轮压，N；

　　　　$R_{\max}$——堆垛机正常工作时行走轮的最大轮压，N；

$R_{\min}$——堆垛机正常工作时行走轮的最小轮压，N；

$[F_c]$——行走轮许用轮压，N。

行走轮疲劳计算轮压计算公式为

$$F_c = C_1 C_2 DLK_1 \tag{5-2}$$

式中 C_1——转速系数（按表 5-1 选取）；

C_2——工作级别系数（按表 5-2 选取）；

D——行走轮直径，mm；

L——行走轮与轨道接触的有效长度，mm；

K_1——与行走轮材料有关的许用接触应力常数（按表 5-3 选取）。

行走轮直径 $D \leqslant \dfrac{[F_c]}{C_1 C_2 LK_1}$。

表 5-1   由车轮转速决定的 C_1 值

转速/(r/min)	160	125	112	100	80	63	56	50
C_1	0.72	0.77	0.79	0.82	0.87	0.91	0.92	0.94

表 5-2   由工作级别决定的 C_2 值

工作级别	M1～M3	M4	M5	M6	M7～M9
C_2	1.25	1.12	1.00	0.9	0.8

表 5-3   由材料抗拉强度决定的 K_1 值

抗拉强度 σ_b/(N/mm^2)	500	600	650	700	780
K_1	3.8	5.6	6.0	6.6	7.2

注：1. 钢制车轮一般应经热处理，在确定许用的 K_1 值时，仍取材料未经热处理时的 σ_b。

2. 当车轮材料采用球墨铸铁时，K_1 值按 $\sigma_b = 500$N/mm^2 选取。

3）行走轮的允许载重量计算

$$P = KD(B - 2r) \tag{5-3}$$

$$K = \frac{240k}{240 + v} \tag{5-4}$$

式中 P ——允许载重量，kg；

D——车轮踏面直径，cm；

B——钢轨宽度，cm；

r ——钢轨顶部圆角半径，cm；

K——许用应力系数，kg/cm^2；

v——行走速度，m/min；

k——许用应力（球墨铸铁的许用应力为 50），kg/cm^2。

图 5-14 为主行走车轮传动示意图。图 5-14（a）为堆垛机货叉在作业时产生反作用力使轨道侧压，轨道和车轮中心偏离 e 值。为了消除轨道侧压，在轨道两侧增加侧面导轮，如图 5-14（b）所示。

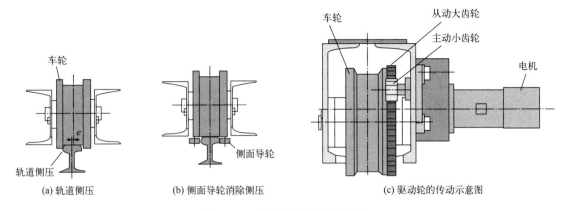

图 5-14　主行走车轮传动示意图

（a）轨道侧压 　　（b）侧面导轮消除侧压 　　（c）驱动轮的传动示意图

4）运行阻力

堆垛机运行阻力有：摩擦阻力 W_f、轨道坡度阻力 W_s、风阻力 W_w。

① 摩擦阻力 W_f。堆垛机在行驶过程中会产生许多摩擦阻力，假设堆垛机全部阻力都集中在一个车轮上。如图 5-15 为摩擦阻力计算。设垂直方向载货为 P_Q+G，支反力为 N。当车轮在驱动力矩 M 下开始转动时，由于车轮及轨道的变形，支反力将偏离 P_Q+G 作用线距离 e（表 5-4）。

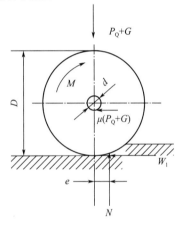

图 5-15　摩擦阻力计算

表 5-4　偏离距离 e　　　　　　　　　m

轨道形式		车轮直径/mm										
		100	150	200	300	400	500	600	700	800	900	1000
钢轮	平头	0.025		0.03		0.05		0.06		0.07	0.07	
	凸头	0.03		0.04		0.06		0.08		0.1	0.12	
铸铁轮	平头			0.04		0.06		0.08		0.09	0.09	
	凸头			0.05		0.07		0.09		0.12	0.14	

由车轮平衡条件得：

$$M=M_1+M_2=\mu(P_Q+G)\ \frac{d}{2}\ +Ne \tag{5-5}$$

$$M=\frac{D}{2}W_f$$

则有

$$W_f=\frac{2M}{D}=(P_Q+G)\ (\frac{\mu d+2e}{D}) \tag{5-6}$$

考虑其他附加阻力，将公式（5-6）乘以系数 K_0 得：

$$W_{f}=\frac{2M}{D}=(P_{Q}+G)\,\frac{\mu d+2e}{D}K_{0} \tag{5-7}$$

式中　　M——驱动力矩，Nm；

　　M_{1}，M_{2}——分别为轴径摩擦阻力矩；

　　$P_{Q}+G$——堆垛机额定起重量和自重之和，N；

　　　　μ——轴承摩擦因数；

　　　　K_{0}——附加阻力系数；

　　D，d——分别为车轮直径、轴径，m；

$\frac{\mu d+2e}{D}K_{0}$——相当于起重机设计规范规定的摩擦阻力系数 ω。

②　轨道坡度阻力 W_{s}（N）。当堆垛机沿具有一定坡度轨道运行时，重物及堆垛机自重沿轨道坡度分力引起的运行阻力 W_{s} 计算如下：

$$W_{s}=(P_{Q}+G)\sin\alpha=(P_{Q}+G)k_{s} \tag{5-8}$$

式中　　α——轨道倾斜度；

　　k_{s}——坡度阻力系数，对于钢筋混凝土、钢梁上轨道，其许用坡度阻力系数为 0.001。

③　风阻力 W_{w}。风对移动堆垛机生产水平载荷，即风阻力 W_{w}：

$$W_{w}=cqF \tag{5-9}$$

$$q=\frac{v^{2}}{1.6}\ （N/m^{2}） \tag{5-10}$$

式中　　c——体形系数，考虑挡风结构物表面状况的影响系数；

　　F——结构物的挡风面积；

　　v——空气流动速度，m/s。

上述 $W_{w}=cqF$ 的计算是堆垛机静止或慢速运行时，纯粹由风引起的在单个迎风面上的风阻力。当运动机构按照一定速度 v_{1} 运动时，会引起附加的风阻力。总的风阻力计算如下：

$$W_{w}=\sum(q+\frac{v_{1}^{2}}{1.6})F \tag{5-11}$$

为了减少风阻力，把外形做成流线型结构，则可按下式近似计算风阻力：

$$W_{w}=S_{q}C_{d}AV^{2} \tag{5-12}$$

式中　　A——堆垛机垂直运动方向最大截面积，m^{2}，即堆垛机高度与宽度的乘积；

　　V——风速（包括车速和自然风速的合成值）；

　　S_{q}——风的重度，kg/m^{3}，一般取 $S_{q}=0.00071$；

　　C_{d}——风阻力系数，按表 5-5 取值。

表 5-5　风阻力系数 C_{d}

形状	长方形	圆柱形	半球形	球形
C_{d}	1.4	0.9	0.4	0.3

室内行走的堆垛机一般不计风阻力 W_{w}。

堆垛机稳定行走时的静阻力（N）：

$$W'=W_{f}\pm W_{s}\pm W_{w}=(P_{Q}+G)\Big(\frac{\mu d+2e}{D}\Big)K_{0}\pm(P_{Q}+G)k_{s}\pm S_{q}C_{d}AV^{2} \tag{5-13}$$

5）运行机构电机功率计算

根据堆垛机满负荷稳定运行时的静阻力 W' 来计算电机功率，即根据运行静阻力、运行速度、机构效率计算机构净功率：

$$N = \frac{W'v}{60000Z\eta} \quad (\text{kW}) \tag{5-14}$$

式中　W'——运行机构稳定行驶的静阻力，N；

　　　　v——堆垛机行驶速度，m/min；

　　　　Z——堆垛机运行机构的驱动电机数；

　　　　η——运行机构传动总效率。

6）减速装置

图 5-16 为堆垛机行走用直接式齿轮减速机。其传动方法是电动机输出轴直接插入减速输入轴中，通过齿轮副传动，把运动传递给具有花键孔的输出轴。其优点是传动效率高、小型轻量、外齿轮的磨削精度高、静音传动、安装及保养方便。此外，高精度轴承设计寿命一般可达 20000h，整机使用寿命可达 7 年以上。

7）堆垛机缓冲器选择

堆垛机在运行过程中控制系统失控时，就会和巷道口的机械装置发生碰撞，为了减小碰撞时对堆垛机造成的危害，在堆垛机的上下横梁两端安装了缓冲器。缓冲器主要用来吸收发生碰撞时所产生的能量，缓冲器的缓冲容量 T 按下式计算：

$$T = \frac{(G_0 + G_n)v_0^2}{2 \times 9.81}$$

式中　T——缓冲器缓冲容量，N·m；

　　　G_0——堆垛机自重，kg；

　　　G_n——额定起重量，kg；

　　　v_0——碰撞瞬时速度，m/s，

　　　$v_0 = (0.5 \sim 0.7)v$。

缓冲器已经标准化，根据计算可在标准化的缓冲器中选择合适的产品。

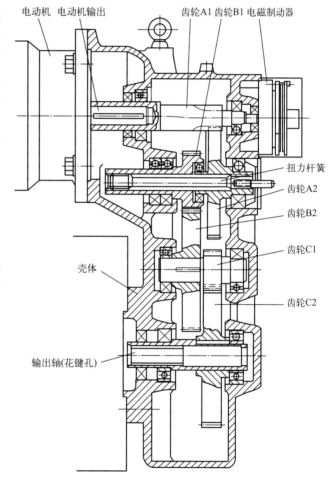

图 5-16　直接式齿轮减速机

(5) 起升机构

1）起升机构构成

起升机构用于提升载货台做垂直运动。巷道堆垛机的起升机构由电机、制动器、减速器或链轮及柔性件组成，常用的柔性件有钢丝绳和起重链等，用钢丝绳作柔性件质量轻，工作安全，噪声小；用链条作柔性件机构比较紧凑。除了一般的齿轮减速机外，由于需要较大的减速比，因而也经常见到使用蜗轮蜗杆减速机和行星齿轮减速机。起升速度应是低挡低速，主要用于平稳停准，放货物时货叉和载货台做极短距离的微升降运动。提升机构的工作速度一般为 12～30m/min，最高可达 48m/min。在堆垛机的起重、行走和伸叉（叉取货物）三种驱动中，起重的功率最大。图 5-17 为堆垛机钢丝绳起升机构。其传递路线是：电机→减速装置→卷筒→钢丝绳→载货台上下移动。

2）钢丝绳的选型计算

图 5-18 为减速电机、卷筒、钢丝绳、滑轮组构成的卷筒钢丝绳提升机构。载货台及物品的综合质量 G。一般采用拉力强度高、耐磨损、挠曲性高的纤维芯交互捻钢丝绳。钢丝绳直径按照经验公式选择计算如下：

$$P_{最大} S \leqslant P_{破}$$

式中　$P_{最大}$——单根钢丝绳的最大拉力；

　　　　$P_{破}$——钢丝绳破断拉力总和；

　　　　S——钢丝绳安全系数。

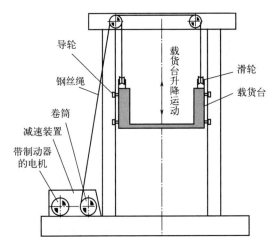

图 5-17　堆垛机钢丝绳起升机构

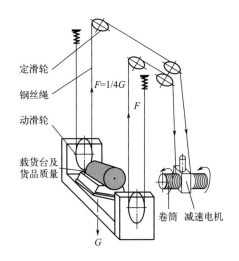

图 5-18　卷筒钢丝提升机构

由图 5-18 可知，重物 G 由 4 根钢丝绳共同承担，则一根钢丝绳受力为

$$P_{最大} = \frac{G/4}{\eta}$$

式中　η——滑轮组工作效率（一般取 0.94）。

3）卷筒和滑轮直径的选择

按照经验公式：

$$D \geqslant (c-1)d$$

式中　D——卷筒或滑轮的名义直径，即槽底直径；

　　　　d——钢丝绳直径，即绳的外圆直径；

　　　　c——根据钢丝绳的用途和工作类型决定的系数（轮绳直径比，根据钢丝绳直径查《机械设计手册》即可）。

4）传动装置计算

① 卷筒功率：

$$N_{卷}=\frac{p_{最大}\,v}{102}\ （kW）$$

式中，v 为卷筒钢丝绳的线速度。

② 卷筒转速：

$$N_{卷}=\frac{60\times1000v}{\Pi D_0}\ （r/min）$$

式中，$D_0=D+d$。

③ 卷筒扭矩：

$$M_{扭}=\frac{D_0}{2\times1000}\times P_{最大}\ （N\cdot m）\ （因为卷筒$$

有 2 根钢丝绳）。

（6）货叉机构

图 5-19 为堆垛机及其货叉机构，通过货叉伸缩运动来实现存取货作业。货叉伸缩机构是由动力驱动和上、中、下三叉组成的一个机构，用于垂直于巷道方向的存取货物运动。下叉固定于载货台上，三叉之间通过链条传动做直线差动式伸缩。货叉驱动电机选用电机减速机。

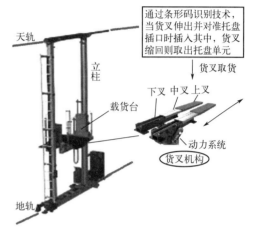

图 5-19　堆垛机及其货叉机构

 3. 试述堆垛机构件名称

图 5-20 为堆垛机主要构件。图 5-21 是构成有轨巷道堆垛机功能部件。

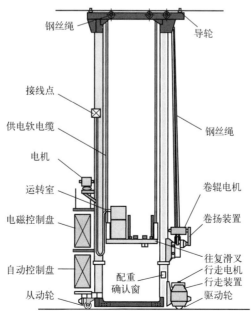

图 5-20　堆垛机主要构件

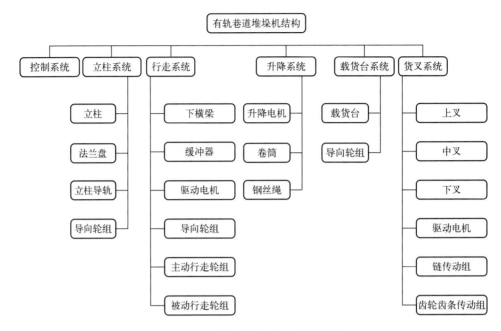

图 5-21　有轨巷道堆垛机功能部件

 第 2 节　堆垛机分类

1. 试述按结构分类的堆垛机 ·········

① 双立柱堆垛机。图 5-22 为双立柱堆垛机及其自动化仓库实体，应用广泛。双立柱堆垛机构采用门框式结构、刚性较好。

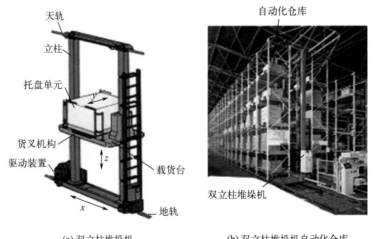

(a) 双立柱堆垛机　　　　　　(b) 双立柱堆垛机自动化仓库

图 5-22　双立柱堆垛机及其自动化仓库

② 单立柱堆垛机。图 5-23 为单立柱堆垛机及其自动仓库。

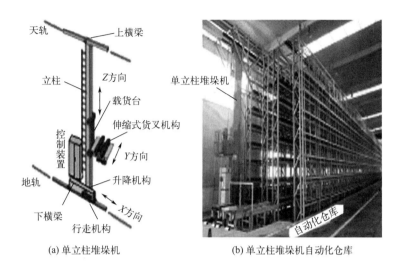

(a) 单立柱堆垛机 (b) 单立柱堆垛机自动化仓库

图 5-23 单立柱堆垛机及其自动化仓库（南京音飞）

③ 双立柱双轨宽轨距堆垛机。多用于机场集装箱自动仓库，如图 5-24 所示，其起重能力较大。

(a) 机场集装箱自动仓库 (b) 机场集装箱自动仓库堆垛机

图 5-24 双立柱双轨宽轨距堆垛机

④ 四立柱堆垛机。如图 5-25 所示，用于大吨位装载单元的搬运作业。图 5-26 为大型四立柱堆垛机，用于大吨位装载单元的搬运作业。

⑤ 桥式堆垛机。如图 5-27 所示，用于大吨位装载单元的搬运作业。

⑥ 悬臂桥式堆垛机。如图 5-28 所示，常用于拣货作业。图 5-29 为悬臂桥式堆垛机应用案例，多用于拣货作业。

图 5-25 四立柱堆垛机

图 5-26　大型四立柱堆垛机

图 5-27　桥式堆垛机

图 5-28　悬臂桥式堆垛机

图 5-29　悬臂桥式堆垛机应用案例

2. 试述按导轨配置分类的堆垛机

① 直线导轨式堆垛机。如图 5-30 所示，应用最广泛。

② 曲线导轨式堆垛机。图 5-31 所示，适用于巷道多、入出库频率低、堆垛机数量是巷道数量 1/2 的自动化仓库。图 5-32 为曲线导轨式自动化仓库实例。图 5-33 为曲线导轨局部实例。图 5-34 为曲线导轨与堆垛机啮合状态。

③ 辅助导轨式堆垛机。由曲线导轨式演变而成，图 5-35 为辅助导轨式堆垛机，其意义和曲线导轨式堆垛机一样，使堆垛机由一条导轨过渡到另一条导轨上来，用于出入库频率较低的自动化仓库。

④ 横移导轨式堆垛机。如图 5-36 所示，用于出入库频率不高的自动化仓库中，节约投资。图 5-37 为下曲线导轨与堆垛机轮子接触实例。

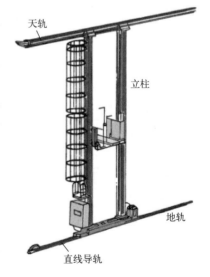

图 5-30　直线导轨式堆垛机

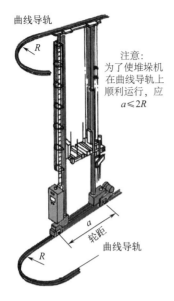

图 5-31　曲线导轨式堆垛机

图 5-32　曲线导轨式自动化仓库实例（南京音飞）

(a) 上曲线轨

(b) 下曲线轨

图 5-33　曲线导轨局部实例（南京音飞）

图 5-34　曲线导轨与堆垛机啮合状态

图 5-35　辅助导轨式堆垛机（南京音飞）

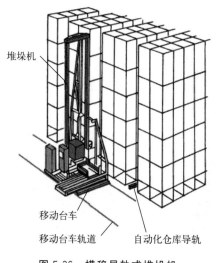

图 5-36　横移导轨式堆垛机　　　　图 5-37　下曲线导轨与堆垛机轮子接触实例

 3. 试述按有无人搭乘分类的堆垛机

① 人、货升降式堆垛机。图 5-38 为人、货升降式堆垛机。这种堆垛机的货台和操作室为一体，操作者与货物一起上下。

② 载货台升降式堆垛机。图 5-39 为具有专用载货台的堆垛机。图 5-40 为具有专用载货台和独立检查室的堆垛机。

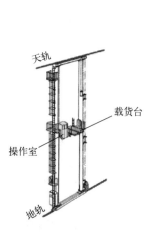

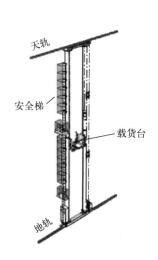

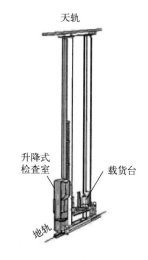

图 5-38　人、货升降式　　　图 5-39　载货台升降式　　　图 5-40　具有专用载货台及独立
　　　　　堆垛机　　　　　　　　　　堆垛机　　　　　　　　　　检查室的堆垛机

 4. 如何按支持形式分类堆垛机？

① 悬垂式堆垛机。图 5-41 为悬垂式堆垛机，即堆垛机悬挂在上导轨上。

② 地面式堆垛机。图 5-42 为地面式堆垛机，即堆垛机在地面导轨上行走。

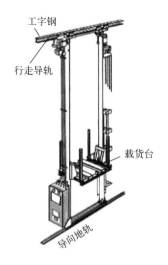

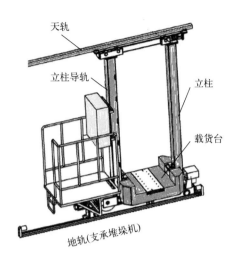

图 5-41 悬垂式堆垛机 　　　图 5-42 地面式堆垛机

 5. 如何按控制方式分类堆垛机？

① 手动式堆垛机。手动式堆垛机就是操作者在操作室或操作台上，对行走、升降和移载等运动实行手动操作的堆垛机。

② 半自动堆垛机。半自动堆垛机就是在手动式堆垛机的基础上增加对行走、升降的空位和货叉运动实行自动控制。

③ 自动式堆垛机。自动式堆垛机在基本体上设计有设定器，操作者只需通过计算机进行出入库设定便可实现自动存取货物作业。

④ 远程控制式堆垛机。通过远程控制便可实现自动运转的堆垛机。

 6. 如何按移载方式分类堆垛机？

① 拣货式堆垛机。这种堆垛机是操作者直接通过手工操作对货架中的货物进行存取作业。图 5-43 所示为拣货式堆垛机。

② 货叉移载式堆垛机。通过货叉移动来实现存取货物的堆垛机，又分为单叉、双叉和多叉几种。图 5-44 为货叉移载式堆垛机。

③ 台车移载式堆垛机。通过台车移动来实现货物移载作业的堆垛机。图 5-45 为台车移载式堆垛机。

④ 输送机移载式堆垛机。通过输送机运送来实现货物移载作业的堆垛机。图 5-46 为输送机移载式堆垛机。

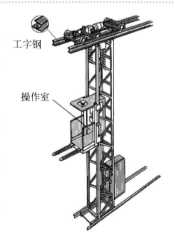

图 5-43 拣货式堆垛机

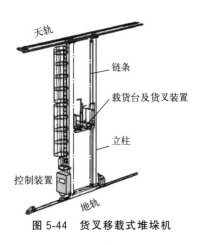  

图 5-44　货叉移载式堆垛机　　　图 5-45　台车移载式堆垛机　　　图 5-46　输送机移载式堆垛机

7. 如何按使用环境分类堆垛机？

①　一般用堆垛机。在常温、常湿度条件下工作的堆垛机（温度 0～40℃，湿度 45%～85%）。

②　低温堆垛机。在 0℃以下工作的堆垛机。

③　高温堆垛机。在 40℃以上的温度条件下工作的堆垛机。

④　防爆堆垛机。在防爆条件下工作的堆垛机。

第3节　堆垛机尺寸标注及其参数

1. 如何标注堆垛机尺寸？

图 5-47 为堆垛机的尺寸标注方法。

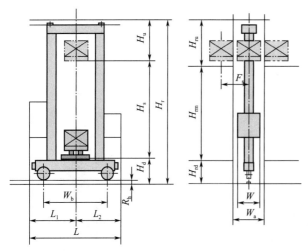

W_b—行走车轮中心距尺寸；L—在堆垛机行走方向机体突出部件最大尺寸；L_1，L_2—在行走方向货叉中心到机体突出部件的尺寸；W—在与堆垛机行走方向垂直方向上机体突出部件间的尺寸；W_a—堆垛机通道宽；F_s—货叉行程尺寸；H_s—升程（货物上下方向的行程）；H_d—在升程下限处货叉上端到地面间的尺寸；H_u—在升程上限处货叉上端到货架梁下面间的尺寸；H_{rm}—最上层货格上面到最下层货格上面间的尺寸；H_{rd}—最下层货格上面到货架底面间的尺寸；H_{ru}—最上层货格上面到货架梁下面间的尺寸；R_h—货架地面到轨道上端间的尺寸

图 5-47　堆垛机尺寸标注

2. 试述堆垛机型号

日本堆垛机的型号和说明如图 5-48 所示。

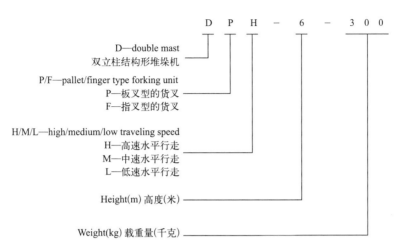

图 5-48　日本堆垛机型号和说明

第 4 节　堆垛机的出入库能力计算及速度曲线

1. 如何计算堆垛机出入库能力？

堆垛机的基本出入库能力计算即自动化仓库的出入库能力计算，请参阅本书第 4 章自动化仓库设计的第 5 节，在此不再赘述。

2. 如何测量堆垛机工作循环时间？

图 5-49 为堆垛机工作循环时间测量图，测量方法：从左下角的出入库工作台到 A、B、C 3 个位置进行出入库单循环时间测试。取 5 次测量值的平均值，即堆垛机的单循环时间。

单循环的测量值和计算值的误差规定为单循环时间在 100s 以内时误差小于 6s，若单循环时间大于 100s，允许误差小于 6%。

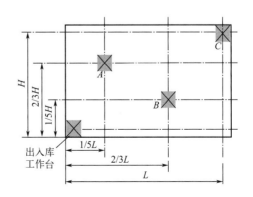

图 5-49　堆垛机工作循环时间测试

3. 试述堆垛机的速度曲线

图 5-50 为堆垛机的速度曲线，包括行走速度曲线、升降速度曲线、货叉速度曲线。按照运动规律曲线运动，堆垛机、载货台及叉车的运动平稳、加速快、没有冲击振动、噪声极小。为了使堆垛机运动平稳，根据平均单一作业周期和速度的关系，可以通过以下几个公式来计算各种速度。

① 行走速度：

$$V_x \approx 0.5\sqrt{Lb_x} \tag{5-15}$$

式中 V_x——堆垛机的行走速度，m/s；

       b_x——堆垛机的行走加速度，m/s²；

       L——堆垛机最大行走距离，m。

② 升降速度：

$$V_z \approx \frac{H}{L}V_x \tag{5-16}$$

式中 V_z——升降速度，m/s；

       H——最大升降距离，m。

③ 货叉伸缩速度：

$$V_y \approx 0.5\sqrt{Zb_z} \tag{5-17}$$

式中 V_y——货叉速度，m/s；

       Z——货叉行程，m。

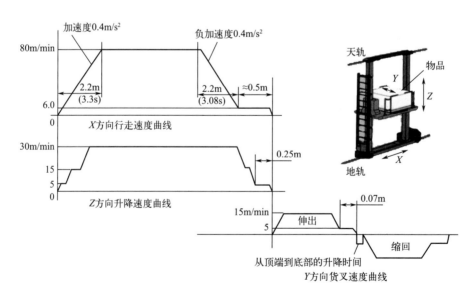

图 5-50   堆垛机在 X、Y、Z 方向的速度曲线

第 5 节　许用应力

 1. 试述堆垛机常用钢材的许用应力值

① 许用拉应力：$\sigma_{ta} = \sigma_a$（N/mm²）。
② 许用压应力：$\sigma_{ca} = \sigma_a/1.15$（N/mm²）。
③ 许用弯曲应力：
拉应力值 $\sigma_{bat} = \sigma_a$（N/mm²）。
压应力值 $\sigma_{bac} = \sigma_a/1.15$（N/mm²）。
④ 许用剪切应力：$\tau = \sigma_a/3$（N/mm²）。
⑤ 许用支柱压应力：$\sigma_{da} = 1.42\sigma_a$（N/mm²）。
⑥ 许用压曲应力：
$\lambda < 20$ 时，$\sigma_k = \sigma_{ca}$（N/mm²）。
$20 \leqslant \lambda \leqslant 200$ 时，$\sigma_k = \sigma_{ca}/\omega$（N/mm²）。
其中，λ 为有效细长比；ω 为弯曲系数；σ_a 由以下两种方法中取小值。
a. 屈服点值或耐力值（N/mm²）除以 1.50 所得值；
b. 拉伸强度除以 1.8 的值。

 2. 试述焊接许用应力

焊接许用应力是在材料许用应力基础上乘以表 5-6 中的系数。

表 5-6　焊接许用应力系数

焊接方法	钢材种类	许用拉应力	许用压应力	许用弯曲应力	许用剪切应力
对焊	A	0.840	0.945	0.840	0.840
	B	0.800	0.900	0.800	0.800
角焊	A	0.840	0.840		0.840
	B	0.800	0.800		0.800

第 6 节　堆垛机受力

 1. 堆垛机承受哪些载荷？

一般情况下堆垛机承受的载荷如下：
① 垂直动载荷：这是起重载荷。
② 垂直静载荷：这是堆垛机自重形成的静载荷。

③ 水平动载荷：这是堆垛机在行走、水平移载、曲线行走时产生的惯性力和离心力等产生的载荷以及车轮侧方向力产生的载荷。

④ 冲击载荷：这是堆垛机冲击缓冲装置时产生的载荷。

⑤ 地震载荷：由于地震而产生的水平载荷。

⑥ 热载荷：温度变化时防止材料伸缩产生的载荷。

⑦ 风载荷：堆垛机运动时产生的风力载荷。

 2. 试述堆垛机载荷与相关系数

(1) 用于强度计算的综合载荷

构件断面上产生的应力等于下述各种载荷的综合值除以构件断面面积，这个应力应该小于许用应力。

① 垂直动载荷（已乘冲击系数和作业系数）、垂直静载荷（已乘作业系数）、水平动载荷（已乘作业系数）和热载荷（已乘作业系数）的综合载荷。

② 垂直动载荷（已乘冲击系数和作业系数）、垂直静载荷（已乘作业系数）、水平动载荷（已乘作业系数）、热载荷和堆垛机运动时产生的风载荷的综合载荷。

③ 垂直动载荷、垂直静载荷、热载荷和地震载荷的综合载荷。

④ 垂直动载荷、垂直静载荷、热载荷和冲击载荷的综合载荷。

⑤ 垂直静载荷、由起重载荷中减去额定载荷得到的载荷、热载荷和堆垛机停止时的风力载荷等的综合载荷。

为了安全起见，在这 5 种综合载荷中取最大值来进行计算。

(2) 冲击系数和作业系数

用于载荷的综合计算的冲击系数计算如下：

① 冲击系数 ψ：

$$\psi = 1 + 0.6V$$

式中，V 为提升速度，m/s。当 $1+0.6V < 1.10$ 时，取 $\psi = 1.10$；$1+0.6V > 1.60$ 时，取 $\psi = 1.60$。

② 作业系数 M。作业系数 M 是增加主要载荷的（实际起重量、自重、水平载荷）系数，取决于堆垛机在常态下的负荷条件和堆垛机受载次数。表 5-7 为堆垛机作业系数 M。

表 5-7　堆垛机作业系数 M

受载次数 K	$<6.3\times10^4$	$6.3\times10^4 \sim$ 1.2×10^5	$1.2\times10^5 \sim$ 2.5×10^5	$2.5\times10^5 \sim$ 5.0×10^5	$5.0\times10^5 \sim$ 1.0×10^6	$1.0\times10^6 \sim$ 2.0×10^6	$>2.0\times10^6$
常态负载小于额定载荷的 50% 的堆垛机	1.00	1.02	1.05	1.08	1.11	1.14	1.17
常态负载在额定负载的 50%~63% 的堆垛机	1.02	1.05	1.08	1.11	1.14	1.17	1.20
常态负载在额定载荷的 63%~80% 的堆垛机	1.05	1.08	1.11	1.14	1.17	1.20	1.20
常态负载在额定载荷的 80% 以上的堆垛机	1.08	1.11	1.14	1.17	1.20	1.20	1.20

第 7 节　堆垛机技术要求

 1. 试述堆垛机的正常工作条件及其金属结构件材质要求

① 堆垛机正常工作环境温度范围为 $-5 \sim 40\text{℃}$，在 24h 内平均温度不超过 35℃，在 40℃ 的温度条件下相对湿度不超过 50%。温度较低时，相对湿度可以高一些。

② 堆垛机工作环境的污染等级应在国家规定范围之内。

③ 供电电网进线电源为频率 50Hz、电压 380V 的三相交流电，电压波动的允许偏差为 $\pm 10\%$。

④ 必须按国家规定的行业标准来选择钢材，如上下横梁、立柱和载货台等重要构件的钢材。必须保证车轮、齿轮、滑轮、卷筒和货叉等重要零件的材质。

⑤ 堆垛机结构件的焊接。首先要求焊条、焊丝和焊剂必须与被焊接的材料相适应。焊接坡口应符合国家技术标准。焊接不得有明显缺陷，重要构件的主要受力部件的焊缝质量等级不得低于国标 GB/T 3323 中的 Ⅱ 级。

 2. 对堆垛机通用零部件有何技术要求？

① 对链条链轮的要求。堆垛机货台频繁的上下运动主要是靠链条和链轮来完成的。为此，要求采用短截距精密辊子链。要求链轮的齿形和公差应符合国标 GB/T 1243 的规定。特别是要求链轮的轮齿和凹槽不得有损伤链条的表面缺陷。此外，必须经常润滑链条和链轮。链条强度许用安全系数不得小于 6。

② 对钢丝绳的要求。钢丝绳必须采用国标 GB/T 8918 中规定的圆股钢丝绳。绝对不能把钢丝绳接长之后再利用。钢丝绳强度许用安全系数不得低于 6。

③ 为了防止堆垛机停止时产生冲击和振动，必须采用缓冲器减振。缓冲器采用橡胶、工程塑料或液压方法。要求缓冲器能承受堆垛机以 70% 的额定载荷运行速度的撞击。

④ 对螺栓和螺母的要求。要求主要受力部件所用螺栓性能等级不低于 8.8 级，螺母性能等级不低于 8 级；要求高强度螺栓性能等级不低于 10.9S 级，高强度螺母性能不低于 10H 级。

 3. 对堆垛机的制造和组装有何技术要求？

（1）金属结构件公差

要求堆垛机上横梁的水平弯曲 $f_1 < K/1000$，K 为上横梁全长，如图 5-51 所示。要求下横梁的水平弯曲 $f_2 < B/1000$，B 是主、从动轮轴距，如图 5-52 所示。按照机械工程实际经验，只允许下横梁向上拱曲，其上拱度 $F < B/1000$，如图 5-53

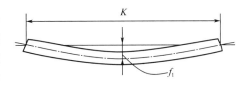

图 5-51　上横梁弯曲图

所示。

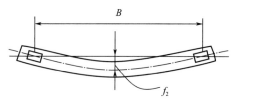

图 5-52　下横梁弯曲图

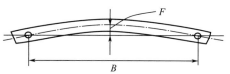

图 5-53　下横梁上拱曲线

（2）组装后尺寸检查

必须严格按照标准制造堆垛机的每一个零部件。此外，对组装后的堆垛机框架必须严格检查各种尺寸，如图 5-54 所示。要求导轨之间平行度误差小于 6mm，对角线 d_1 和 d_2 的误差小于 4mm，道轨内侧 C 值的误差为 ±3mm，两道轨同一侧面的平面度公差值在 4mm 以内，对角线检测点在距立柱上、下安装面 100mm 处，n_1 和 n_2 之差在 3mm 之内。

关于堆垛机零部件的制造和组装的检测内容较多，此处不再赘述。需要时，请参考有关机械行业标准（《巷道堆垛起重机》）。

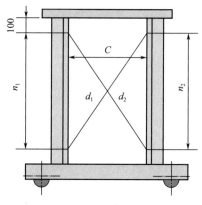

图 5-54　堆垛机框架检测图

4. 试述堆垛机性能要求

（1）货叉的工作性能

堆垛机载货台升降时，货叉对各货位存取位置和最高、最低工作位置应满足设计要求。货叉在承载额定载荷条件下，工作行程应满足设计要求，并且伸至最大行程时，货叉下挠度应小于 20mm。货叉伸缩的额定速度误差不大于 ±5%，货叉伸缩和复位的停准精度小于 ±5mm。为了安全，要求货叉伸出过程中碰到障碍物，当阻力达到一定值时，货叉离合器打滑，使货叉停止伸叉运动。具体的货叉载荷值与对应的阻力值请参考厂家产品说明书和有关国家标准。

（2）堆垛机的运行性能

堆垛机运行的额定速度应符合设计值，误差应小于 ±10mm。

（3）载货台升降性能

载货台的升降额定速度应符合设计要求，误差应小于 ±5%，换挡时不能有强烈的振动，并有良好的制动性能，其停准精度小于 ±10mm。

（4）动载试验

在堆垛机调试过程中，必须进行动载试验，试验载荷为 $1.25G_n$，G_n 是堆垛机的额定起重量。在 $1.25G_n$ 载荷条件下，进行堆垛机运行、载货台的升降和货叉伸缩试验，要求各部分运动和功能正常。

(5) 静载试验

对堆垛机除了动载试验之外，还要进行静载试验。静载试验载荷 P_k 计算如下：

$$P_k = kgn \qquad (5-18)$$

式中　k——静载试验的载荷系数。

$$k = 1.25 \times (1+\psi)/2 \qquad (5-19)$$

式中　ψ——提升载荷系数，按如下规定选取：

理论加速度 $a \leqslant 0.6\text{m/s}^2$，$\psi = 1.1 + 0.0022 v_n$；

理论加速度 $a \leqslant 1.3\text{m/s}^2$，$\psi = 1.2 + 0.0044 v_n$；

理论加速度 $a > 1.3\text{m/s}^2$，$\psi = 1.3 + 0.0066 v_n$。

其中，v_n 为额定提升（下降）速度，m/min。

(6) 静刚度试验

堆垛机的静刚度试验载荷是额定起重量。在载货台升到立柱上限位置时进行测量，当提升高度不大于 10m 时，其静刚度值应小于 $H_n/2000$；当提升高度大于 10m 时，其静刚度值应小于 $H_n/1500$；H_n 为堆垛机全高。

(7) 堆垛机的无故障率 S

为了确保自动化立体仓库的正常运行，要求堆垛机的无故障率大于 97%。无故障率 S 的计算式如下：

$$S = \frac{\sum S_p - \sum S_t}{\sum S_p} \times 100\% \qquad (5-20)$$

式中　$\sum S_p$——商定的试验循环作业次数；

$\sum S_t$——在试验过程中发生的故障次数。

(8) 堆垛机的噪声

要求堆垛机噪声必须控制在 84dB(A) 之内。

 5. 何谓堆垛机开动率？

堆垛机的开动率 $\eta = 3600/T_0$。

式中　η——每小时托盘的出入库数量；

T_0——基本作业时间，s。

基本作业时间 T_0 由许多因素决定。图 5-55 为堆垛机行走时的低速、中速和高速三种速度。入库或出库一次需要的时间用平均工作循环来表示。例如，平均循环为 3min 时，入库和出库能力为：

$$60 \times 60/(3 \times 60) = 20 \text{ 件/(h·台)}$$

即每台堆垛机每小时可入库或出库 20 件。

但是，堆垛机高度越高，当堆垛机停止时因其摇摆而不能立即停止，停止

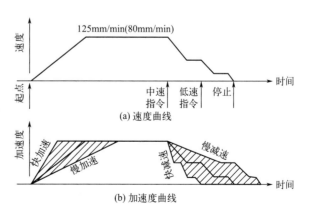

图 5-55　堆垛机行走速度及加速度

时需要 4～5s。此外，当取出近处高位的货物时，吊具的升降时间较长。出入库频率较高的物品尽量放在仓库入货口附近为宜。

 ## 第 8 节　货叉和电机功率计算

1. 试述货叉尺寸参考值

悬臂滑叉式的货叉是存取货物的重要装置，设计时要特别注意前端的挠度。当采用标准 1100mm 的托盘单元、质量 1000 kg（不含托盘质量）时，要求其挠度为 10～15mm 左右。

货叉形状一定要和货物形状相适应。一般货叉都是由两根悬臂梁组成。当其额定载荷为 500kg 时，一根货叉的宽度为 250mm 左右，厚度约 100mm。货叉尺寸概算值如表 5-8 所示。

表 5-8　货叉尺寸参考值　　　　　　　　　　宽×厚，mm×mm

货物深度/mm	额定载荷		
	500kg	1000 kg	1500 kg
1100	190×100	190×100	220×150
1500	190×100	190×110	220×160

注：一般货叉是两根。当为一根时，其宽度加宽到不会使货物倾倒为宜。

 ### 2. 试述电机的输出功率计算

（1）提升运动电机功率

提升运动电机功率 P_n 计算式如下：

$$P_n = LV_L/(6120y)$$

式中　L——提升质量，kg；

　　　V_L——提升速度，m/min；

　　　y——提升装置效率。

（2）行走电机功率 P 计算

行走电机功率等于达到额定速度时的启动加速度的功率和达到额定速度的功率之和。

① 加速时所需功率 P_1（kW）计算如下：

$$P_1 = T_a N/(947y_1)$$

式中　T_a——加速的扭矩，kg·m；

　　　N——电机转数，r/min；

　　　y_1——行走装置效率。

② 额定速度的功率 P_2（kW）：

$$P_2 = W_r V/(6120y_1)$$

式中　W_r——行走阻力，kg；

　　　V——行走速度，m/min。

电机功率 P ：

$$P = P_1 + P_2$$

加速时的扭矩 T_a（kg·m）用 GD^2（负载惯性矩，kg·m^2；G 为质量，D 为直径）来计算。但是，在实际应用时，上述公式只作计算参考，因为计算出的电机功率偏小。实际选择电机时是根据加速和减速值、转数以及持续时间来确定的。

表 5-9 为堆垛机行走电机功率参考值。堆垛机总质量等于额定载荷、吊具质量和结构体自重等之和。一般高度 10m 的 0.5t 的额定载荷，堆垛机总质量大概为 10t。

表 5-9　堆垛机行走电机功率参考值　　　　　　　　　　　　　　　　　　kW

堆垛机行走速度	堆垛机质量			
	9t 以下	9～14	14～19	19～26
80、30、5m/min	3.3	3.3	5.5	7.5
125、30、5m/min	3.3	5.5	7.5	5.5×2

第9节　堆垛机的安全装置

 1. 堆垛机安全装置有哪些内容？

为了防止堆垛机事故发生，在设计自动化仓库时的最基本原则是当自动仓库运转时，库内绝对不许有人。在维修自动化仓库时，维修者必须进入库内，这时必须切断电源，并有严格监视。若要恢复电源试运行，也必须经过多人确认库内无人之后方可通电运行。这是应严格执行的制度。

堆垛机的安全装置内容如表 5-10 所示。图 5-56 为堆垛机安全装置的安装位置。

表 5-10　堆垛机安全装置项目和对策

项目	安全对策
防止超程	在行走和提升运动两端设置 LS 装置
防止重复取货	在取货前自动检查是否有货
检测货物倾倒	用 LS 检查超过规定尺寸的货物
保证正确停止位置	在允许范围内自动平稳移动修正
货叉动作的连锁	行走中货叉禁止动作，货叉动作时禁止行走，两者互锁
货叉极限停止	用 LS 挡块防止超程
异常对策	异常发生时，禁止堆垛机运动，且发出报警声
操作安全性	对每条路线改变 SW 键，实现远程和手动互锁
钢丝绳安全率保证	安全系数大于 10 倍以上

注：LS—微动开关；SW—开关。

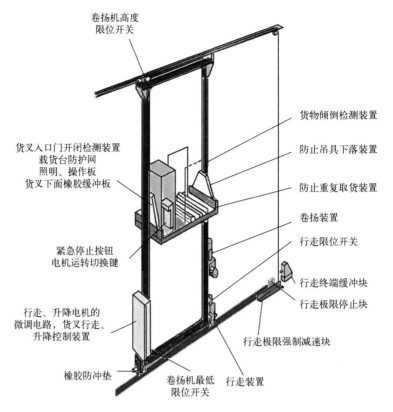

图 5-56　堆垛机安全装置的安装位置

 2. 试述各类安全装置及意义

① 防止落下装置。为了防止升降装置的钢丝绳或铁链断裂而使吊具落下，一般采用弹簧，并在导轨和吊具之间强制性放入防止下落的楔铁装置。

② 货物倾倒检测装置。堆垛机从输送机或出入货台上取货物前，首先由尺寸检测装置检查货物尺寸。通常，货物倾倒超过许可尺寸时，由于光电管或旋转磁场的作用，发出货物倾倒异常信号。

在周边机械的生产线上，首先进行货物宽度和高度的检测，即检测在周边机械上的货物是否有倾倒可能。

③ 架上货物存储率的检测装置。为了防止货物进入有货的货位，在堆垛机吊具上设计了检测是否有货物的装置。这种方法是利用超声波反射原理来检测货物的。

④ 架货位号码检测装置。检测货架货位的方法有相对号码法和绝对号码法两种。前者逐个计数各货位号码，一直到设定的号码为止，这叫作堆垛机行走式，也叫计数法；后者是把各货位号代码化后作为地址，堆垛机到指定货位号的位置便停下来。

货架货位检测是在堆垛机行走方向上各货位设计有条形码，设置在堆垛机上的传感器便可检测出相应货位来。在升降方向上，在堆垛机的柱上设置有条形码，当设置在吊具上的光电管感应到货架层数时，便发出信号。

第 10 节　堆垛机动力计算

1. 如何选择计算升降电机？

设载荷台重量 $W_1 = 5300\text{N}$（其中货叉可动部分 $W' = 2300\text{N}$）。

载重 $W_2 = 10000\text{N}$。

升降速度 $V = 10\text{m/min} = \dfrac{1}{6}\text{m/s}$。

传动效率 $\eta = 0.7$（蜗轮蜗杆）$\times 0.9$（链条）$= 0.63$。

最高时速时需要动力 $P = (W_1 + W_2)V/\eta = (10000 + 5300)/(6 \times 0.63) = 4048$（W）$\approx 4$（kW）。

为安全起见，选择标准电机为 5.5kW。

所以升降电机为 5.5kW。

2. 如何选择计算货叉电机？

设行走速度 $V = 21\text{m/min} = 0.35\text{m/s}$。

滚动摩擦因数为 0.03。

行走阻力 $R = (W' + W_2)\mu = (2300 + 10000) \times 0.03 = 369$（N）。

动力传动效率 $\eta = 0.9$（齿轮减速电机）$\times 0.9$（链条）$= 0.81$。

最高时速需要动力 $P = RV/\eta = 369 \times 0.35/0.81 = 159.4$（W）$\approx 0.16$（kW）。

按电机标准选择货叉电机为 0.4kW，则安全。

3. 如何选择计算行走电机？

为了计算动力大小，必须计算行走阻力，堆垛机的主要参数是：堆垛机自重 $W_D = 39100\text{N}$，行走速度 $V = 86\text{m/min} = 1.43\text{m/s}$，滚动阻力系数 $\mu = 0.02$。

根据这些主要参数可以计算行走电机功率大小。计算步骤如下：

$$R_D = (W_D + W_2)\mu = (39100 + 10000) \times 0.02 = 982 \text{（N）}$$

动力传递效率 $\eta = 0.8$（蜗轮蜗杆）。

最高时速的动力计算如下：

$$P_D = R_D V/\eta = (982 \times 1.43)/0.8 = 1755 \text{（W）} \approx 1.76 \text{（kW）}$$

为了安全起见，按电机标准选择，采用 2.2kW 电机为宜，即 $L_D = 2.2\text{kW}$。

第 11 节　堆垛机强度计算

　1. 如何计算货叉受力？

(1) 已知条件

图 5-57 为货叉尺寸示意图。具体尺寸如下：

$a=55$cm　　　$l_0=100$cm
$b=45$cm　　　$l_1=61$cm
$c=16$cm　　　$l_2=69$cm
$d=45$cm　　　$l_3=126$cm
$e=8$cm

$W=11000$N（包括仓库货叉伸长部分 1000N 在内），弹性模量 $E=2.1\times10^{11}$Pa。

表 5-11 为货叉的力学计算参数。根据这些参数可以计算货叉的受力、弯矩和应力，从而可以判断堆垛机系统的强度大小。

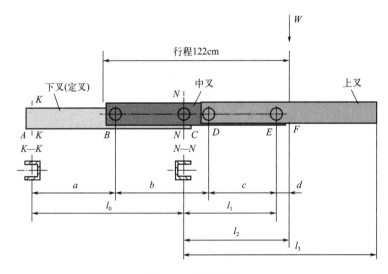

图 5-57　货叉尺寸

表 5-11　货叉力学计算参数

货叉	断面积 A/cm^2	断面矩 I/cm^4	断面系数 Z/cm^3	惯性半径 R/cm
固定货叉	70.6	$I_1=467.3$	$Z_1=193.9$	$R_1=2.6$
中间货叉	80.1	$I_2=969.5$	$Z_2=239.4$	$R_2=3.5$
主货叉	91.3	$I_3=980.3$	$Z_3=326.4$	$R_3=3.3$

(2) 固定货叉受力计算

固定叉变形计算如图 5-58 所示。求 W 的支反力 P_1，设以 C 点为支点，按力矩的平衡

得 W 的支反力 P_1：

$$P_1 = Wl_2/b = 11000 \times 69/45 \approx 16867 \text{ （N）}$$

弯矩 M 求法如下：

设 $a \leqslant x \leqslant l_0$，$M = P_1bx/l_0 - P_1(x-a)$。

设 l_3 不受弯矩作用，则变形量 δ_1 计算如下：

$$\begin{aligned}
\delta_1 &= -P_1ab(a+l_0)l_3/(6EI_1l_0) \\
&= -16867 \times 0.55 \times 0.45 \times (0.55+1) \times 1.26/(6 \times 2.1 \times 10^{11} \times 467.3 \times 10^{-8} \times 1) \\
&\approx 1.4 \times 10^{-3} \text{ （m）} \\
&= -0.14 \text{ （cm）}
\end{aligned}$$

求最大弯矩，当 $x = a$ 时，其弯矩最大，即

$$\begin{aligned}
M &= P_1ba/l_0 = 16867 \times 0.45 \times 0.55/1 \\
&\approx 4174.6 \text{ （N·m）}
\end{aligned}$$

弯曲应力 $\sigma_b = M/Z_1 = 4174.6/(193.9 \times 10^{-6}) \approx 2.15 \times 10^7$ （Pa）。

因 $\sigma_b < 5 \times 10^7$ Pa（许用应力），所以安全。

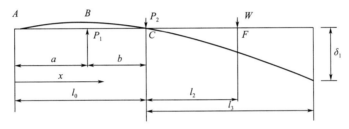

图 5-58 固定叉变形计算图

（3）中间货叉受力计算

图 5-59 为中间货叉受力计算图。由图 5-59（a），中间货叉受力变形量 δ_2 计算如下：

$$\delta_2 = -Wl_2bl_3/3EI_2 = -(11000 \times 0.69 \times 0.45 \times 1.26)/(3 \times 2.1 \times 10^{11} \times 969.5 \times 10^{-8})$$

得 $\delta_2 = -0.07$ cm。

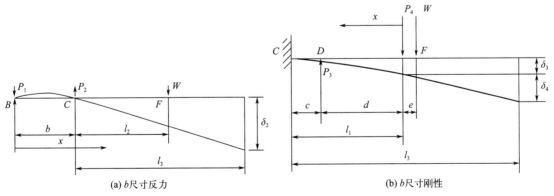

图 5-59 中间货叉受力计算图

由图 5-59（b）知，因求中间货叉受力，设 b 段为刚性，C 点为固定端，W 在中间货叉上产生反力为 P_3 和 P_4，则

$$M = -P_3(x-d) + P_4x$$

现在分别求 P_3 和 P_4 如下：

$$P_3 = (e/d)\ W = (8/45) \times 11000 = 1960\ (\text{N})$$

$$P_4 = (e+d)/d \times W = (8+45)/45 \times 11000 = 12960\ (\text{N})$$

$$\delta_3 = -[W/(6EI_2d)] \times [(e+d)l_1^3 - e(l_1-d)^3]$$

$$= -[11000/(6 \times 2.1 \times 10^{11} \times 969.5 \times 10^{-8} \times 0.45)] \times [(0.08+0.45) \times 0.61^3 - 0.08 \times (0.61-0.45)^3]$$

得 $\delta_3 = -0.03\text{cm}$。

$$\delta_4 = -(W/2EI_2d) \times [(e+d)l_1^2 - e(l_1-d)^2] \times (l_3-l_1)$$

$$= -(11000/2 \times 2.1 \times 10^{11} \times 969.5 \times 10^{-8} \times 0.45) \times [(0.08+0.45) \times 0.61^2 - 0.08 \times (0.61-0.45)^2] \times (1.26-0.61)$$

得 $\delta_4 = -0.08\text{cm}$。

图 5-59（b）中最大弯曲发生在 C 点，即 $x = c+d$。

把 P_3 和 P_4 代入下式，得

$$M = -P_3c + P_4(c+d)$$

$$= -1960 \times 0.16 + 12960 \times (0.16+0.45)$$

$$= 7592\ (\text{N·m})$$

$$\sigma = M/Z_2 = 7592/(239.4 \times 10^{-6})$$

$$= 3.17 \times 10^7\ (\text{Pa})\ （小于许用应力）$$

（4）主货叉受力计算

图 5-60 为主货叉受力计算图。

主货叉的挠度和强度计算过程与固定货叉及中间货叉类似，在此从略。其计算结果：

$$\delta_5 = -0.004\text{cm}$$

最大弯曲发生在 E 点，即 $x = d$ 点，则：

$$M = eW = 0.08 \times 11000 = 880\ (\text{N·m})$$

$$\sigma = M/Z_3 = 880/(326.4 \times 10^{-6})$$

$$= 2.7 \times 10^6\ (\text{Pa})\ （小于许用应力）$$

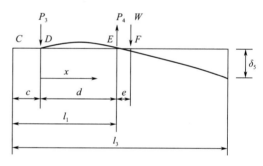

图 5-60　主货叉受力计算图

（5）总挠度

$$\delta = \delta_1 + \delta_2 + \delta_3 + \delta_4 + \delta_5$$

$$= -0.14 - 0.07 - 0.03 - 0.08 - 0.004$$

$$= -0.324\ (\text{cm})$$

即总挠度 δ 为 3.24mm。

根据经验和堆垛机标准，货叉总挠度比规定值小，是安全的。

 2. 如何计算载货台受力？ ⋯⋯⋯⋯⋯⋯⋯⋯⋯⋯⋯⋯⋯⋯⋯⋯⋯⋯⋯⋯⋯⋯⋯⋯⋯⋯⋯⋯⋯⋯⋯

图 5-61、图 5-62 为货台受力尺寸图。

载重 $W = 11000\text{N}$。

反力 $P = \dfrac{168.25}{92.5}W = \dfrac{168.25}{92.5} \times 11000 = 20010\ (\text{N})$。

① 图 5-62 中 a 所示材料：

这部分材料为方形钢管：$7.5\mathrm{cm}\times15\mathrm{cm}\times0.05\mathrm{cm}$，其 $I=564\mathrm{cm}^4$，$Z=75.6\mathrm{cm}^3$。

弯矩 $M=0.266\times(P/2)=0.266\times(20010/2)=2661.3$（N·m）。

应力 $\sigma=M/Z=2661.3/(75.6\times10^{-6})=3.52\times10^7$（Pa）。

② 图 5-61 中两处用到 b 所示开口方管尺寸如图 5-63 所示。

其特性值如下：

$$I=11945\mathrm{cm}^4；\quad Z=477\mathrm{cm}^3。$$

弯矩 $M=1.22W/2=1.22\times11000/2=6710$（N·m）。

应力 $\sigma=M/Z=6710/(477\times10^{-6})=1.41\times10^7$（Pa）。

σ 小于许用应力 $5\times10^7\mathrm{Pa}$，是安全的。

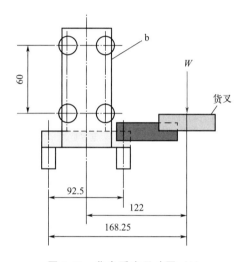

图 5-61　货台受力尺寸图（1）

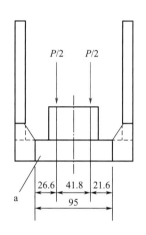

图 5-62　货台受力尺寸图（2）

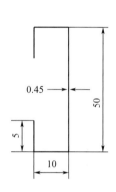

图 5-63　开口方管尺寸

3. 如何计算立柱受力？

（1）行走方向

立柱受力时，应力最大的是图 5-64 上部滑动部分和下部固定部分，计算如下：

$W_1=$托盘单元重量＋荷台重量
　　$=10000+5300=15300$（N）

框架重量：$W_2=1340\mathrm{N}$。

立柱断面特性和地震时产生的水平力见表 5-12，根据这些数据可以进行相关计算。

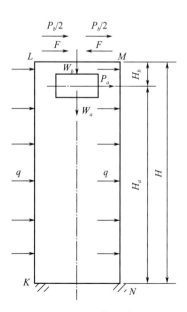

图 5-64　立柱受力图

表 5-12　地震水平力和立柱断面特性

	断面尺寸/cm×cm×cm	$400×200×0.9$
立柱断面特性	断面积 A/cm²	102.7
	断面矩 I/cm⁴	$I_X=7270$
		$I_Y=21300$
	断面系数 Z/cm³	$Z_X=727$
		$Z_Y=1070$
	断面矩半径 R/cm	$\sqrt{I_X/A}=8.42$
	细长比 $\lambda=H/R$	172
	弯曲系数 ω	4.26
	单位长度重量 w/(N/m)	8.06
	水平地震影响系数 α	0.2
水平力	荷台水平力 $P_a=\alpha W_a$/N	3060
	框架受水平力 $P_b=\alpha W_b$/N	268
	立柱自重水平分布力 $q=\alpha w$/(N/m)	161.2

　　图 5-64 为立柱受力图，设作用在 LM 上的轴向力为 F。链条受力如图 5-65 所示。

　　L 点的挠度为：

$$\delta_1=\frac{FH^3}{3EI_Y}+\frac{P_bH^3/2}{3EI_Y}+\frac{qH^4}{8EI_Y}$$

　　M 点挠度为：

$$\delta_2=\frac{P_aH_a^3}{3EI_Y}\left(1+\frac{3H_b}{2H_a}\right)+\frac{P_bH^3/2}{3EI_Y}-\frac{FH^3}{3EI_Y}+\frac{qH^4}{8EI_Y}$$

因　　$\delta_1=\delta_2$，$\dfrac{FH^3}{3EI_Y}=\dfrac{P_aH_a^3}{3EI_Y}\left(1+\dfrac{3H_b}{2H_a}\right)-\dfrac{FH^3}{3EI_Y}$

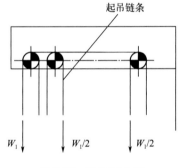

起吊链条

W_1　　$W_1/2$　　$W_1/2$

图 5-65　链条受力图

则　　　　　　$F=\dfrac{P_aH_a^3}{2H^3}\left(1+\dfrac{3H_b}{2H_a}\right)$

　　K 点所受弯矩：$M_K=\left(F+\dfrac{P_b}{2}\right)H+\dfrac{qH^2}{2}$

　　N 点所受弯矩：$M_N=P_aH_a+\dfrac{P_b}{2}H-FH+\dfrac{qH^2}{2}$

　　注：把表 5-12 及表 5-13 中的有关数据代入相关公式，则可求出 M_K 和 M_N 值。

表 5-13　立柱高度和受力计算结果

尺寸	柱高 H/cm	1450	弯矩 M_N/N·m	50234.8
	H_a/cm	1352	弯曲应力 σ_b/Pa	$4.69×10^7$
	H_b/cm	98	压应力 σ_c/Pa	$1.78×10^7$
	F/N	688	合应力 $\sigma=\sigma_b+\sigma_c$/Pa	$6.47×10^7$
	压力 W/N	42960	挠度 δ_1/cm	3.86
	弯矩 M_K/N·m	28865.1		

比较 M_K 和 M_N 可知：$M_N > M_K$，应按最大扭矩 M_N 计算弯曲应力 σ_b 值。

弯曲应力 $\sigma_b = M_b / Z_Y$（把表 5-12 中 Z_Y 值代入可求出 σ_b 值）。

设立柱受压力：

$$W = (W_1 + W_2)/2 + \phi H + (W_1/2 + W_1)$$
$$= 2W_1 + W_2/2 + \phi H = 2 \times 15300 + 1340/2 + 806 \times 14.5 = 42960 \text{（N）}$$

注：$W_1/2 + W_1$ 是图 5-65 链条受力图中左立柱承受的链条拉力。ϕH 为立柱自重。

压应力 $\sigma_c = \omega W / A = 4.26 \times 42960/(102.7 \times 10^{-4})$，得 $\sigma_c = 1.78 \times 10^7 \text{Pa}$。

表 5-13 为立柱高度和受力计算结果。当总压应力小于 $7.5 \times 10^7 \text{Pa}$ 时则是安全的。

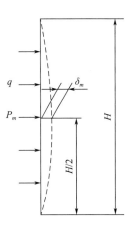

（2）排方向受力

图 5-66 为排方向受力图。立柱中央所受水平力，根据抗震计算的 G 值进行计算。

荷台所受水平力 $P_m = aW_1/2 = a \times 15300/2$（N）。

立柱自重水平分布力 $q = \alpha w$（N/m）。

最大弯矩 $M_m = \dfrac{P_m H}{4} + \dfrac{q H^2}{8}$（N·m）。

最大挠度 $\delta_m = \dfrac{P_m H^3}{48 E I_X} + \dfrac{5 q H^4}{384 E I_X}$（cm）。

弯曲应力 $\sigma_{mb} = M_m / Z_X$（Pa）。

压应力 $\sigma_{mc} = \sigma_c$（Pa）。

表 5-14 为立柱的力学计算结果。

图 5-66　排方向受力图

表 5-14　立柱的力学计算结果

水平加速度 a/G	0.2	挠度 δ_m/cm	1.24
水平力 P_m/N	1530	弯曲应力 σ_{mb}/Pa	1.35×10^7
水平分布力 q/(N/m)	161.2	压应力 σ_{mc}/Pa	1.78×10^7
弯矩 M_m/N·m	9782.8	总应力 $\sigma = \sigma_{mb} + \sigma_{mc}$/Pa	3.13×10^7

 4. 如何计算框架受力? ································

图 5-67 为框架受力图，框架的力学参数为 $I_X = 1255 \text{cm}^4$，$Z_X = 232 \text{cm}^3$，断面积 $A = 33.8 \text{cm}^2$。

弯矩 $M = 0.136 \times 7650 = 1040.4$（N·m）。

弯曲应力 $\sigma_b = M/Z_X = 1040.4/(232 \times 10^{-6}) = 4.5 \times 10^6$（Pa）。

根据链条张力 $W_1/2$ 和表 5-13 的 F 值可求出压应力。

$$\sigma_c = (W_1/2 + F)/A = (7650 + 688)/(33.8 \times 10^{-4})$$
$$= 2.5 \times 10^6 \text{Pa}$$

总应力 $\sigma = \sigma_b + \sigma_c = (4.5 + 2.5) \times 10^6 = 7 \times 10^6$（Pa）。

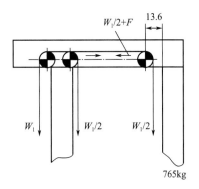

图 5-67　框架受力图

5. 如何计算载货台车受力? ....

图 5-68 为台车结构尺寸图。表 5-15 为台车的质量和减速时所受的水平力,表中数值是力学计算的结果。台车 A、B 柱断面图如图 5-68 左侧所示。

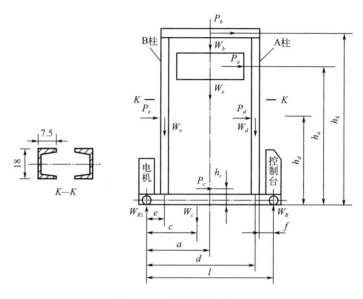

图 5-68 台车结构尺寸图

表 5-15 台车的质量和减速时所受的水平力

质量	堆垛机重+荷重(10000N) W/N	49100	减速时所受的水平力	荷台 $P_a = aW_a$/N	3060
	荷台+荷重 W_a/N	15300		框架 $P_b = aW_b$/N	268
	框架 W_b/N	1340		台车 $P_c = aW_c$/N	1386
	台车 W_c/N	6760		柱 A $P_d = aW_d$/N	2420
	柱 A W_d/N	12100		柱 B $P_e = aW_e$/N	2740
	柱 B+链重 W_e/N	13710			

表 5-16 所示为台车重心尺寸和强度值。

表 5-16 台车重心尺寸和强度

各部重心位置	轴距 l/cm	284	强度	从车轮中心到柱边距离 f/cm	30
	荷台,框架 a/cm	139		车轮受力 W_R/N	52570
	台车 c/cm	134			
	柱 A d/cm	244		弯矩 M/N·m	15771
	柱 B e/cm	44			
	荷台最高时 h_a/cm	1369			
	框架 h_b/cm	1475		弯曲应力 σ_b/Pa	5.15×10^7
	台车 h_c/cm	35			
	柱 A、B h_d/cm	743			

车轮反力的求法如下：

$$W_R = \frac{1}{l} \left[a\,(W_a + W_b) + cW_c + dW_d + eW_e + h_aP_a + h_bP_b + h_cP_c + h_d\,(P_d + P_e) \right] \quad (\text{N})$$

台车框架弯矩 $M = fW_R = 0.3W_R$ （N·m）。

弯曲应力 $\sigma_b = M/Z_X$ （Pa）。

把相关数值代入上面各式，即可求出 W_R、M 和 σ_b。

第 12 节　货叉机构

1. 伸缩货叉在堆垛机中位置及其货叉基本尺寸

图 5-69 为货叉在堆垛机的载货台中的收缩状态，堆垛机在自动仓库巷道中沿导轨行走时货叉必须是收缩状态。

图 5-70 为货叉在堆垛机的载货台中的伸出状态，即堆垛机在停止状态下，货叉对准货位，把托盘单元存入货位中或者从货位中取出托盘单元。

图 5-69　货叉在堆垛机的载货台中收缩状态（南京音飞）

图 5-70　货叉伸出取/存货状态

图 5-71 为常用堆垛机货叉实体，根据单元货物的货态情况，可选择相应的堆垛机货叉种类。

图 5-72 为常用堆垛机伸缩货叉基本尺寸，如果托盘单元是非标的情况，则根据托盘单元设计货架的货位空间尺寸后再设计货叉尺寸。图 5-73 为堆垛机货叉实体端面图。

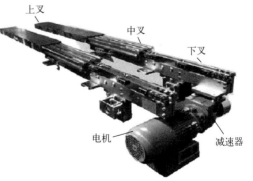

图 5-71　堆垛机货叉实体

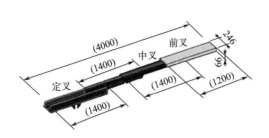

图 5-72　常用堆垛机货叉基本尺寸

图 5-73　堆垛机货叉实体端面图

 2. 试述齿轮齿条直线差动机构工作原理

　　堆垛机伸缩货叉是一种能够使原动机做行程增倍的双向驱动直线运动的机构。图 5-74 为齿轮齿条直线差动机构，即由一个双联齿轮和两个齿条组成的直线差动机构。

　　在双联齿轮中，齿轮 3 的分度圆直径为 D_1，齿轮 4 的分度圆直径为 D_2，$D_1 > D_2$。当双联齿轮沿固定齿条 1 滚动时，由齿轮 4 驱动的从动齿条 2 将以与双联齿轮中心运动相反的方向水平移动。其相对运动的距离：

$$L = (D_1 - D_2)\,\Pi N$$

　　式中，N 为双联齿轮转过的圈数。按此计算公式，当双联齿轮 $D_1 = D_2$ 时，不论双联齿轮转过的圈数为多少，齿条 1 与齿条 2 走过的相对距离为零。

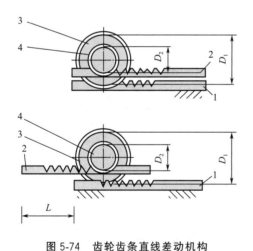

图 5-74　齿轮齿条直线差动机构

1—固定齿条；2—从动齿条；3，4—双联齿轮

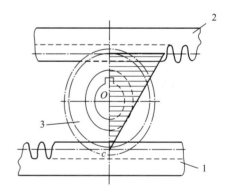

图 5-75　齿轮齿条直线差动行程倍增机构

1—固定齿条；2—从动齿条；3—齿轮

　　图 5-75 为 1 个齿轮和 2 个齿条组成的直线差动机构。根据相对运动原理，滚动齿轮与固定齿条的节点 c 为二者的速度瞬心，当滚动齿轮相对于固定齿条 1 滚动时，从动齿条 2 将沿滚动齿轮中心运动方向，以滚动齿轮中心 2 倍的速度平行移动。这样，就形成了从动齿条 2 相对于滚动齿轮中心速度与行程的增倍机构，满足了堆垛机货叉伸缩的动作要求。

3. 试述堆垛机货叉直线差动行程增倍机构的组成与工作原理 ⋯⋯⋯⋯

（1）伸缩货叉原理

堆垛机货叉一般采用三级直线差动机构，这种结构形式的货叉由动力驱动和上叉、中叉、底叉以及导向部分构成，底叉固定在载货台上，中叉可在齿轮齿条的驱动下，底叉向两侧伸出一定距离。上叉在安装于中叉上的增速机构的带动下相对中叉向外伸出更长的距离，达到在货位内存取货物的目的。这种机构的特点是上叉相对于中叉伸出的距离为伸出行程的2/3，而中叉相对于下叉伸出的距离为伸出行程的1/3。在上叉与中叉之间以及中叉与下叉之间均有合适的导向接触长度，保证3层货叉伸出时的刚度要求。其中，底叉固定在载货台上，中叉运行到货叉行程的1/3距离，此时有2个导向轮支承，上叉相对于中叉运行货叉行程的2/3，也有2个导向轮支承，与中叉相连。

（2）链传动

链传动主要由主、从动链轮以及链条组成。图 5-76 为链传动货叉机构示意图。链传动的优点是能够在两轴中心距较远的情况下传递运动和动力，并能在低速、重载、高温及尘土较大的条件下工作。此外，传动比稳定、传递功率较大、传动效率较高。

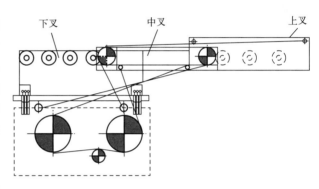

图 5-76　链传动货叉机构示意图

（3）二级直线差动式伸缩货叉示例

图 5-77 为齿轮齿条传动的二级直线差动式伸缩货叉机构示意图，货叉主要由电动机、联轴器、减速器、链轮链条传动装置、齿轮齿条传动装置、下叉、上叉和滚针轴承等组成。齿轮齿条传动具有结构简单、体积小、刚性大、承载能力大等优点。

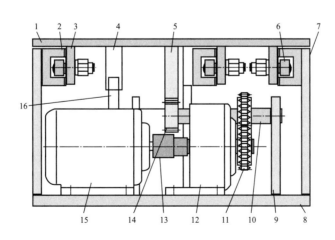

图 5-77　二级齿轮齿条式伸缩货叉

1—上叉板；2—上叉导轨；3—上叉及滚针轴承支承；4—上叉挡板；5—上叉齿条；6—滚针轴承；
7—下叉立板；8—下叉底板；9—从动链轮轴支承；10—从动链轮轴；11—链条；12—减速器；13—联轴器；
14—主动小齿轮；15—电动机；16—下叉挡板

4. 举例说明有轨巷道堆垛机三级直线差动式货叉机构设计 ┈┈┈┈┈┈┈┈┈

(1) 货叉伸缩运动

货叉机构安装在堆垛机的载货台上，随载货台沿堆垛机轨道上下升降移动。货叉可以横向伸缩，以便向两侧货格存取物料。货叉一般采用三级直线差动机构。

(2) 货叉结构

要求堆垛机货叉在收回状态下的长度小于巷道的宽度，伸展后的长度却要大于巷道宽度。一般采用三级直线差动式货叉就能够满足要求。底叉固定在载货台上，动力装置安装在底叉上，通过传动机构驱动中叉相对底叉运动。中叉和上叉之间装有直线差动机构，使中叉相对底叉运动时，上叉相对中叉以 2 倍速运动，从而实现大距离伸缩要求。

(3) 三级直线差动机构原理

图 5-78 为三级直线差动机构示意图，由于动滑轮和定滑轮构成动滑轮组的运转，使中叉板相对于底叉板运动。根据动滑轮的特点，当动滑轮以速度 v 相对于定滑轮运动时，也就是中叉板相对于底叉板运动速度为 v 时，动滑轮与上叉板之间的钢绳（或链条）就会以近似于 $2v$ 的速度相对于动滑轮运动，从而带动上叉板以近似于 $2v$ 的速度相对于中叉板运动，实现了速度和行程的倍增移动。最终上叉板相对于底板实现 3 倍速的运动。实际应用时，也可采用链轮链条机构。图 5-78（a）为货叉收回状态，（b）为货叉伸出状态。

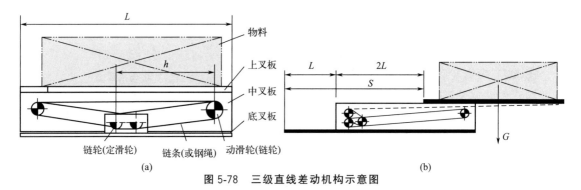

图 5-78　三级直线差动机构示意图

(4) 中叉板的驱动

图 5-79 为中叉板的驱动示意图。安装在底叉板或载货台上的电机通过传动机构驱动中叉运动，常用的传动机构有齿轮齿条传动机构和链轮链条传动机构。图 5-79（a）为齿轮齿条传动机构，固连在减速器输出轴上的斜齿轮驱动与中叉板固连斜齿齿条左右移动，从而中叉也随之左右移动。图 5-79（b）为链轮链条传动机构，齿条固定在中叉板上，链轮固定在底叉板上，链条与中叉板中部连接。

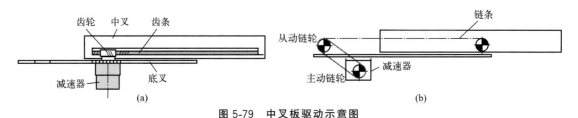

图 5-79　中叉板驱动示意图

5. 试述货叉机构设计计算

(1) 直线差动机构设计

① 中叉速度。设货叉的伸叉速度为 $V_叉$，则中叉的运行速度：

$$V = V_叉 / 3 \qquad (5\text{-}21)$$

② 同侧动滑轮与定滑轮之间的水平距离。在货叉收回状态，同侧动滑轮与定滑轮之间的水平距离 h 应尽量大，以保证上叉板伸出长度满足设计要求。此外，h 又受货叉长度的限制。设货叉本身长度为 $L_叉$，要求的伸出长度为 S，则 h 与 S 和 $L_叉$，有以下近似关系：

$$\frac{S}{3} < h \leqslant \frac{L_叉}{2} \qquad (5\text{-}22)$$

(2) 各叉板导向轴承径向载荷计算

各叉板在相互运动时，应保持稳定的导向支承连接关系，通常采用滚动轴承和凹槽组成的滚动副。应保证各叉板之间在长度方向至少有 2 个支承点，才能形成悬臂支承关系，以便承受载荷。图 5-80 为货叉最大伸展状态时各叉板之间的连接支承关系，此时各支承点处的径向载荷为最大。

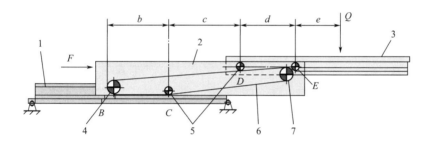

图 5-80　叉板之间的连接支承关系
1—底叉；2—中叉；3—上叉；4，7—滑轮；5—导轮；6—钢绳

设货物和活动叉板部分的当量载荷为 Q，根据静力平衡关系可以分别求得导向轴承 B、C、D、E 处的径向载荷分别为：

$$F_b = Q(c+d+e)/b$$
$$F_c = Q(b+c+d+e)/b$$
$$F_d = Qe/d$$
$$F_e = Q(d+e)/d$$

当支承点数大于 2 时，按靠近物料端的 2 个点来计算，较为安全。实际结构中，因为导向轴承沿叉板两侧对称布置，则导向轴承的径向载荷

$$F_0 = 0.5K \max(F_b, F_c, F_d, F_e) \qquad (5\text{-}23)$$

式中，K 为载荷均衡系数，与加工和装配精度有关，一般取 $K = 1.5 \sim 1.7$。

第 13 节 堆垛机参数性能

1. 试述常用堆垛机性能

表 5-17 是常用的 1000kg 质量的标准托盘单元分别对应自动化仓库高度为 6m、9m、12m 和 15m 条件下的性能参数。

表 5-17　堆垛机性能参数

自动仓库高度 H		6m		9m		12m		15m	
速度方式		标准方式	高速方式	标准方式	高速方式	标准方式	高速方式	标准方式	高速方式
型号 T-1000		A-*S	A-*Q	B-*S	B-*Q	C-*S	C-*Q	D-*S	D-*Q
行走速度	满载/(m/min)	80	120	80	120	80	120	80	140
	空载/(m/min)	120	140	120	140	120	140	120	160
	电动功率/kW	1.5	2.2	1.5	2.2	1.5	2.2	1.5	3.7
	速度控制	转换器							
升降速度	满载/(m/min)	12	20	12	25	12	25	12	35
	空载/(m/min)	20	30	20	40	20	40	20	50
	电动功率/kW	3.7	5.5	3.7	7.5	3.7	7.5	3.7	11
	速度控制	转换器							
叉取速度	满载/(m/min)	30		30		30		30	
	空载/(m/min)	40		40		40		40	
	电动功率/kW	0.75		0.75		0.75		0.75	
	速度控制	转换器							
使用电源		3 相，200V±10%，50/60Hz							
所需电源的容量/A		32	44	32	57	32	57	32	78
适用尺寸范围		W：800～1500mm。L：800～1500mm。H：500～1500mm							
承载质量		1000kg（最大）							
出入库工作站		固定工作台/移动台车/托盘输送机							
操作方式		数字键输入/电脑输入							
信号接收方式		光电传送							
供电方式		电缆供电方式							

注：S—标准型；Q—高速型。

2. 试述 T-1000 型标准堆垛机电容量

表 5-18 为 T-1000 型托盘单元的堆垛机在运行、升降、货叉和移动台车等方面所需电容量。

表 5-18　堆垛机的电容量

项目	电容量/kW	INV 容量/kV·A	电流值/A
运行	1.5	2.8	8
	2.2	3.8	11
	3.7	5.9	17
升降	3.7	8.3	24
	5.5	11.4	33
	7.5	15.9	46
	11	21.1	61
货叉	0.75	1.7	5
移动台车	0.4		2.2

注：运行和升降电容量的总和为所需电源容量。

 3. 试述 T-1000 型标准堆垛机系列化参数

表 5-19 为 T-1000 型自动化仓库所用的堆垛机系列。

表 5-19　T-1000 型堆垛机系列

高度 H	货台长度/mm	工作速度	行走电机	升降电机	货叉电机	型号
A： 3～6m	A： 800～900	S：标准	1.5kW	3.7kW	0.75kW	T100A-AS
		Q：高速	2.2kW	5.5kW	0.75kW	T100A-AQ
	B： 900～1100	S：标准	1.5kW	3.7kW	0.75kW	T100A-BS
		Q：高速	2.2kW	5.5kW	0.75kW	T100A-BQ
	C： 1100～1300	S：标准	1.5kW	3.7kW	0.75kW	T100A-CS
		Q：高速	2.2kW	5.5kW	0.75kW	T100A-CQ
	D： 1300～1500	S：标准	1.5kW	3.7kW	0.75kW	T100A-DS
		Q：高速	2.2kW	5.5kW	0.75kW	T100A-DQ
B： 6～9m	A： 800～900	S：标准	1.5kW	3.7kW	0.75kW	T100B-AS
		Q：高速	2.2kW	7.5kW	0.75kW	T100B-AQ
	B： 900～1100	S：标准	1.5kW	3.7kW	0.75kW	T100B-BS
		Q：高速	2.2kW	7.5kW	0.75kW	T100B-BQ
	C： 1100～1300	S：标准	1.5kW	3.7kW	0.75kW	T100B-CS
		Q：高速	2.2kW	7.5kW	0.75kW	T100B-CQ
	D： 1300～1500	S：标准	1.5kW	3.7kW	0.75kW	T100B-DS
		Q：高速	2.2kW	7.5kW	0.75kW	T100B-DQ
C： 9～12m	A： 800～900	S：标准	1.5kW	3.7kW	0.75kW	T100C-AS
		Q：高速	2.2kW	7.5kW	0.75kW	T100C-AQ
	B： 900～1100	S：标准	1.5kW	3.7kW	0.75kW	T100C-BS
		Q：高速	2.2kW	7.5kW	0.75kW	T100C-BQ
	C： 1100～1300	S：标准	1.5kW	3.7kW	0.75kW	T100C-CS
		Q：高速	2.2kW	7.5kW	0.75kW	T100C-CQ
	D： 1300～1500	S：标准	1.5kW	3.7kW	0.75kW	T100C-DS
		Q：高速	2.2kW	7.5kW	0.75kW	T100C-DQ

续表

高度 H	货台长度/mm	工作速度	行走电机	升降电机	货叉电机	型号
D： 12～15m	A： 800～900	S：标准	1.5kW	3.7kW	0.75kW	T100D-AS
		Q：高速	3.7kW	11kW	0.75kW	T100D-AQ
	B： 900～1100	S：标准	1.5kW	3.7kW	0.75kW	T100D-BS
		Q：高速	3.7kW	11kW	0.75kW	T100D-BQ
	C： 1100～1300	S：标准	1.5kW	3.7kW	0.75kW	T100D-CS
		Q：高速	3.7kW	11kW	0.75kW	T100D-CQ
	D： 1300～1500	S：标准	1.5kW	3.7kW	0.75kW	T100D-DS
		Q：高速	3.7kW	11kW	0.75kW	T100D-DQ

第6章 货架设计

第1节 工业货架

1. 常用货架种类有哪些?

货架是物流配送中心的主要储存设备,种类繁多。因储存物品形状、重量、体积、包装形式等特性不同,使用的货架形式也不相同。例如流体使用桶装包装,适用重力货架;一般散品使用袋装或箱装包装,适用轻型货架;而长形物件如钢材、木材则适用悬臂式货架;自动化立体仓库则用托盘式货架、料箱式货架和旋转式货架。

除自动仓库高层货架之外,在工业、企业中常用的主要货架有托盘式货架、驶入式货架、驶出式(贯通式)货架、旋转式货架、阁楼式货架、移动式货架、流动(流利)式货架、悬臂式货架、滑动式货架、直立式货架、重型货架、中型货架、轻型货架。货架的形式有单排式、连体式、一排式、多排式。

按储存单位分类,储存设备有托盘、容器、单品及其他等4大类。图6-1为各种储存容器对应的货架。

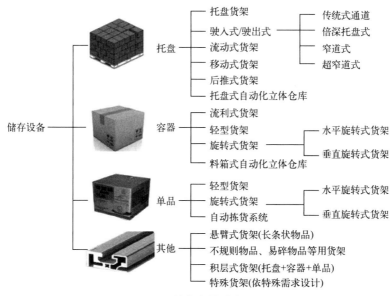

图 6-1 储存容器对应货架

2. 何谓货架的额定载荷和最大载荷？

① 额定载荷。货架的每个货位上安全承载的托盘单元的质量（含托盘质量）称额定载荷。

② 最大载荷。每一层、每一列的横梁片允许承载的最大托盘单元的质量（含托盘质量）称最大载荷，是考虑超载等因素后的货架允许承载的最大载荷。表 6-1 为货架载荷表，例如单层横梁片上的托盘数量、载荷及最大载荷等。

表 6-1　货架载荷

1 个托盘单元的额定载荷	单层横梁片上的托盘数量	单层横梁片上的额定载荷/t	单层横梁片上的最大载荷/t
0.5t	1	0.5	0.55
	2	1.0	1.10
	3	1.5	1.65
1.0t	1	1.0	1.10
	2	2.0	2.20
	3	3.0	3.30
1.5t	1	1.5	1.65
	2	3.0	3.30
2.0t	1	2.0	2.20
	2	4.0	4.40

 3. 图示托盘式货架的物品状态

图 6-2 为货物在托盘式货架上的堆积状态及其相关尺寸。图 6-3 为托盘式货架及其堆放方法实体。

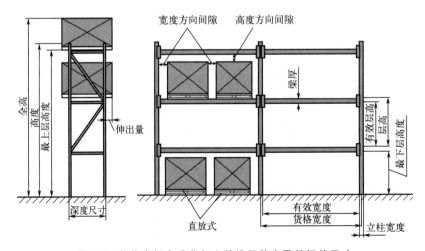

图 6-2　货物在托盘式货架上的堆积状态及其相关尺寸

图 6-3　托盘式货架及其堆放方法实体

 4. 图示托盘式货架主要尺寸

托盘式货架又称横梁式货架，或称货位式货架，广泛用于各种仓储货架系统，既适用于多品种小批量物品，又适用于少品种大批量物品。通常为重型货架，此类货架在高位仓库和超高位仓库中应用最多。图 6-4 为托盘式货架主要构件尺寸标注以及各尺寸名称意义。

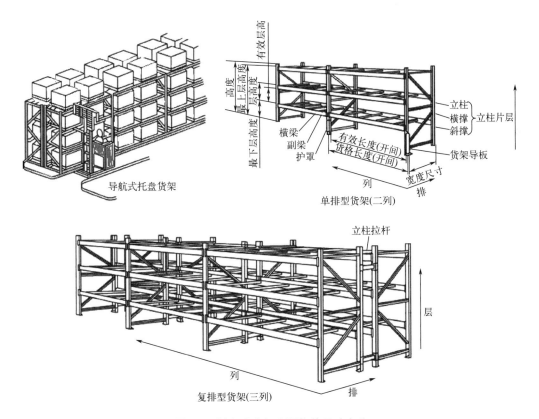

图 6-4　托盘式货架主要构件尺寸名称

图 6-5 为托盘式货架尺寸计算简例，由图可知：$W = 2W_1 + 300$，$H = H_1 + 300$，$H_2 > 100$，$a = b = c = 100$，$D = D_1 - (100 \sim 200)$，式中常数为实际经验数据。

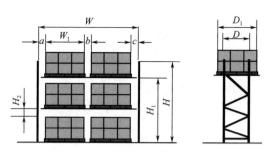

图 6-5　托盘式货架尺寸计算简例

 5. 何谓托盘式货架有效列距和有效层间距尺寸？

图 6-6 为托盘式货架有效列距和有效层间距，根据横梁高度可以确定图中 a、b、c 的尺寸。

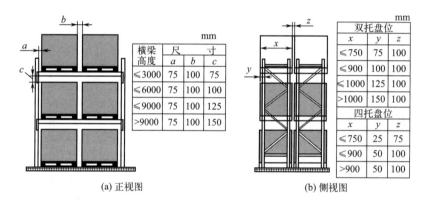

(a) 正视图	(b) 侧视图

图 6-6　托盘式货架有效列距和有效层间距

① 有效列距：

a. 当存放 1 个托盘时：如图 6-6（a）所示，托盘与立柱间的间隙应不小于 75mm，货架有效列距≥托盘宽度＋2×75mm。

b. 当存放 2 个托盘时：托盘与立柱间的间隙应不小于 75mm，托盘与托盘间的间隙应不小于 100mm［图 6-6（b）］，货架有效列距≥2×托盘宽度＋2×75mm＋100mm。

c. 当存放 3 个托盘时：托盘与立柱间的间隙应不小于 75mm，托盘与托盘间的间隙应不小于 100mm，货架有效列距≥3×托盘宽度＋2×75mm＋2×100mm。

② 有效层间距。有效层间距等于托盘单元货品高度加间隙［图 6-6（a）中 c 尺寸］。

③ 深度。货架的深度＝$x-2y$［图 6-6（b）所示］。

④ 允许差值。表 6-2 为货架主要尺寸的允差值。

表 6-2　货架主要尺寸允差值

项目	允差值/mm
有效列距	±5
深度	±3
最上层高度	±5

6. 货架上横梁与天花板的标准距离是多少？

图 6-7 为货架上横梁与天花板的标准距离。叉车最大高度将超过货架上层横梁的 200cm，叉车最大高度与天花板最少有 30cm 的间隙。为此，要求货架上横梁与天花板距离为 230cm 以上。

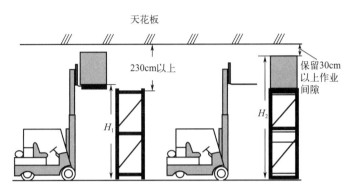

图 6-7　货架上横梁与天花板标准距离

H_1—叉车最大提升高度；H_2—可利用堆垛高度

 ## 7. 如何选择立柱片？

货架的承载能力取决于最下层货位的负荷能力。图 6-8（a）为托盘式货架装载图。例如，当最下层立柱承受荷重为 6000kg、最下层横梁高度为 1100mm 时，由图 6-8（b）中的 P 点可选择中量级立柱为宜。

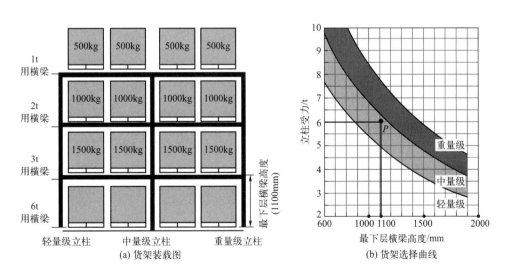

(a) 货架装载图　　　(b) 货架选择曲线

图 6-8　货架立柱选择图

8. 如何选择托盘式货架横梁？

利用图 6-9 托盘式货架横梁选择图表，可以高效方便地选择横梁断面尺寸。例如，3t 用的横梁，当开间尺寸为 2500mm 时，对应的横梁尺寸高度 $h=121$mm，宽度 $d=51$mm。

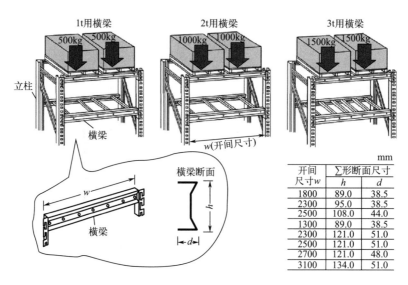

开间尺寸 w	$\sum$ 形断面尺寸	
	h	d
1800	89.0	38.5
2300	95.0	38.5
2500	108.0	44.0
1300	89.0	38.5
2300	121.0	51.0
2500	121.0	51.0
2700	121.0	48.0
3100	134.0	51.0

图 6-9　托盘式货架横梁选择图表

9. 何谓托盘式货架标准图？

图 6-10 为托盘式货架标准图，此图通用性强，只要根据托盘单元尺寸以及托盘与货架之间的相关间隙尺寸，在此基础上适当修改尺寸，便是满足不同托盘单元的货架设计图。图 6-11 为 1 排×3 列×2 层的托盘式货架设计示意图。

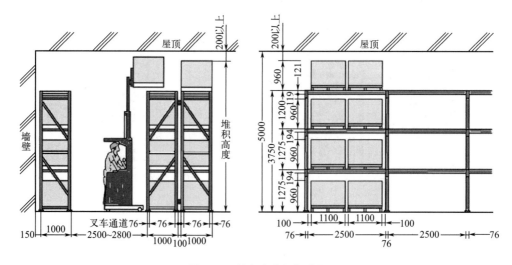

图 6-10　托盘式货架标准图

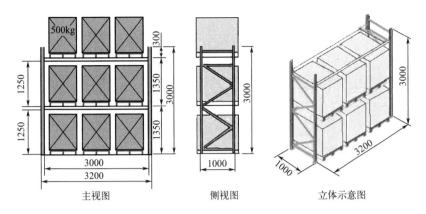

图 6-11　托盘式货架设计示意图（1 排 × 3 列 × 2 层）

10. 图示最上层梁安装位置与托盘、货架之间的间隙

图 6-12（a）为最上层梁安装位置，为保证叉车作业顺利进行，最上层梁安装位置必须保证图示尺寸。图 6-12（b）为托盘、货架之间的间隙尺寸关系，图中：$A = 10\text{cm}$，托盘单元之间的最小间隙；$B = 10\text{cm}$，托盘单元与货架立柱之间的最小间隙；$C = 10\text{cm}$，托盘单元与货架横梁之间的最小间隙；D 值为托盘单元与货架横梁之间的最小间隙，其值决定于叉车标准。采用平衡式叉车，$D = 10\text{cm}$；采用前后移动式叉车，$D = 40\text{cm}$，因其前叉高度 30cm，再加上 10cm 的必需间隙。

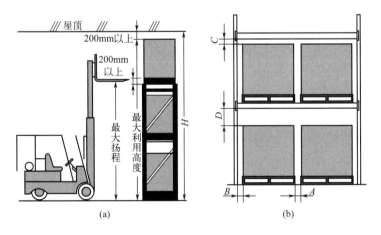

图 6-12　最上层梁安装位置与托盘、货架之间的间隙

11. 何谓托盘式货架的最佳布置方案？

托盘式货架最佳布置的原则是缩短拣货路程和时间，提高效率。图 6-13 为托盘式货架最佳布置方案之一，即货架长度方向垂直于货物处理场，进出货方便。

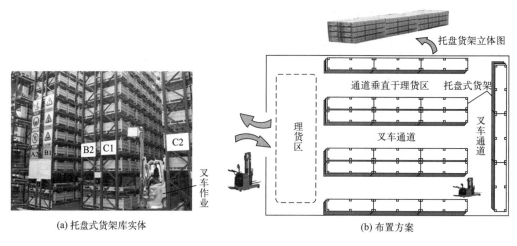

(a) 托盘式货架库实体　　　　　(b) 布置方案

图 6-13　托盘式货架最佳布置方案之一

 12. 如何计算托盘货架相关尺寸？

图 6-14 为托盘式货架，其相关尺寸计算方法如下：

① 开间宽度＝横梁长度＋立柱宽度（75mm）。

② 根据托盘尺寸，横梁尺寸有 2300mm、2500mm 和 2700mm 三种。

③ 横梁长度＝托盘宽度×托盘数＋100mm（托盘之间间隔）×间隔数。

④ 立柱宽度＝75mm（承载能力越大，立柱宽度也越大）。

⑤ 进深 ＝ 托盘宽度 － 100mm。例如托盘尺寸是 1100mm × 1100mm，则进深 ＝ 1000mm。

⑥ 货架长度＝横梁长度×开间数＋立柱宽度×3＝(1100mm×2＋100mm×3)×2＋75mm×3＝5225mm。

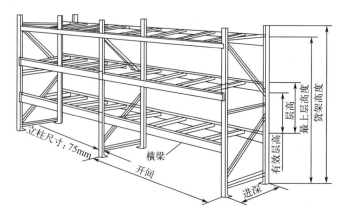

图 6-14　托盘式货架尺寸计算

13. 托盘式货架的每层装载质量与最多层数及最上层高度 H 有何对应关系？ ....

　　根据货架承载能力，托盘式货架有轻型、中型和重型之分。图 6-15 为三层（8t/货位）特重型托盘式货架。表 6-3 中，托盘式货架每层最大装载质量对应了货架的最多层数以及货架的最上层高度。

图 6-15　三层（8t/货位）特重型托盘式货架

表 6-3　货架每层装载质量与最多层数及最上层货架高度 H 的对应关系

质量/层	最多层数	最上层高度 H/m	质量/层	最多层数	最上层高度 H/m
2.5t/层	4	5.5	1.5t/层	5~6	6.0
2.0t/层	5~6	6.0	1.0t/层	6	6.0

 14. 如何计算货架之间的通道尺寸？ ....

　　图 6-16 所示托盘式货架之间的通道尺寸取决于托盘尺寸和叉车的规格型号。表 6-4 为叉车对应的托盘规格及通道宽度。

(a) 托盘式货架实体

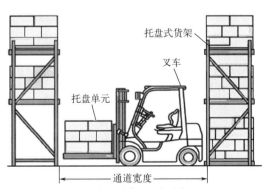

(b) 托盘式货架叉车通道

图 6-16　托盘式货架之间的通道尺寸

表 6-4　叉车对应的托盘规格及通道宽度

叉车	托盘尺寸/mm×mm	通道宽度/mm	叉车	托盘尺寸/mm×mm	通道宽度/mm
四轮平衡式叉车	1100×1100	3480	前后移动式叉车	1100×1100	2460
	1200×1100	3580		1200×1100	2735

 15. 如何计算托盘货架的大通道尺寸？

图 6-17 是托盘规格为 1.1m×1.1m 的托盘货架的叉车通道宽度。托盘货架之间必需的叉车通道宽度为 2.7m。四排货架的储存部分总宽度只有 4.55m，而两个叉车通道宽度却占 5.4m，空间利用率较低。图 6-18 为托盘式货架实体及布置方案。

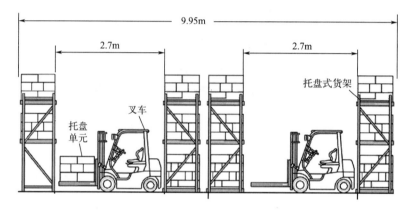

图 6-17　大托盘货架的叉车通道宽度

(a) 托盘式货架实体

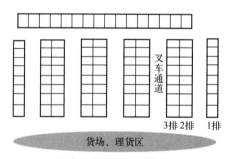

(b) 托盘式货架布置方案之一

图 6-18　托盘式货架实体及布置方案

 16. 如何计算最小通道宽度？

图 6-19 为托盘式货架叉车直角通道宽度。为了使叉车在托盘货架之间自由作业，必须满足最小的通道宽度。不同规格型号的叉车对应的货架直角通道宽度不同。

直角堆垛通道宽度是叉车进入工作场地后能否有足够空间作业的重要指标。通俗地讲就是叉车直行进入两排货架之间，然后旋转 90°后进行叉取货物时，两个货架之间的垂直距离。

理论上，直角堆垛通道宽度越小越好，可以节省货物的摆放空间，但实际上这个指标跟很多参数有关，计算值只作为参考。

直角堆垛通道宽度 K = 转弯半径 R + 前悬距 X + 货叉/托盘的长度 b + 安全间隙 a。一般取安全间隙为 20mm。

表 6-5 为不同型号的 1.5t 叉车（托盘尺寸 1.1m×1.1m）的货架通道宽度，由表可知发动机式叉车要求的通道宽度最大，伸缩式叉车要求的通道宽度最小。在设计货架通道宽度时必须按照叉车产品目录查找所需叉车规格尺寸和相应的通道宽度。

(a) 托盘式货架仓库实体

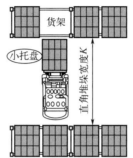
(b) 托盘式货架直角通道宽度

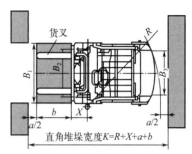
(c) 托盘式货架直角通道宽度简易计算仰视图

图 6-19　托盘式货架叉车直角通道宽度

表 6-5　不同叉车对应的货架通道宽度

叉车型号	发动机叉车	四轮配重电瓶车	三轮配重电瓶车	伸缩式电瓶车
通道宽度/m	3.7	3.5	3.3	2.7

 17. 托盘大小对通道宽度有何影响？

一般通道宽度是按照 1.1m×1.1m 的标准托盘来设计的。托盘规格尺寸增加通道宽度也随之增加。图 6-20 为托盘大小对通道大小的影响。表 6-6 为 1.5t 叉车的通道和托盘的对应关系。

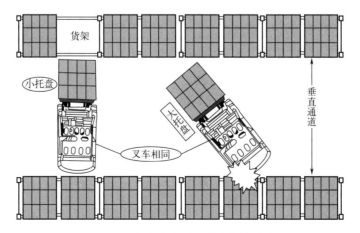
图 6-20　托盘大小对通道大小的影响

表 6-6　1.5t 叉车的通道和托盘的对应关系　　　　　　　　　　　mm

托盘尺寸 $L \times W/\text{mm} \times \text{mm}$	发动机叉车	电瓶车		
		四轮平衡式	三轮平衡式	伸缩式
1100×800	3660	3480	3300	2560
1100×900	3660	3480	3300	2585
1100×1100	3660	3480	3300	2645
1200×800	3760	3580	3400	2645
1200×1100	3760	3580	3430	2725
1300×1100	3860	3680	3520	2805

 18. 如何计算实际最小直角通道? ································

　　图 6-21 所示,叉车实际最小直角通道宽度与叉车和托盘的种类有关。一般情况是理论最小直角通道加 200mm 为实际最小直角通道。表 6-7 为 1.5t 叉车、托盘尺寸 1.1m×1.1m 时的通道宽度。

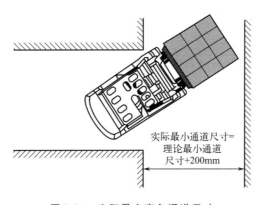

实际最小通道尺寸= 理论最小通道 尺寸+200mm

图 6-21　实际最小直角通道尺寸

表 6-7　各种叉车的通道宽度

车种	实际直角通道/mm	车种	实际直角通道/mm
发动机叉车	2060	三轮配重电瓶车	1980
四轮配重电瓶车	2020	伸缩式叉车	1840

 19. 试述托盘货架常用尺寸规格 ································

　　图 6-22 为部分托盘货架常用规格尺寸。根据托盘单元规格尺寸选择托盘货架标准尺寸,经济实惠。

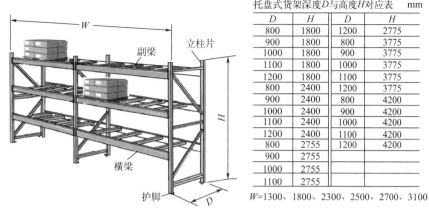

托盘式货架深度D与高度H对应表　mm

D	H	D	H
800	1800	1200	2775
900	1800	800	3775
1000	1800	900	3775
1100	1800	1000	3775
1200	1800	1100	3775
800	2400	1200	3775
900	2400	800	4200
1000	2400	900	4200
1100	2400	1000	4200
1200	2400	1100	4200
800	2755	1200	4200
900	2755		
1000	2755		
1100	2755		

W=1300、1800、2300、2500、2700、3100

图 6-22　部分托盘货架常用规格尺寸

20. 试说明国标 GB/T 27924—2011 中工业货架尺寸系列

图 6-23 为国标中的尺寸示意图，在工业货架设计和选型时，其底层高度 H_0、货格高度 H_1、货格净长度 L 可根据表 6-8 工业货架尺寸系列选择。

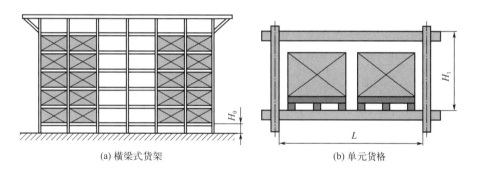

(a) 横梁式货架　　　　　　　　　　(b) 单元货格

图 6-23　托盘式货架尺寸示意图

表 6-8　工业货架尺寸系列

参数名称	符号	尺寸系列/mm
货架底层高度[①]	H_0	200、250、300、400、500、600、650、700、750、800
货格高度	H_1	50、75、100 的整倍数
货格净长度	L	1200、1300、1500、1700、1900、2100、2300、2500、2700、2900、3100

① 对于普通托盘货架、驶入式货架等货架类型，以下情况除外：

第一层为地面承载时；

第一层作为通道时。

21. 说明国标 GB/T 27924—2011 中工业货架立柱片尺寸系列

图 6-24 为工业货架立柱片尺寸示意图，其中，H 为立柱片高度，D 为立柱片深度，

H_2 为立柱片横斜撑间距，α 为斜撑倾斜角。在设计工业货架和选型时，按表 6-9 工业货架立柱片尺寸系列选择 H、D、H_2、α 等参数。

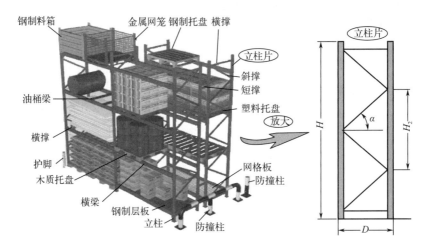

图 6-24　立柱片尺寸示意图

表 6-9　工业货架立柱片尺寸系列

参数名称	符号	尺寸系列/mm
立柱片高度	H	5250、6000、6750、7500、8250、9000、9750、10500、13000、15500
立柱片深度	D	800、900、1000、1100、1200、1300、1400
横斜撑间距	H_2	50、75、100 的整倍数
斜撑倾斜角	α	$22°\sim45°$

 22. 如何选择工业货架立柱尺寸？

图 6-25 为工业货架立柱尺寸示意图，其中，d 为立柱孔距，l_1 为立柱截面宽度，h_1 为立柱截面高度，δ_1 为立柱厚度。工业货架设计及选型时，应按表 6-10 立柱尺寸系列表选择。

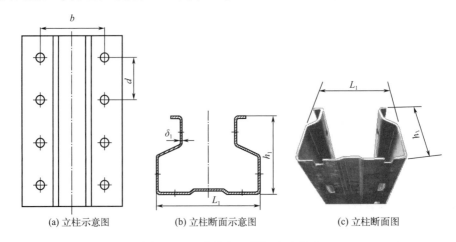

(a) 立柱示意图　　(b) 立柱断面示意图　　(c) 立柱断面图

图 6-25　工业货架立柱尺寸示意图

表 6-10　立柱尺寸系列表

参数名称	符号	尺寸系列/mm
立柱孔距	d	50、75、100
立柱截面宽度	l_1	55、80、90、100、120、140
立柱截面高度	h_1	60、70、80、90、100、120、135、150
立柱厚度	δ_1	1.5、1.8、2.0、2.5、3.5、4.0

 ### 23. 如何选择工业货架横梁尺寸？

工业货架横梁形式主要包括抱合梁、C 型梁等。图 6-26 横梁截面及其尺寸，其中，b_2 为横梁截面宽度、h 横梁截面高度、δ_2 为横梁截面厚度。工业货架设计和选择时，按表 6-11 尺寸系列选择。

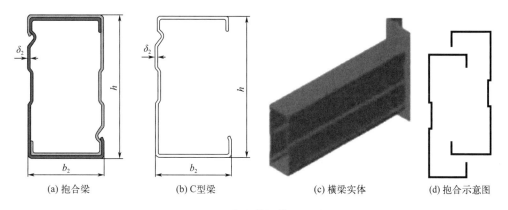

(a) 抱合梁　　　(b) C型梁　　　(c) 横梁实体　　　(d) 抱合示意图

图 6-26　工业货架横梁截面及其尺寸

表 6-11　梁截面尺寸系列

参数名称	符号	尺寸系列/mm
横梁截面宽度	b_2	40、45、50、55、60
横梁截面高度	h	80、90、100、110、120、130、140、160
横梁截面厚度	δ_2	1.5、1.8、2.0

 ### 24. 图示驶入式货架构件名称及基本设计模型

图 6-27 为驶入式货架构件名称及尺寸意义。驶入式货架叉车只能从一端进出实现存取物料。驶入式货架储存密度大，空间有效利用率达 90%，场地面积利用率可达 60%。在设计驶入式货架仓库时，要根据储存物品及标准托盘规格来确定货架结构和尺寸。这种货架存取性差，不易实现先进先出的储存原则。不宜太重太长物品的储存，适合于少品种大批量储存，最高可达 10m。

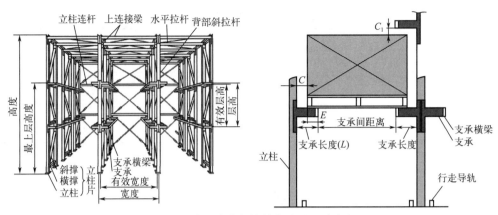

图 6-27　驶入式货架构件名称及尺寸意义

物品与悬臂之间的间隙 $C_1 \geqslant 150\mathrm{mm}$，托盘与立柱之间的间隙 $C \geqslant 80\mathrm{mm}$，托盘与悬臂之间的搭接长度 $E = C + 50\mathrm{mm}$，悬臂长度 $L = C + E$。例：$C = 80\mathrm{mm}$，$E = 130\mathrm{mm}$，则 $L = 80\mathrm{mm} + 130\mathrm{mm} = 210\mathrm{mm}$。图 6-28 为驶入式货架实体及叉车作业。

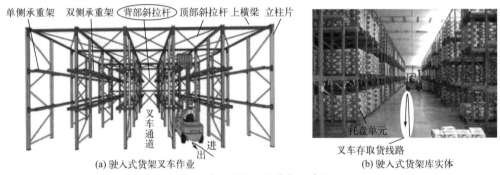

(a) 驶入式货架叉车作业　　　　　　　　(b) 驶入式货架库实体

图 6-28　驶入式货架实体与叉车作业

图 6-29 为驶入式货架设计基本模型。在设计驶入式货架时，只要根据托盘单元尺寸，在此基础上适当修改数据则为设计图形。

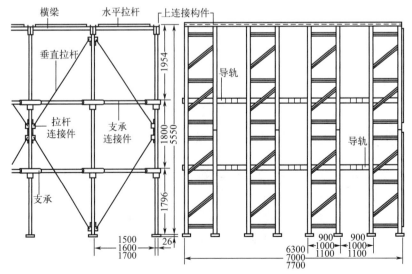

图 6-29　驶入式货架设计基本模型

25. 驶入式货架有几种布置方案？

图 6-30 为驶入式货架的几种布置方案。图 6-30（a）为先入后出式，适合于少品种大批量的储存频率不高的场合。图 6-30（b）为先入先出式，适合于少品种大批量储存的作业频率较高的场合。图 6-30（c）为选取式，通道占有率 56.2%，地面利用率较低，可容纳 64 个托盘单元。图 6-30（d）为驶入式，通道占有率 25%，可容纳 144 个托盘单元。

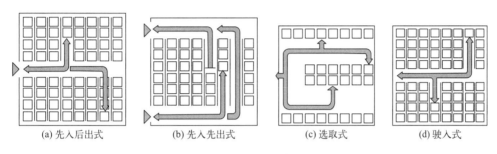

（a）先入后出式 　　（b）先入先出式 　　（c）选取式 　　（d）驶入式

图 6-30　驶入式货架布置方案

 26. 何谓驶出式货架？

用于保管托盘单元的驶出式货架又叫贯通式货架，具有叉车能够通过全货架的通道。图 6-31 为驶出式货架基本构成，与驶入式货架不同，没有背部拉杆封闭，通道贯通始末。通道两端均可存取物品，可实现先进先出管理。特点：空间利用率可达 85%；适用于一般叉车存取；高度受限，一般在 6m 以下。图 6-32 为驶出式货架仓库实体，图 6-33 为驶出式货架仓库作业中。

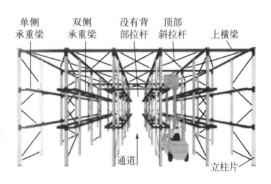

图 6-31　驶出式货架基本构成

驶出式货架又叫贯通式货架，用于保管装载单元并具有叉式升降车通过全货架的通道，操作者乘叉式升降车行驶于通道中存取货物。

图 6-32　驶出式货架仓库实体

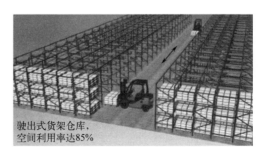

图 6-33　驶出式货架仓库作业中

27. 何谓后推式货架？

多层托盘移动小车重叠相接，从外侧将托盘单元置于小车上推入，后储存的托盘单元会将原先托盘单元推往里面。小车跨于倾斜轨道上，当外侧货物被取走时，里面的小车会自动向前滑动。

图 6-34 为后推式货架作业过程，即叉车按 1、2、3、4 顺序把托盘单元存入货架移动小车；反之，按 4、3、2、1 顺序拣货。由于货架滑轨向前方倾斜，托盘单元自动滑向叉车侧，以待拣取。

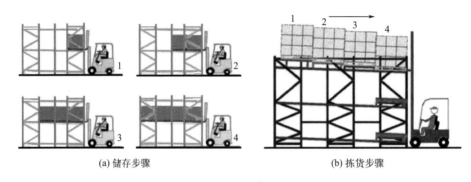

(a) 储存步骤   (b) 拣货步骤

图 6-34　后推式货架作业过程

这种货架特点：存密度高；比一般托盘货架节省 1/3 空间，增加了储位；适用于一般叉车存取；适用于少品种大批量物品的储存；托盘单元自动滑向叉车侧；不宜太重物品的储存；不能实现"先进先出"的存取原则。

图 6-35 为后推式货架构成及其移动小车展合状态。图 6-36 为后推式货架拣货作业，图 6-37 为后推式货架仓库实体。

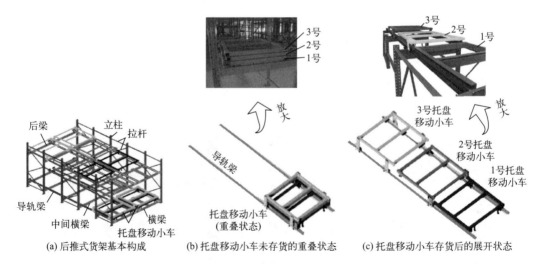

(a) 后推式货架基本构成   (b) 托盘移动小车未存货的重叠状态   (c) 托盘移动小车存货后的展开状态

图 6-35　后推式货架构成及其移动小车展合状态

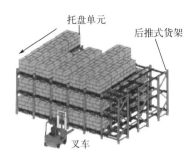

图 6-36　后推式货架拣货作业

图 6-37　后推式货架仓库实体

 28. 图示流利式货架的基本结构、构件名称及其尺寸标注

流利式货架每层设计有辊子输送装置，根据动力或物品自重能够自动流向出口。按照载荷大小，流利式货架有托盘式和容器之分。物品从货架一侧的通道存入，由另一侧通道取出。物品在辊道上，辊道向取货方向倾斜一定角度。由于物品自重分力使其向出口方向自动下滑。

图 6-38 为流利式货架的基本结构组成。主要由立柱片、横梁、水平拉杆、斜拉杆、导向导轨、滑道、辊道、限位装置、导向护板等构成。

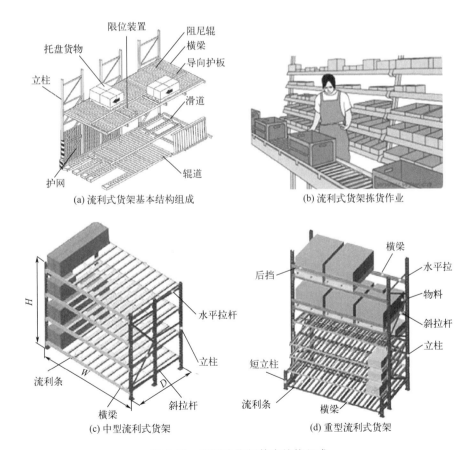

(a) 流利式货架基本结构组成

(b) 流利式货架拣货作业

(c) 中型流利式货架

(d) 重型流利式货架

图 6-38　流利式货架基本结构组成

流利式货架广泛应用于制造业，商业，物流配送中心，装配车间以及出货频率较高的仓库。流利式货架采用辊轮铝合金、钣金等流利条，利用台架自重实现先进先出，存储方便，适用于装配线两侧配送中心等场所。图 6-39 为流利式货架实体及其物料在流利条上移动原理。

流利式货架特点：

① 用于大量储存和短时发货的物品；

② 满足先进先出物流原则；

③ 用于少批量多品种的拣取作业，安装快，易搬动；

④ 流利式货架的储存空间比一般托盘货架的储存空间多 50％左右；

⑤ 拣货取方便，可安装显示器，可实现计算机辅助拣货作业；

⑥ 空间利用率可达到 85％；

⑦ 用于一般叉车作业；

⑧ 高度一般在 6m 以下；

⑨ 承载能力一般是每层 300kg，一列最多承载 2t。

(a) 流利式货架实体

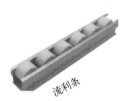

(b) 物料移动原理

图 6-39　流利式货架实体及物料移动原理

图 6-40 所示流利式货架及流利条。图 6-41 为流利式货架存取作业。物品从货架一侧的通道存入，由另一侧通道取出。物品在流利条上，流利条向取货方向倾斜角度一般为 33.2/1000，由于物品自重分力使其向出口方向自动下滑。图 6-42 为流利式货架应用。

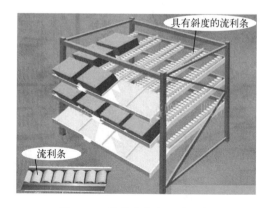

图 6-40　流利式货架及流利条

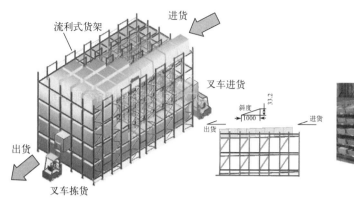

图 6-41　流利式货架存取作业　　　　图 6-42　流利式货架应用

 29. 何谓流动式货架？

　　流动式货架依其负载可分为托盘用和容器用两种。物料放在辊轮上并从一端存入，由另一端取出。货架朝出口方向往下稍微倾斜 3°～5°，利用重力分力使物料朝出口方向滑动到出口。储存密度大，成本较高，以托盘流动式货架而言，适合少品种大批量高频度的应用。箱式流动货架，适合少量多品种的拣货作业。流动式货架最适合大量物品的短期存放和拣选，广泛应用于配送中心、装配车间以及出货频率较高的仓库。可实现先进先出，并可实现一次补货，多次拣货。图 6-43 为流动式货架。

(a) 流动式货架实体

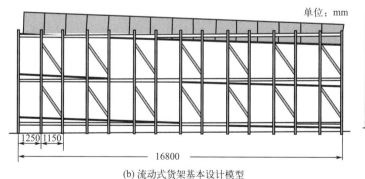

(b) 流动式货架基本设计模型

图 6-43　流动式货架

 30. 何谓重力式货架？

　　重力式货架又叫自重力货架，属于重型货架，是由托盘式货架演变而来的，适用于少品种大批量同类货物的存储，空间利用率高，重力式货架深度及层数可按需要而定。

重力式货架又叫辊道式货架，属于仓储货架中的托盘类存储货架。重力式货架是横梁式货架的衍生品之一，货架结构与横梁式货架相似，只是在横梁上安上滚筒式轨道，全套轨道呈 3°~5° 倾斜。托盘单元用叉车搬运至货架进货口，利用自重分力，托盘单元从进口自动滑至另一端的取货口。重力式货架属于先进先出的存储方式。图 6-44 为重力式货架基本构成。图 6-45 为重力式货架构件名称及标注方法。表 6-12 为重力式货架常用规格参数。

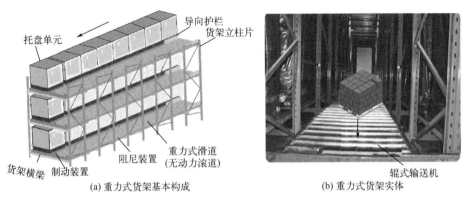

(a) 重力式货架基本构成 　　　　(b) 重力式货架实体

图 6-44　重力式货架基本构成

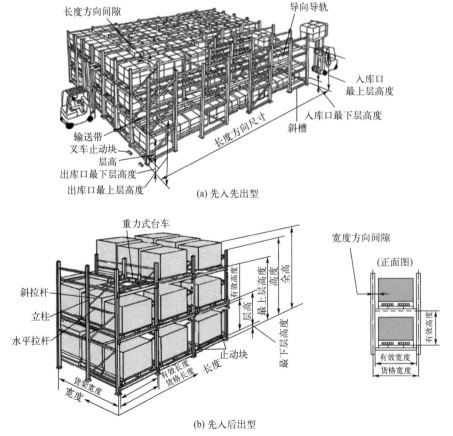

(a) 先入先出型

(b) 先入后出型

图 6-45　重力式货架构件名称及标注方法

表 6-12　重力式货架常用规格参数

参数	轻负载		标准负载			托盘	
	人力	机构辅助	人力	机构辅助	电动	标准	超重
搬运能力/kg	1000	1000	1500	1500	1000	6000	12000
最小、最大搬运长度/m	1、3	1、5	1、5	1、10	1、20	1、30	1、60
最小、最大搬运宽度/m	45、90	45、90	45、120	45、120	45、120	45、120	90、360

 31. 何谓移动式货架？

　　移动式货架是在轨道上移动的货架，在货架底部支承着货架的车轮与导轨啮合，在手动或者电机驱动下，货架随车轮而移动。

　　在直线上移动的货架有手动和电动两种。电动式货架，通过货架底部的电机驱动装置，可在水平直线导轨上移动。一般设有控制装置和开关，在 30s 内使货架移动，叉车可进入通道存取货物。为了防止货架移动伤人，安装了防止进入通道的传感器，一旦人员进入通道货架自动停止移动。图 6-46 为移动式货架原理、术语及实体。

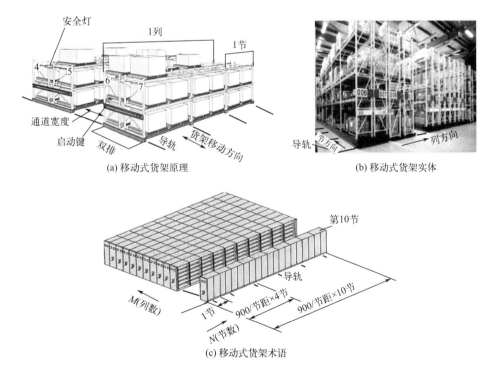

图 6-46　移动式货架原理、术语及实体

　　移动式货架特点是：

　　① 比固定式货架储存量大、节省空间；适合少品种大批量低频率保管；地面使用率达 80%；不受先进先出原则的限制；高度可达 12m，单位面积的储存量可达托盘式货架的 2 倍左右。

② 移动式货架节约空间和经费。移动货架占用空间小，其保管效率是托盘货架的 2 倍以上。移动货架有轨道式和非轨道式两种。轨道式最多可达到 15 列、控制 62 台。非轨道式最多可达到 6 列、控制 20 台。

32. 何谓电动式移动货架？

电动式移动货架就是由电机驱动的货架。与普通货架相比，增加了底部的移动台车，台车结构简单，零部件较少，操作和维护方便。当不作业时，移动各列停靠一起，提高货架整体抗震性和稳定性。目前来说，电动式移动货架的台车轨道类型有无轨式（需要铺设磁条导向，适用于轻载）及有轨式（需要进行土建预埋轨道，适用于重载）。

（1）特点及应用

电动式移动货架又称电动密集库，其特点是：方便省力、节约空间、存储密度大、安全性好、抗震性强，适合于小零部件和托盘装载单元的保管。适用于 3～8m 高的库房，可配合叉车使用。

（2）电动密集库特点

电动密集库可通过上位机管理，进行计算机联网操作，同时增设了红外保护装置及密码锁定机构，保证操作人员和库内物品的安全，优化库房管理。采用电动密集库作为库房存储设备是中小库房设备的最佳选择。

图 6-47 为电动式移动货架及其构件名称。这种货架具有变频控制功能，可控制驱动和停止时的速度，以防止货架上的物品抖动、倾斜或倾倒。在其适当位置还安装有定位用的光电传感器和可刹车的齿轮电机，提高了定位精度。图 6-48 为电动式移动货架行走台车结构示意图，自动移载车托着货架在固定轨道移动到指定位置。

图 6-49 为电动式移动货架基本设计模型，可供设计者设计参考。图 6-50 为电动式移动货架实体中的列与节方向特点。图 6-51 为电动式移动货架实体。图 6-52 为大型电动式移动货架自动仓库实体。

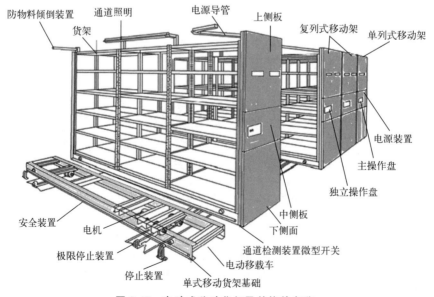

图 6-47 电动式移动货架及其构件名称

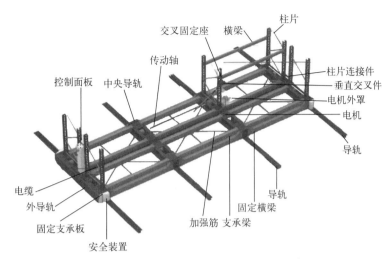

图 6-48 电动式移动货架行走台车结构示意图

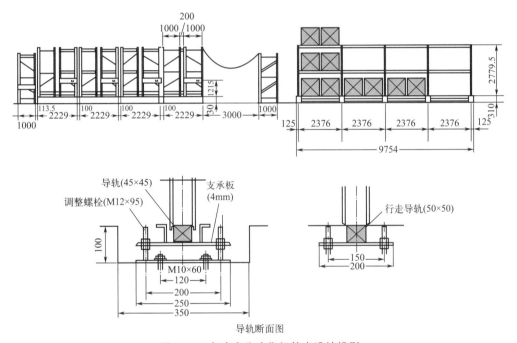

图 6-49 电动式移动货架基本设计模型

图 6-50 电动式移动货架实体中的列与节方向特点

图 6-51　电动式移动货架实体（南京音飞）　　图 6-52　大型电动式移动货架自动仓库实体

33. 何谓曲柄手动式移动货架？

图 6-53、图 6-54 为手动式移动货架及其导轨系统示意图。表 6-13 为手动式移动货架标准规格，可供设计选择。图 6-55 为曲柄式移动货架实体图。图 6-56 为一般曲柄手动式移动货架的基本设计模型尺寸，这是宽度分别为 900mm、1200mm、1800mm 的 4 列 4 排的标准移动式货架。

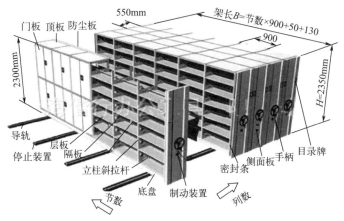

(a) 手动式移动货架基本构件名称　　　　　　　　(b) 手动式移动货架实体

图 6-53　手动式移动货架

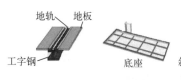

图 6-54　导轨系统示意图

表 6-13　手动式移动货架规格

规格	轻负载		标准负载			托盘	
	人力	机构辅助	人力	机构辅助	电动	标准	超重
搬运能力/kg	1000	1000	1500	1500	1000	6000	12000
最小、最大搬运长度/m	1、3	1、5	1、5	1、10	1、20	1、30	1、60
最小、最大搬运宽度/m	45、90	45、90	45、120	45、120	45、120	45、120	90、360

手柄

图 6-55　曲柄式移动货架实体

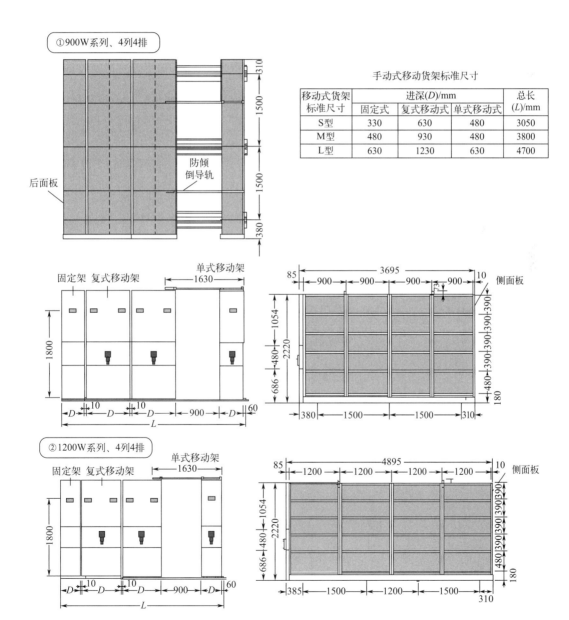

手动式移动货架标准尺寸

移动式货架标准尺寸	进深(D)/mm			总长(L)/mm
	固定式	复式移动式	单式移动式	
S型	330	630	480	3050
M型	480	930	480	3800
L型	630	1230	630	4700

图 6-56

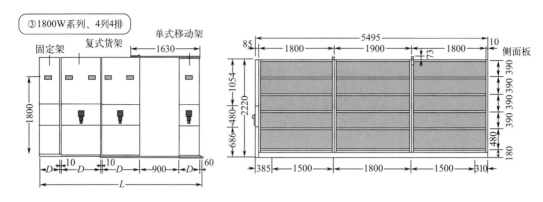

图 6-56　常用曲柄手动式移动货架基本设计模型尺寸

 34. 试说明悬臂式货架构件名称、常用规格种类及其设计计算

图 6-57 为悬臂式货架。悬臂式货架适用于存放钢管、型钢、长形物、环形物、板材以及不规则物品。一般高度在 6m 以下为宜。

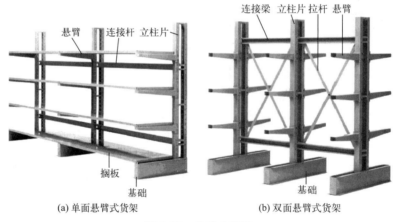

(a) 单面悬臂式货架　　　　　　　(b) 双面悬臂式货架

图 6-57　悬臂式货架

悬臂式货架是在立柱上装设悬臂来构成的，悬臂有固定式和移动式 2 种。悬臂有单面和双面之分。悬臂式货架具有结构稳定、载重能力好、空间利用率高等特点。悬臂式货架立柱多采用 H 型钢或冷轧型钢，悬臂采用方管、冷轧型钢或 H 型钢，悬臂与立柱间采用插接式或螺栓连接式，底座与立柱间采用螺栓连接式，底座采用冷轧型钢或 H 型钢。货物存取由叉车、行车或人工进行。货架高度通常在 2.5m 以内（如由叉车存取货则可高达 6m），悬臂长度在 1.5m 以内，每臂载重通常在 1000kg 以内。此类货架多用于机械制造行业和建材超市等。加了搁板后，特别适合空间小，高度低的库房，管理方便，视野宽阔，与普通搁板式货架相比，利用率更高；根据承载能力可分为轻量型、中量型、重量型三种。

图 6-58 为悬臂式货架基本构件及实体。图 6-59 为悬臂式货架设计示意图。表 6-14 为悬臂式货架按照载荷分类的基本构件。图 6-60 为悬臂式货架悬臂的标准规格尺寸。

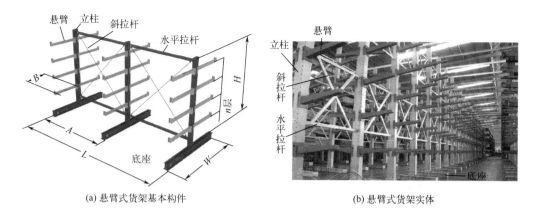

(a) 悬臂式货架基本构件

(b) 悬臂式货架实体

图 6-58　悬臂式货架基本构件及实体

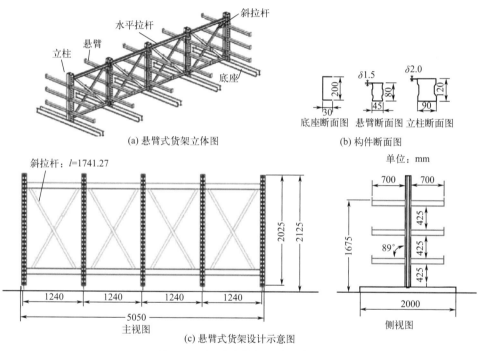

(a) 悬臂式货架立体图

(b) 构件断面图

(c) 悬臂式货架设计示意图

图 6-59　悬臂式货架设计示意图

表 6-14　悬臂式货架按照载荷分类的基本构件

构件		轻型悬臂 $Q \times B$	中型悬臂 $M \times B$	重型悬臂 $Z \times B$	超重悬臂 $Z_C \times B$
立柱片	立柱	50 × 100 节距：100	60 × 200 节距：100	90 × 300 节距：100、140	热轧 H 型钢 HN300×150 HN250×125
	底座	125	200	300　200　200	
连接杆		50×30 矩管	50×30 矩管	50×30 矩管	60 × 40 矩管

续表

构件	轻型悬臂 $Q \times B$	中型悬臂 $M \times B$	重型悬臂 $Z \times B$	超重悬臂 $Z_C \times B$
背拉	无	3 号角钢	3 号角钢	5 号角钢
托臂根部截面图	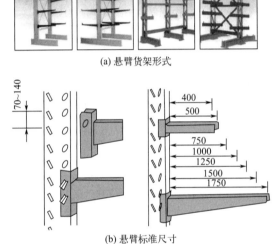		$H=130$、150 180、210	
悬臂货架托臂与立柱的连接方式				

(a) 悬臂货架形式

(b) 悬臂标准尺寸

悬臂规格 $L \times H$/mm×mm	单臂承重 /kg	悬臂规格 $L \times H$/mm×mm	单臂承重 /kg
400×60	500	1000×135	1000
500×60	400	1250×100	500
500×75	750	1250×155	1000
600×70	350	1500×110	500
600×100	1000	1500×180	1000
750×70	500	1750×160	500
750×110	1000	1750×200	1000
1000×90	500		

(c) 悬臂承重与规格尺寸

图 6-60　悬臂式货架悬臂标准规格尺寸

35. 何谓阁楼式货架？

阁楼式货架系统，通常利用中型搁板式货架或重型搁板式货架作为主体支承并加上楼层面板，楼面板通常选用冷轧型钢楼板、花纹钢楼板或钢格栅楼板。

阁楼式货架系统是在已有的工作场地或货架上建一个中间阁楼，以增加存储空间，可做二、三层阁楼，宜存取一些轻泡及中小件货物，适于多品种大批量或多品种小批量货物，人工存取货物。

阁楼式货架种类较多，主要有平台式和两层式两种。图 6-61 为平台式阁楼货架，其中，(a) 为顶层安装货架，(b) 是顶层下面安装货架，(c) 是地面作平置库。在厂房地板面积有限的情况下，进行立体规划，有效利用空间。设计时利用钢梁和金属板把原有储区按楼层分隔，每个楼层可存放不同种类的货架。

图 6-62 为大型阁楼式货架仓库。图 6-63 为平台式阁楼货架实体。图 6-64 为平台式阁楼货架实体与效果图。图 6-65 为两层平台式阁楼货架。

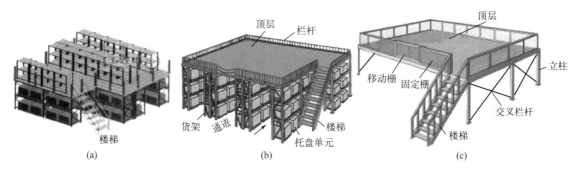

图 6-61　平台式阁楼货架基本类型

图 6-62　大型阁楼式货架仓库

图 6-63　平台式阁楼货架实体

(a) 平台式阁楼货架库实体

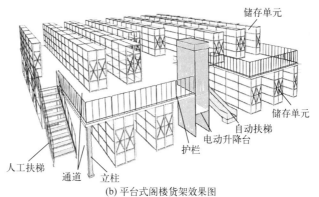

(b) 平台式阁楼货架效果图

图 6-64　平台式阁楼货架实体与效果图

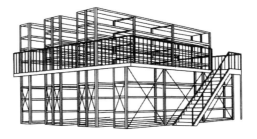

图 6-65　两层平台式阁楼货架（南京音飞）

阁楼货架有中型和重型之分。

中型阁楼货架基础结构采用中型货架立柱。货架楼板采用阁楼货架专用楼板，楼板采用互扣式结构。在楼板下面架设支承梁。中型阁楼货架立柱的规格是 55mm×55mm×1.5mm 专用货架立柱型材。采用优质带钢经开平、自动轧机轧制、冲床冲孔，再根据客户指定高度切断而成。立柱托架、连接横梁片采用优质冷板折弯、冲孔而成。

重型阁楼货架立柱的规格是 80mm×60mm×2.0mm 专用重型货架立柱型材。横梁采用冷轧 P 型闭口梁，有 50mm×30mm、64mm×40mm、80mm×50mm 三种规格，是一种冷弯行业专为货架生产的标准产品。购回后根据客户尺寸下料，焊接货架连接专用柱抓，打磨就可以形成半成品了。

图 6-66 为阁楼式货架设计参考，记录了可供设计参考的常用阁楼式货架的基本图形和标准尺寸标注方法，具有重要参考意义。

阁楼货架的特点：①阁楼货架可以提升货架高度，充分利用仓储高度，更好地利用仓储空间。②阁楼货架楼面铺设货架专用楼板，与花纹钢板或钢格栅相比层载能力强、整体性好、层载均匀、表面平整、易锁定等特点。③阁楼货架充分考虑人性化物流，设计美观，结构大方。安装、拆卸方便，可根据实地情况灵活设计。④阁楼货架适合存储多种类型物品。

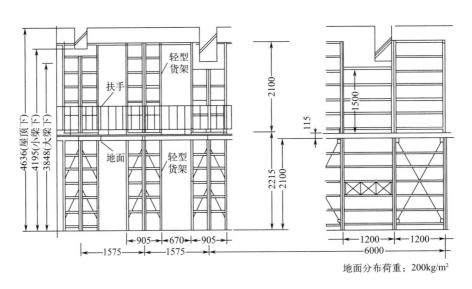

图 6-66　阁楼式货架设计参考（南京音飞）

第 2 节　货架力学试验

 1. 货架试验时对强度、刚度和稳定性有什么要求？

(1) 在垂直载荷作用下的强度要求

在 1.5 倍额定载荷下，悬臂梁以及悬臂梁连接杆等不得产生裂纹和永久变形。

在 1.5 倍额定载荷下，柱片不得发生永久变形。

(2) 在水平载荷作用下的刚度、稳定性要求

水平载荷的作用点在各层悬臂梁和立柱的连结点，作用方向与立柱垂直且沿列口方向和深度方向，作用力的大小分别等于货架自重和额定载荷之和，乘以装载率和水平震度系数值。一般装载率定为 0.8，水平震度系数（当 7 级地震烈度时）定为 0.1。

各层悬臂梁和立柱的连结点上的位移，沿列口方向上应小于各横梁间隔的 1/50，沿深度方向上应小于各横梁间隔的 1/100。

 2. 如何进行垂直载荷下的强度试验？

在垂直载荷下，对货架立柱和悬臂梁连接部的强度试验方法图 6-67 所示。加 1.5 倍最大载荷，检查连接部有无异常，并进行强度计算。

 3. 如何进行水平载荷下的刚度试验？

将实际列数、层数、深度数的贯通式货架安置在平整坚实的地面，施加垂直载荷和水平载荷，图 6-68 为在贯通式货架上加载垂直载荷和水平载荷时，检测货架水平位移量。

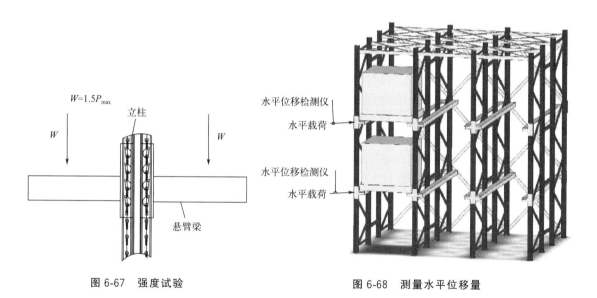

图 6-67　强度试验

图 6-68　测量水平位移量

 4. 如何进行垂直载荷下的横梁挠度检测？

将货架固定在耐压的水平地面上或试验台上，货架的间距、深度、层高等应与所用的托盘单元尺寸相匹配，然后进行以下试验。

如果是单排货架时，就以单排货架进行试验。

图 6-69 为简支托盘横梁试验装置示意图，即在 1 个列口装载 1 个托盘单元时，从端部开始，以 1/4、1/2、1/4 的间隔，使用 2 个集中力 4 分点法加载。如图 6-70 所示，当在 1

个列口装载 2 个托盘时，从端部开始，以 1/8、1/4、1/4、1/4、1/8 的间隔，使用 4 个集中力 8 分点法加载，加载时间为 24h。

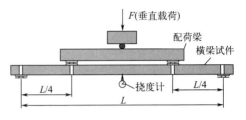

图 6-69　简支托盘横梁试验装置示意图

此外，托盘间的间隙、托盘和立柱侧壁间的间隙分别为 100mm 和 75mm。

① 在任意 1 层的横梁片上加以最大载重量，测定横梁片前后横梁的挠度，取平均值。然后进行二次试验。二次试验误差小于 10% 时，取二次的平均值。若二次试验误差大于 10% 时，进行第三次，取其平均值。

② 在任意 1 层横梁片上加以 1.5 倍的额定载重量，检查立柱以及各构件的结合部是否有异常发生，然后撤销载荷，各构件不得产生永久变形。

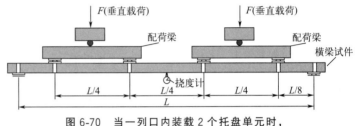

图 6-70　当一列口内装载 2 个托盘单元时，
在垂直载荷下的横梁挠度检测

③ 在各横梁片上分别加以 1.5 倍的额定载重量，然后撤销载荷，柱片不得产生永久变形。

最大弯曲应力 M_{max} 计算如下：

$$M_{max} = \frac{1}{8} F_{max} L$$

 ## 5. 如何进行水平载荷下的立柱和横梁结点的位移检测？

首先，将实际列数、层数、深度数的托盘货架固定在充分耐压的水平地面上或试验台上，在各层横梁片上加以额定载重量。然后，对其加载水平载荷，水平载荷的作用点即加载点，是在各层横梁片和立柱的结合点。水平载荷的加载方向，应与货架成直角、分别延列口方向和深度方向；水平载荷的大小按规定水平载荷加载，如图 6-71 所示。在施加力时，应在没有任何冲击的情况下进行。

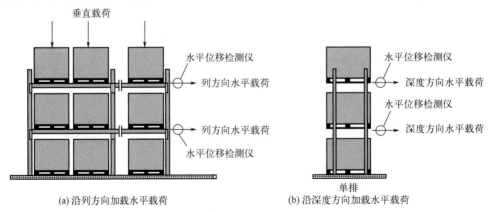

(a) 沿列方向加载水平载荷　　　(b) 沿深度方向加载水平载荷

图 6-71　在各横梁片和立柱的结合处，在水平载荷下测量水平位移

6. 如何进行托盘横梁门架试验？ ....

　　试验的横梁竖向框架的连接与实际货架相同。框架柱脚底板平放在混凝土地面上，不加锚栓。每组 3 个试件，采用 4 集中力 8 分点加载。用托盘加载时，为减少摩擦影响，托盘与横梁接触面采用直径＞30mm 的辊轴传力。图 6-72 为门架试验装置示意图。

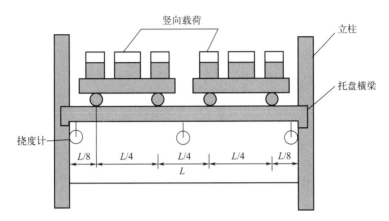

图 6-72　门架试验装置示意图

 7. 如何测试货架立柱及横梁转动刚性？ ....

　　图 6-73 为货架立柱及横梁转动刚性试验装置示意图。图中，除了必要的仪表外，在托盘横梁端部的上、下处设置应变片，用于测量受力后的最大应变之用。

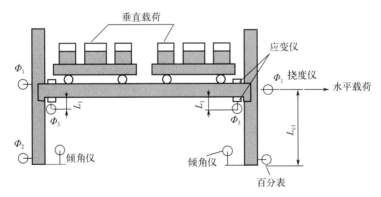

图 6-73　货架立柱及横梁转动刚性试验装置示意图

　　受力后的梁与立柱的节点处的平均侧向位移 u 和平均转角 θ 计算如下：

$$u = A_1 - A_2$$

$$\theta = A_3 / L_1$$

式中　A_1，A_2，A_3——各百分表相对于零载荷的读数增量的平均值；

　　　　L_1——百分表 Φ_3 距托盘横梁下缘的垂直距离。

相应于各级试验载荷的托盘横梁端部的平均弯矩 M 计算如下：

$$M = E\varepsilon W$$

式中　E——托盘横梁钢材的弹性模量；

ε——由电阻应变片测得的梁端上、下缘中的最大平均应变；

W——托盘横梁相应于最大应变处的截面抵抗矩。

相应于各级载荷的梁和立柱的节点的弹性常数 F_b 计算如下：

$$F_b = \frac{M}{\theta}\eta$$

式中　M——梁和立柱节点出的平均弯矩；

θ——梁和立柱节点出的平均相对转角；

η——实验值的离散性系数，一般取 $\eta = 2/3$。

相对于各级载荷的柱脚底板转动刚度 F_f 计算如下：

$$F_f = \frac{F_b u + L_{c1} H - M}{\theta_f}\eta$$

式中　F_b——每一个框架所承受的垂直载荷的平均值；

u——每一个梁和立柱的节点处的平均侧移；

L_{c1}——地面到相邻横梁之间的垂直距离；

H——每一个梁和立柱节点处水平载荷的平均值；

θ_f——柱脚平均转角。

第 3 节　自动化仓库货架设计计算

 1. 标准的 T-1000 型托盘式自动化仓库有几种？

图 6-74 为自动化仓库实体图。为了降低生产成本、提高生产率和经济效益，缩短自动仓库建设周期，对自动化仓库货架进行标准化和规格化具有重要意义。用户可以根据货态尺寸、托盘单元数量等实际条件，选择相应的标准自动化仓库，并增加一定的排数、列数，就能够满足实际储存需要的自动化仓库。表 6-15 为常用的标准 T-1000 型托盘式自动化仓库货架高度及货态尺寸。

图 6-74　自动化仓库实体图（南京音飞）

表 6-15　常用的标准 T-1000 型托盘式自动化仓库

类型	货态尺寸（含托盘） 长×宽×高/mm×mm×mm	排×层×列＝货位数	货架尺寸 宽×高×长/mm×mm×mm
A	1100×1100×850	2×5×10＝100	3740×6220×17300

续表

类型	货态尺寸（含托盘） 长×宽×高/mm×mm×mm	排×层×列＝货位数	货架尺寸 宽×高×长/mm×mm×mm
B	1100×1100×1100	2×6×13＝156	3740×8995×21200
C	1100×1100×1200	2×8×16＝256	3740×12682×25450
D	1100×1100×1300	2×9×20＝360	3740×15082×30650

 2. 试述托盘单元参数及货架参数

如图 6-75 所示，托盘单元重量 $W = 10000N$，含托盘尺寸的货态尺寸：长×宽×高＝ 1100mm×1100mm×1200mm。仓库容量：排×层×列＝2×8×16＝256（货位）。货架尺寸：宽×高×长＝3740mm×12682mm×25450mm。

一般货架立柱使用标准方型钢管，断面特性中的代号 I 是其断面矩，Z 是断面系数，R 是惯性半径。

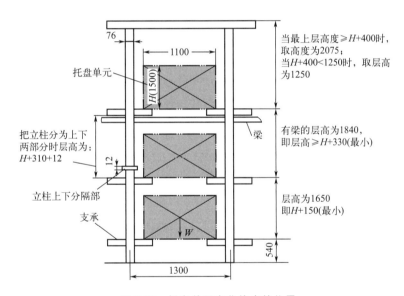

图 6-75　托盘单元在货格中的位置

 3. 如何计算货架强度？

（1）一排一列货架的重量

表 6-16 为一排一列的货架总重量，包括立柱重量和装载单元重量。

表 6-16　一排一列货架总重量

层数	重量/N		
	立柱	载荷	合计 P
8	4080	80000	84080

（2）立柱断面特性

立柱断面特性（表 6-17）代表立柱刚度和强度，在货架力学计算中将要用到这些特性数据。立柱和相关构件的断面性形状和尺寸如图 6-76 所示。

表 6-17　立柱断面特性

构件	形式	厚板 t/mm	面积 A/cm²	惯性矩/cm⁴		断面系数/cm³		惯性半径/cm	
				I_x	I_y	Z_x	Z_y	K_x	K_y
立柱	图 6-76（a）	2.7	5.44	64.7	38.2	17	9.75	3.45	2.65
	图 6-76（a）	3.4	6.77	79.7	47.7	20.9	12.2	3.41	2.61
	图 6-76（b）	见图 6-76（b）	11.8	125.9	139.1	33.1	22.5	3.27	3.43
横斜拉杆	图 6-76（c）	2.7	2.77	6.77	6.85	3.56	2.03	1.56	1.57

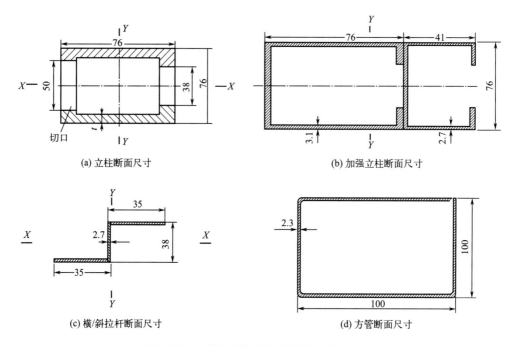

（a）立柱断面尺寸　　　　　　　　　　（b）加强立柱断面尺寸

（c）横/斜拉杆断面尺寸　　　　　　　　（d）方管断面尺寸

图 6-76　立柱和相关构件的断面尺寸（mm）

当立柱断面形状为方管［图 6-76（d）］时，其断面特性如表 6-18 所示。

表 6-18　方管的断面特性

构件	厚板 t/mm	面积 A/cm²	惯性矩/cm⁴		断面系数/cm³		惯性半径/cm	
			I_x	I_y	Z_x	Z_y	K_x	K_y
立柱	2.3	8.85	140	140	27.9	27.9	3.79	3.79
横斜拉杆	2.3	2.92					1.43	1.43

（3）耐震强度计算

表 6-19 为地震时货架高度 H 和水平加速度 G 的对应关系。表 6-20 为地震水平加速度产生的列和排方向的水平力。货架排和列方向的受力图如图 6-77 所示。

表 6-19　地震时货架高度 H 和水平加速度 G 的对应关系

货架高度/m	水平加速度 G
$H \leqslant 10$	$0.1G$
$H = 10 \sim 15$	$[0.1 + 0.02(H-10)]\,G$
$H \geqslant 16$	$0.2G$

表 6-20　列和排方向的水平力

类型	货架层数	货架高度/mm	最下面立柱断面形式	每根立柱净载荷 $P_1 = P/2/N$	地震时的计算结果				
					水平加速度 G	G 引起的排方向轴向力 P_2/N	应力 σ_c/Pa	G 引起的列方向轴向力 P_3/N	应力 σ'_c/Pa
C	8	12682	b	42040	0.15	48940	8.25×10^7	40080	9.95×10^7

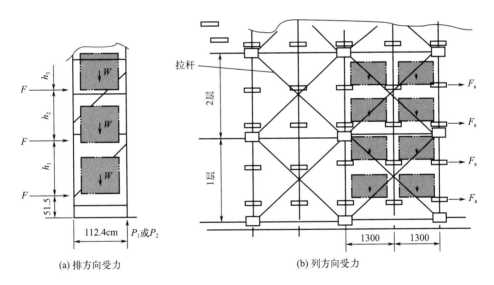

(a) 排方向受力　　　　　　(b) 列方向受力

图 6-77　货架排和列方向受力图

设：

托盘载重 $W = 10000\text{N}$；

水平力 $F = G \times 0.8W$。

式中，0.8 是抗震系数，即承载系数。

每根立柱静荷 $P_1 = P/2$，一排一列货架的 P 值见表 6-16。

按水平加速度 G 计算立柱荷载，公式为：

$$P = \frac{F}{112.4} \times [51.5 + (51.5 + h_1) + (51.5 + h_1 + h_2) + \cdots]$$

(4) 排方向的水平力计算

1) 最下层立柱的应力计算

图 6-78 为货架水平受力尺寸图。计算如下：

$$F = G \times 0.8W = 0.15 \times 0.8 \times 10000 = 1200 \ (\text{N})$$

$$P_1 = P/2 = 84080/2 = 42040 \ (\text{N})$$

$$P_2 = \frac{F}{112.4} \times (51.5 + 194 + 351.5 + 494 + 651.5 + 794 + 952.7 + 1095.2)$$

$$= \frac{1200 \times 4584}{112.4} = 48940 \ (\text{N})$$

由表 6-17 查得图 6-76 (b) 型立柱的惯性半径 $K_y = 3.43\text{cm}$，则最下层立柱细长比 $\lambda = 150/K_y = 150/3.43 = 44$。

根据相关设计资料查 Q235a 类截面轴心受压构件的稳定系数 φ，得：$\varphi = 0.935$；$\omega = 1/\varphi = 1.07$。

查表 6-17，图 6-76 (b) 型立柱断面积 $A = 11.8\text{cm}^2$。计算立柱压缩应力 σ_{cc}：

$$\sigma_{cc} = \frac{\omega(P_1 + P_2)}{A} = \frac{1.07 \times (42040 + 48940)}{11.8}$$

得 σ_{cc} 为 $8.25 \times 10^7 \text{Pa}$。

货架用 Q235 钢的许用应力 $[\sigma'_c] = 1.8 \times 10^8 \sim 2.35 \times 10^8 \text{Pa} > 8.25 \times 10^7 \text{Pa}$，因此安全。

2）最下面斜拉杆应力计算

图 6-79 为货架最下层斜拉杆受力尺寸。

已知斜拉杆尺寸：$l = 221\text{cm}$，$h = 190\text{cm}$，$n = 8$ 层。

则 $\lambda = \dfrac{l}{K_x} = \dfrac{221}{1.56} = 142$，$\omega = 2.94$。

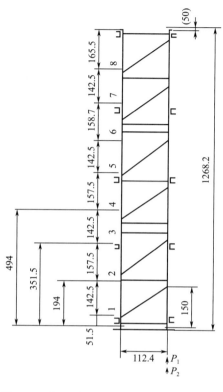

图 6-78 货架水平受力尺寸图（单位：cm）

由表 6-17 查得横斜拉杆惯性半径 $K_x = 1.56\text{cm}$。斜拉杆受力 $F = G(n \times 0.8W + 立柱重量) = 0.1 \times (8 \times 0.8 \times 10000 + 4080) = 6810 \ (\text{N})$。

根据三角形受力：

$$Q = \frac{L}{112.4}F = \frac{221}{112.4} \times 6810 = 13390 \ (\text{N})$$

$$\sigma_c = \frac{\omega Q}{A} = \frac{2.94 \times 13390}{2.77 \times 10^{-4}} = 1.421 \times 10^8 \ (\text{Pa})$$

通过上述计算，货架最下面斜拉杆的压缩应力 $\sigma_c = 1.421 \times 10^8 \text{Pa} < [\sigma'_c] = 2.1 \times 10^8 \text{Pa}$，所以斜拉杆强度满足设计要求。

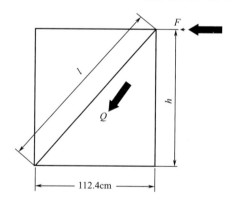

图 6-79 货架最下层斜拉杆受力尺寸

(5) 列方向水平力计算

以下进行货架单元的立柱和拉杆应力计算，图 6-80 为货架单元立柱和拉杆受力图。

① 货架受地震水平力计算

$$F = G \times 0.8W = 0.15 \times 0.8 \times 10000 = 1200 \ (\text{N})$$

$$F_a = 2F = 2400 \ (\text{N})$$

② 作用在第四层拉杆最上端的水平力

$$F_4 = F_a/2 = 1200 \text{（N）}$$

③ 作用在第三层拉杆最上端的水平力

根据力矩平衡原理得 $F_3 = 2F_a + F_a/2 = 6000$（N）。

④ 作用在第二层拉杆最上端的水平力 F_2

$$F_2 = 4F_a + F_a/2 = 10800 \text{（N）}$$

⑤ 作用在第一层拉杆最上端的水平力 F_1

$$F_1 = 6F_a + F_a/2 = 15600 \text{（N）}$$

⑥ 拉杆张力 Q

第 4 层拉杆张力

$$Q_4 = F_4 \times \frac{416.2}{260} = 1200 \times \frac{416.2}{260} = 1920 \text{（N）}$$

第 3 层拉杆张力

$$Q_3 = F_3 \times \frac{397}{260} = 6000 \times \frac{397}{260} = 9160 \text{（N）}$$

第 2 层拉杆张力

$$Q_2 = F_2 \times \frac{397}{260} = 10800 \times \frac{397}{260} = 16490 \text{（N）}$$

第 1 层拉杆张力

$$Q_1 = F_1 \times \frac{412.3}{260} = 15600 \times \frac{412.3}{260} = 24740 \text{（N）}$$

根据拉杆材料的许用应力 $[\sigma]$ 选择各层拉杆截面积 A，即 $A \geqslant \dfrac{Q}{[\sigma]}$。

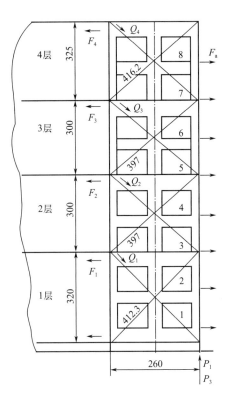

图 6-80　货架单元立柱和拉杆受力图

⑦ 立柱轴向力及应力计算

各层拉杆张力在立柱方向引起的垂直分力 P_3：

$$P_3 = Q_4 \times \frac{325}{416.2} + Q_3 \times \frac{300}{397} + Q_2 \times \frac{300}{397} + Q_1 \times \frac{320}{412.3}$$

$$= 1920 \times \frac{325}{416.2} + 9160 \times \frac{290}{389.5} + 16490 \times \frac{277.5}{380.3} + 24740 \times \frac{310}{404.6}$$

$$= 1500 + 6920 + 12460 + 19200 = 40080 \text{（N）}$$

细长比 $\lambda = 320/K_x = 310/3.27 = 98$，$\omega = 1.43$。

立柱压缩应力 σ'_c

$$\sigma'_c = \frac{\omega(P_1 + P_3)}{A} = \frac{1.43 \times (42040 + 40080)}{11.8}$$

$$= 9950 \text{（N/cm}^2\text{）} = 9.95 \times 10^7 \text{（Pa）}$$

所以 $\sigma'_c = 9.95 \times 10^7 \text{Pa}$。Q235 钢的 $[\sigma] = (3.75 \sim 5) \times 10^8 \text{ Pa}$，$\sigma'_c < [\sigma]$，十分安全。

第 4 节 货架连接件计算

 1. 如何计算螺栓直径?

设螺栓许用载荷:

$$F = \frac{\pi}{4} d_1^2 [\sigma_c] = \frac{\pi}{4} \left(\frac{d_1}{d}\right)^2 d^2 [\sigma_c]$$

或

$$[\sigma_c] = \frac{4F}{\pi (d_1/d)^2 d^2}$$

式中　F——许用载荷,N;

　　d_1——螺栓底径,mm;

　　d——螺栓外径,mm;

　$[\sigma_c]$——螺栓许用应力,45 钢为 2.3。

　例:已知荷载 $W = 2000$N, $[\sigma_c] = 13500$N/cm^2, $d_1/d = 0.63$。求螺栓大小。

　解:　$d = \sqrt{\dfrac{4W}{\pi (d_1/d)^2 [\sigma_c]}} = \sqrt{\dfrac{4 \times 2000}{3.14 \times 0.63^2 \times 13500}} = 0.7$(cm) $= 7$(mm)

即 M7 螺栓。

 2. 如何计算螺栓剪切力?

螺栓剪切力:

$$F = \frac{\pi}{4} d_1^2 [\tau] = \frac{\pi}{4} (d_1/d)^2 d^2 [\tau]$$

或

$$\tau = \frac{4F}{\pi (d_1/d)^2 d^2}$$

式中　F——剪切力,N;

　$[\tau]$——许用剪切力,N/cm^2,如 46 钢的 $[\tau] = 2.1 \times 10^4$ N/cm^2,对于钢材,$[\tau] = (0.6 \sim 0.8) [\sigma]$,$[\sigma]$ 为许用拉压力。

剪切强度校核式:

$$\tau = \frac{F}{A} \leqslant [\tau]$$

式中　A——螺栓有效截面积。

由此公式,根据 $[\tau]$、螺栓底径能够计算 F 值,亦可根据 $[\tau]$、F 值计算螺栓尺寸。

第 5 节　托盘式货架标准图

1. 如何绘制托盘式自动化仓库货架的标准总图？

自动化仓库应用广泛、市场前景大，对其标准化地设计、绘图，能够缩短设计周期、降低设计成本、提前运营、缩短投资周期。

根据图 6-81 T-1000 型托盘式自动化仓库货架总图的构件标示，可将构件名称、数量、规格和大小整理成简单明了的架构件明细表，特别有利于构件毛坯备料作业。无论自动化仓库的规模多大，只要在图 6-81 的基础之上注明巷道数、层数、列数即可。

图 6-81～图 6-86 中件号名称：1—立柱；2—水平构件；3，4—斜构件；5—基板；6—调整螺栓；7，8—顶板；9～14—角撑板；15～17—水平支座；18—连接板。

2. 如何绘制托盘式自动化仓库货架单元标准图？

图 6-82 为 T-1000 型托盘式货架一个单元的详细设计图，即一个自动化仓库的两排货架（一个巷道）。

3. 如何绘制托盘式自动化仓库货架单元柱片标准图？

图 6-83 为柱片 R-1 设计图，如总图（图 6-81）所示，一个巷道两侧共有 16 组 R-1 的柱片。

图 6-84 为柱片 R-2 设计图。如总图（图 6-81）所示，一个巷道两侧共有 16 组 R-2 的柱片。

4. 如何绘制托盘式自动仓库货架两端柱片［R-3（R-4）、R-5（R-6）］标准图？

自动化仓库左右两端的柱片均不相同，必须分别设计。图 6-85 为柱片 R-3（R-4）的设计图。图 6-86 为柱片 R-5（R-6）设计图。

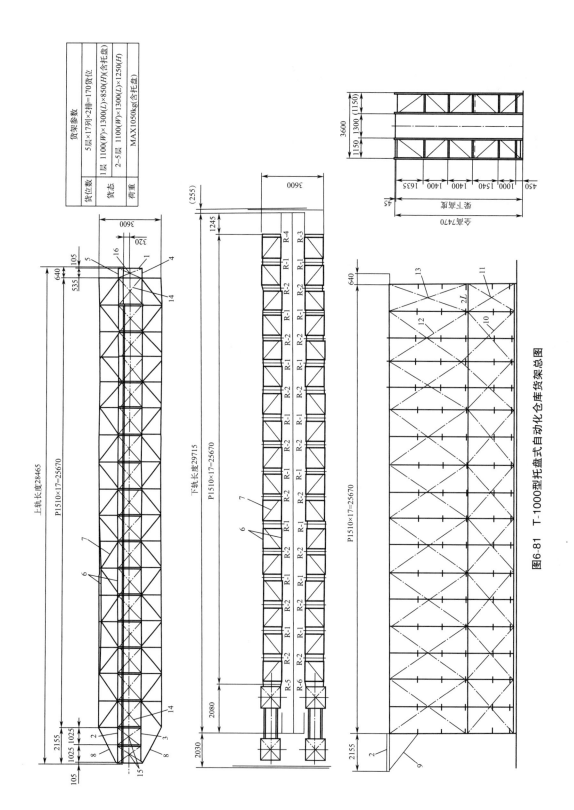

图6-81 T-1000型托盘式自动化仓库货架总图

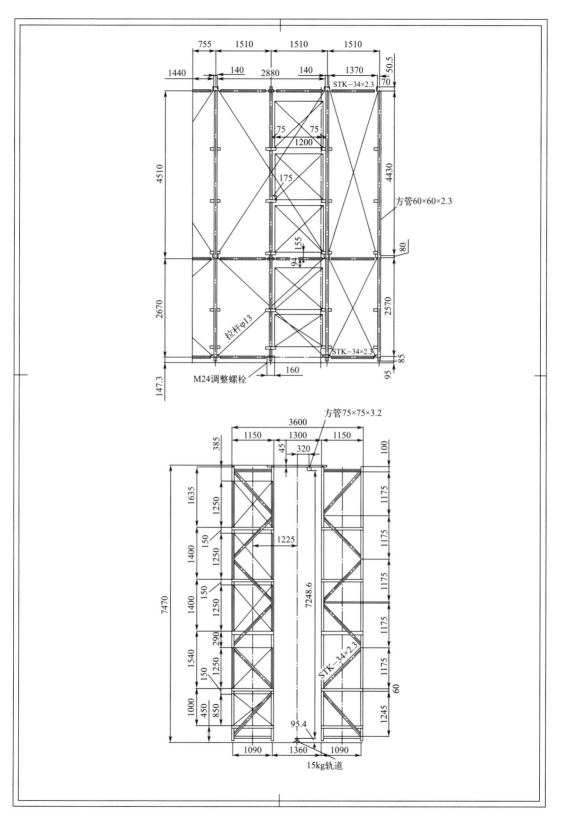

图 6-82　T-1000 型托盘式自动化仓库货架一个单元的详细设计图

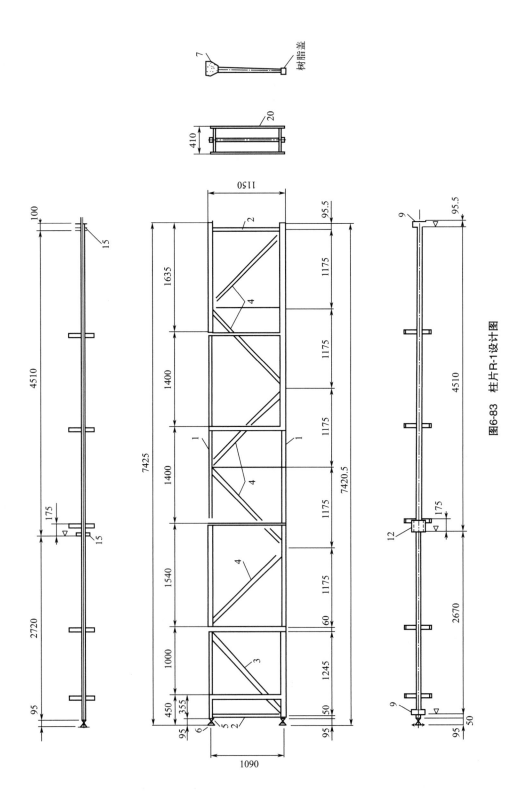

图6-83　柱片R-1设计图

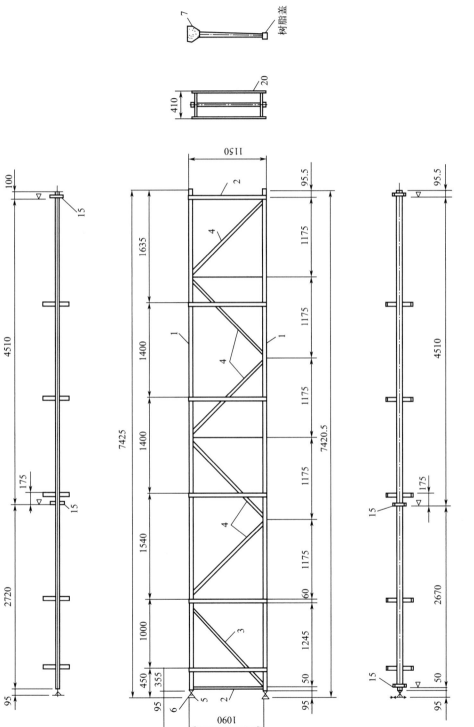

图6-84 柱片R-2设计图

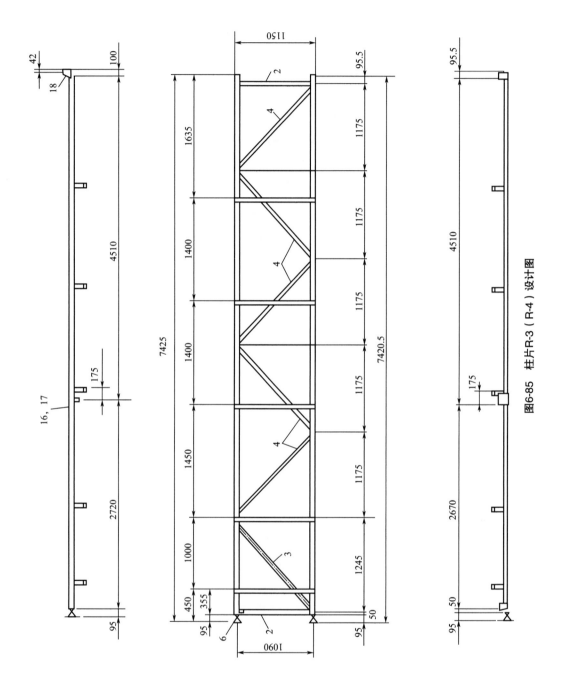

图6-85 柱片R-3（R-4）设计图

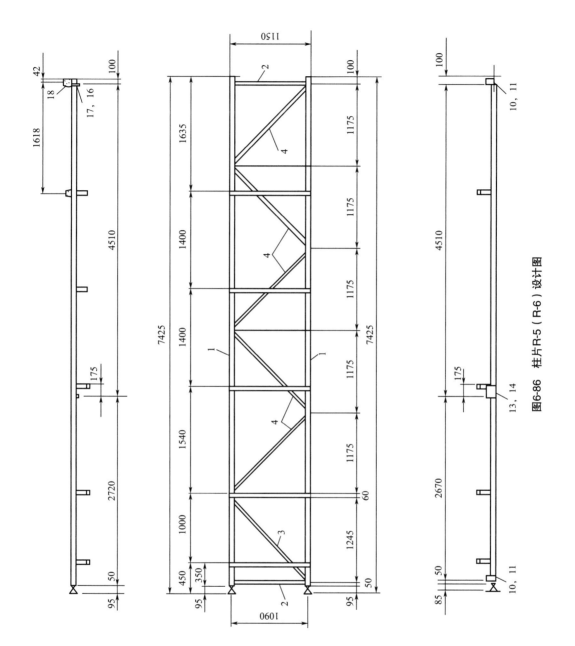

图6-86 柱片R-5（R-6）设计图

托盘

托盘是一种用来集结、堆码货物以便于装卸和搬运的平板装置，其最低高度应能适应托盘搬运车、叉车和其他适用的装卸设备的搬运要求。托盘是物流配送中心不可缺少的装载工具。由于物品的种类多、性质不同、规格尺寸多样、形态各异，相适应的托盘也品种繁多、规格齐全。

图 7-1　木制托盘

托盘按照材质分类有：木制、塑料、钢制、铁制、纸质、泡沫等。图 7-1 为木制托盘。

第1节　平托盘种类

一、木制托盘

 1. 木制托盘有何种类及标准？

木制托盘材质主要是杨木、松木、杂木等，又有实木托盘和胶合板托盘之分。常用木制平托盘种类如图 7-2 所示。

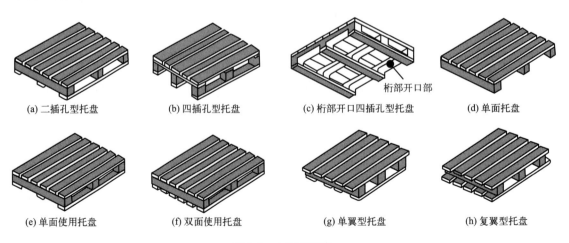

(a) 二插孔型托盘　　(b) 四插孔型托盘　　(c) 桁部开口四插孔型托盘　　(d) 单面托盘

桁部开口部

(e) 单面使用托盘　　(f) 双面使用托盘　　(g) 单翼型托盘　　(h) 复翼型托盘

图 7-2　木制平托盘

按货叉插入孔又分为二叉孔型、四叉孔型。按使用面可分为单面型、两面型。这些托盘主要积载箱式包装物。

为使物流作业机械化和自动化，平托盘必须标准化，部分标准规格如表 7-1 所示。托盘高度 H 一般为 $100\sim150$mm，单面用取 140mm，双面用取 150mm。

表 7-1　平托盘标准规格　　　　　　　　　　　　　　　　　　　　mm

宽度（W）	长度（L）	宽度（W）	长度（L）
800	1100	1200	800
	1200		1000
900	1100		1100
1000	1000		1400
	1200	1300	1000
	1300		1100
1100	800		1500
	900	1400	1100
	1100		1200
	1200	1440	1130
	1300	1500	1300
	1400	1130	1440

注：托盘载重量有 50kg、1000kg、1500kg 和 2000kg 四个级别。

一般出口欧洲的货物要选用 1200mm×1000mm 或 1200mm×800mm 的标准托盘；出口日本、韩国的货物选用 1100mm×1100mm 的标准托盘；出口大洋洲的货物（澳大利亚、新西兰）要选用 1140mm×1140mm 或 1067mm×1067mm 的标准托盘；出口美国的货物要选择 1219mm×1016mm（48in×40in）的标准托盘。

 2. 试述木制托盘各部分构造、名称及公差要求 ┈┈┈┈┈┈┈┈┈┈┈┈┈┈┈

图 7-3 为平托盘各部分构造及名称，要求如下。

① 尺寸允差。要求托盘长度和宽度的制造误差为 ±3mm，两对角线误差≤8mm。

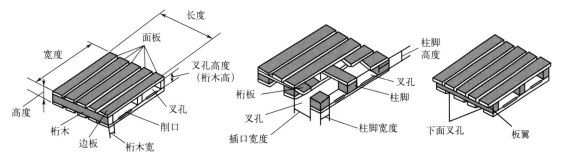

图 7-3　平托盘各部分构造及名称

　② 叉入孔及底部开口宽度。叉入孔及底部开口如图 7-4 所示，其对应尺寸如表 7-2 所示。图 7-5 为桁木四叉孔型托盘叉孔尺寸，表 7-3 为桁木四叉孔型托盘叉孔宽度。

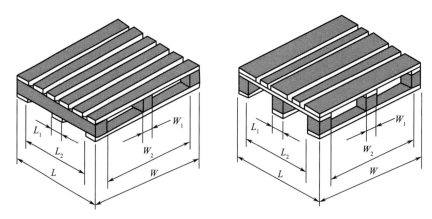

图 7-4　一般二叉孔型、四叉孔型托盘叉孔及底面开口方式

表 7-2　一般二叉孔型、四叉孔型托盘叉孔及底面开口宽度　　　　mm

托盘标准长度或宽度 L 或 W	叉孔及底面开口宽度	
	L_1 及 W_1 最大值	L_2 及 W_2 最小值
1000	150	720
1100	150	760
1200	150	770

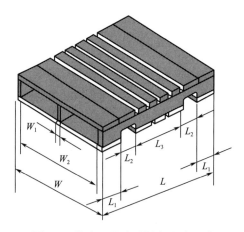

图 7-5　桁木四叉孔型托盘叉孔尺寸

表 7-3　桁木四叉孔型托盘叉孔宽度　　　　mm

常用托盘 /mm×mm	L_1		L_2		L_3		W_1		W_2	
	最小	最大	最小	最大	最小	最大	最小	最大	最小	最大
1000×1200	90	155	200	255	180	420	38	150	900	1124
1200×1000	90	155	200	255	380	620	38	150	700	924
1100×1100	90	155	200	255	280	560	38	150	800	1024

③ 叉孔高度。叉孔是叉车的货叉插入时用的,叉孔高度 $h = 95 \sim 127\text{mm}$,一般取 $h = 100$ 较合适。

3. 木制托盘强度有何要求?

木制托盘强度是重要的。如果托盘受力变形超过一定范围,将影响正常物流作业的进行,甚至造成设备事故。表 7-4 为平托盘强度要求。

表 7-4　平托盘强度

内　　容		允　　差
压缩强度	变形量	≤4mm
	挠度	2.5%以下
抗弯强度	残留挠度	0.5%以下
面板强度	挠度	2.5%以下
坠落强度	对角线变化率	3%以下

托盘出厂时应有合格证,并在托盘明显处标明公司名称、托盘规格、编号、制造日期、托盘重量及承载能力等。

二、钢制平托盘

1. 试述钢制平托盘各部分构造及名称

图 7-6 为常用钢制平托盘基本形式,由图可知,面板有平板、花纹板、满铺、半铺等区别。图 7-7 为钢制平托盘各部分构造及名称。

双向进叉　半铺　　　四向进叉　半铺　　　平板　　　　花纹板

二向进叉　满铺　　　四向进叉　满铺　　　双向进叉　半铺　　　双向进叉　半铺　双面

图 7-6　常用钢制平托盘基本形式

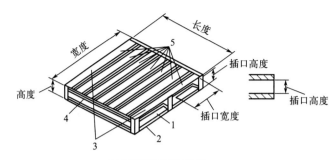

(a) 双面使用2向叉孔型

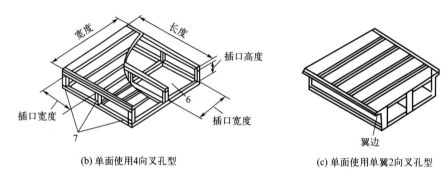

(b) 单面使用4向叉孔型   (c) 单面使用单翼2向叉孔型

图 7-7　钢制平托盘各部分构造及名称

1—插孔；2—倒角；3—边板；4—桁木；5—面板；6—下面开孔部；7—柱脚

 2. 试述钢制平托盘型式、种类、最大承载质量、尺寸大小 ·················

(1) 钢制平托盘型式、记号 (表 7-5)

表 7-5　钢制平托盘型式、记号

型　　式			记　号	备　　注
使用面	单面型		S	只有一面有面板
	双面型	单面使用型	D	上下都有面板，但只有一面是承载面
		双面使用型	R	两个面板都是承载面
叉孔方向	2 向叉孔		2	2 个叉孔分别在托盘的相对方向
	4 向叉孔		4	4 个叉孔分别在托盘的前后左右 4 个方向
有无翼	无翼型		—	托盘四周无翼
	单翼型		U	只有上面板带翼边
	复翼型		W	上下面板都有翼边

图 7-8 为钢制平托盘型式、记号、参考图，其记号意义如下：

S_2——单面 2 向叉孔型；

S_4——单面 4 向叉孔型；

SU_2——单面单翼 2 向叉孔型；

D_2——单面使用 2 向叉孔型；

D_4——单面使用 4 向叉孔型；

DU_2——单面使用单翼 2 向叉孔型；

R_2——双面使用 2 向叉孔型；

R_4——双面使用 4 向叉孔型；

RW_2——双面使用复翼 2 向叉孔型。

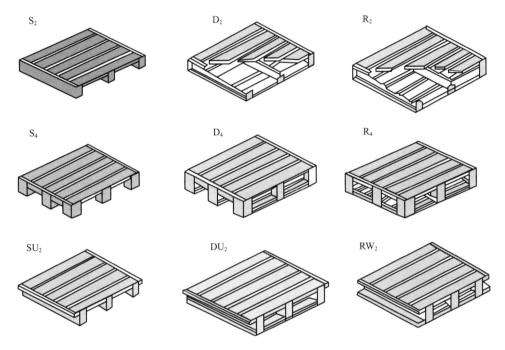

图 7-8　钢制平托盘型式、记号、参考图

(2) 钢制平托盘的最大装载质量和大小

钢制平托盘最大承载质量一般有 0.5t、1t、1.5t 和 2t。一般钢制平托盘大小规格见表 7-6。

表 7-6　钢制平托盘标准

长×宽/mm×mm	备注	长×宽/mm×mm	备注
800×1100 1100×800		1100×1400 1400×1100	其中一边为 1100mm
900×1100 1100×900	其中一边为 1100mm	800×1200 1200×800	其中一边为 1200mm
1100×1100 1100×1300 1300×1100		1000×1200 1200×1000	

(3) 强度要求

钢制托盘强度要求如表 7-7 所示。

表 7-7　钢制托盘强度标准

项　目		要　求
压缩强度	变形量	2mm 以下
弯曲强度	挠度	1％以下
	残余挠度	0.3％以下
下面板强度	挠度	1％以下
坠落强度	对角线长度变化率	2％以下

(4) 构造、品质

① 托盘是多次反复使用品，不得存在凹凸不平、变形、破损等缺点。

② 构件结合处原则上是焊接方法。焊接处不得有变形和焊接不良缺陷。

③ 面板和纵梁的端面不得有凸出物、毛刺、锐棱等不良缺陷。

④ 普通钢材的托盘必须进行涂装或电镀处理：

a. 涂装前必须进行除锈、除油和去污等处理。

b. 涂装表面均匀、涂膜厚度 $15\mu m$ 以上。

c. 当托盘材料使用镀锌铁板时，经过焊接或加工后，必须用防锈油漆覆盖破坏的镀锌处。

(5) 叉孔尺寸

① 叉孔高度：叉孔高度必须大于 60mm。

② 叉孔长度和宽度：均为 180mm 以上。

③ 下面开口部尺寸：托盘货架用的托盘的下面开口部尺寸，其长度和宽度必须大于 180mm 以上。

④ 翼边长度和倒角：图 7-9 为翼边长度和倒角值。

⑤ 尺寸公差：

a. 托盘长度和宽度公差：±3mm。

b. 对角线长度公差：最长对角线的 0.5％以下。

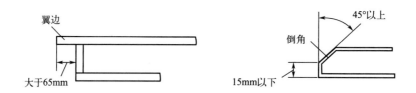

图 7-9　翼边长度和倒角值

(6) 使用材料

① 普通钢材。普通钢材一般使用：一般结构压延钢；热压延软钢板或钢带；冷压延软钢板或钢带；热浸镀锌钢板或钢带；一般结构轻型钢；一般结构碳素钢管；一般结构角钢。

② 铝合金材料。常用：铝或铝合金板或条料；铝或铝合金型材。

③ 不锈钢。常用：不锈钢管；不锈钢棒；热压延不锈钢板；冷压延不锈钢板；热压延不锈钢带；冷压延不锈钢带。

三、塑料托盘

 1. 试述塑料托盘的应用、种类及公差 ....

(1) 应用

塑料托盘广泛用于食品、医药、机械、汽车、烟草和化工等行业的仓储工作中。其优点在于重量轻、美观、强度高、寿命长、耐腐蚀、可回收，是现代运输和仓储的重要工具。

塑料托盘基本原料为低压高密度聚乙烯和聚丙烯。一般采用一次注塑成型的加工工艺加工。

塑料托盘的种类很多，主要有标准系列、货架系列、超轻系列、单面型、双面型以及有特殊要求的塑料托盘，如阻燃型、钢塑结合型等，表 7-8 为常用塑料托盘分类方法。

表 7-8 塑料托盘分类

货架系列	标准系列	超轻系列	特殊要求系列
网格川字型			
平板川字型			
平板田字型	网格单面	超轻平面	阻燃型、
网络田字型	田字型	超轻单面	钢塑结合型
网格双面	平板单面		
平板双面			

(2) 基本分类（按照外形分类）

① 双面使用塑料托盘：

a. 平板双面型塑料托盘。图 7-10 为平板双面型塑料托盘。

b. 网格双面型塑料托盘。图 7-11 为网格双面型塑料托盘。

图 7-10 平板双面型塑料托盘　　图 7-11 网格双面型塑料托盘

② 单面使用型塑料托盘：

a. 九脚型塑料托盘。图 7-12 分别为平板和网格的九脚型塑料托盘。

b. 平板田字型塑料托盘。图 7-13 为平板田字型和网格田字型塑料托盘。

c. 平板川字型塑料托盘。图 7-14 为平板川字型和网格川字型塑料托盘。

(a) 平板九脚型塑料托盘

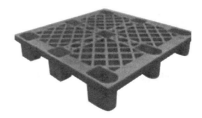

(b) 网格九脚型塑料托盘

图 7-12　九脚型塑料托盘

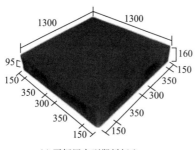

(a) 平板田字型塑料托盘

(b) 网格田字型塑料托盘

图 7-13　田字型塑料托盘

(a) 平板川字型塑料托盘

(b) 网格川字型塑料托盘

图 7-14　川字型塑料托盘

 2. 试述常用塑料托盘标准

（1）网格九脚型塑料托盘

网格九脚型塑料托盘下面有九个脚，上面是网格的，可以套叠。表 7-9 为网格九脚型塑料托盘规格尺寸。

表 7-9　网格九脚型塑料托盘规格尺寸

塑料托盘规格	尺寸（长×宽×高）/mm×mm×mm	塑料托盘规格	尺寸（长×宽×高）/mm×mm×mm
1008 网格九脚托盘	1000×800×140	1110 网格九脚托盘	1100×1000×140
1108 网格九脚托盘	1100×800×140	1111 网格九脚托盘	1100×1100×140
1208 网格九脚托盘	1200×800×140	1210 网格九脚托盘	1200×1000×140
1010 网格九脚托盘	1000×1000×140	1211 网格九脚托盘	1200×1100×140
1109 网格九脚托盘	1100×900×140	1311 网格九脚托盘	1300×1100×140

（2）田字型塑料托盘

田字型塑料托盘有平板式和网格式两种，其下面像田字一样，可四面进叉。表 7-10 为田字型塑料托盘规格尺寸。

表 7-10　田字型塑料托盘规格尺寸

塑料托盘规格	尺寸（长×宽×高）/mm×mm×mm	塑料托盘规格	尺寸（长×宽×高）/mm×mm×mm
1412 田字塑料托盘	1400×1200×150	1211 田字塑料托盘	1200×1100×150
1311 田字塑料托盘	1300×1100×150	1210 田字塑料托盘	1200×1000×150
1212 田字塑料托盘	1200×1200×150	1208 田字塑料托盘	1200×800×150

（3）川字型塑料托盘

因塑料托盘底面有三条直条，形如川字，故称川字型塑料托盘。其特点是两面进叉。表 7-11 为川字型塑料托盘规格尺寸。

表 7-11　川字型塑料托盘规格尺寸

塑料托盘规格	尺寸（长×宽×高）/mm×mm×mm	塑料托盘规格	尺寸（长×宽×高）/mm×mm×mm
1250 川字塑料托盘	1250×1000×150	1111 川字塑料托盘	1100×1100×150
1412 川字塑料托盘	1400×1200×150	1110 川字塑料托盘	1100×1000×150
1311 川字塑料托盘	1300×1100×150	1010 川字塑料托盘	1000×1000×150
1212 川字塑料托盘	1200×1200×150	1208 川字塑料托盘	1200×800×150
1210 川字塑料托盘	1200×1000×150	1008 川字塑料托盘	1000×800×150

 3. 试述塑料托盘强度基准值

表 7-12 为塑料托盘强度基准值。

表 7-12　塑料托盘强度基准值

项目		种类	
		A 类	B 类
压缩强度	变形量/mm	4 以下	4 以下
弯曲强度	挠度/%	1.5 以下	5 以下
	残留挠度/%	0.5 以下	0.5 以下
底面强度	挠度/%	2.5 以下	8 以下
落下强度	最长对角线变化率/%	1 以下	1 以下

四、纸制托盘

 1. 试述纸制托盘各部分结构及名称 ⸱⸱⸱⸱⸱⸱⸱⸱⸱⸱

图 7-15 为纸制托盘实体，图 7-16 为纸制托盘各部分结构及名称，图 7-17 为纸制托盘单元。为了提高托盘单元强度，在其四周增加纸质护角，保证托盘单元在运输过程中安全无损。

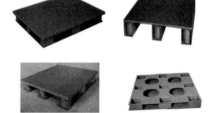

图 7-15　纸制托盘

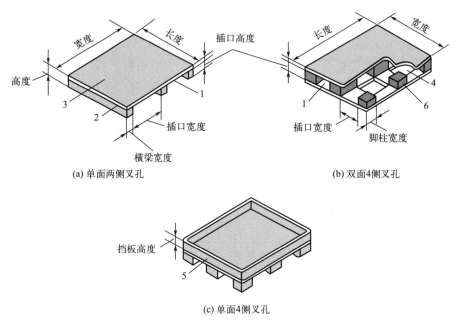

(a) 单面两侧叉孔　　　　　　　　　(b) 双面4侧叉孔

(c) 单面4侧叉孔

图 7-16　纸制托盘各部分结构及名称

1—叉孔；2—横梁；3—面板；4—下面开口部；5—挡板；6—脚柱

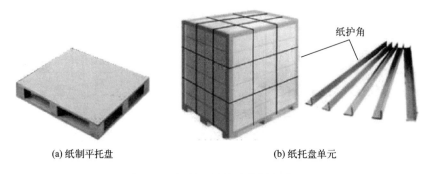

(a) 纸制平托盘　　　　　　　　　(b) 纸托盘单元

图 7-17　纸制平托盘及其托盘单元

2. 试述纸制托盘的形式、种类、最大承载质量、规格尺寸 ·····················

（1）纸制托盘的形式和代号

表 7-13 为纸制托盘的种类、代号和尺寸规格。

1）5 种形式

a 型：以瓦楞纸板为基材的平托盘；

b 型：以蜂窝纸板为基材的平托盘；

c 型：以两种以上纸板为基材的平托盘；

d 型：以层压硬纸板为基材的平托盘；

e 型：其他纸基材料平托盘。

2）纸基平托盘进叉方向

D—单面进叉，S—双面进叉；（D_1、S_1）—双向进叉；（D_2、S_2）—四方向进叉。

（2）最大装载质量

纸制平托盘的最大装载质量有 0.25t、0.5t、0.75t、1.0t 四种。

（3）规格尺寸

纸制平托盘的大小主要是长度×宽度（mm×mm）。

表 7-13　纸制托盘的种类、代号和尺寸规格

名称	型式代号	示意图	规格尺寸：$L \times W$ /mm×mm
瓦楞纸基托盘	a 型 D_1　D_2 S_1　S_2		800×1100 1100×800 900×1100
蜂窝纸基托盘	b 型 D_1　D_2 S_1　S_2		1100×900 1000×1100 1100×1000 1100×1100
复合纸基托盘	c 型 D_1　D_2 S_1　S_2		1100×1300 1300×1100 1100×1400 1400×1100
硬纸板类托盘	d 型 D_1　D_2 S_1　S_2		800×1200 1200×800 1000×1200 1200×1000

第 2 节　空间托盘

1. 何谓金属笼车式托盘？

金属笼车式托盘是由金属管（线、板）材构成的箱状托盘，包括整版式、密装板条式及格式箱壁的三种结构形式，其中之一或多个箱壁上设有铰接的或可拆装的装卸用门。

立柱式托盘是带有用于支承堆码货物的立柱的托盘，具有可装配、拆卸的连杆或门。

（1）形式、种类、代号

图 7-18 为金属笼车式托盘的基本形式。

（2）最大装载质量

金属笼车式托盘的最大装载质量有 0.3t、0.5t、1t、1.5t、2t 等。

（3）金属笼车式托盘的规格大小

金属笼车式托盘的规格大小用长度（mm）×宽度（mm）×高度（mm）来表示。常用的金属笼车式托盘尺寸如图 7-19 所示。

图 7-18　金属笼车式托盘的基本形式

（4）金属笼车式托盘的质量要求

① 外观平整美观，没有划伤、凹凸不平、翘曲、变形、涂装不良、电镀不佳等缺陷。

② 稳定性好。

③ 启动阻力系数小于 0.04。

④ 侧板强度、载荷时的垂直强度和水平强度达到强度标准。

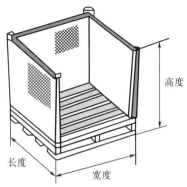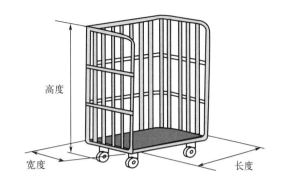

mm	
长×宽	高
800×500	2200以下
1000×800	
1100×1100	
1200×800	
1200×1000	
1200×1100	

(a) 固定式笼车式托盘

mm	
长×宽	高
800×600	1800以下
900×800	
1100×730	
1100×800	
1100×1100	
1200×1000	

(b) 移动式笼车式托盘

图 7-19 金属笼车式托盘的尺寸大小

(5) 尺寸精度

① 叉孔高度大于 60mm。

② 金属笼车式托盘长度、宽度、高度的公差为±5mm。

 2. 何谓金属立柱式托盘？

(1) 各部分结构名称

金属立柱式托盘由平面托盘演变而来，在托盘的四个角有固定或可卸立柱，有的在柱与柱之间设有连接的横梁。这种钢制托盘的优势：可以防止货物在运输、装卸过程中滑落，提高托盘上货物的堆码高度和使用率。金属立柱式托盘是金属托盘的一种，图 7-20 为金属立柱托盘各部分结构及名称。

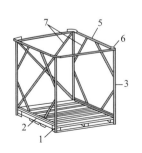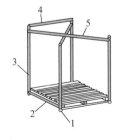

图 7-20 金属立柱托盘各部分结构及名称

1—支脚；2—下横梁；3—立柱；4—上横梁；5—横梁；6—接头；7—拉杆

（2）金属立柱式托盘形式、种类、尺寸

图 7-21 为金属立柱式托盘形式和尺寸名称。其装载质量（t）有：0.25、0.50、0.75、1.00、1.25 和 1.50。

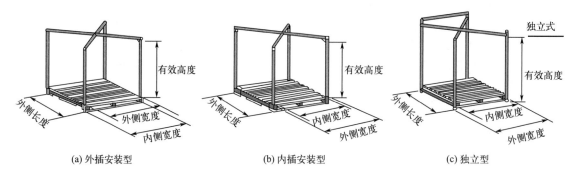

(a) 外插安装型　　　　　　(b) 内插安装型　　　　　　(c) 独立型

图 7-21　金属立柱式托盘形式和尺寸名称

（3）最大承载质量和堆叠层数

表 7-14 为金属立柱式托盘装载质量。满载的金属立柱托盘堆叠在地面上最多可以达到 4 层。

表 7-14　金属立柱式托盘装载质量 　　　　　　　　　　　　　　　　　t

一个托盘的装载质量	0.25	0.50	0.75	1.00	1.25	1.50
一个托盘的最大装载质量（含托盘质量）	0.30	0.55	0.80	1.05	1.30	1.55

（4）立柱式托盘的标准尺寸

表 7-15 为立柱式托盘的标准尺寸。

表 7-15　立柱式托盘的标准尺寸 　　　　　　　　　　　　　　　　mm

托盘长度 l×托盘长度 w /mm×mm	有效高度	长度、宽度的最大、最小尺寸			
800×1100 900×1100 1100×1100 1100×1300 1130×1400 800×1200 1000×1200	800 900 1000 1100 1200 1300 1400	参数	外插安装型	内插安装型	独立型
	1200 1300 1400	外侧长度	（l+160）以下	（l+20）以下	（l+160）以下
	1500 1600 1700 1800	外侧宽度	（w+160）以下	（l+20）以下	（w+250）以下
	1900 2000 2100 2200	内侧宽度	w 以上	（w-120）以上	（w+150）以上

(5) 立柱式托盘的强度试验

① 水平强度试验。图 7-22 为立柱式托盘的水平强度试验。把两个最大负载的立柱托盘垂直堆叠起来，两者的最大载荷之和加立柱托盘自重为 W。将 W 乘以水平地震系数 0.1 之后所得的力 F 分别作用在长度和宽度方向上，从而测量水平强度。

② 垂直强度试验。把 2 个最大负载的立柱托盘垂直堆叠起来，将 2 个最大载荷和其自重之和 W，乘以 1.25 之后所得的力作用在垂直方向上，从而测量横梁的变形。

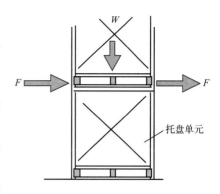

图 7-22　立柱式托盘的水平强度试验

 3. 何谓箱式托盘？

箱式托盘是在平托盘上安装上部构造物（平板状、网状构造物等），成为箱式设备。多用钢板、木板或钢木结合制成。根据结构有带盖、无盖、板式、格式、网式、固定式、可拆卸式和折叠式等多种类型。根据形状又可分为仓式托盘和罐式托盘两种。仓式托盘四面密封，并带有固定的密封盖，底部有排空装置，罐式托盘除四壁密封，带有固定的密封盖，并能通过固定在底部的旋盖排空物料或用顶部的开口吸出物料。箱式托盘装货稳定性好，可以堆码，可用于装载各种散装物料（如干粉状和颗粒状物料）以及液体和气体等。

图 7-23 为箱式托盘。图 7-24 为装有密封盖且四周有框架结构的四壁密封的筒式托盘，用于装运干粉状或颗粒状的物品。图 7-25 为四壁密封、装有密封盖、用来装运液体或气体的罐式托盘。图 7-26 为附轮保冷柜托盘，用于运输需要冷藏的医药品之类。

  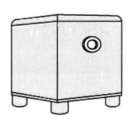 

图 7-23　箱式托盘　　图 7-24　筒式托盘　　图 7-25　罐式托盘　图 7-26　附轮保冷柜托盘

 4. 试述托盘的清洗、消毒

食品、医药、酒类等用的托盘、料箱、食品盒等必须定期进行清洗、消毒、脱水等处理。图 7-27 为托盘自动清洗机，受污托盘进入托盘自动清洗机后，经过清洗、消毒、脱水之后自动堆叠起来。图 7-28 为周转箱自动清洗机。

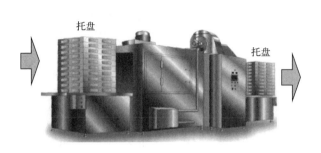

图 7-27　托盘自动清洗机

图 7-28　周转箱自动清洗机

 第3节　托盘码垛方法与裹包作业

1. 试述物料在托盘上的码垛方法

（1）对缝和交错码垛法

图 7-29（a）为箱品在托盘上的对缝码垛法，即物品各层的堆积方法完全一样，缝口对齐；图 7-29（b）为交错码垛法，奇数层和偶数层的物品方向不一样，物品缝口交错，其优点是物品不易向外散落。图 7-30 为码垛机器人进行对缝码垛作业。

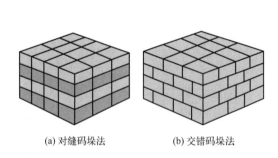

(a) 对缝码垛法　　　　(b) 交错码垛法

图 7-29　托盘码垛法

对缝码垛法

图 7-30　码垛机器人对缝码垛作业

（2）砌砖码垛法

图 7-31 为砌砖码垛法，奇数层和偶数层方向相反，物品缝口交错，如同造墙砌砖一样。这种堆积方法物品不易向外散落。图 7-32 为机器人砌砖码垛法作业。

（3）中空码垛法

图 7-33 为中空码垛法，当物品尺寸不能完全充实托盘尺寸时，为使堆积结果外周整齐美观，采用这种中空堆积方法。特点是奇数层和偶数层必须错位堆积，缝口错开。

图 7-33（b）为外周空码垛法。当物品尺寸不能完全充实托盘尺寸时，为使堆积外围整齐美观，采用外周空堆积法。但是，奇数层和偶数层方向相反，使外周空在对称位置上。这样装载可使物品相互压住，不易向外散落。

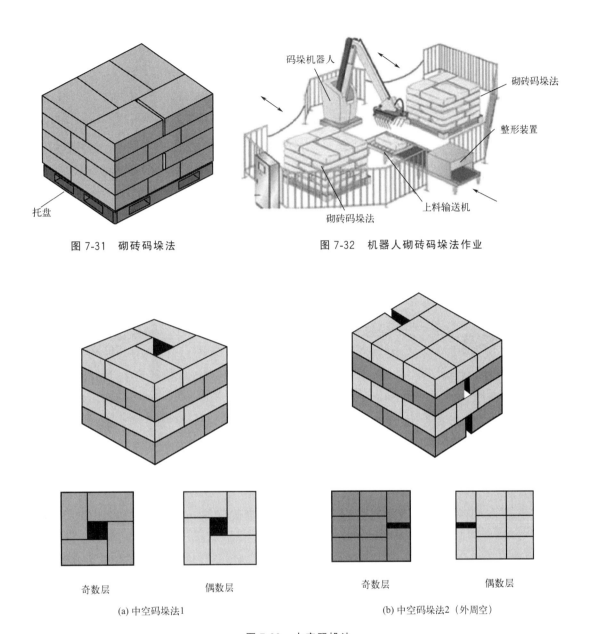

图 7-31　砌砖码垛法

图 7-32　机器人砌砖码垛法作业

奇数层　　　　偶数层

(a) 中空码垛法1

奇数层　　　　偶数层

(b) 中空码垛法2（外周空）

图 7-33　中空码垛法

 2. 试述裹包机应用

　　为了安全搬运托盘单元需用裹包机将塑料薄膜把托盘单元裹包成为整体。图 7-34 为薄膜裹包机，转盘驱动托盘单元顺时针旋转的同时，转轴上的塑料薄膜被缠绕在托盘单元上。塑料薄膜筒沿垂直方向移动。图 7-35 为多箱品薄膜裹包机，图 7-36、图 7-37 为垂直式饮料托盘薄膜裹包机，图 7-38 为环状物品裹包机，图 7-39 为桶状物品裹包机，图 7-40 为大型圆柱状物品裹包机。

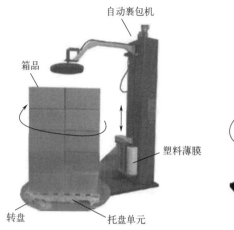

图 7-34　薄膜裹包机

图 7-35　多箱品薄膜裹包机

图 7-36　垂直式饮料托盘
薄膜裹包机 1

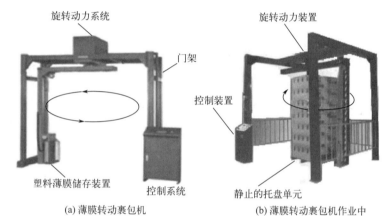

(a) 薄膜转动裹包机　　　　　(b) 薄膜转动裹包机作业中

图 7-37　垂直式饮料托盘薄膜裹包机 2

图 7-38　环状物品裹包机

图 7-39　桶状物品裹包机

图 7-40　大型圆柱状物品裹包机

第 4 节 冷藏、冷冻箱式托盘

在物流配送中心中，有时需要储存和运送低温保管的物品，如特殊食品、医药、针剂之类，需采用冷藏、冷冻箱式托盘。

 1. 保冷性能级别有几种？

一般把保冷性能分成 A、B、C、D 四种，如表 7-16 所示。

表 7-16 保冷性能级别

种类	绝热壁中心温度为 10℃时的传热系数/ [kcal/(m² · h · ℃)]
A	0.30 以下
B	超过 0.30，小于 0.39
C	超过 0.39，小于 0.60
D	超过 0.60，小于 0.84

注：1kcal/(m² · h · ℃) = 1.6279W/(m² · K)。

 2. 冷藏、冷冻车辆的车体有何规格种类？

冷藏、冷冻的托盘必须适应冷藏、冷冻车辆的规格，其车体种类和大小如表 7-17 所示。

表 7-17 冷藏、冷冻车辆的种类和大小   mm

种类	长度	宽度	高度	种类	长度	宽度	高度
T-018	1800	1350	1200	L-060	6000		
T-024	2400	1650					
T-030	3000	1650		L-066	6600		
S-030	3000	1850					
S-036	3600	1850	1750	L-072	7200		
S-036W	3600	2150					
S-042	4200	1850		L-078	7800	2450	2100
S-042W	4200	2150					
M-048	4800	2200		L-084	8400		
M-048W	4800	2450					
M-054	5400	2200	2000	L-090	9000		
M-054W	5400	2450					
M-060	6000	2200		L-096	9600		
M-060W	6000	2450					

3. 如何测试冷藏、冷冻车厢的保冷性能？

(1) 保冷性能试验条件

① 一般条件。试验场所不受阳光直射和各种热源的影响。在测量过程中，周围温差变化在 3℃ 范围内。把车体预冷或预热到车体内部温度处于稳定状态后再进行试验。车体内外部温差在 20℃ 以上。在车体预冷或预热结束后，每隔 30min 测量一次热量变化。用车体内外各测点的平均温度值来表示测量温度。热量计算用的温度是在周围温度变化在 2℃ 范围内，连续测量 5 次的平均值。测量时的热源必须保持稳定状态。为使车体内部温度均匀，采用风扇使车体内空气流通。

② 车体条件。在试验时车体内的排水口处于堵塞状态，以免空气流通。

(2) 气密试验条件

要求车体内外部压力差为 （122.5±9.8） Pa。此外，要求排水孔和冷冻机用的孔等事先堵塞起来。

(3) 测量条件

应采用精确的电压表、电流表和功率表。温度计的精度误差为 ±1℃，差压计精度误差为 ±0.5%，流量计精度误差为 ±1.5%。

4. 如何进行保冷性能试验？

(1) 温度计的测量位置

图 7-41 中 A～L 为冷藏、冷冻车厢内外部温度计测量位置。

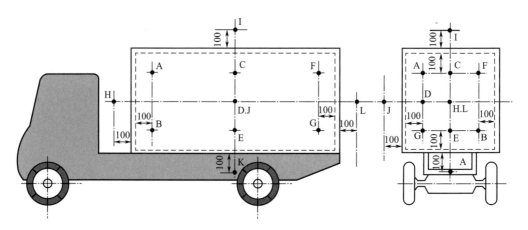

图 7-41　冷藏、冷冻车厢内外部温度计测量位置

(2) 测量方法

① 内部加热法。图 7-42 为内部加热法原理。传热系数 K 的计算公式如下：

$$K = \frac{Q}{S(\theta_2 - \theta_1)} \tag{7-1}$$

$$S = \sqrt{S_1 S_2} \tag{7-2}$$

$$Q = 3.6(I_1 E_1 + I_2 E_2 \eta) = 3.6W \quad (7\text{-}3)$$

或

$$Q = 0.86(I_1 E_1 + I_2 E_2 \eta) = 0.86W$$

$$(7\text{-}4)$$

式中　K——传热系数，$kJ/(m^2 \cdot h \cdot ℃)$ 或 $kcal/(m^2 \cdot h \cdot ℃)$；

Q——传热量，kJ/h 或 $kcal/h$；

S——传热面积，m^2；

S_1——车体外表面积，m^2；

S_2——车体内表面积，m^2；

I_1——电热器电流，A；

I_2——电扇电流，A；

E_1——电热器电压，V；

E_2——电扇电压，V；

3.6——1W 电产生热量，kJ/h；

0.86——1W 电产生热量，$kcal/h$；

η——电扇电机效率；

θ_1——外部空气温度，℃；

θ_2——车厢内温度，℃；

W——电功率，W。

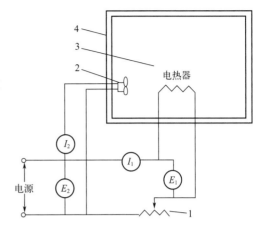

图 7-42　内部加热法原理

1—变压器；2—风扇；3—辐射隔热板；4—车厢

② 内部冷却法。图 7-43 为箱体内部冷却原理。传热系数计算如下：

$$K = \frac{Q}{S(\theta_1 - \theta_2)} \quad (7\text{-}5)$$

$$S = \sqrt{S_1 S_2}$$

$$Q = G(334.4 + CQ_3) - 3.6IE$$
$$= G(334.4 + CQ_3) - 3.6W \quad (7\text{-}6)$$

或

$$Q = G(80 + CQ_3) - 0.86IE$$
$$= G(80 + CQ_3) - 0.86W$$

或　$$Q = G(80 + CQ_3) - 0.86IE$$
$$= G(80 + CQ_3) - 0.86W \quad (7\text{-}7)$$

式中　G——熔化冰的重量，kg/h；

334.4——冰熔化的潜热，kJ/kg；

80——冰熔化的潜热，$kcal \cdot kg$；

C——水的比热，$4.18kJ/(kg \cdot ℃)$ 或 $1kcal/(kg \cdot ℃)$；

I——电扇的电机电流，A；

E——电扇的电压，V。

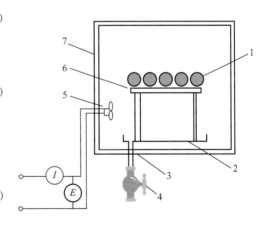

图 7-43　箱体内部冷却原理

1—冰块；2—融水盘；3—排水管；4—排水阀；
5—风扇；6—冰盘；7—车厢

5. 如何换算传热系数?

把式（7-1）和式（7-5）求出的传热系数，换算成隔热壁中心温度为 10℃时保冷材料的传热系数。换算公式如下：

$$K_{10} = K \frac{1+m\theta}{1+m\dfrac{\theta_1+\theta_2}{2}} \tag{7-8}$$

式中 K_{10}——隔热壁中心温度为 10℃时的传热系数，$kJ/(m^2 \cdot h \cdot ℃)$ 或 $kcal/(m^2 \cdot h \cdot ℃)$；

           m——保冷材料的传热系数的温度系数 $\dfrac{\Delta\lambda}{\lambda}$；

           θ——隔热壁中心温度，10℃；

           K——测量的传热系数，$kJ/(m^2 \cdot h \cdot ℃)$ 或 $kcal/(m^2 \cdot h \cdot ℃)$；

           θ_1——测量时的外面空气温度，℃；

           θ_2——测量时车体内部温度，℃。

 6. 如何进行气密试验?

(1) 内部加压法

图 7-44（a）为气密试验的内部加压法原理。在测量出车体漏气量之后，向车体内补充等于漏气量的气量。在向车体内输送空气的同时，调整流量加减阀，使差压计保持一定的压力。差压计显示出指定的压力值，当确认压力没有变化时，通过流量计读取流量值。

(2) 内部减压法

图 7-44（b）为内部减压法原理。在测量车体漏气量之后，向车体内补充等于漏气量的气量。在排出车体内空气的同时，调整流量加减阀，使差压计保持指定压力。差压计显示出指定压力。在确认压力没有变化时，则可读取流量计的值。

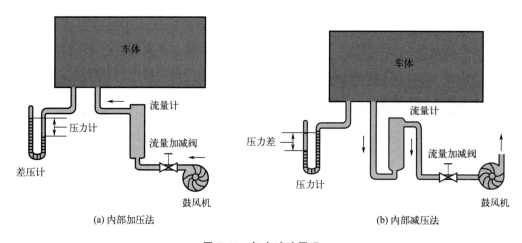

图 7-44 气密试验原理

7. 冷藏、冷冻箱式托盘有何特殊结构及其标准规格？

图 7-45 为常用冷冻箱式托盘的各部分结构名称。为了确保输送品的质量，要求冷冻箱式托盘具备良好的保冷性、气密性、倾倒安全性、起动性、强度和最大积载质量。

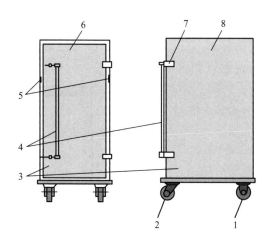

图 7-45　冷冻箱式托盘各部分结构名称

1—固定脚轮；2—转动脚轮；3—门；4—锁紧装置；5—把手；6,8—保冷库；7—铰链装置

① 托盘保冷库的结构。保冷库的内侧表面必须具备使冷气易循环的结构。

a. 保冷库必须保持可多次使用的耐用强度和保冷性能，同时还要具备防水和防腐蚀的优良结构；

b. 保冷库除具备防冷气泄漏结构外，还必须具备保护物品的结构；

c. 保冷库必须易水洗而不降低保冷性能；

d. 保冷库门的密封件必须容易更换。

② 由于冷藏冷冻箱式托盘长期多次使用，必须具备强度可靠的结构。此外，防止运送过程中托盘门打开，导致物品出来，要求门不但要具备锁紧机构，而且装卸货物方便。

③ 手把、铰链、锁紧装置等不宜外露太多。

④ 冷冻箱式托盘的 4 个脚轮中，最少 2 个应带制动装置。

⑤ 冷冻箱式托盘在装卸和配送过程中，容易发生振动。为此，冷藏冷冻箱式托盘本体和门必须具备缓冲装置。

⑥ 尺寸：一般冷冻箱式托盘的尺寸大小如图 7-46 所示，长×宽×高＝850mm×760mm×1750mm。

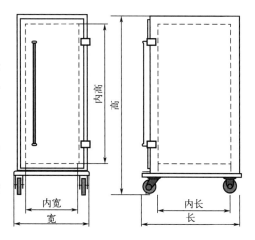

图 7-46　一般冷冻箱式托盘主要尺寸标注

8. 如何测试冷藏、冷冻箱式托盘? ···

(1) 试验种类

对冷冻箱式托盘的试验有保冷性能试验(冰冷却法和电加热法),气密试验(内部加压法和内部减压法)以及启动性能试验。

(2) 试验条件

1) 保冷性能试验条件

① 试验场所:不受阳光直射和各种热源影响,周围温度在 3℃ 范围内。

② 把保冷库预热或预冷到其内部温度稳定状态时方可进行试验。

③ 保冷库内外部温差在 20℃ 以上。

④ 为了计算热量,把保冷库加热或冷却到稳定状态时,每隔 30min 测量一次。

⑤ 在测量温度时,按保冷库内外各测点进行测量,并求出内外各测点的平均值。图 7-47 为温度测点位置图。在保冷库内外各有 3 个测点。图中 • 表示保冷库内部温度测量位置(1~3);○ 表示保冷库外部温度测量位置(4~6)。

⑥ 计算热量用的温度是在温差变化在 2℃ 范围内时连续 5 次测量的平均值。

⑦ 保冷库内部温度必须均匀一致。

2) 气密试验条件

气密试验时,要求保冷库内外部的压力差为 (122.5±9.8) Pa。

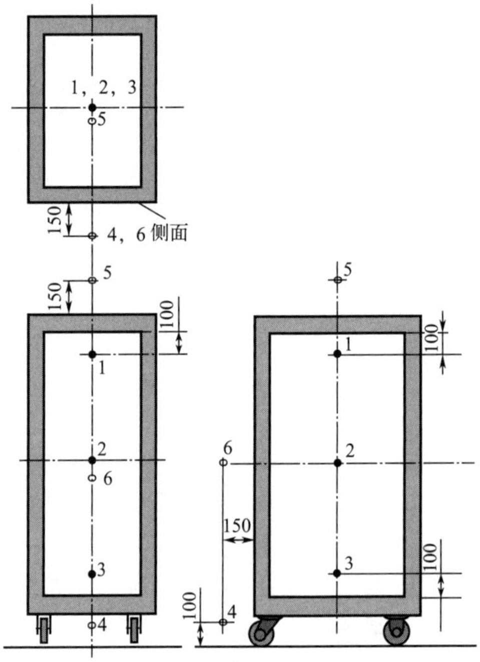

(3) 测量器条件

① 电压计、电流计和功率表应符合高精度测量要求。

② 温度计误差在 ±1℃ 范围内。

③ 差压计精度为 ±0.5%。

④ 流量计精度为 ±1.5%。

(4) 保冷性能试验

① 测点位置如图 7-47 所示。

② 试验方法:

a. 内部加热法。按图 7-42 内部加热法原理所示试验,并求出传热系数 K 值。

b. 内部冷却法。按图 7-43 内部冷却法所示试验,并求出传热系数 K、热量 Q、传热面积 S 以及相关参数。

(5) 传热系数的换算

隔热壁中心温度为 10℃ 时的传热系数 K_{10} 是根据保冷材料的导热系数进行计算的。K_{10} 的计算公式见式(7-8)。

图 7-47 温度测点位置

（6）传热量计算

当内外温差为 1℃ 条件下，每小时的传热量 Q'：

$$Q' = SK_{10} \tag{7-9}$$

式中　Q'——传热量，kJ/h 或 kcal/h；

　　　S——传热面积，m^2。

（7）气密试验

气密试验参考冷藏冷冻车气密试验。

（8）启动性能试验

把最大积载质量均匀放在托盘的承载面积上，在托盘车辆停放在水平面上 5min 之后，在手把上加水平力，测试起动力，求出启动阻力系数。启动阻力系数计算如下：

$$启动阻力系数 = \frac{启动力}{总重力} \tag{7-10}$$

第 5 节　托盘质量检测

 1. 托盘载荷定义

（1）静载荷

静载荷是指托盘放在水平的刚性平面上，货物均匀平铺在托盘上时，托盘所能承受的最大载荷重量。

（2）动载荷

动载荷是指使用叉车等搬运设备，托盘在动态作业中，托盘上货物平铺均匀摆放时，所能承受的最大载荷重量。

（3）上架载荷

上架载荷是指托盘在横梁式或牛腿式的货架上，托盘上货物平铺均匀摆放时，所能承受的最大载荷重量。

因此，选择托盘的载荷能力时要了解托盘的使用功能，当托盘要上架存储时，上架载荷最为重要。同时，托盘的载荷能力与托盘上货物的摆放方式有很大关系，货物平铺均匀摆放为宜。

 2. 平托盘试验一般条件

表 7-18 为压缩用材料尺寸。弯曲试验及下层面板试验用的压缩用材是外径 60mm、壁厚 4mm 以上的钢管，下面支承用材料是宽高均为 100mm、壁厚 3mm 以上的角形钢管，载荷均匀地放上。试验时要用非常耐用的材料。

试验品处理：①保证木制托盘试验时的含水率在 18% 以上；②对于塑料托盘，在温度 (23±2)℃ 的条件下，放置 48h 以上后，迅速进行试验。

表 7-18　压缩用材料尺寸

托盘种类	加载头尺寸/mm×mm×mm
金属托盘、木制托盘	长 200×宽 200×高 25
塑料托盘	长 300×宽 300×高 25

3. 如何进行托盘脚部压缩试验？ ⋯⋯⋯

图 7-48 为盘脚部压缩试验示意图。把托盘放置在坚实的水平面上，在其测量部位放置加载头、承载板、载荷块，三者之和为施载试验载荷。初压载荷约为托盘最大载重量的 0.25 倍，逐步加载到最大载重量的 1.1 倍，测其压缩变形量，即承载板 A 点的 Y 方向的位移量。计算时，取 A_1 和 A_2 的平均值。接下来，检查卸载后脚部有无异常。在托盘的对角 A、B 两点上进行同样的试验，取测量平均值，得压缩变形量。

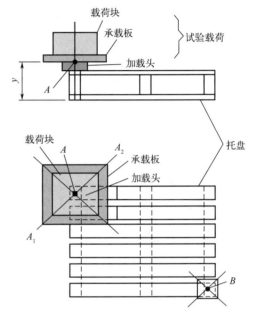

图 7-48　盘脚部压缩试验

4. 如何进行托盘弯曲试验？ ⋯⋯⋯⋯⋯⋯

① 如图 7-49 所示，把托盘放在支承块上后，把压力材料均匀地放在托盘上面，再把载荷板置于压力材料上面。载荷放在载荷板上面。全部试验装置通过支承块放在基础上面。初载荷约为托盘最大载重量的 0.1 倍，逐步加载到最大载重量的 1.25 倍，用千分表测其弯曲量。

此时的弯曲量相当于最大载重量 0.1 倍时的弯曲量（δ_1）和最大载重量 1.25 倍时的弯曲量（δ_2）之差。

用千分表测量弯曲量，并取 A 和 B 的平均值。

弯曲率由下式求出：

$$弯曲率 = \frac{\delta_2 - \delta_1}{L} \times 100\% \qquad (7\text{-}11)$$

式中　L——托盘弯曲试验长度；

　　　δ_1——减轻载荷到托盘最大载重量 0.1 倍时的弯曲量；

　　　δ_2——相当于托盘最大载重量 1.25 倍时的弯曲量。

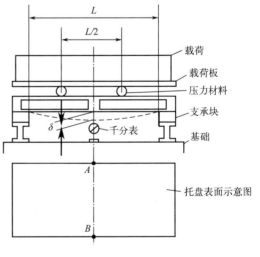

图 7-49　托盘弯曲试验

② 求残留弯曲率，减轻载荷到最大载重量的 0.1 倍时，等到弯曲量稳定下来后，测量

A 和 B 的弯曲量（δ_3）。此时的残留弯曲量是这个测量值（δ_3）和弯曲值（δ_1）之差，用 A 和 B 的平均值表示。

残留弯曲率用下式求出：

$$残留弯曲率 = \frac{\delta_3 - \delta_1}{L} \times 100\%$$ (7-12)

③ 根据需要，把托盘旋转 90°后，可进行同样的弯曲试验。

 5. 如何进行托盘的下层面板试验？

图 7-50 为托盘的下层面板试验。

① 在水平的平面上把托盘的上面朝下，并按图 7-50 设置上面压缩用材。通过上面压缩用材施加载荷。初载约为最大载重量的 0.1 倍，再施压为最大载重量的 1.15 倍，之后测量其弯曲量。此时，弯曲量就是给托盘加上相当于最大载重量 0.1 倍时的弯曲量（δ_1）和相当于最大载重量约 1.15 倍时的弯曲量（δ_2）之差。

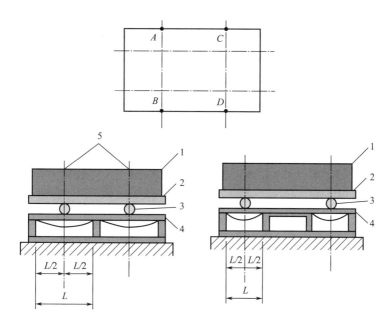

图 7-50　托盘的下层面板试验

1—载荷；2—载荷板；3—上面压缩用材；4—下层面板；5—试验载荷中心

弯曲量用千分表、游标卡尺等来测量，取 A、B、C 和 D 的平均值。

弯曲率由下式求出：

$$弯曲率 = \frac{\delta_2 - \delta_1}{L} \times 100\%$$ (7-13)

式中　L——立柱的内侧间距；

　　　δ_1——加上相当于最大载重量的载荷约 0.1 倍时的弯曲量；

　　　δ_2——加上相当于最大载重量的载荷约 1.15 倍时的弯曲量。

② 测量残留弯曲率时，按式（7-12）求得。

6. 如何进行托盘顶角跌落试验？

① 从托盘装载面对角线的两端各约 40mm 处，设定 A 和 B 测量点，测量 AB 间的长度 Y。

图 7-51 为托盘顶角跌落试验，吊起平托盘离地面高度 $H=500mm$，向用混凝土、石头、钢板等坚固材料制成的水平面上落下 3 次。当托盘质量 $W \leqslant 30kg$ 时，$H=1000mm$；当托盘质量 $W>30kg$ 时，$H=500mm$。

② 三次下落后，测量 A、B 间的长度 Y'，并与试验前的长度 Y 加以比较，用下式求得其变化率：

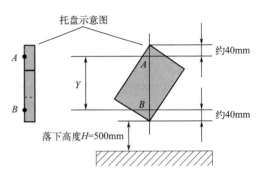

图 7-51　托盘顶角跌落试验

$$变化率 = \frac{Y-Y'}{Y} \times 100\%$$ 　　　　(7-14)

 7. 何谓托盘静摩擦系数试验？

① 试验目的。为了确定顶铺板与叉车货叉间的静摩擦因数。采用空载托盘进行试验，据其结果可用于预测重载货物的滑落情况。

② 试验装置与步骤。图 7-52 为静摩擦因数试验装置示意图。将计量过空载重量的托盘水平放置在干燥的钢制货叉上，其表面无润滑脂。货叉水平度要在 $\pm 1°$ 之内。货叉宽度应为 100mm。

货叉在平行于空载托盘叉孔的长度与宽度两个方向上试验。如果顶铺板下面贴有橡胶或高摩擦衬垫，试验时必须注意它们是否与钢叉接触。

③ 测量。试验时逐渐增加对托盘的拉力，直至托盘开始运动，记录下此时的最大拉力值 F_s。摩擦因数按下式计算：

$$\mu = F_s / W_s$$ 　　　　(7-15)

式中　　μ——静摩擦因数；

　　　　F_s——开始运动所需要的拉力；

　　　　W_s——托盘重量。

此试验目前只是作为托盘性能比较和托盘设计改进之用，没有规定具体的弯曲强度或刚度指标，待积累更多的经验后，再确定相关的性能指标。

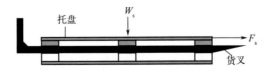

图 7-52　静摩擦因数试验装置示意图

8. 何谓塑料托盘滑动试验? ....

① 托盘和载重箱的滑动试验。如图 7-53 所示,使托盘按 45°/min 的速度倾斜,将载重箱物放在托盘上端滑下。求载重箱刚好能下滑的倾角 θ 值。载重箱是由波纹纸、胶合板围成的正方形箱子,在其中放入 30kg 的沙子,胶合板厚度为 12mm。波纹纸必须在温度为 (23 ± 2)℃、相对湿度为 65% 的室内经过 48h 以上的状态调整。

在托盘的长度和宽度两个方向上各做 3 次试验,最后求角度 θ 的平均值。

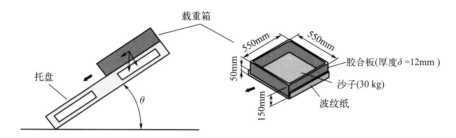

图 7-53 载重箱在托盘面上的滑动试验

② 托盘和货叉的滑动试验。用两根平行货叉插入托盘的两个货叉口的中央,在无载状态下,使货叉按 45°/min 速度逐渐倾斜,求托盘开始下滑时的倾角 θ。图 7-54 为托盘和货叉滑动试验示意图。

试验用的货叉截面形状为开口方形钢,厚度为 2.3mm,长度为托盘的 1.5 倍。

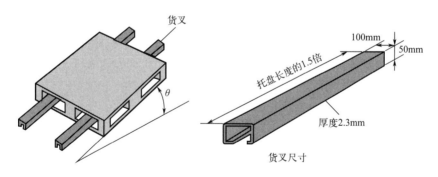

图 7-54 托盘和货叉滑动试验示意图

 9. 何谓弯曲蠕变试验? ....

① 载重和测试点。图 7-55 为塑料托盘弯曲蠕变测试点位置。托盘是均匀分布的最大装载质量,两端支点宽度为 100mm。3 个测试点在托盘中心线上。试验时,分别测量各测试点的变形值。

② 测试时间。当最大装载物放入托盘后开始测量托盘变形量,把测得值记入表 7-19 中。

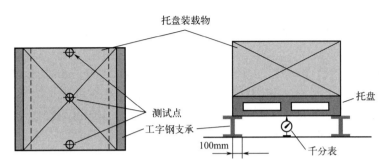

图 7-55　塑料托盘弯曲蠕变测试点位置

表 7-19　各时间点变形量

时间/h	载荷放入开始	0.5	1	3～5	10～24	48	72	100
变形量/mm	0							

③ 测试温度。测试时的温度为（30±2）℃。测试高温用托盘时，按用户要求做试验。

 10. 何谓托盘下铺板强度试验？

图 7-56 为托盘下铺板强度试验示意图。把两根枕梁设计在托盘下铺板和试验负荷板之间，负荷 P 加载于试验负荷板上面。

当负荷 $P=100\text{kg}$ 时，测量挠度 δ_1。试验负荷包括枕梁和试验负荷板。当负荷 $P=1150\text{kg}$ 时，测量挠度 δ_2。分别在宽度方向 A、B、C、D 各点测量并求其算术平均值。长度方向 E、F、G、H 的测量相同。

托盘下铺板挠曲率 ϕ 计算如下：

$$\phi=\frac{\delta_2-\delta_1}{L}\times100\%　\qquad(7-16)$$

式中　　L——插孔宽度，mm；

δ_1——试验负荷为 $0.1P$ 时下铺板的挠度值，mm；

δ_2——试验负荷为 $1.15P$ 时下铺板的挠度值，mm。

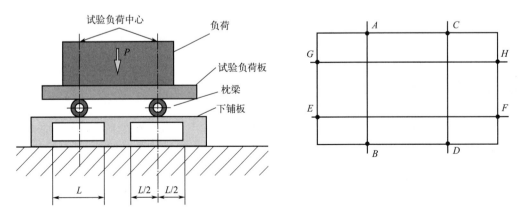

图 7-56　托盘下铺板强度试验示意图

11. 何谓均载强度试验?

图 7-57 为托盘均载强度试验示意图。把托盘放在支承上，将 $P=1100$kg 的负荷均匀、紧密、骑缝分布在上铺板上 48h 后，记录 δ 值。挠度值以 A_1、A_2 测得结果取平均值。

$$\phi_2=\frac{\delta}{L}\times100\%\qquad(7\text{-}17)$$

式中　ϕ_2——挠曲率，%；

　　　δ——试验负荷 $P=1100$kg 的挠度值，mm；

　　　L——托盘在支承之间距离，mm。

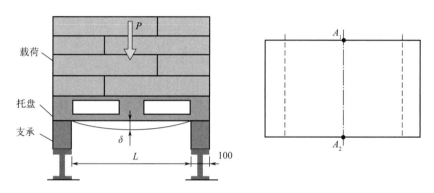

图 7-57　托盘均载强度试验示意图

塑料托盘试验值在表 7-20 技术要求范围内，则为合格品。

表 7-20　塑料托盘技术要求

项目		技术要求	
		单面	双面
堆码试验	变形量/mm	≤4	≤4
	外观	无影响使用的裂纹和变形	
抗弯强度试验	挠度值/mm	—	≤70
	残余挠曲率/%	—	1.5
	外观	无影响使用的裂纹和变形	
下铺板强度试验	挠曲率/%	—	5
	外观	无影响使用的裂纹和变形	
顶角跌落试验	对角线变化率/%	≤1	≤1
	外观	无影响使用的裂纹和变形	
均载强度试验	挠曲率/%	≤5	
	外观	无影响使用的裂纹和变形	

12. 试述钢制平托盘挠度试验及其残余挠度测量 --------------------

图 7-58 为钢制平托盘挠度试验示意图，其强度、高度要求如表 7-21 所示。

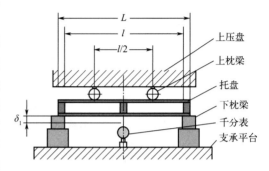

图 7-58　钢制平托盘挠度试验示意图

试验方法：用 3～5t 压力机加载。上枕梁为外径 $\phi76mm$、壁厚 6mm 的无缝钢管；下枕梁用 10 号槽钢对焊成箱体，长度略大于托盘长度。在上枕梁上压盘以（10±3）mm/min 的相对速度施加集中荷载，当荷载达到托盘额度载重量的 1.5 倍时，下铺板中心线前后部位千分表测得的下铺板中部挠度的平均值，即为托盘的挠度 δ_1。所测得挠度 δ_1 与托盘宽度 L 的比值用百分比表示即为挠曲率 ε：

$$\varepsilon = \frac{\delta_1}{L} \times 100\% \tag{7-18}$$

表 7-21　钢制平托盘强度、高度极限值

项目	指标	极限值
抗弯试验	挠曲率 ε	≤1%
	残余挠曲率 ϕ	≤0.3%
抗压试验	弹性本效率 Δ	<2mm
跌落试验	对角线长度变化率 ψ	≤1%

 13. 如何测量钢制平托盘残余挠度？ --------------------

图 7-59 为钢制平托盘残余挠度测量示意图。撤除试验荷载后，把托盘放置在平台上，经过 30min 后，再测量托盘中央部位的残余挠度 δ_2。残余挠度 δ_2 与托盘宽度 L 的比值用百分比表示，即为残余挠曲率 φ：

$$\varphi = \frac{\delta_2}{L} \times 100\% \tag{7-19}$$

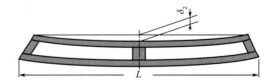

图 7-59　钢制平托盘残余挠度测量示意图

第**8**章

自动输送装备、换向装置与分拣技术

第1节　带式输送机

 1. 试述带式输送机的特点及应用

（1）特点

① 输送能力大，效率高。

② 结构比较简单、动作单一、结构紧凑、自身重量较轻、造价较低，受载均匀、速度稳定，工作过程中所消耗的功率变化不大。

③ 输送距高可以较长。不仅单机长度较长，且可由多台单机组成长距离的输送线路。

④ 便于实现程序化控制和自动化操作。

⑤ 输送带种类有：橡胶带、纺织带、树脂带、钢带、金丝网带。

（2）应用

在物流输送设备中，带式输送机是最经济输送设备。带式输送机广泛用于电子、电器、机械、烟草、注塑、邮电、印刷、食品等各行各业物件的组装、检测、调试、包装及运输等。

 2. 试述带式输送机种类及工作原理

（1）带式输送机种类

带式输送机应用广、种类多，可按需选择。图 8-1 为常用带式输送机种类。

（2）带式输送机工作原理

图 8-2 为带式输送机工作原理。首尾相接的环形输送带紧套在输送机的主动轮和从动轮上。主从动轮支承在输送机的机架

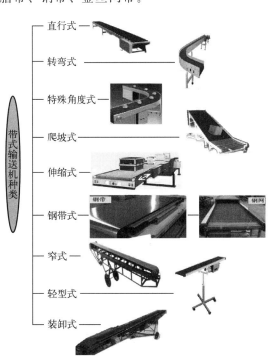

图 8-1　带式输送机种类

上。主动轮通过电机、减速传动系统驱动后，依靠主动轮与输送带之间的摩擦力，驱动输送带做循环运动。来到输送带上的物料随着带的运动而被搬运到规定位置。

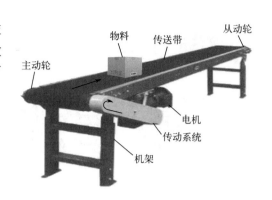

图 8-2 带式输送机工作原理

 3. 如何计算带式输送机的输送能力 Q？

(1) 成件物品输送能力计算

图 8-3 为带式输送机输送能力 Q 的计算。

1）输送能力（t/h）

$$Q = 3.6 \frac{Gv}{a} \tag{8-1}$$

式中　Q——物流输送能力，t/h；

　　　G——单件物品质量，kg；

　　　a——物品在输送机上的间距，m；

　　　v——带速，m/s，对于成件物品，一般 $v \leqslant 1.25$m/s。

2）输送能力（件/h）

如图 8-3 所示，设物品输送速度为 v，则物品之间的时间间隔为：$t = a/v$，则按每小时件数计算的输送能力为：

$$Q = \frac{3600}{t} = \frac{3600v}{a} \ \text{（件/h）} \tag{8-2}$$

(2) 散粒物料输送能力计算

连续输送机输送散粒物的能力可按散粒物的质量或容积进行计算。

1）输送能力（t/h）

连续输送机输送散粒物料时，按照质量的输送能力计算如下：

图 8-3 成件物品输送能力计算

$$Q = 3.6 q_{物} \ v \ \text{（t/h）} \tag{8-3}$$

式中　$q_{物}$——每米长度散粒物料的质量，kg/m；

　　　v——工作速度，m/s。

如图 8-4（a）所示，设物料堆积横截面积为 F（m²），堆积密度为 ρ（kg/m³），则：

$$q_{物} = F\rho \ \text{（kg/m）} \tag{8-4}$$

$$Q = 3.6F\rho v \ \text{（t/h）} \tag{8-5}$$

如图 8-4（b）所示，设物料堆积在机槽中，物料的充填系数为 ψ、机槽横面积为 F_0（m²），则：

$$Q = 3.6F_0 \psi \rho v \ \text{（t/h）} \tag{8-6}$$

2）输送能力（m³/h）

如图 8-4（a）所示，物料堆积在承载构件上的输送能力为：

$$Q = 3600Fv \ \text{（m³/h）} \tag{8-7}$$

如图 8-4（b）所示，物料堆积在机槽内的输送能力为：

$$Q = 3600F_0 \psi v \quad (\text{m}^3/\text{h}) \tag{8-8}$$

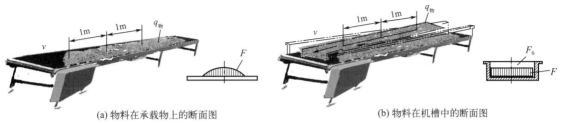

(a) 物料在承载物上的断面图　　　　　　(b) 物料在机槽中的断面图

图 8-4　散粒物输送能力计算图

 4. 试述物流配送中心常用的平带输送机形式

① 平带水平输送机。图 8-5 为平带水平输送机构成。

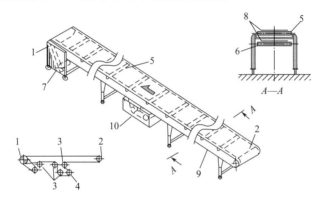

图 8-5　平带水平输送机构成

1—主动轮；2—从动轮；3—惰轮；4—张紧轮；5—导向轮；6—回动辊；7—驱动装置；8—输送带；9—机架；10—张紧装置

② 平带倾斜式输送机。图 8-6 为平带倾斜式输送机构成。

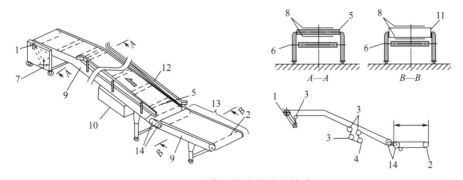

图 8-6　平带倾斜式输送机构成

1—主动轮；2—从动轮；3—惰轮；4—张紧轮；5—导向轮；6—回动辊；7—驱动装置；8—输送带；
9—机架；10—张紧装置；11—滑动带；12—导轨；13—辅助设置；14—连接轮

5. 带式输送机有何布置方式？

(1) 水平输送形式

图 8-7 为水平输送形式。

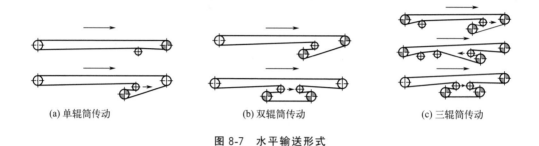

(a) 单辊筒传动   (b) 双辊筒传动   (c) 三辊筒传动

图 8-7 水平输送形式

(2) 向上输送形式

图 8-8 为向上输送形式。

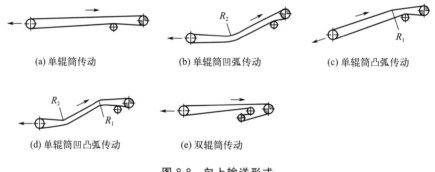

(a) 单辊筒传动   (b) 单辊筒凹弧传动   (c) 单辊筒凸弧传动

(d) 单辊筒凹凸弧传动   (e) 双辊筒传动

图 8-8 向上输送形式

(3) 向下输送形式

图 8-9 为向下输送形式。

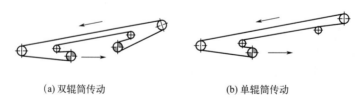

(a) 双辊筒传动   (b) 单辊筒传动

图 8-9 向下输送形式

6. 如何确定带式输送机曲率半径参数？

① 凹弧段曲率半径 R_1 计算。图 8-10（a）为凹弧段曲率半径 R_1，计算如下：

$$R_1 \geqslant \frac{(1.3-1.5)F_x}{(q_B - q_G)g} \tag{8-9}$$

式中　R_1——凹弧段曲率半径，m；

　　　F_x——凹弧段起点处输送带张力，N；

　　　q_B——每米长度输送带质量，kg/m；

　　　q_G——每米长度物料质量，kg/m，空载时 $q_G = 0$；

　　　g——重力加速度，$g = 9.81\mathrm{m/s}^2$。

② 凸弧段曲率半径 R_2。图 8-10（b）为凸弧段曲率半径 R_2，对于各种植物芯输送带，R_2 计算如下：

$$R_2 \geqslant (38 \sim 42)B\sin\lambda \tag{8-10}$$

对于钢绳芯输送带，R_2 计算如下：

$$R_2 \geqslant (110 \sim 167)B\sin\lambda \tag{8-11}$$

式中　B——带宽，m；

　　　λ——托辊槽角度，(°)。

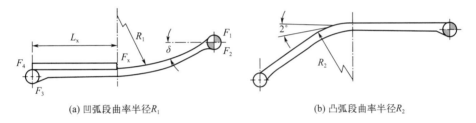

(a) 凹弧段曲率半径R_1　　　　　　(b) 凸弧段曲率半径R_2

图 8-10　凹凸弧曲率半径计算

 7. 图示带式输送机辊子结构尺寸

图 8-11 为带式输送机辊子结构尺寸及其辊子数量组合，图中注明了相关尺寸名称及其意义。常用辊子尺寸及其精度如表 8-1 所示。图 8-12 为辊子支架尺寸。

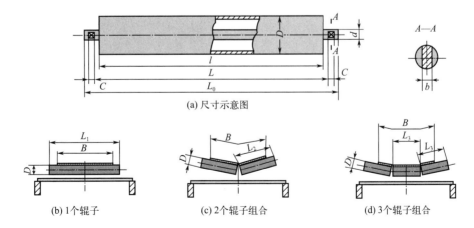

(a) 尺寸示意图

(b) 1个辊子　　　　(c) 2个辊子组合　　　　(d) 3个辊子组合

图 8-11　带式输送机辊子结构尺寸

D—辊子直径；l—辊子长度；d—辊子轴径；L_0—辊子轴长；C—铣扁方块宽度；b—铣扁方块厚度；B—带宽度

表 8-1 常用辊子尺寸及其精度 mm

带宽度 B	尺寸					辊子直径 d	螺栓规格
	a_1	h	m	n	e		
400	480	125	640±1.6	140	14.5	20	
500	580	125	740±1.6	140	14.5	20	
650	730	140	890±1.6	150	14.5	20	
800	930	150	1090±2.0	160	14.5	20	M12
1000	1130	180	1290±2.0	180	14.5	20	
					18.5	25	
1200	1330	180	1490±2.0	180	14.5	20	
					18.5	25	
1400	1550	250	1730±2.5	280	18.5	25	
					22.5	30	
1600	1750	250	1930±2.5	280	18.5	25	
					22.5	30	M16
1800	2040	280	2220±2.5	330	22.5	30	
					25.5	35	
2000	2240	280	2420±2.5	330	22.5	30	
					25.5	35	

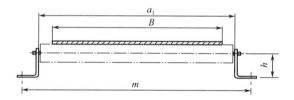

图 8-12 辊子支架尺寸

8. 何谓弧形带式输送机?

弧形带式输送机也叫平面转弯带式输送机,是指采用平输送带实现平面转弯的特种带式输送机。平面转弯带式输送机可实现输送带的自然变向,而无须采用特殊结构的专用输送带。平面转弯带式输送机可以使原先无法实现的运输线路得以实现,在物流业中应用广泛,具有极高的社会效益和经济效益。

图 8-13 为弧形带式输送机,多与直线输送机组合应用。图 8-14 为弧形带式输送机(90°)

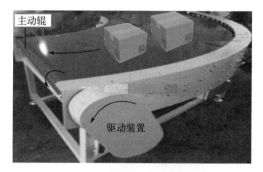

图 8-13 弧形带式输送机(90°)

基本尺寸标注。图 8-15 为直线与 90°的平带输送机组合应用。图 8-16 为左转弯弧形带输送机和直线输送机组合应用。图 8-17 为右转弯弧形带输送机应用。图 8-18 为金属网弧形带式输送机,在食品工业中应用较广泛。图 8-19 为金属网直线带式输送机,在食品、果蔬产业中应用广泛。

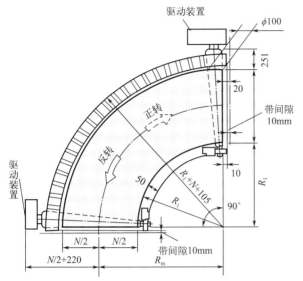

图 8-14　弧形带式输送机（90°）基本尺寸标注

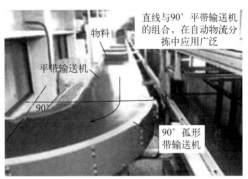

图 8-15　直线与 90°平带输送机组合应用

图 8-16　左转弯弧形带输送机和直线输送机组合应用

图 8-17　右转弯弧形带输送机应用

图 8-18　金属网弧形带式输送机

图 8-19　金属网直线带式输送机

第2节 链式输送机

1. 何谓链式输送机？

链式输送机是利用链条牵引、承载，或由链条上安装的板条、金属网带、辊道等承载物料的输送机。根据链条上安装的承载面不同，可分为链条式、链板式、链网式、板条式、链斗式、托盘式和台车式等链式输送机。此外，也常与其他输送机、升降装置等组成各种功能的生产线。图 8-20 为链式输送机基本类型。

图 8-21 所示链条输送机可用于搬运单元负载货物，如托盘、塑料箱，也可利用托盘输送其他形状物料。在链条输送机的链条上装设变化多样的附件，则可派生出多种形式的链条输送机。图 8-22 为链条输送机在搬运托盘单元。

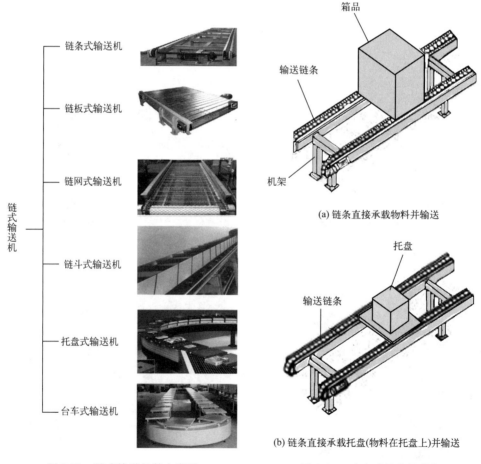

图 8-20 链式输送机基本类型

图 8-21 动力式链条输送机

2. 试述链式转盘输送机动作原理 ┄┄┄┄

图 8-23 为使物料改变流动方向的链式转盘输送机。其动作原理是：当物料从 A 方向来到转盘输送机上面时，旋转驱动系统动作使其转动 90°后物料按 B 方向移动，实现了物料换向移动。

 3. 试述爬坡式链板输送机结构组成 ┄┄┄┄

图 8-24 为爬坡式链板输送机及其结构组成，这是一种以标准链板为承载面，由减速电机为动力传动的传送装置。链条的循环往复运动提供牵引动力；金属板是输送过程中的承载体。

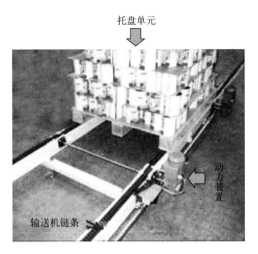

图 8-22　链条输送机在搬运托盘单元

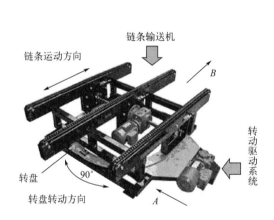

图 8-23　链式转盘输送机动作原理

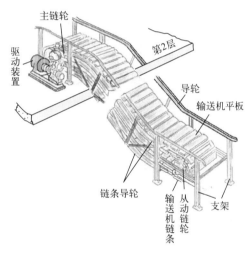

图 8-24　爬坡式链板输送机及其结构组成

 4. 图示链板式输送机传动路线及其物料的放置方法 ┄┄┄┄┄┄┄┄┄┄┄┄

链板式输送机被固定在地面上，可以沿水平、倾斜方向输送物料，在物流输送、冶金、煤炭、化工、汽车、电力、机械制造等行业应用广泛。它具有结构简单、运行可靠、使用寿命长、安装维修简单等特点。运送单个物料（件）的质量可达 70～120kg，输送机长度可达 40～80m，且允许 25°倾角输送。

图 8-25 为板式输送机传动原理，电机通过联轴器与减速装置连接，当电机顺时针转动时驱动减速装置并使齿型带转动，与齿型带轮同轴的主动链轮带动驱动链条转动，固连在链条上的承载物料的链板也随链条而移动，达到搬运物料的目的。

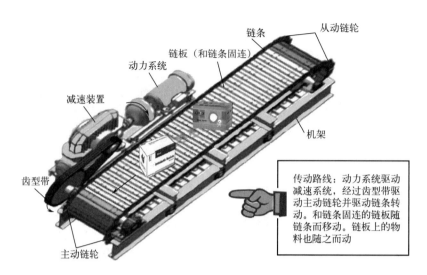

图 8-25　板式输送机传动原理

图 8-26 为物品在输送机底板上的放置方式。输送机底板宽度 B 与物料外形尺寸和在输送机上的放置方式有很大的关系。对于无挡边的链板式输送机：

$$B = b + (50 \sim 100) \qquad (8\text{-}12)$$

对于有挡边的板式输送机：

$$B = b + (100 \sim 150) \qquad (8\text{-}13)$$

式中　B——底板宽度，mm；

　　　b——箱品最大横向尺寸，mm。

输送机底板标准宽度 B（mm）为：160、200、250、315、400、500、630、800、1000、1250、1600、2000 和 2500。

为实现最佳输送效率，底板宽度 B 与运行速度的匹配推荐值如表 8-2 所示。

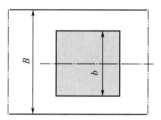

(a) 定位放置

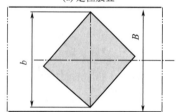

(b) 任意放置

图 8-26　物品在输送机底板上的放置方式

表 8-2　底板宽度 B 与运行速度 v 的匹配推荐值

底板宽度 B/mm	400	500	630	800	1000	1250	1600
运行速度 v/(m/s)	0.125	0.125	0.125	0.125	0.200	0.200	
	0.160	0.160	0.160	0.160	0.250	0.250	0.250
	0.200	0.200	0.200	0.200	0.315	0.315	0.315
	0.250	0.250	0.250	0.250	0.400	0.400	0.400
	0.315	0.315	0.315	0.315	0.500	0.500	0.500
	0.400	0.400	0.400	0.400	0.630	0.630	0.630
			0.500	0.500			

为提高输送效率，在输送机上的物品必须保持最小距离 e。其效率用计件输送量 Q 表达：

$$Q = 3600 \frac{G}{L} v \frac{t_{\mathrm{w}}}{t}$$

式中　Q——计件输送量，kg/h；

　　　G——单件物品质量，kg；

　　　L——相邻物品沿输送方向的平均间距，m，$L = a + e$，e 为相邻物品间隙，一般 $e = 50 \sim 100\mathrm{mm}$，$a$ 为物品最大纵向尺寸；

　　　v——运行速度，m/s；

　　　t——一个工作周期的时间，s；

　　　t_{w}——在一个工作周期内，输送机行走部分的运行时间，s。

图 8-27 为物品间距示意图。

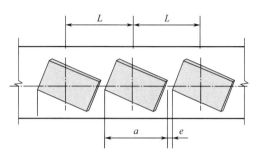

图 8-27　物品间距示意图

第 3 节　辊子输送机

 1. 辊子输送机工作原理及其基本分类

如图 8-28 所示，动力装置通过传动装置将动力传给辊子，使其旋转。通过辊子表面与输送物品底面间的摩擦力来输送物品。

辊子输送机按驱动方式有单独驱动与成组驱动之分。前者的每个辊子都配有单独的驱动装置，便于拆卸。后者是若干辊子作为一组，由一个驱动装置驱动，以便降低设备成本。成组驱动的传动方式有齿轮传动、链传动和带传动。动力式辊子输送机一般用交流电动机驱动，根据需要亦可用双速电动机和液压马达驱动。辊子输送机适用于输送底部平坦的物品。其优点是输送速度快、运转轻快平稳、能实现多品种共线分流输送。

按照结构分类，辊子输送机有直线型、顶

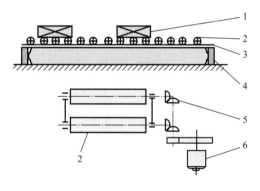

图 8-28　辊子输送机工作原理图

1—箱品；2—辊子；3,4—支架；
5—传动装置；6—动力装置

升回转机、回转机、道岔式分（合）流机等形式。按辊子形式分类，又有无动力辊、动力辊、积存辊、电动辊等形式。按辊子材料分，又有金属辊、塑料辊、复合材料辊等形式。

 2. 何谓无动力辊子输送机？

此输送机没有动力装置，辊子转动呈被动状态。物品依靠人力、重力或外部推拉装置移动。按布置方式有水平和倾斜两种。水平布置依靠人力或外部推拉装置移动物品，适用于物品重量轻、输送距离小、作业不频繁的情况。倾斜布置依靠物品自重分力移动物品，结构简单、经济适用，适用于短距离的物品输送。图 8-29 为直线式无动力辊子输送机示意图。图 8-30 为曲线式无动力辊子输送机示意图。

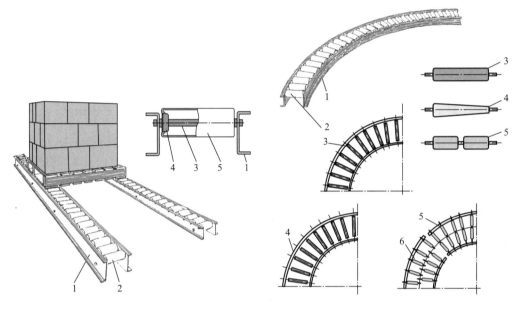

图 8-29　直线式无动力辊子输送机示意图　　图 8-30　曲线式无动力辊子输送机示意图
1—机架；2—辊子；3—辊子轴；4—轴承；5—辊子管　　1—机架；2—辊子；3—直线辊子；4—圆锥辊子；
5—双辊子（同轴多辊式）配置辊子；6—异轴多辊子式配置辊子

 3. 何谓动力辊子输送机？

动力辊子输送机本身具有驱动装置，辊子转动呈主动状态，可以控制物品运行状态，按照规定速度，精确、平稳、可靠地输送物品。图 8-31 为动力式辊子输送机的传动方式，包括链传动、带传动和齿轮传动三种方式。

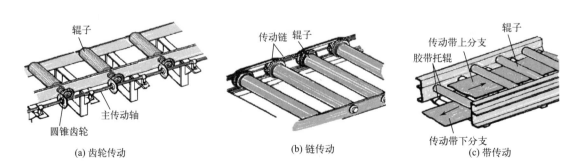

(a) 齿轮传动　　　　　　　　(b) 链传动　　　　　　　　(c) 带传动

图 8-31　动力式辊子输送机的传动方式

① 链传动：承载能力大，通用性好，布置方便，对环境适应性强，可在经常接触油、

水及温度较高的地方工作，是一种常用的动力
式辊子输进机。但在多尘环境中工作时，链条
容易磨损，高速运行时噪声较大。

链传动分单链传动和双链传动。单链传动
结构布置紧凑，适用于轻载、低速、持续运行
的场合。双链传动适用于载荷较大，速度较
高，启、制动较为频繁的场合。图 8-32 为链传
动辊子输送机。

② 带传动：运转平稳，噪声小，对环境污
染少，允许高速运行，但不宜在油污环境下工
作。带传动分平带传动、V 型带传动、O 型带
传动。平带传动承载能力最大，V 型带传动次

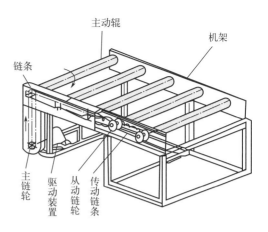

图 8-32　链传动辊子输送机

之，O 型带传动最小。V 型带和 O 型带传动均可适用于辊子输送机圆弧段。O 型带传动布
置最为灵活。图 8-33 为圆带传动辊子输送机圆带安装方法。图 8-34 为辊筒输送机的三角形
带及链条传动安装方法。图 8-35 为平带传动辊子输送机。

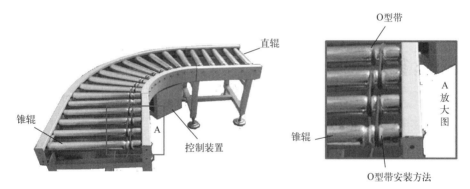

图 8-33　圆带传动辊子输送机圆带安装方法

(a) 三角带传动

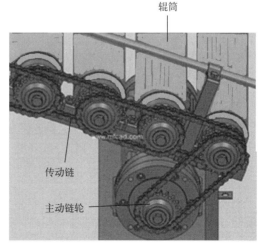

(b) 链轮链条传动

图 8-34　三角形带及链条传动的安装方法

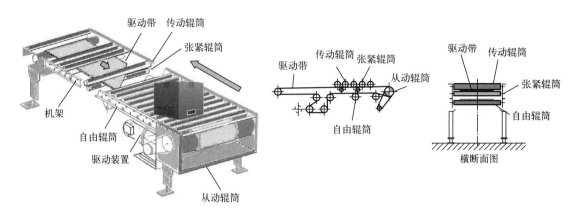

图 8-35 平带传动辊子输送机

③ 齿轮传动：齿轮传动有锥齿轮和圆柱齿轮两种传动方式，优点是承载能力大，传动精度高，使用寿命长，对环境适应性强，适用于重载、运动精度要求高、启制动频繁、经常逆转的场合。图 8-36 为锥齿轮传动辊子输送机。图 8-37 为锥齿轮传动弧形辊子输送机，即通过万向接头连接主动轴的锥齿轮传动的弧形辊子输送机。图 8-38 为圆柱齿轮传动辊子输送机。

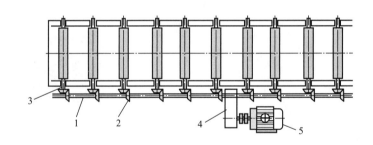

图 8-36 锥齿轮传动辊子输送机

1—齿轮轴；2—锥齿轮；3—传动轴；4—减速器；5—电机

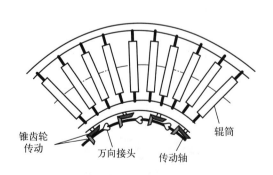

图 8-37 锥齿轮传动弧形辊子输送机

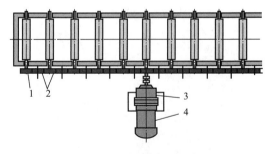

图 8-38 圆柱齿轮传动辊子输送机

1—辊子轴；2—圆柱齿轮；3—减速器；4—电机

④ 摩擦传动辊子输送机：图 8-39（a）为摩擦传动辊子输送机示意图。

⑤ 电动辊驱动的辊子输送机：图 8-39（b）为电动辊驱动的辊子输送机示意图。

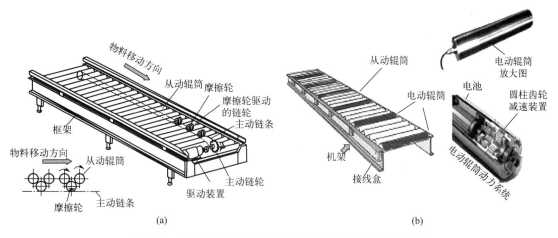

图 8-39　摩擦传动辊子输送机与电动辊驱动的辊子输送机

⑥ 总轴驱动辊子输送机：图 8-40 为总轴驱动 O 型带辊子输送机。O 型带传动优点是：减缓载荷冲击，运行平稳无噪声，制造和安装精度不像齿轮啮合传动那样严格，因为过载时引起打滑，具有保护其他零件不受损坏等功能。图 8-41 为总轴驱动 O 型带辊筒输送机实体。

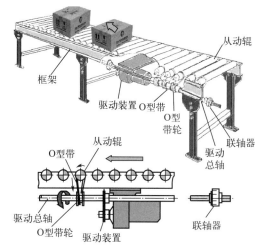

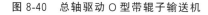

图 8-40　总轴驱动 O 型带辊子输送机

图 8-41　总轴驱动 O 型带辊筒输送机实体

 4. 试述圆带驱动辊筒输送机传动原理及参数选择

(1) 传动原理

圆带驱动辊筒输送机是中等载荷的输送机，其传动原理如图 8-42 所示。电机通过减速机、链轮链条传动副、圆带交叉传动，把运动传给各辊筒。其优点在于干净卫生、安全可靠、成本低、噪声低（比其他驱动方式输送机低 35%）。此外，输送机速度高，可达 60m/min，其他驱动方式输送机最高达 30m/min。在输送机的某处装入变速装置，可以改变输送速度。这种驱动方式可以组合成各种圆弧和角度的分支与合流的输送线。

这种输送机适合于中等载荷且底面平整的纸箱、塑料箱、木箱、托盘等的输送作业。要

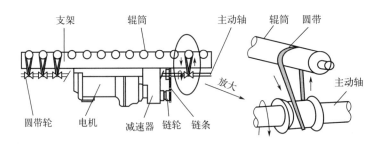

图 8-42　圆带驱动的辊筒输送机

求输送物规格尺寸：长度 $L \leqslant 572mm$，宽度 $B \leqslant 300mm$，质量 $W \leqslant 90kg$。

（2）辊筒承载能力与物品形状尺寸关系

一般情况下，每根辊筒的承载能力为 7kg。表 8-3 为辊筒长度和输送机内侧宽度对应关系，图 8-43 为其辊筒长度与输送机内侧宽度示意。

表 8-3　辊筒长度和输送机内侧宽度对应关系　　　　　　　　　　　mm

输送机内侧宽度	400	500	630
辊筒长度	392	492	622

标准输送速度如下：当电源为 50Hz 时，速度为 15m/min、20m/min、30m/min。当电源为 60Hz 时，速度为 18m/min、24m/min 和 36m/min。

（3）输送机宽度的选择

圆带输送机宽度一般有 3 种规格，当直线输送时，与物品宽度对应关系如图 8-44（a）所示。

对于圆弧段圆带辊筒输送机，根据物品长度和宽度来决定输送机宽度。选择方法如图 8-44（a）所示。

图 8-43　辊筒长度与输送机内侧宽度

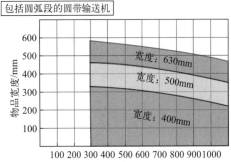

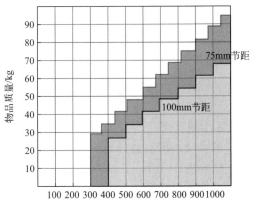

图 8-44　圆带输送机宽度和辊子节距选择方法

(4) 辊筒节距的选择

如图 8-44 (b) 所示，圆带输送机辊筒节距有 75mm 和 100mm 两种。根据物品的长度和质量来选择。例如：物品长度为 650mm、质量为 55kg 时，则选择节距为 75mm 的输送机。

(5) 主输送机与分类输送机的夹角

图 8-45 为主输送机与分类输送机夹角分别为 30°、45°和 90°。图 8-46 为分类输送机实体，即由 60°、30°两种角度构成的分类输送机系统，在物流分拣系统中应用广泛。

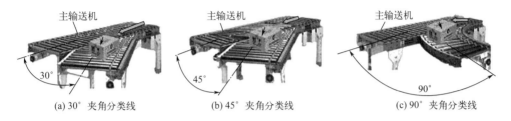

(a) 30°夹角分类线　　　(b) 45°夹角分类线　　　(c) 90°夹角分类线

图 8-45　主输送机与分类输送机夹角

① 曲直线组合尺寸。辊筒输送机在分流输送线中应用极广。图 8-47 所示为曲、直线组合尺寸，据此可以参考设计分流输送机的分支与合流部分的尺寸。

② S 形曲线装置尺寸。图 8-48 所示为 S 形曲线装置尺寸，据此可以设计输送线的 S 形曲线装置。

图 8-46　分类输送机实体

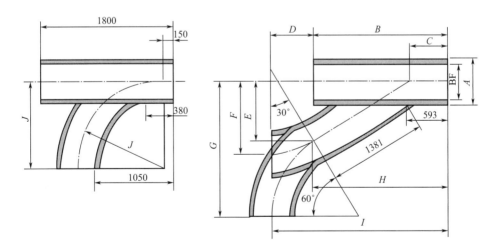

主要尺寸/mm										
BF	A	B	C	D	E	F	G	H	I	J
400	460	1800	595	634	747	895	1700	1889	2439	1100
500	560	1800	608	689	754	908	1750	1914	2489	1150
630	690	2100	625	454	763	925	1815	1946	2554	1250

图 8-47　曲、直线组合尺寸

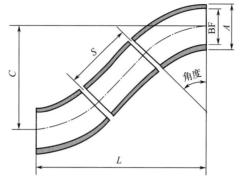

30° 曲线　　　　　　　　　　　　mm

BF								
400			500			630		
C	L	S	C	L	S	C	L	S
295	1100	0	308	1150	0	326	1215	0
445	1360	300	458	1410	300	476	1475	300
595	1620	600	608	1670	600	626	1735	600

45° 曲线　　　　　　mm

BF								
400			500			630		
C	L	S	C	L	S	C	L	S
644	1556	0	674	1626	0	712	1718	0
857	1768	300	886	1838	300	924	1930	300
1069	1980	600	1098	2051	600	1136	2143	600

60° 曲线　　　　　　mm

BF								
400			500			630		
C	L	S	C	L	S	C	L	S
1100	1905	0	1150	1992	0	1215	2104	0
1360	2055	300	1410	2142	300	1475	2254	300
1620	2205	600	1670	2292	600	1735	2404	600

图 8-48　S 形曲线装置尺寸

③ 输送机圆弧段。图 8-49 为输送机圆弧段。常用圆弧角度为 θ 有 30°、45°、60° 和 90° 四种。机械宽度 W_1 和 W 已标准化，表 8-4 为 W_1 和 W 对照尺寸。

表 8-4　输送机宽度对照表　　mm

W_1	460	560	690
W	400	500	630

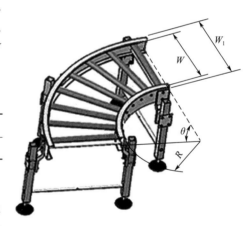

图 8-49　输送机圆弧段

（6）圆带辊子输送装置应用

图 8-50 为直线输送机示例及参数。输送机长度 L 根据输送物重量、有无储集要求和平面布置来决定。

（7）30°合流装置

按 30°方向把输送物合流到主输送线上。图 8-51 为 30°合流装置，主要参数为：节距 75mm，当输送机长度为 1800mm 时，输送机宽为 $W_1=460$mm，$W=400$mm；当输送机长度为 2100mm 时，其宽度 $W_1=690$mm，$W=630$。

（8）30°分流输送装置

图 8-52 为把来自主输送线的物品按 30°分流出来。分流时，要求物品间隔不小于 800mm。

图 8-53 为 30°辊筒分类输送机在综合分类线中的应用。

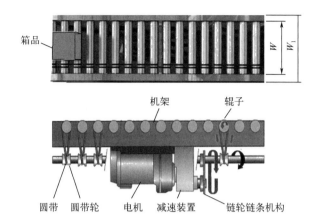

节距75mm (100mm)	机宽	W_1	460					560				
	机宽	W	400					500				
	输送机速度/(m/min)	50Hz	15	20	30	20	20	15	20	30	20	20
		60Hz	18	24	36	24	24	18	24	36	24	24
	电动机容量/kW		0.2			0.4	0.75	0.2			0.4	0.75
节距75mm (100mm)	机宽	W_1	690				
	机宽	W	630				
	输送机速度/(m/min)	50Hz	16	20		30	20	20
		60Hz	18	24		36	24	24
	电动机容量/kW		0.2			0.4	0.75

图 8-50　直线输送机示例及参数

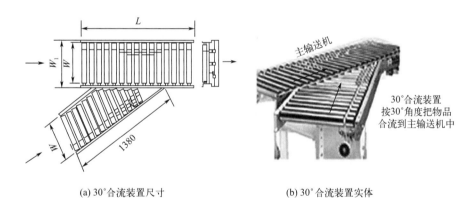

(a) 30°合流装置尺寸　　　　　　(b) 30°合流装置实体

图 8-51　30°合流装置

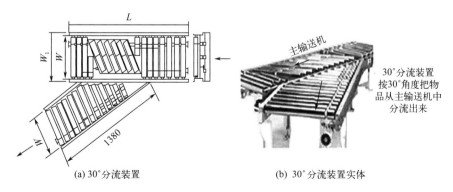

(a) 30°分流装置　　　　　　(b) 30°分流装置实体

图 8-52　30°分流装置

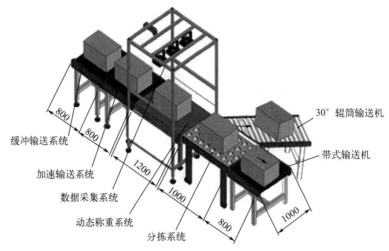

缓冲输送系统
加速输送系统
数据采集系统
动态称重系统
分拣系统
30°辊筒输送机
带式输送机

图 8-53　30°辊筒分类输送机在综合分类线中的应用

(9) 90°合流装置

图 8-54 为 90°合流装置，按 90°方向把物品合流动主输送线上去。

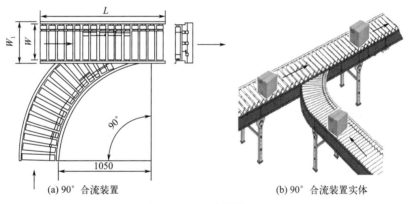

(a) 90°合流装置

(b) 90°合流装置实体

图 8-54　90°合流装置

 5. 常用圆柱形辊子输送机的辊子性能和尺寸有何对应关系？

　　常用辊子直径有 $\phi73$、$\phi85$、$\phi105$、$\phi130$ 和 $\phi155$（mm）；辊子长度 l 有 150、200、250、300、320、400、500、630、800、1000 和 1250（mm）。一般根据物品或托盘宽度 B 来确定辊子输送机宽度 W。表 8-5 为圆柱形辊子性能和尺寸的对应关系，表中，A 为辊子输送机支架外尺寸、C 为辊子轴长度。

 6. 说明长辊输送机的系列参数及其常用布置形式

　　据物品尺寸和重量选择长辊输送机时，首先要了解其基本规格尺寸和性能。图 8-55 为长辊输送机基本尺寸。表 8-6 为长辊输送机系列参数，可供选择。图 8-56 为辊子输送机的一般布置形式。

表 8-5　圆柱形辊子性能和尺寸　　　　　　　　　　　　　　　　　　　　　mm

辊子长 l	轻型 φ73					中型 φ105					重型 φ155				
	A	C	容许载荷 P/N	辊子总质量/kg	辊子转动部分质量/kg	A	C	容许载荷 P/N	辊子总质量/kg	辊子转动部分质量/kg	A	C	容许载荷 P/N	辊子总质量/kg	辊子转动部分质量/kg
200	244	261		3.4											
300	344	361		4.6	34	356	378		9.7	7.2	350	470		24.8	18.5
400	444	461		5.7	42	456	478		11.9	8.5	450	570		29.3	21.4
500	544	561	6000	6.8	49	556	578	12000	14.0	9.9	550	670	25000	33.8	24.3
650	694	711		8.5	61	706	728		17.4	11.9	700	820		40.2	28.5
800	844	861		10.1	72	856	878		20.5	14.9	850	970		47.2	33.0
1000	1044	1061		12.1	85	1056	1078		25.0	16.8	1050	1170		56.5	39.2

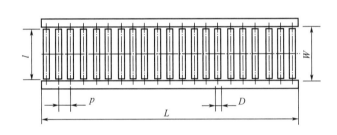

(a) 长辊输送机基本尺寸

(b) 长辊输送机实体

图 8-55　长辊输送机基本尺寸及实体

表 8-6　长辊输送机系列参数　　　　　　　　　　　　　　　　　　　　　mm

辊子直径 D	长辊	25，40，50，60，76，89，108，133，159
	边辊	60，80，100，125，160，200
	短辊	50，76
辊子长度 l（长辊）		160，200，250，320，400，500，630，800，1000
输送机宽度 W（边辊、短辊）		1250，1400，1600，1800，2000
辊子间距 P		75，100，150，200，250，300，400
输送机高度 H		400，500，630，800
机架长度 L		1500，2000，3000
圆弧段转角 θ		45°，90°
输送速度 v /（m/s）		0.1，0.125，0.16，0.20，0.25，0.32

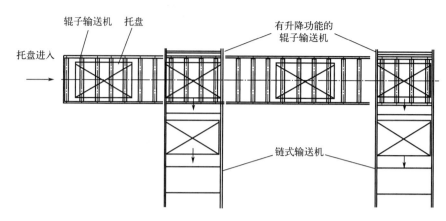

图 8-56　辊子输送机的一般布置形式

第 4 节　辊子输送机设计计算

 1. 如何计算辊子输送机几何参数?

(1) 已知参数

① 辊子输送机的形式、长度以及布置方式。

② 输送量(件/h)、输送速度、载荷在辊子输送机上的分布情况。

③ 单个物品的质量、(外包装)材质、外形尺寸。

(2) 基本参数计算

1) 辊子长度计算

① 辊子输送机直线段计算。圆柱形辊子输送机直线段的辊子长度一般参照图 8-57 所示,按下式计算:

$$l = B + \Delta B \tag{8-14}$$

式中　l——辊子长度,mm;

B——物品宽度,mm;

ΔB——宽度裕度,mm,一般可取 $\Delta B = 50 \sim 150$mm。

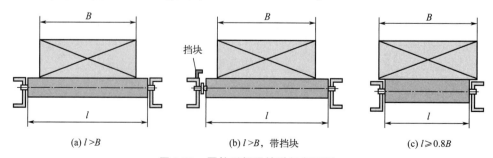

(a) $l > B$　　　　　　(b) $l > B$,带挡块　　　　　　(c) $l \geqslant 0.8B$

图 8-57　圆柱形辊子输送机断面图

对于底部平整结实的物件，在不影响正常输送和安全的情况下，物件宽度 B 可大于辊子长度 l，一般取 $l \geqslant 0.8B$。

采用短辊子的多辊输送机，其输送机宽度一般可参照图 8-58（a），按下式计算：

$$W = B + \Delta B \tag{8-15}$$

式中　W——输送机宽度，mm；

　　　B——物品宽度，mm；

　　　ΔB——宽度裕量，mm，一般可取 $\Delta B = 50$mm。

当多辊子少于 4 列时，只宜输送刚度大的平底物品，物品宽度应大于输送机宽度，可取 $W = (0.7 \sim 0.8)B$，如图 8-58（b）所示。

② 辊子输送机圆弧段计算。辊子输送机圆弧段的圆锥辊子长度 B 如图 8-59 所示。

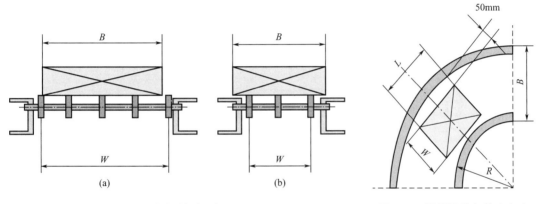

图 8-58　多辊输送机断面图　　　　　　　图 8-59　辊子输送机转弯宽度

$$B = \sqrt{(R+W)^2 + (L/2)^2} - R + 50 \tag{8-16}$$

式中　L——物品长度，mm；

　　　W——物品宽度，mm；

　　　R——转弯曲率半径，mm。

2）辊子间距计算

如图 8-60 所示，辊子间距 p 应保证一个物品始终支承在 3 个以上的辊子上。一般情况下，可按下式选取：

$$p = 1/3L \tag{8-17}$$

对要求输送平稳的物品：

$$p = (1/4 \sim 1/5)L \tag{8-18}$$

式中　p——辊子间距，mm；

　　　L——物品长度，mm。

对柔性大的细长物品，还需核算物件的挠度，物品在一个辊子间距上的挠度应小于辊子间距的 1/500，否则需适当缩小辊子间距。

辊子输送机的装载物品段如承受冲击载荷

图 8-60　支承物料的辊子数量

时，也需缩小辊子间距或增大辊子直径。

对双链传动的辊子输送机，辊子间距应为 1/2 链条节距的整数倍。

辊子输送机以圆弧段中心线上的辊子间距作为计算辊子间距。当圆弧段采用链传动时，相邻两传动辊子的夹角应小于 5°，以改善传动状况。

3）辊子直径计算

辊子直径 D 与辊子承载能力有关，可按下式选取：

$$F \leqslant [F] \tag{8-19}$$

式中　　F ——作用在单个辊子上的载荷，N；

　　　　$[F]$ ——单个辊子上的许容载荷，N。

作用在单个辊子上的载荷 F，与物品质量、支承物品的辊子数以及物品底部特性有关，可按下式计算：

$$F = \frac{mg}{K_1 K_2 n} \tag{8-20}$$

式中　　m ——单个物品的质量，kg；

　　　　K_1 ——单列辊子有效支承系数，与物品底面特性及辊子平面度有关，一般可取 $K_1 = 0.7$；对底部刚度很大的物品，可取 $K_1 = 0.5$；

　　　　K_2 ——多列辊子不均衡承载系数，对双列辊子，取 $K_2 = 0.7 \sim 0.8$；对单列辊子，取 $K_2 = 1$；

　　　　n ——支承单个物品的辊子数；

　　　　g ——重力加速度，取 $g = 9.81 \text{m/s}^2$。

单个辊子的允许载荷 $[F]$ 与辊子直径及长度有关，可从产品样本中查取。在确定需要的单个辊子允许载荷及辊子长度以后，即可选择适当的辊子直径 D。

4）圆弧段半径计算

辊子输送机的圆弧段半径，这是与辊子直径 D 及长度 L 有关的给定尺寸，可从产品样本或手册中查取。如需自行设计圆弧段，可按下列情况计算：

① 圆锥形辊子输送机圆弧段。如图 8-61 所示，圆弧段内侧半径 R 计算如下：

$$R = \frac{D}{K} - c \tag{8-21}$$

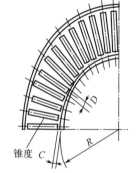

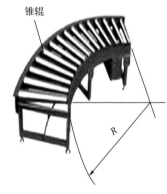

(a) 圆锥形辊子输送机圆弧段示意图　　(b) 圆锥形辊子输送机圆弧段实体

图 8-61　圆锥形辊子输送机圆弧段图

式中　　R ——圆弧段内侧半径，mm；

　　　　D ——圆锥形辊子小端直径，mm；

　　　　K ——辊子锥度，常用的辊子锥度 K 值为 1/16、1/30、1/50，锥度越小，物品在圆弧段运行越平稳；

　　　　c ——圆锥辊子小端端面与机架内侧的间隙，mm。

② 圆柱形辊子输送机圆弧段。辊子一般采用单列布置，如辊子长度 l 大于 800mm 时，宜采用双列辊子。圆弧段的内侧半径 R 一般可按表 8-7 选取。

表 8-7　圆柱形辊子输送机圆弧段内侧半径　　　　　　　　　　　　mm

辊子直径	25	40	50	60	76	89	108	133	159
圆弧半径 R	630	630	800	800	800	1000	1000	1250	1250
			900	900	900				
	800	800	1000	1000	1000	1250	1250	1600	1600

（3）输送机高度计算

辊子输送机高度 H 根据物品输送的工艺要求（如线路系统中工艺设备物料出入口的高度、装配、调试、装卸区段人员操作位置等）确定，一般 $H = 500 \sim 800\text{mm}$，也可不设支腿，使机架直接固定在地坪上。

（4）输送速度选择

辊子输送机的输送速度 v 根据生产工艺要求和输送方式确定。

无动力辊子输送机：可取 $v = 0.2 \sim 0.4\text{m/s}$。

动力辊子输送机：可取 $v = 0.25 \sim 0.5\text{m/s}$，并尽可能取大值，以便在满足同样输送量要求的前提下，使物品分布间隔较大，从而改善机架受力情况。

当工艺上对输送速度严格限定时，输送速度应按工艺要求选取，但无动力辊子输送机不宜大于 0.5m/s，动力辊子输送机不宜大于 1.5m/s，其中链传动辊子输送机不宜大于 0.5m/s。

（5）输送能力计算

辊子输送机的按照物料质量的输送能力用下式计算：

$$I_{\mathrm{m}} = 3.6 q_{\mathrm{G}} v \tag{8-22}$$

辊子输送机的按照物品计件的输送能力用下式计算：

$$Z = \frac{3600 v}{a} \tag{8-23}$$

式中　I_{m}——输送机按照物料质量的输送量，t/h；

　　　Z——连续输送机的按物品计件的输送量，件/h；

　　　v——输送机工作速度，m/s；

　　　q_{G}——每米长度物品的质量，kg/m，辊子输送机输送的是成件物品。

每米长度物品的质量用下式计算：

$$q_G = G/a \tag{8-24}$$

式中　G——单件物品的质量，kg；

　　　a——输送机上物品的间距，m。

 ## 2. 试述无动力辊子输送机参数计算

（1）运行阻力计算

沿辊子运动的物品所受总阻力由三部分组成，无动力辊子输送机水平或倾斜布置时的物品运行阻力如图 8-62 所示。计算公式如下。

1）辊子轴颈处的摩擦阻力 W_1（N）

$$W_1 = \left(zq + \frac{G\cos\beta}{\cos\rho_{\mathrm{m}}} \right) g \frac{\mu d}{D} \tag{8-25}$$

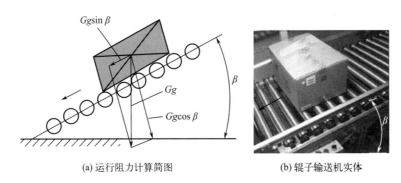

(a) 运行阻力计算简图　　　　　(b) 辊子输送机实体

图 8-62　运行阻力计算简图

根据实际应用经验，$\dfrac{\cos\beta}{\cos\rho_{\mathrm{m}}}\approx 1$，则公式简化为：

$$W_1 = (zq + G)g\frac{\mu d}{D} \tag{8-26}$$

式中　G——单件物品的质量，kg；

　　　q——单个辊子旋转部分质量，kg；

　　　z——与单件物品同时接触的辊子数；

　　　d——辊子轴直径，cm；

　　　D——辊子外径，cm；

　　　μ——辊子轴摩擦因数，滚动轴承 $\mu = 0.05\sim 0.1$；滑动轴承 $\mu = 0.2\sim 0.3$；

　　　g——重力加速度，m/s²；

　　　ρ_{m}——物品与辊子的摩擦角；

　　　β——输送机倾角。

2）物品沿辊子滚动阻力 W_2（N）

$$W_2 = Gg\frac{2k}{D}\cos\beta \tag{8-27}$$

式中　k——物品与辊子间滚动摩擦因数，钢制辊子可按表 8-8 选取。

表 8-8　物品与辊子间滚动摩擦因数

物品材料	k	物品材料	k
钢	0.7~0.9	木材	1.5~2.5

3）物品沿辊子滑动阻力 W_3

$$W_3 = Ggf_{\mathrm{m}}\cos\beta \tag{8-28}$$

式中　f_{m}——物品沿辊子的滑动摩擦因数。

单件物品沿辊子运动的总阻力为：

$$W_{\mathrm{T}} = W_1 + W_2 + W_3 \tag{8-29}$$

对有轮缘的辊子输送机，按下式计算：

$$W_{\mathrm{T}} = C(W_1 + W_2 + W_3) \tag{8-30}$$

式中　C——轮缘附加阻力系数，$C = 1.2\sim 1.5$。

在物品开始移动时，因静摩擦力使其运行阻力大于上述计算值。静摩擦因数约为动摩擦因数的 1.5～1.7 倍。若物品输入间隔时间较长，且运行速度大于 0.5m/s 时，应考虑运行中的惯性阻力。

（2）辊子输送机的倾角选择

物品在倾斜式辊子输送机上的动力来自物品的重力分力 $Gg\sin\beta$，其中 β 为输送机倾斜角，如图 8-63 所示。该力用来克服运动总阻力和物品加速运行阻力。为保证物品运动，其加速度应大于零，即：

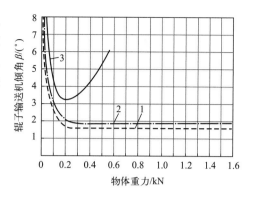

图 8-63　辊子输送机倾斜角（β）推荐值
1—钢、塑料；2—木箱；3—纸箱

$$Gg\sin\beta - (zq+G)g\frac{\mu d}{D} - Gg\frac{2k}{D}\cos\beta \geqslant 0 \qquad (8\text{-}31)$$

实践经验表明输送机的倾角很小，可认为 $\cos\beta \approx 1$ 和 $\sin\beta \approx \tan\beta$，则保证辊子输送机稳定输送物品的倾角用下式确定：

$$\tan\beta \geqslant \left(1+\frac{zq}{G}\right)\frac{\mu d}{D} + \frac{2k}{D} \qquad (8\text{-}32)$$

式中，符号意义同前。一般情况下，无动力辊子输送机的倾角多取 $\tan\beta = 0.02\sim0.04$，表 8-9 列出输送常用物品时的辊子输送机倾角的数值，可供参考。

表 8-9　输送若干物品时的辊子输送机参数

物品名称	物品质量/kg	输送机倾斜角 β	物品名称	物品质量/kg	输送机倾斜角 β
木箱	9～22	2°18′	纸板	8.0～23.0	2°52′
木箱	23～65	2°	结构木	—	2°18′
木箱	68～110	1°43′	纸辊	—	1°09′
纸板	1.4～3.0	4°	钢板	—	0°55′
纸板	3.5～7.0	3°26′	铸件	—	0°52′

注：表中数值适用于直线输送区段和中等使用条件的情况，对于曲线区段，应取表中数值的 1.25～1.5 倍。

（3）重力式输送机物品输送速度的确定

物品沿辊子运动的速度与辊子输送机的工作状态及附加阻力的大小有关，情况复杂，通常按动能定理简化如下公式：

$$v_k = \sqrt{2gl\left\{\sin\beta - \left[\left(1+\frac{zq}{G}\right)\frac{\mu d}{D} + \frac{2k}{D}\cos\beta\right]\right\} + v_0^2} \qquad (8\text{-}33)$$

式中　v_k——物品通过 l 距离时的速度，m/s；

v_0——物品进入输送机时的速度，m/s；

l——输送距离，m。

对于无动力辊子输送机的输送速度，一般不应超过 0.5m/s，若输送距离较长，输送速度过大时，应在输送线路上增加阻尼限速装置，其简单方法是在两段倾斜输送之间增加一段水平输送，以保证输送平稳。

(4) 物品与辊子的摩擦力计算

为保证物品沿辊子输送机运动，物品与辊子的摩擦力应能克服辊子的转动阻力，即：

$$f_{\mathrm{m}}Gg\cos\beta \geqslant (zq+G)g\frac{\mu d}{D} \tag{8-34}$$

由此公式可知，要使物品能够沿辊子移动，必须尽量减小辊子的质量、辊子轴直径和轴颈处的摩擦因数，并尽可能加大辊子的直径。

(5) 辊子的计算载荷

辊子的计算载荷按下列值确定：

单列辊子输送机取 $(0.5\sim0.7)Gg$；

双列辊子输送机取 $(0.4\sim0.6)Gg$。

辊子重力输送的速度一般不宜超过 0.5m/s，当输送距离过长、速度超限时，应在线路中增设阻尼装置，以保证输送平稳。

 3. 如何计算动力辊子输送机参数？ ·····························

(1) 链条牵引力

1）单链传动

$$F_0 = fLg\left(\frac{D}{D_{\mathrm{s}}}\right)(q_{\mathrm{G}}+q_0+m_{\mathrm{d}}C_{\mathrm{d}}+m_{\mathrm{i}}C_{\mathrm{i}})+0.25Lq_0g \tag{8-35}$$

式中　F_0——单链传动辊子输送机传动链条牵引力，N；

　　　f——摩擦因数，见辊子输送机长度，m；

　　　g——重力加速度，取 $g=9.81\mathrm{m/s^2}$；

　　　D——辊子直径，mm；

　　　D_{s}——辊子链轮节圆直径，mm；

　　　q_{G}——每米长度物品的质量，kg/m；

　　　q_0——每米长度链条的质量，kg/m；

　　　m_{d}——单个传动辊子转动部分的质量（见各厂样本），kg；

　　　C_{d}——每米长度内传动辊子数；

　　　m_{i}——单个非传动辊子的转动部分的质量（见各厂样本），kg；

　　　C_{i}——每米长度内非传动辊子数。

2）双链传动

$$F_{\mathrm{n}}=\frac{fW_{\mathrm{s}}QD}{D_{\mathrm{s}}} \tag{8-36}$$

式中　F_{n}——双链传动辊子输送机传动链条牵引力，N；

　　　f——摩擦因数，见表 8-10；

　　　D——传动辊子直径，mm；

　　　D_{s}——传动辊子链轮节圆直径，mm；

　　　Q——传动系数，按式（8-37）计算；

　　　W_{s}——单个传动辊子计算载荷，N，按式（8-38）计算；

其余符号同前。

传动系数：

$$Q = \frac{(1+i)^n - 1}{i} \tag{8-37}$$

式中　i——一对传动辊子链传动效率损失系数，$i = 0.01 \sim 0.03$，i 值与工作条件有关，润滑情况良好时取小值，恶劣时取较大值；

　　　n——传动辊子数。

$$W_s = [md + am_i + (a+1)m_r + m_e]g \tag{8-38}$$

式中　a——非传动辊子与传动辊子数量比，$a = C_i / C_d$；

　　　m_r——均布在每个辊子上的物品的质量（kg），$m_r = q_m / (C_d + C_i)$；

　　　m_e——圈链条的质量，kg。

表 8-10　摩擦因数

作用在一个辊子上的载荷（包括辊子自重）/N	物品与辊子接触的底面材料		
	金属	木板	硬纸板
0～110	0.04	0.045	0.05
110～450	0.03	0.035	0.05
450～900	0.025	0.03	0.045
≥900	0.02	0.025	0.05

（2）功率计算

1）计算功率

$$P_0 = Fv \frac{D_s}{D} / 1000 \tag{8-39}$$

式中　P_0——传动辊子轴计算功率，kW；

　　　F——链条牵引力，N，对单链传动，取 $F = F_0$，按式（8-35）计算，对双链传动，取 $F = F_n$，按式（8-36）计算；

　　　v——输送速度，m/s；

　　　D_s——辊子链轮节圆直径，mm；

　　　D——辊子直径，mm。

2）电机功率

$$P = \frac{KP_0}{\eta} \tag{8-40}$$

式中　P——电机功率，kW；

　　　P_0——传动辊子轴计算功率，kW；

　　　K——功率安全系数，$K = 1.2 \sim 1.5$；

　　　η——驱动装置效率，$\eta = 0.65 \sim 0.85$。

 4. 如何计算限力式辊子输送机参数？ ··

限力式辊子输送机，当其端部物品在停止器作用下停止运行时，其他后续物品随之陆续停止并积聚起来，直至布满整段辊子输送机。此时辊子轴继续传动，而辊筒不转，辊子内部的摩擦片（环）打滑。限力式辊子输送机积放状态下的链条牵引力以及所需的驱动功率均大于输送状态，故应按积放状态计算链条牵引力和选择电机功率。

(1) 链条牵引力计算

① 单链传动时，可按下式计算：

$$F_0 = \frac{2\dfrac{D}{D_s}LC_dM}{D} + 0.25Lq_0g \tag{8-41}$$

② 双链传动时可按下式计算：

$$F_n = \frac{2\dfrac{D}{D_s}QM}{D} \tag{8-42}$$

式中　F_0——单链传动限力式辊子输送机积放状态下链条最大牵引力，N；

　　　F_n——双链传动限力式辊子输送机积放状态下链条最大牵引力，N；

　　　D——限力辊子直径，mm；

　　　D_s——限力辊子链轮节圆直径，m；

　　　L——辊子输送机长度，m；

　　　C_d——每米长度内限力辊子数；

　　　M——辊子限制力矩，N·m；

　　　q_0——每米长度链条质量，kg/m；

　　　Q——辊子传动系数，可按式（8-37）计算。

(2) 功率计算

1）单链传动

$$P = \frac{KF_0v}{1000\eta} \tag{8-43}$$

2）双链传动

$$P = \frac{KF_nv}{1000\eta} \tag{8-44}$$

式中　P——电机功率，W；

　　　K——功率安全系数，$K = 1.2 \sim 1.5$；

　　　F_0——单链传动限力式辊子输送机积放状态下链条最大牵引力，N，按式（8-41）计算；

　　　F_n——双链传动限力式辊子输送机积放状态下链条最大牵引力，N，按式（8-42）计算；

　　　v——输送速度，m/s；

　　　η——驱动装置效率，$\eta = 0.65 \sim 0.85$。

第 5 节　垂直输送机

 1. 试述垂直输送机的分类及形式

　　垂直输送机又称为往复式提升机、垂直升降机、特种非载人电梯等。主要用于多个楼层之间的物流搬运。根据货物的出入口方向分为 C、Z、E、F、L、H、I 等形式。图 8-64 为垂直输送机的种类及其对应的基本形式。图 8-65 为常用的垂直输送机形式。

　　图 8-66 为 Z 形垂直输送机形式。输送质量为 $50 \sim 2000 \mathrm{kg}$，最大输送效率达到 1200 件/h，提升速度可达 $90 \mathrm{m/min}$，提升高度可达 40m。其特点是：操作简单、省时高效、方便布局、维护简单和绿色节能环保，广泛用于物流配送中心及服装、医药、烟草、电商等多个行业。

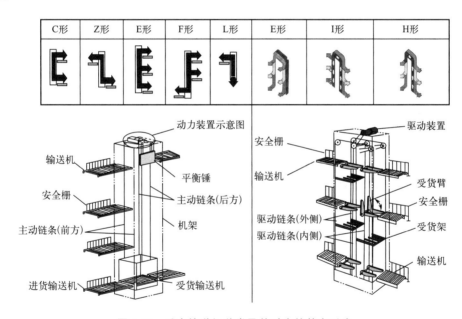

图 8-64　垂直输送机种类及其对应的基本形式

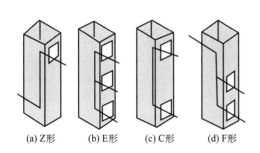

图 8-65　垂直输送机形式

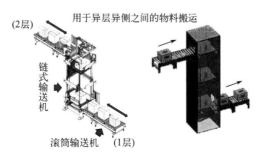

图 8-66　Z 形垂直输送机形式

图 8-67 为双 Z 形垂直输送机组合应用，节约空间。图 8-68 作业中的 Z 形垂直输送机实体，正在搬运托盘单元。

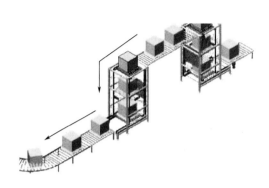

图 8-67　双 Z 形垂直输送机组合应用　　　　图 8-68　Z 形垂直输送机实体

图 8-69 为 C 形垂直输送机，用于异层同侧的物品搬运，在物流配送中心应用广泛。

图 8-70 为 E 形垂直输送机，主要用于多层同侧之间的物品搬运，来自 4 层的物品可以分别运送到 3 层、2 层、1 层各层，在现代化物流中心应用广泛。图 8-71 为垂直输送机实体。

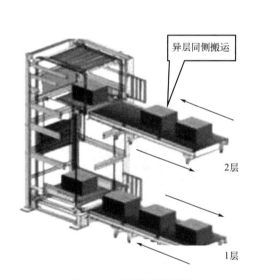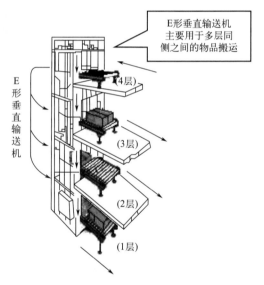

图 8-69　C 形垂直输送机　　　　图 8-70　E 形垂直输送机

图 8-71　垂直输送机实体

2. 试述 Z 形垂直平板输送机能力计算

图 8-72 为 Z 形垂直平板输送机能力计算示意图。计算式如下：

$$P = C + H + \alpha \tag{8-45}$$

$$Q = V \times 60 \times 1000 / P \tag{8-46}$$

式中　V——升降速度，m/min；

　　　H——最大物料高度，mm；

　　　C——平台放入深度，mm；

　　　P——平台节距，mm；

　　　α——余量，约 100mm；

　　　Q——输送能力，个/h。

 3. 试述 C 形垂直平板输送机能力计算

图 8-73 为 C 形垂直平板输送机能力计算示意图（图中代号同图 8-72）。计算式如下：

$$P = 2C + H + \alpha \tag{8-47}$$

$$Q = V \times 60 \times 1000 / P \tag{8-48}$$

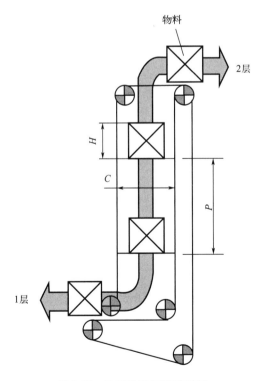

图 8-72　Z 形垂直平板输送机

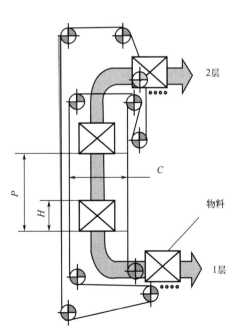

图 8-73　C 形垂直平板输送机

4. 试述定速垂直往复输送机能力计算

图 8-74 为定速垂直往复输送机计算示意图。能力计算如下：

$$T_1 = H_1/(V_1 \times 60 \times 1000) \qquad (8\text{-}49)$$

$$T_2 = L_1/(V_2 \times 60 \times 1000) \qquad (8\text{-}50)$$

$$T_T = (T_1 + T_2 + T_R) \times 2 \qquad (8\text{-}51)$$

$$Q = 3600/T_T \qquad (8\text{-}52)$$

式中　H_1——货物实际升程，mm；

　　　L_1——货物横向距离，mm；

　　　V_1——升降速度，m/min；

　　　V_2——横向移动速度，m/min；

　　　T_1——升降时间，s；

　　　T_2——横向移动时间，s；

　　　T_R——浪费的时间，s；

　　　T_T——总时间，s；

　　　Q——搬运能力，个/h。

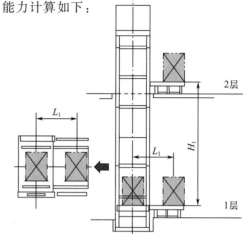

图 8-74　定速垂直往复输送机计算示意图

5. 试述高速垂直往复输送机能力计算

图 8-75 为高速垂直往复输送机示意图。能力计算如下：

$$T_1 = H_3/(V_1 \times 60 \times 1000) \qquad (8\text{-}53)$$

$$T_2 = L_3/(V_2 \times 60 \times 1000) \qquad (8\text{-}54)$$

$$T_T = 2\left(\sum_{i=1}^{6} T_i + T_R\right) \qquad (8\text{-}55)$$

$$Q = 3600/T_T \qquad (8\text{-}56)$$

式中　H_3——升降高速段距离，mm；

　　　V_1——升降速度，m/min；

　　　V_2——横向移动速度，m/min；

　　　T_1——升降时间，s；

　　　T_2——横向移动时间，s；

　　　T_R——浪费的时间，s；

　　　T_T——总时间，s；

　　　Q——搬运能力，个/h。

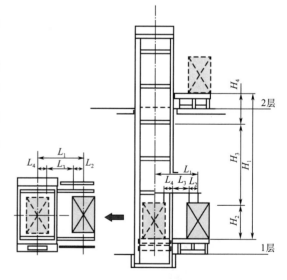

图 8-75　高速垂直往复输送机示意图

6. 试述垂直托架输送机能力计算

图 8-76 所示为垂直托架输送机示意图，能力计算如下：

$$P = C + H + \alpha \tag{8-57}$$

$$Q = V \times 60 \times 1000 / P \tag{8-58}$$

式中　V——升降速度，m/min；

H——最大搬运物高度，mm；

C——货物进入深度，mm；

P——托架节距，mm；

α——余量，约 100mm；

Q——输送能力，个/h。

 7. 试述垂直输送机安全措施

图 8-77 为常用垂直输送机示意图。其安全要求为：

① 固连在 4 根链条上的多个载货台在受载时必须保持水平状态，以防物料倾倒；

② 在输送机两侧设计有安全栅，以防操作人员误入作业区造成事故；

③ 整机侧面必须用金属网或板料之类覆盖，以防作业者误触传动构件，造成事故；

④ 当机械发生异常时立即按下操作盘上的紧急停机按钮。

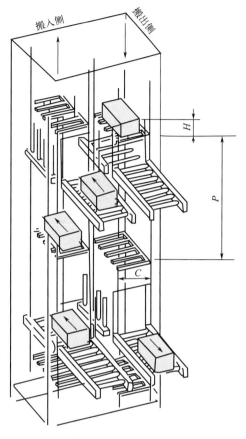

图 8-76　垂直托架输送机示意图

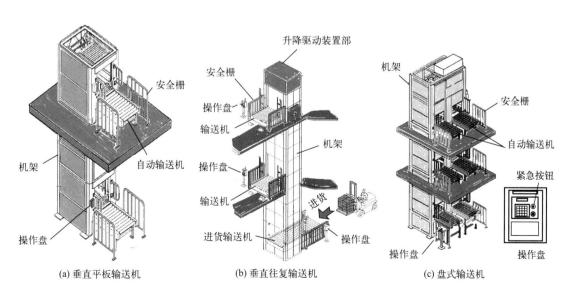

图 8-77　垂直输送机示意图

8. 空间输送示例

图 8-78 为服饰自动售货输送线。各种服饰匀速经过顾客眼前，顾客选中物品后取出试穿，中意则持物到台前付款，否则把物品挂在服饰吊篮上。图 8-79 为吊篮中的物品，图 8-80 为吊具自动移动原理。当主轴旋转时，驱动与主轴有一定夹角的从动辊子转动的同时并沿主轴方向移动。从动辊子与吊篮连接，从而服饰也就随之移动了。

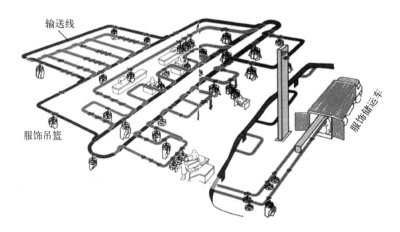

图 8-78　服饰自动售货输送线

(a) 服饰自动售货

(b) 毛巾类自动售货

(c) 沙发类自动售货

图 8-79　吊篮中的物品

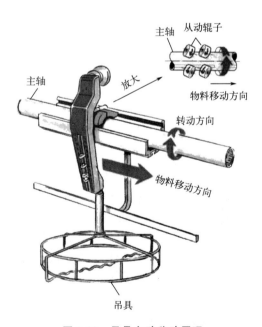

图 8-80　吊具自动移动原理

第 8 章　自动输送装备、换向装置与分拣技术　▶▶ 361

第6节　自动换向装置及其分拣输送机

　　自动换向与分拣技术是现代化物流配送中心的重要组成部分，工作量最大。自动分拣输送系统可实现物品的输送、堆积、检测、分发等作业。

　　图 8-81 为物流作业量对比，拣选及配送环节分别所占工作量为 40% 和 39%。为使物品在流动过程中自动转向、分叉和合流，关键在于自动分拣系统中具有自动导向的分类换向装置。

1. 试述自动分类系统基本组成

　　分类输送机是按照位置信息把物品运送到指定位置集中的输送机。图 8-82 为自动分类系统基本组成，其过程是：物品到达→自动输送→自动识别→自动分类→计算机识别与控制。图 8-83 为输送分类的基本阶段，包括缓冲输送段、加速输送段、检测段（如称重）、分拣段等。

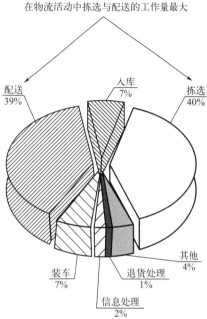

图 8-81　物流作业量对比

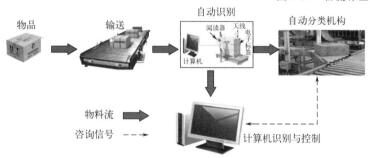

图 8-82　自动分类系统基本组成

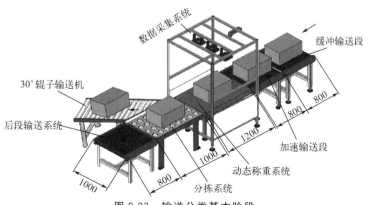

图 8-83　输送分类基本阶段

2. 何谓浮动式分类换向装置及其输送机？

如图 8-84 所示，转动的输送带式分类装置从下面向上浮起，在垂直于主输送机方向送出物品。来自主输送机的箱品进入此装置时，该装置向上升起的同时传送带转动并把箱品按照分流信息向分流方向输送出去。

 3. 何谓推杆式分类换向装置及推杆式分类

输送机？

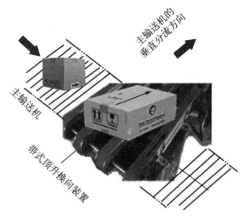

图 8-84　带式顶升移载换向装置

图 8-85 为推杆式分类换向装置，图 8-86 为气动式推杆分类输送机。在输送线外设计有气动推出装置，当需要推出物品时，推杆把物品推出输送线外并沿 90°方向进入分类输送线。

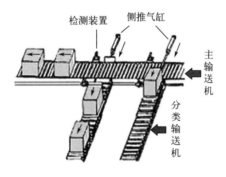

(a) 推杆式分类换向装置原理图

(b) 推杆换向装置实体

图 8-85　推杆式分类换向装置

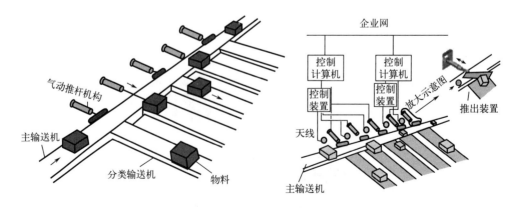

图 8-86　气动式推杆分类输送机

4. 何谓转臂导向装置及转臂式分类输送机？

如图 8-87 所示，在计算机分类指令下转动导向块旋转而改变输送线路时，箱品则沿新的导向壁运动并滑向分类输送机。

如图 8-88 所示，在输送线外设计有转臂，当转动转臂改变来自主输送机的物品路线时，物品则沿导向壁运动，从而流向分类输送机。

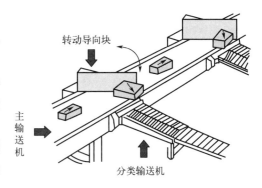

图 8-87　转动导向块分类换向装置

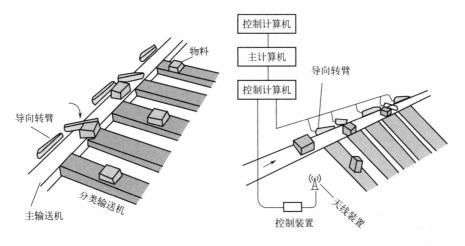

图 8-88　转臂式分类输送机

5. 何谓滑块式分类换向装置？

如图 8-89 所示，在计算机分类指令下多个滑块移动构成导向壁并把箱品推入分类输送线。

(a) 滑块分类输送机

(b) 滑块分类换向装置

图 8-89　滑块式分类输送机系统

6. 何谓带台式换向装置及其分类输送机?

带台式换向装置又称交叉带式分类换向装置。如图 8-90 所示，沿着主输送机导轨移动的工作台是一个小型的带台式分类输送装置，根据分类信号，可在主输送机的垂直方向上把箱品输送到滑槽中。

图 8-90　带台式分类换向装置

7. 何谓托盘式/翻盘式分类换向装置及其输送机?

如图 8-91 所示，随导轨移动的料盘根据分类信号往上倾斜一定角度把物品滑向分类滑槽中，每一个滑槽代表一个用户。图 8-92 为托盘式箱品分类自动线。

图 8-91　托盘式分类换向装置

图 8-92　托盘式箱品分类自动线

图 8-93 为翻盘式分类换向装置及其输送机。物品到达指定位置时，托盘自动翻转使物品滑入分类滑槽中，每一个滑槽代表一个用户。

为适应不同货态（形状、尺寸、质量）的物品分类，常用的托盘尺寸如表 8-11 所示。

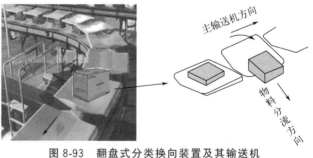

图 8-93　翻盘式分类换向装置及其输送机

表 8-11　常用托盘尺寸

托盘载重质量/kg	托盘尺寸/mm×mm
7	700×500
25	950×800
55	1200×1000

关于托盘机械机构阐述如下：

① 托盘倾倒方式。图 8-94 为托盘侧面搬运方向与倾倒位置示意图。在计算机指令下托盘来到滑槽口自动倾斜使物品安全滑入滑槽中。

在 250mm 或者 300mm 长的链条上固定的 4 对导轮夹着导轨并使托盘沿着主输送机运动方向移动，卸货时在倾倒杠杆作用下使物品滑向滑槽中。

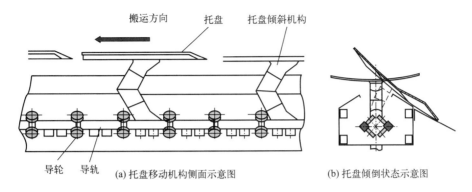

图 8-94　托盘侧面搬运方向与倾倒位置示意图

② 托盘移动方式。图 8-95 为托盘移动原理示意图，当右旋圆柱凸轮旋转时，通过凸轮辊子驱动托盘向右方向移动。

 8. 何谓底开式分类换向

装置及其输送机？

图 8-96 为底开式托盘分类输送机。进货输送机不断向环形底开式

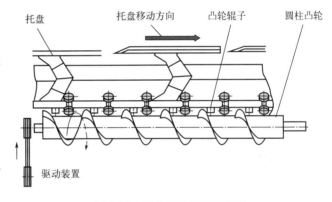

图 8-95　托盘移动原理示意图

托盘分类输送机供货，在分类指令引导下当底开式托盘到达指定位置时自动打开盘底，物品落下。图 8-97 为底开式分类换向装置，当接收到分类输出信号时，随导轨移动的料盘底部自动打开，物品自动落入代表用户的料筐中。

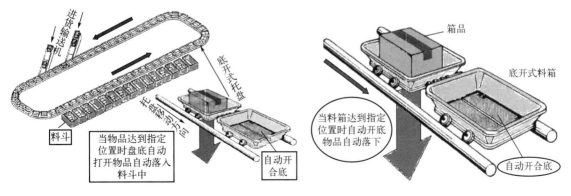

图 8-96　底开式托盘分类输送机　　　　图 8-97　底开式分类换向装置

9. 何谓推板式分类换向装置?

如图 8-98 所示,在分类信号指引下,当箱品达到指定位置时推出装置在主输送机的垂直方向把箱品推出主输送机并流入分类输送机中。

 10. 何谓链条式换向装置及其输送机?

(1) 链条式推板换向装置

图 8-99 为链条式推板换向装置,即来自主输送机的箱品达到链条换向装置时,按照指令此机构向上升起的同时与链条固连的推板把箱品推入滑槽中。

(2) 顶升式链条分类输送机

图 8-100 为顶升式链条分类输送机。通过顶升式链条输送装置迫使物品改变流向流入垂直分类输送机中。

(3) 链条输送机式换向装置

图 8-101 为链条输送机式换向装置。链条驱动装置在升起的同时并在垂直主输送机方向输出箱品,实现分类目的。

图 8-98 推板式分类换向装置

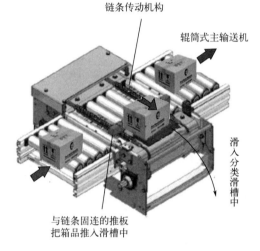

图 8-99 链条式推板换向装置

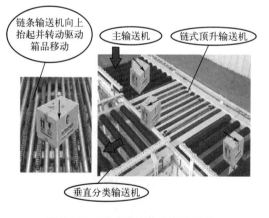

图 8-100 顶升式链条分类输送机

图 8-101 链条输送机式换向装置

(4) 链条式换向装置在辊筒式分类输送机中应用

图 8-102 为链条式换向装置在垂直辊筒式分类输送机中的应用,即是主输送机上的物品来到分拣位置时,通过计算机指令浮动式链条输送机向上浮起并转动,迫使物品流向辊筒式分类输送机。图 8-103 为物流中心的自动仓库的垂直辊筒分类输送机,即从自动仓库拣货出来的物品经过主输送机后再分拣到垂直于主输送机的分类输送机上面。

图 8-102　链条式换向装置在垂直辊
筒式分类输送机中的应用

图 8-103　自动仓库的垂直辊筒分类输送机

 11. 何谓斜轮分类装置及其输送机？ ···

　　图 8-104 为斜轮分类装置，其原理是来自于主输送机的物料在可转动的斜轮装置引导下分流到一定角度（图中为 30°）的分类输送机中。图 8-105 为斜轮分类装置特点，即利用斜轮分类装置可以实现图中所示的不同角度的分流与合流运动。

(a) 斜轮分类装置作业

(b) 斜轮分类装置实体

图 8-104　斜轮分类装置

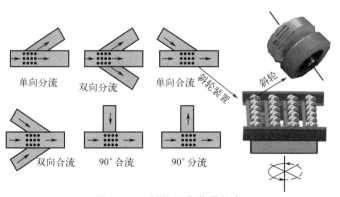

图 8-105　斜轮分类装置特点

（1）斜轮分类换向装置原理

图 8-106 为斜轮分类换向装置原理，即在主输送机上的箱品来到斜轮分类换向装置上面时，根据分类指令斜轮分类换向装置右向转动，使其上面的箱品流向分类输送机，实现分类目的。

（2）斜轮分类换向装置结构

图 8-107 为斜轮分类换向装置示意图。按照分类需要，斜轮能够左右摆动，实现分类目的。

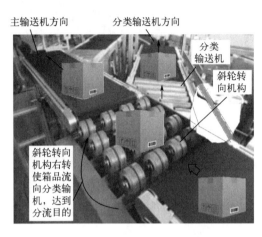

图 8-106　斜轮分类换向装置原理

图 8-107　斜轮分类换向装置

（3）斜轮分类换向装置输送机

图 8-108 为斜轮分类换向装置输送机，位于主输送机上的斜轮换向机构根据指令可以向左或右旋转迫使箱品流向左或右的分类输送机。

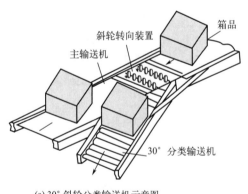

(a) 30°斜轮分类输送机示意图　　　　(b) 30°斜轮分类输送机实体

图 8-108　斜轮分类换向装置输送机

 12. 何谓万向球台垂直换向装置及其输送机？

图 8-109 为由许多钢球组成的万向球台换向装置，物品依靠人力或机械推动到球台面上，可在台面上做任意方向的移动和转动。适用于转运重量轻、输送量少的平底物品，沿垂直方向移动。

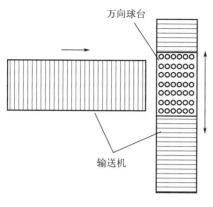

(a) 万向球台简图

(b) 万向球台实体

图 8-109　万向球台换向装置

 13. 何谓转台垂直换向装置及其输送机？

如图 8-110 所示，转台台面设有圆柱形长辊，物品进入转台后，随转台做 90°旋转后改变物品输送方向。转台分机动和手动，分别与动力式和无动力式等辊子输送机配套使用。

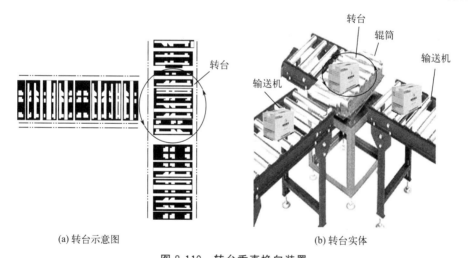

(a) 转台示意图

(b) 转台实体

图 8-110　转台垂直换向装置

 14. 何谓平行转运小车？

图 8-111 为平行转运小车，C—C $\perp$ A—A（B—B），转运小车沿 C—C 轨道运行，可与多台平行布置的辊子输送机对接并转运物品。

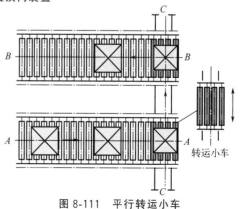

图 8-111　平行转运小车

15. 何谓顶升移载换向装置及其输送机？

图 8-112 为顶升移载换向装置及其输送机，由图可知物品按箭头方向进入升降转运台后再沿垂直的箭头方向输出，其中右图为顶升移载换向装置放大图。

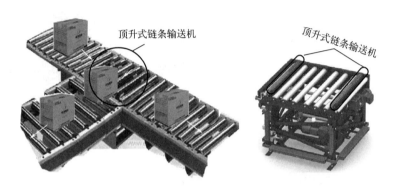

图 8-112　顶升移载换向装置及输送机

16. 何谓岔道转运装置？

图 8-113 为岔道式分流装置。图 8-113（a）为固定式岔道，结构简单，布置紧凑，可以连续地通过物品。固定式岔道按其作用方式分手动和机动，分别与无动力式和动力式辊子输送机配套使用。图 8-113（b）为活动式岔道，可以改变物品通过岔道时发生的滑动和错位现象，但是结构复杂，多用于重型物品的转运。

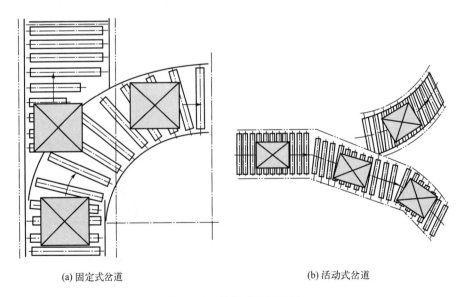

(a) 固定式岔道　　　　　　　(b) 活动式岔道

图 8-113　岔道式分流装置

17. 何谓辊子回转台？

　　图 8-114 为在可回转的支座上装有数排辊子的回转台。当需要改变物品的流向时，将从一条辊子输送机运来的物品输送到辊子回转台上，辊子回转台回转 90°后，将物品转运到另一条辊子输送机。

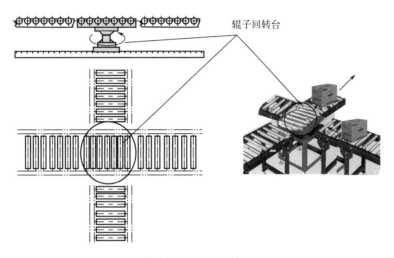

图 8-114　辊子回转台

 18. 何谓滚珠回转台？

　　图 8-115 为在支座上装有相互交错的若干滚珠，利用滚珠能沿任意方向转动的特点，可改变物品的输送方向。

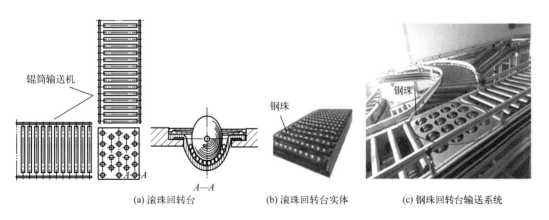

(a) 滚珠回转台　　　(b) 滚珠回转台实体　　　(c) 钢珠回转台输送系统

图 8-115　滚珠回转台

19. 何谓具有特殊构造的辊子转运机构？

图 8-116 为具有特殊结构的辊子换向装置，在辊子输送机的交叉处，相互交错地安装有若干短辊，在每一个短辊的圆周上均匀布置若干能转动的小辊柱，依靠短辊及其上的小辊柱的转动方向相互空间垂直，从而使物品改变方向。

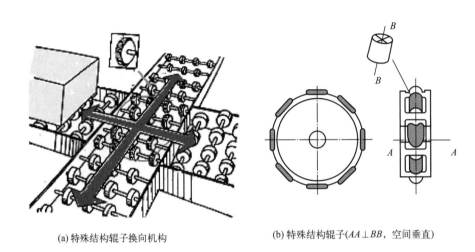

(a) 特殊结构辊子换向机构　　　　　(b) 特殊结构辊子($AA\perp BB$，空间垂直)

图 8-116　特殊结构辊子换向装置

 20. 何谓叉道转运装置？

（1）翻转式叉道

如图 8-117 所示，在翻转架的上、下方分别装有圆弧段和直线段辊子排，翻转架能绕轴 4 做 180°翻转。当物品要从辊子输送机 1 转运至辊子输送机 3，则物品经翻转架上的圆弧段达到辊子输送机 3。当物品要从辊子输送机 1 转运至辊子输送机 2，翻转架绕轴 4 翻转 180°，直线段与辊子输送机 1、2 连成直线而达到转运物品的目的。

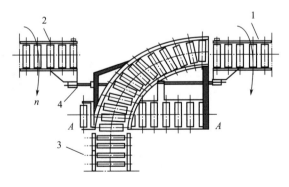

图 8-117　翻转式叉道

1~3—辊子输送机；4—旋转轴

(2) 摆动式叉道

图 8-118 所示为摆动式叉道，是将直线辊子输送段 4 的一端铰接在固定段上，另一端可摆动。当物品要从辊子输送机 1 转运至固定的辊子输送机 2 或 3 时，只需将 4 的摆动端摆动到 2（或 3）的相应的位置对接即可。

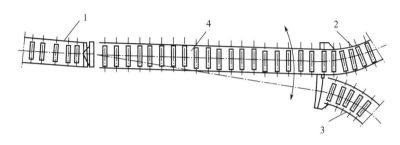

图 8-118　摆动式叉道

1～3—固定式辊子输送机；4—摆动式辊子输送机

 21. 何谓活动辊道？

翻转式活动辊道如图 8-119 所示，在辊筒输送线路中，将某一段铰接在机架上，另一端可转动到水平位置。

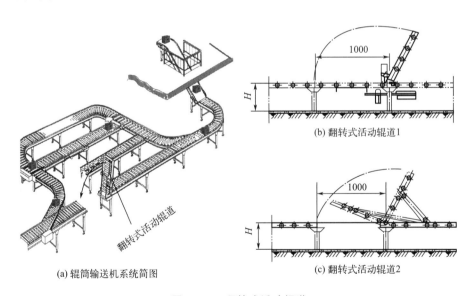

(a) 辊筒输送机系统简图

(b) 翻转式活动辊道1

(c) 翻转式活动辊道2

图 8-119　翻转式活动辊道

 22. 何谓浮动式分类输送机？

图 8-120 为浮动式分类输送机，输送带、辊子、轮子和小轴等组成的分类浮动机构从主输送机搬运面下方向上浮出来，使物品沿 90°方向流向分类输送机。图 8-121 为聚氨酯传送

带浮动机构结构图。在聚氨酯传送带上浮的同时，传送带转动使物品沿 90°方向流向分类输送机。

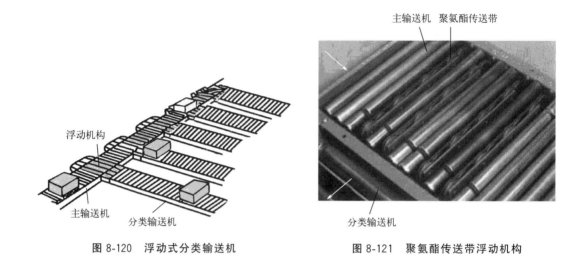

图 8-120　浮动式分类输送机　　　　图 8-121　聚氨酯传送带浮动机构

23. 何谓交叉带式分类输送机？

如图 8-122 所示，随主分类输送机的导轨移动的交叉带式分类装置是一个小型的带式输送机，根据分类信号驱动它时，可在导轨垂直方向上把物品推入滑槽中，从而实现分类动作。

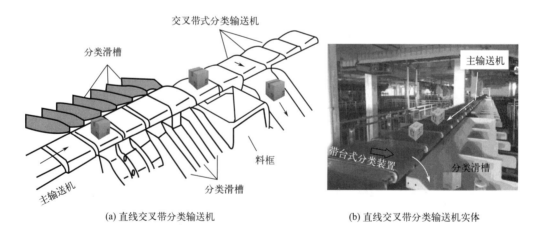

(a) 直线交叉带分类输送机　　　　　(b) 直线交叉带分类输送机实体

图 8-122　交叉带式分类输送机

图 8-123 为托盘和传动带固为一体的环形交叉带式分类输送机。因为主驱动带式输送机与台车的带式输送机呈交叉状，故称交叉带式分类输送机。

图 8-124 为交叉带式 30°分类输送机，即在主输送机上面的箱品运行到分类位置时，通过 30°带式分类输送机的转动把箱品分离出主输送机。

带式托盘是个独立的输送机，当托盘对准料斗
时托盘转动带动物品落入料斗

图 8-123　环形交叉带式分类输送机

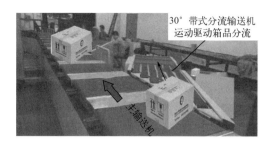

图 8-124　交叉带式 30°分类输送机

 24. 何谓倾斜带式分类输送机？

如图 8-125 所示，倾斜式输送机的侧面有自动开闭门，当接收到分类信号时，自动打开，物品自动下滑到分类输送机中，达到自动分类输送的目的。

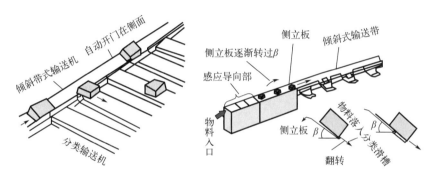

图 8-125　倾斜带式分类输送机

 25. 何谓连续式分拣输送机？

图 8-126 为高效连续式分拣输送机，箱品在左到右的行走过程中，根据分类信号旋转输送装置顺时针转动，其中箱品则滑入分流滑槽，实现分拣目的。

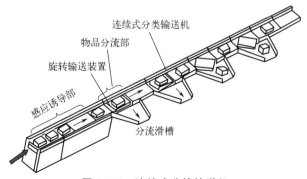

图 8-126　连续式分拣输送机

26. 何谓条板倾斜式分拣机？

图 8-127 为板条倾斜式分拣机，在输送机上的商品行走到分拣位置时，条板的一端自动向上倾斜使商品自动滑入分类滑槽中。

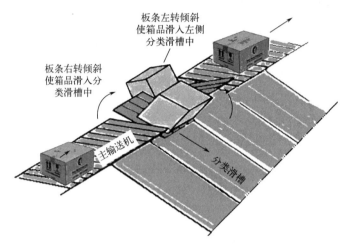

图 8-127　板条倾斜式分拣机

27. 何谓顶升式链条分类输送机？

图 8-128 为顶升式链条分类输送机。通过顶升式链条输送装置迫使物品改变流向，流入垂直分类输送机中。图 8-129 为带式顶升分类装置。

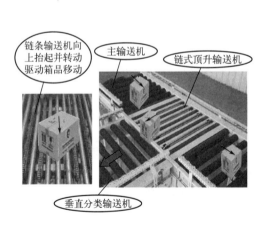

图 8-128　顶升式链条分类输送机　　　　图 8-129　带式顶升分类装置

28. 何谓推杆式分类输送机？

图 8-130 为推杆式分类输送机。通过推动装置迫使物品改变流向。图 8-131 为推杆式分

类输送机在次品剔除系统中的应用，在主输送机上面的箱品经过称重平台时，如果检测出超重或缺斤少两，推杆剔除系统自动把箱品推出主输送机之外。

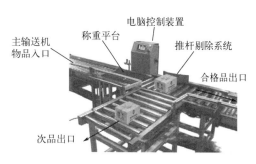

图 8-130　推杆式分类输送机　　　　　图 8-131　推杆剔除系统应用

 29. 何谓旋转分类输送机？

(1) 旋转式辊筒分类输送机

图 8-132 为用于使物料改变流动方向的旋转式辊筒输送机。其转向原理是：在主输送机上的箱品随主输送机来到需要转向 90°分流出去时，转盘驱动装置按照转向指令转过 90°后，辊筒驱动电机启动并使辊筒输送机转动，从而使箱品按照 B 方向分流出去，实现了 90°的输送运动。

(2) 链条式辊筒分类输送机

图 8-133 为链条式辊筒分类输送机，当浮动链条输送机向上浮起时，推板在 90°的分流方向把物品推出去，即是完成了物料的一次分类运动。

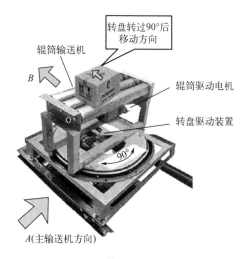

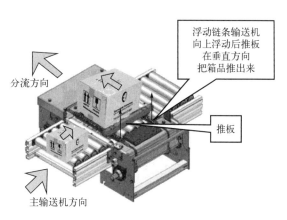

图 8-132　旋转式辊筒分类输送机　　　　图 8-133　链条式辊筒分类输送机

30. 试述分类输送机的配置形式

(1) 直线式分类输送机

图 8-134 为物流中心直线式分类输送机，在主输送机的两侧设计有分类滑槽。当物品达到指定位置时被分类滑块推入分类滑槽，实现分拣目的。

(2) 环形分类及拣货输送机

图 8-135 为物流中心环形分类及拣货输送机，这种分类及拣货布置方案空间紧凑、节约面积，当物料运行到指定位置时，翻盘装置倾斜使物料流入分类滑槽中，达到分类目的。

图 8-134 直线式分类输送机

图 8-135 环形分类及拣货输送机

 31. 试述分类输送机的分流形式

(1) 单侧分流式

图 8-136 为单侧分流式分类输送机，按 30°把分流线布置在主输送机的左侧。图 8-137 为单侧分流式分类输送机应用案例，箭头方向为物料六点钟方向。

图 8-136 单侧分流式分类输送机

图 8-137 单侧分流式输送机应用案例

(2) 双侧分流式

图 8-138 为双侧分流式分类输送机，按 45°把分流线布置在主输送机的两侧，节约空间，分拣效率高。图 8-139 为大型双侧分流式分类输送机。

图 8-138　双侧分流式分类输送机

图 8-139　大型双侧分流式分类输送机

 32. 试述机器人拣货实例

① 机器人应用广泛，只要配备不同抓手，就可实现各种形状的成品的装箱和码垛作业。图 8-140 为机器人拣货作业，即用过条形码自动识别商品之后，机器人从货架中取出物品。图 8-141 为机器人拣货码垛作业。

图 8-140　机器人拣货作业

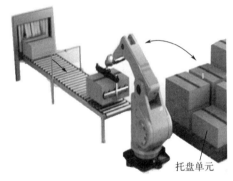

图 8-141　机器人拣货码垛作业

② 机器人高速拣货。图 8-142 为机器人高速拣货作业，即计算机与高速摄像机、机器人、输送机等在线连接，在计算机和高速照相机的指引下快速拣货。

③ 拣货及码垛机器人。图 8-143 为拣货码垛机器人按照拣货动作示意图进行拣货及码垛作业。图 8-144 为机器人码垛作业实体。图 8-145 为机器人拣货码垛袋装品。

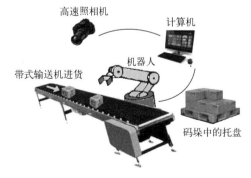

图 8-142　机器人高速拣货作业

图 8-143　拣货码垛机器人动作示意

图 8-144　机器人码垛作业实体

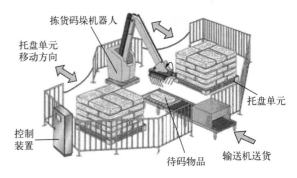

图 8-145　机器人拣货码垛袋装品

 33. 试述机器人码垛实例

图 8-146 为机器人拣货码垛作业。

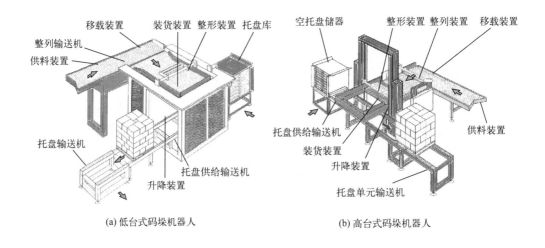

(a) 低台式码垛机器人　　　(b) 高台式码垛机器人

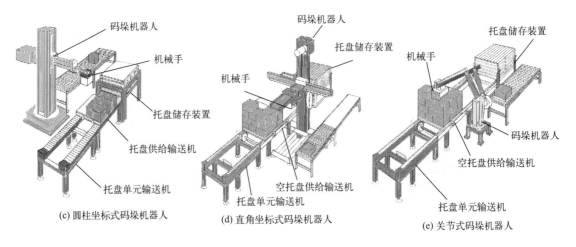

(c) 圆柱坐标式码垛机器人　(d) 直角坐标式码垛机器人　(e) 关节式码垛机器人

图 8-146　机器人拣货码垛作业

第 7 节　分拣技术

 1. 何谓拣货形态？

　　根据用户需要商品的实际数量多少，拣货形态分为整个托盘单元拣货、整箱拣货和开箱拆零拣货等几种形式，如图 8-147 所示。

 2. 试述"人到货"的人工分拣作业流程、拣货方法及其特点

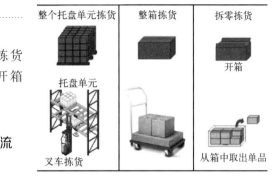

图 8-147　拣货形态

　　人工分拣作业即"人到货"拣货方法，图 8-148 所示为四个拣货步骤：a. 走向货架；b. 寻货；c. 拣货；d. 搬运分类。所谓"人到货"即装载货物的货架静止不动，分拣人员带着拣货台车等容器走到拣货区拣货后，将货物送到静止的集货点。

　　"人到货"的拣货器具有：拣货台车、拣货叉车、电动拣货车、电动叉车等工具。图 8-149 为电动叉车拣货作业，图 8-150 为电动载人拣货车拣货作业，图 8-151 为流利式货架拣货作业。

　　"人到货"拣货特点是：

　　① 按单拣货，一单一拣，配货工艺准确，误拣率低；

　　② 拣货工艺灵活，可按用户要求调整配货先后次序；对紧急需求可以集中力量快速拣选，是为了完成突然增加的拣货任务而采取的突击式拣货方法；

　　③ 按单拣货、集货并直接装车配送，简化作业程序，提高效率。

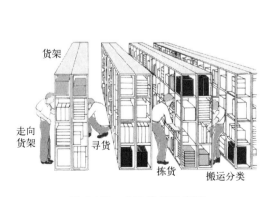

图 8-148　人工拣货四步骤

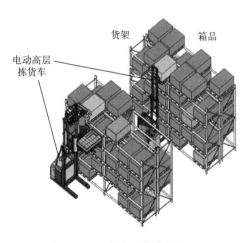

图 8-149　电动叉车拣货作业

载人拣货
升降台

高层
拣货车

图 8-150　电动载人拣货车拣货作业

流利式
货架拣货

图 8-151　流利式货架拣货作业

 3. 何谓"货到人"的拣货方法?

所谓"货到人"的分拣方法是拣货者固定不动,托盘(或货架)带着货物移动到分拣人员面前,由其拣出并集中放在集货托盘上,再由搬运车辆送走。

(1) 带式输送机侧面拣货

图 8-152 为在带式输送机侧面拣货,即作业人员原地不动等待带式输送机上面的物品来到其面前,通过条形码识别确认无误后取出并按用户集货。

(2) 带式输送机端头拣货

图 8-153 为在带式输送机端头拣货。

带式输送机

图 8-152　在带式输送机侧面拣货

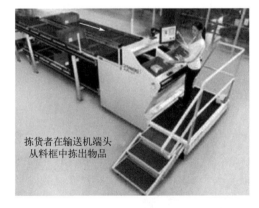

拣货者在输送机端头
从料框中拣出物品

图 8-153　在带式输送机端头拣货

(3) 板式直线输送机双侧拣货

图 8-154 为在板式直线输送机双侧拣货,即拣货者在主输送机两侧等待物品到来并拣出、集货。

（4）"货到人"机器人拣货

图 8-155 为"货到人"机器人拣货，即机器人把来自主输送机的物料通过识别后拣出并放入料筐中。

（5）垂直旋转货架立库拣货

图 8-156 为垂直旋转货架立库拣货作业，链式料盘固连在垂直旋转的环形链条上，根据拣货指令料盘自动旋转到拣货者面前接受拣货作业。

图 8-154　在板式直线输送机双侧拣货

图 8-155　机器人拣货作业

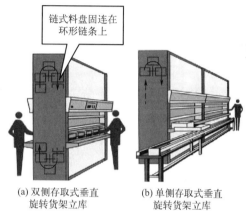

(a) 双侧存取式垂直　　(b) 单侧存取式垂直
　　旋转货架立库　　　　　旋转货架立库

图 8-156　垂直旋转货架立库拣货作业

（6）水平旋转货架自动仓库拣货

图 8-157（a）为水平旋转货架自动仓库拣货，即固连在环形水平旋转的链条上的托盘根据拣货指令旋转到垂直输送机口并通过垂直输送机把托盘搬运到拣货人员面前，待拣货完毕后托盘又回到自动仓库中。

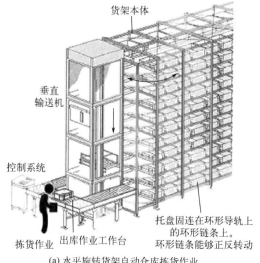

(a) 水平旋转货架自动仓库拣货作业

(b) 水平旋转货架自动仓库实体

图 8-157　水平旋转货架自动仓库拣货

(7) 水平旋转货架自动仓库实体

图 8-157（b）为水平旋转货架自动仓库实体。

(8) 托盘式自动仓库拣货

图 8-158 为医药物流中心托盘式自动仓库拣货作业，即堆垛机把托盘单元搬运到拣货台，待拣货完毕之后，堆垛机再把托盘单元存入自动仓库中。

(9) 料箱式自动仓库拣货

图 8-159 为物流中心料箱式自动仓库拣货作业，即箱式自动仓库的堆垛机搬出料箱置于拣货工作台上，待拣货完毕之后再由堆垛机把料箱存入自动仓库中。图 8-160 为智能自动库"货到人"视频拣货系统。图 8-161 为智能穿梭车自动库"货到人"拣货系统。

图 8-158　托盘式自动仓库拣货作业

图 8-159　料箱式自动仓库拣货作业

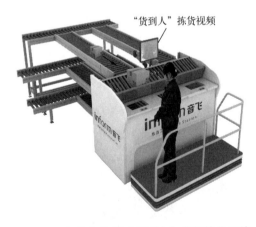

图 8-160　智能自动库"货到人"视频拣货系统

图 8-161　智能穿梭车自动库"货到人"拣货系统

 4. 何谓摘果式和播种式的拣货方式？

(1) 摘果式

图 8-162（a）所示为摘果式，像在果园中摘果一样，拣货员持订单携料筐在仓库货架间

寻货，并按用户订单上的品种、规格、数量等拣货入筐。

（2）**播种式**

图 8-162（b）所示为播种式，拣货员手持多张订单，把全部订单的同种物品集中拣出后再按照每张订单量进行二次分拨，这种拣货模式即是播种法拣货。

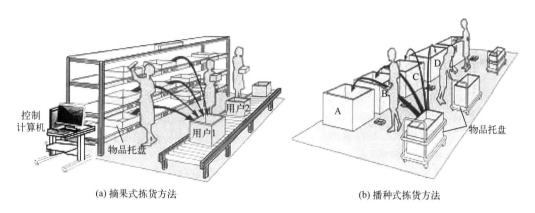

(a) 摘果式拣货方法　　　　　　　　　(b) 播种式拣货方法

图 8-162　拣货方法

 5. 试述摘果式和播种式的拣货流程

（1）**摘果式拣货流程**

如图 8-163 所示，即按照图中提示及其箭头方向可知摘果式拣货基本流程。图 8-164 为摘果式拣货实例。

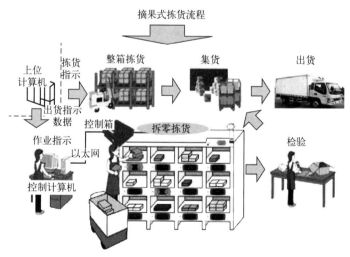

图 8-163　摘果式拣货流程　　　　　　　　　　图 8-164　摘果式拣货实例

（2）**播种式拣货流程**

① 播种式拣货原理。图 8-165 为播种式拣货原理，即把各个用户订单中相同物品一次性集中拣选出来后，再二次分拣给代表每个用户的储位。

② 播种式拣货实例。图 8-166 为播种式拣货实例。

③ 播种式拣货流程。图 8-167 为播种式拣货流程图，图中箭头指示方向即拣货进行步骤。

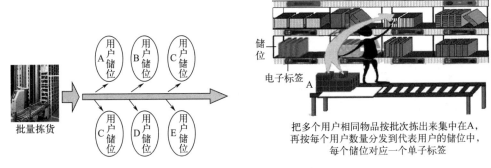

图 8-165　播种式拣货原理

图 8-166　播种式拣货实例

把多个用户相同物品按批次拣出来集中在A，再按每个用户数量分发给代表用户的储位中，每个储位对应一个单子标签

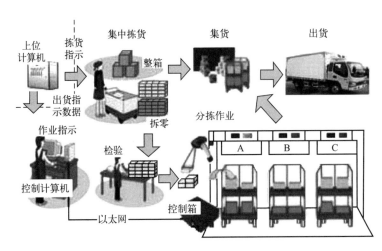

图 8-167　播种式拣货流程

 6. 试述摘果法和播种法的成本比较

图 8-168 为摘果法和播种法的成本比较。当每日订货量达到一定数量 P 之后，播种法的拣货成本就低于摘果法拣货成本。播种法在大型物流中心应用广泛。

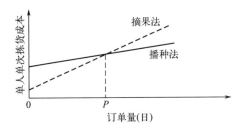

图 8-168　摘果法和播种法的成本比较

7. 何谓电子标签辅助拣货系统？

(1) 电子标签辅助拣货

电子标签辅助拣货系统也叫计算机辅助无纸化拣货系统，计算机把拣选指令传输到显示屏上，导引操作者完成拣货作业。

电子标签是固定在货架货位上的电子显示装置，能够显示商品所在位置及数量。计算机将订单信息传输到数字显示器内，借助灯号和数字显示引导拣货员正确拣取物品及数量，并触动"确认"按钮，即完成一次拣货任务，拣货效率高。

① 电子标签拣货操作。图 8-169 为电子标签拣货操作。

② 电子标签原理图。图 8-170 为电子标签原理图，其信号传输如图中箭头所示。

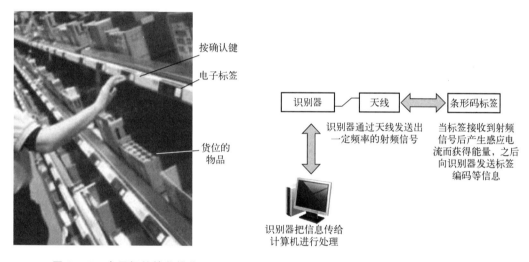

图 8-169 电子标签拣货操作

图 8-170 电子标签原理图

③ 电子标签辅助拣货原理。图 8-171 为电子标签辅助拣货原理，拣货流程如图中箭头所示，拣货效率及拣货精度特别高。

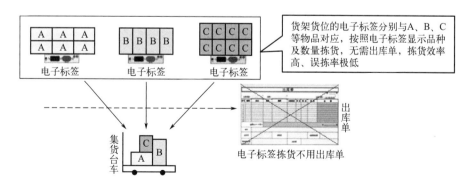

图 8-171 电子标签辅助拣货原理

(2) 电子标签应用

① 电子标签入出库管理。图 8-172 为电子标签入出库管理应用，即物品从入库到出库过程中的每一步都要阅读电子标签来识别和管理物品。

② 电子标签在自动分拣中应用。图 8-173 为电子标签在自动分拣中的应用，在输送机上贴有电子标签的物品通过电子标签阅读器可知商品名称、规格、数量等商品信息，使分拣作业高效、精准。

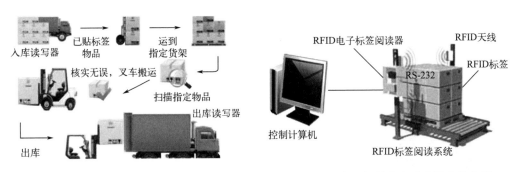

图 8-172　电子标签入出库管理应用　　　图 8-173　电子标签在自动分拣中的应用

 第 8 节　分类输送机的能力计算

1. 试述分类输送机能力计算示意图及其符号

图 8-174 为分类输送机能力计算用的基本符号及其意义。表 8-12 为分类输送机计算符号。

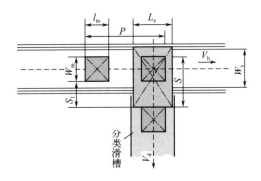

图 8-174　分类输送机简图及其计算符号

表 8-12　分类输送机计算符号

符号	符号意义	单位	符号	符号意义	单位
Q	分类能力	个/h	L_s	分类输送机长度	m
l_m	物品最大长度	m	W_m	物品最大宽度	m

续表

符号	符号意义	单位	符号	符号意义	单位
W_s	输送机宽度	m	P_c	载货体节距	m
S	输出物品距离	m	B	主输送机宽度	m
S_1	滑槽前端与物品外侧距离	m	L_{SS}	滑块长度	m
V_h	主输送机速度	m/min	N_{ss}	一个分拣单元所需分拣块的个数	块
V_d	分拣速度	m/min	G	物品后端距次一个物品前端间距	m
t_e	物品从出口到完毕所需时间	s	β_1	物品前端空距离	m
t_m	分拣部的拣货时间	s	β_2	物品后端空距离	m
t_d	分拣物品所要时间	s	BF	根据物品长度变化,在转向器动作时间内物品移动距离	m
t_r	拣货复位时间	s			
T_s	物品分拣所需的总时间	s	t_r	分类装置复位时间	s
P	两物品间距离	m			

2. 试述带式升降分类输送机能力计算

图 8-175 为带式升降分类输送机简图,能力计算如下:

(1) 分类能力 Q

$$Q = V_h \times 60/P \quad (个/h) \quad (8\text{-}59)$$

(2) 物品进入分类装置中心时所需时间 t_e

$$t_c = (l_m + L_s) \times 60/(2V_h) \quad (s) \quad (8\text{-}60)$$

(3) 推出分类物品所需时间 t_d

$$t_d = (W_m + S_1) \times 60/V_d \quad (s) \quad (8\text{-}61)$$

(4) 分类的总时间 T_s

$$T_s = t_e + t_d + \alpha$$
$$= (l_m + L_s) \times 60/(2V_h) +$$
$$(W_m + S_1) \times 60/V_d + \alpha \quad (s) \quad (8\text{-}62)$$

式中　α——在 t_m 和 t_r 动作过程中浪费的时间。

(5) 物品节距 P

$$P \geqslant T_s V_h/60 \quad (m) \quad (8\text{-}63)$$

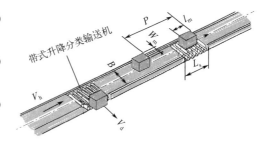

图 8-175　带式升降分类输送机简图

3. 试述辊子浮动式分类输送机能力计算

图 8-176 为辊子浮动式分类输送机简图,能力计算如下:

(1) 分类能力 Q

$$Q = V_h \times 60/P \quad (个/h) \quad (8\text{-}64)$$

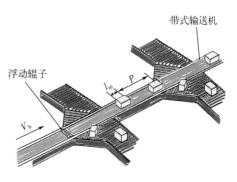

图 8-176　辊子浮动式分类输送机简图

（2）推出分类物品所需时间 t_d

$$t_d = l_m \times 60 / V_d \quad (\text{s}) \tag{8-65}$$

（3）分类的总时间 T_s

$$T_s = t_d + \alpha \tag{8-66}$$

式中　α——在 t_m 和 t_r 动作过程中浪费的时间。

（4）物品节距 P

$$P \geqslant T_s V_h / 60 \quad (\text{m}) \tag{8-67}$$

4. 如何计算推杆式分类输送机能力？

如图 8-177 为推杆式分类输送机简图，能力
计算如下：

（1）分类效率 Q

$$Q = V_h \times 60 / P \quad (\text{个/h}) \tag{8-68}$$

（2）物品进入分类装置中的所需时间 t_e

$$t_e = (l_m + L_s) \times 60 / (2 V_h) \quad (\text{s}) \tag{8-69}$$

（3）推出物品所需时间 t_d

$$t_d = W_s \times 60 / V_d \quad (\text{s}) \tag{8-70}$$

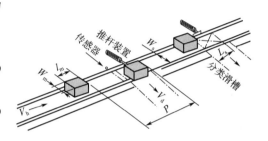

图 8-177　推杆式分类输送机简图

（4）分类的总时间 T_s

$$\begin{aligned} T_s &= t_e + t_d + \alpha \\ &= (l_m + L_s) \times 60 / (2 V_h) + W_s \times 60 / V_d + \alpha \quad (\text{s}) \end{aligned} \tag{8-71}$$

式中　α——在 t_m 和 t_r 动作过程中浪费的时间。

（5）物品节距 P

$$P \geqslant T_s V_h / 60 \quad (\text{m}) \tag{8-72}$$

5. 如何计算摆杆式分类输送能力？

图 8-178 为摆杆式分类输送机简图。其能
力计算如下：

分类效率 Q：

$$Q = V_h \times 60 / P \quad (\text{个/h}) \tag{8-73}$$

物品间距：$P = l_m + BF \quad (\text{m})$，为了确保
正常的分类作业，又要缩短摆杆动作时间，可
调试 BF 尺寸，其能力计算如下：

$$Q = V_h \times 60 / (l_m + BF) \quad (\text{个/h}) \tag{8-74}$$

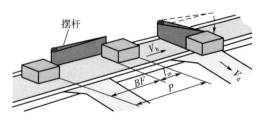

图 8-178　摆杆式分类输送机简图

6. 试述导向块式分类输送机能力计算

图 8-179 为导向块式分类输送机简图，能力计算如下：

(1) 分类效率 Q

$$Q = V_h \times 60/P \quad (\text{个/h}) \qquad (8-75)$$

(2) 每个物品的平均导向块数量 N_{ss}

$$N_{ss} = (\beta_1 + l_m + \beta_2)/L_{ss} \quad (\text{枚}) \quad (8-76)$$

式中　β_1——物品前面余量；

β_2——物品后面余量。

(3) 物品间距 P

$$P = N_{ss}L_{ss} = \beta_1 + l_m + \beta_2 \qquad (8-77)$$

式中　N_{ss}——导向块数量；

L_{ss}——导向块长度。

(4) 分类效率 Q

$$Q = V_h \times 60/(\beta_1 + l_m + \beta_2) \quad (\text{个/h}) \qquad (8-78)$$

图 8-179　导向块式分类输送机简图

 7. 试述横移带式分类输送机能力计算 ⋯⋯⋯⋯⋯⋯⋯⋯⋯⋯⋯⋯⋯⋯⋯⋯⋯⋯⋯⋯⋯⋯⋯⋯⋯⋯

图 8-180 为横移带式分类输送机简图，能力计算如下：

(1) 分类效率 Q

$$Q = V_h \times 60/P_c \quad (\text{个/h}) \qquad (8-79)$$

(2) 货盘节距 P_c

$$P_c = \beta_1 + l_m + \beta_2 \quad (\text{m}) \qquad (8-80)$$

式中　β_1——物品前面余量；

β_2——物品后面余量；

l_m——物品长度。

(3) 分类输送机效率 Q

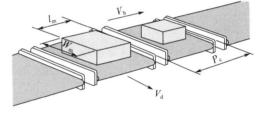

图 8-180　横移带式分类输送机简图

$$\begin{aligned}Q &= V_h \times 60/P_c \\ &= V_h \times 60/(\beta_1 + l_m + \beta_2) \quad (\text{个/h})\end{aligned} \qquad (8-81)$$

 8. 试述倾斜式分类输送机能力计算 ⋯⋯⋯⋯⋯⋯⋯⋯⋯⋯⋯⋯⋯⋯⋯⋯⋯⋯⋯⋯⋯⋯⋯⋯⋯⋯⋯

图 8-181 为倾斜式分类输送机简图，能力计算如下：

(1) 效率 Q

$$Q = V_h \times 60/P_c \quad (\text{个/h}) \qquad (8-82)$$

(2) 托盘节距 P_c

$$P_c = (1.2 \sim 1.4)l_m \quad (\text{m}) \qquad (8-83)$$

式中　l_m——物品最大长度。

$$Q = V_h \times 60/[(1.2 \sim 1.4)l_m] \qquad (8-84)$$

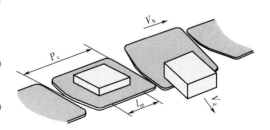

图 8-181　倾斜式分类输送机简图

9. 试述底开式分类输送机能力计算 ....

图 8-182 为底开式分类输送机简图，其能力计算如下：

(1) 效率 Q

$$Q = V_h \times 60 / P_c \quad (\text{个/h}) \tag{8-85}$$

(2) 开底时间 t_m

按实际经验，取 $t_m = 0.2\text{s}$。

(3) 物品卸落时间 t_d

按实际经验，取 $t_d = 0.2\text{s}$。

(4) 料箱节距 P_c

$$P_c = (1.2 \sim 1.4) l_m \quad (\text{m}) \tag{8-86}$$

式中 l_m——物品最大长度。

 10. 试述斜行带式分类输送机能力计算 ....

如图 8-183 为斜行带式分类输送机简图。其能力计算如下：

(1) 效率 Q

$$Q = V_h \times 60 / P_c \quad (\text{个/h}) \tag{8-87}$$

(2) 物品前端进入分类口需要时间 t_e

按实际经验，取 $t_e = 0.2$ （s）。

(3) 推出物品需要时间 t_d

$$t_d = l_m \times 60 / V_d \quad (\text{s}) \tag{8-88}$$

(4) 分类总时间 T_s

$$T_s = t_e + t_d + \alpha \quad (\text{s}) \tag{8-89}$$

(5) 物品节距 P

$$P \geqslant T_s V_h / 60 \quad (\text{m}) \tag{8-90}$$

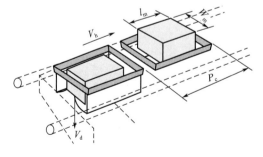
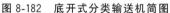
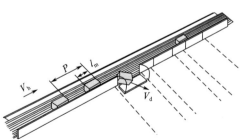

图 8-182　底开式分类输送机简图　　　　图 8-183　斜行带式分类输送机简图

11. 试述连续式分类输送机能力计算 ·······························

图 8-184 为连续式分类输送机简图，其能力计算如下：

(1) 效率 Q

$$Q = V_h \times 60 / P \quad (个/h) \tag{8-91}$$

(2) 推出物品需要时间 t_d

$$t_d = (l_m + l_s) \times 60 / V_d \quad (s) \tag{8-92}$$

(3) 分类总时间 T_s

$$T_s = t_d + \alpha \quad (s) \tag{8-93}$$

(4) 物品节距 P

$$P \geqslant T_s V_h / 60 \quad (m) \tag{8-94}$$

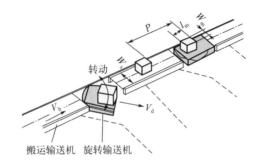

图 8-184　连续式分类输送机简图

第**9**章

智能密集储存技术

第1节　密集储存装备技术

1. 何谓密集储存？

所谓密集储存，就是在相同空间前提下，采用特定的货架或货架与物流设备的配合，通过提高空间利用率达到增加储位目的的储存方式。一般是指利用特殊的存取方式或货架结构，实现货架深度上货物的连续存放，达到储存密度最大化的仓储系统。

在密集储存系统中，货架是最重要的组成主体。最初的密集储存系统主要是指各类货架形式，包括窄巷道货架系统、流利式货架、移动式货架、驶入式货架、驶出式（贯通式）货架、后推式货架、重力式货架、旋转式货架、滑动式货架、穿梭车货架等（详见第 6 章）。如图 9-1，为重力式货架示例。此外，具有密集存储功能的自动化立体仓库（AS/RS）主要是以提高空间利用率为目的，跟前述的各种货架形式的密集存储方式有着本质区别。

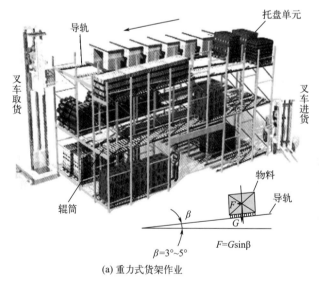

(a) 重力式货架作业

(b) 重力式货架实体

图 9-1　重力式货架

2. 何谓窄巷道货架系统?

图 9-2 为窄巷道货架系统,通常是由横梁式货架演变而来,通过使用特定的高层三向堆垛叉车,行车通道相对变窄,使更多空间作为货架储存区域。其特点包括:

① 行车通道一般在 1.6～2.0m 之间,空间利用率较高,比普通横梁式货架高出 30%～60%;

② 灵活性高,可实现 100% 的货物拣选;

③ 通用性强,适用于各类货物的储存。

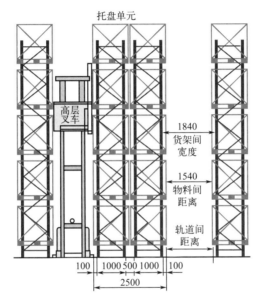

图 9-2　窄巷道货架系统

第 2 节　智能密集储存库和穿梭车

 1. 试述穿梭车货架及其工作原理

穿梭车(也叫穿梭板)可分为叉车应用型与智能系统型两种。简而言之,叉车应用型是一种只能进行单机移载、盘点等作业的机型。由人员驾驶叉车依次进行移货或库架换层作业,但不能与全自动连续输送系统衔接。

(1) 穿梭车货架

穿梭式货架由巷道式货架、穿梭车及附件、叉车、托盘单元组成,可以实现托盘单元最大密度存放。图 9-3 为穿梭车货架系统,穿梭车在导轨上直线运行。图 9-4 为叉车把穿梭车放入货架端头待命。图 9-5 为叉车及穿梭车作业实体。

(1) 叉车把穿梭车　　　(2) 穿梭车进入　　　(3) 穿梭车顶起托盘
放入导轨　　　　　　　托盘下面　　　　　　储存作业

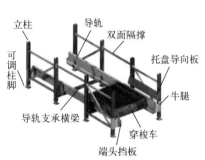

(4) 穿梭车返回待命　　(5) 贯通存取，先进先出 (6) 单边存取，先进后出

(a) 穿梭车货架系统示意图　　　　　　　　(b) 穿梭车存取货方法

图 9-3　穿梭车货架系统及其作业流程

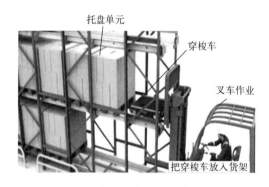

图 9-4　叉车把穿梭车放入货架端头

图 9-5　叉车及穿梭车作业实体

穿梭车放在托盘下面的穿梭车轨道上，并可潜入托盘单元底面下，在遥控命令指导下，其提升台面向上升起并顶起托盘单元运行到目的地。通过无线电遥控承载托盘单元的穿梭车在导轨上运行。图 9-6 为作业中的穿梭车库。

(2) 工作原理

叉车在货架两端，协助穿梭车在货架的轨道上进行存、取等作业。可以一个巷道设置一台穿梭车，也可以多个巷道共用一台穿梭车。穿梭车数量取决于巷道深度、货物总量、出货批量、出货频率等综合因素。作业时，在遥控命令指导下，穿梭车沿着导轨进入托盘底面下，其提升台面向上升高并把托盘单元顶起

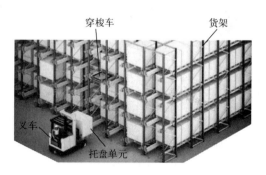

图 9-6　穿梭车库作业中

来，运行到指定的货架出货端或其他位置后，穿梭车退出托盘单元并运行到其他位置待命。

图 9-7 为叉车把托盘单元放入穿梭车货架的最前端。通过无线电遥控操作的穿梭车，承载托盘单元在导轨上运行。穿梭车将货架深处的托盘单元移动到货架最前端，等待叉车取货作业。当多个巷道共用一台穿梭车时，可用叉车将穿梭车放置在不同巷道。

① 存货作业：由叉车将货物放在货架巷道导轨的最前端，通过无线电遥控操作穿梭车，让穿梭车承载托盘单元在导轨上运行，并放到指定的位置。

② 取货作业：穿梭车把货架深处的托盘单元搬运到货架最前端，由叉车把托盘单元从穿梭车上取出。图 9-8 为穿梭车进入托盘下面即将托起托盘并搬运到下道口。

③ 穿梭车的换层搬运：若多个巷道共用一台穿梭车时，通过叉车把穿梭车放在不同的巷道及层数。图 9-9 为穿梭车的换层作业，即通过人工叉车把穿梭车放在需要的巷道端头。

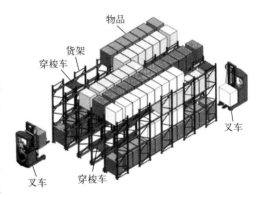

图 9-7 叉车把托盘单元放入穿梭车货架前端

图 9-8 在托盘下面的穿梭车

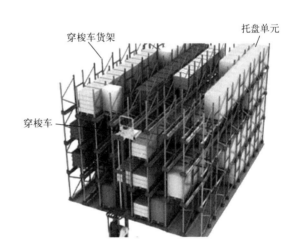

图 9-9 穿梭车的换层作业

图 9-10 为先入先出密集储存库，主要设备是叉车、穿梭车货架及电池驱动的穿梭车。穿梭车在托盘下面的轨道上，它能够顶起托盘运行，把托盘单元存入货位或者从货位取出托盘单元。

图 9-11 为穿梭车高密度系统的三种类型。

图 9-12 为穿梭车、货架、托盘单元之间的尺寸关系，可为设计穿梭车货架提供参考。

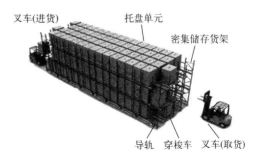

图 9-10 先入先出密集储存库

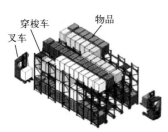
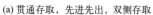
(a) 贯通存取，先进先出，双侧存取

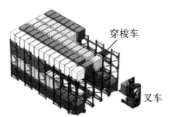
(b) 先进后出，单侧存取

(c) 贯通存取，先进先出，巷道双侧存取，设人工拣货

图 9-11　穿梭车高密度系统类型

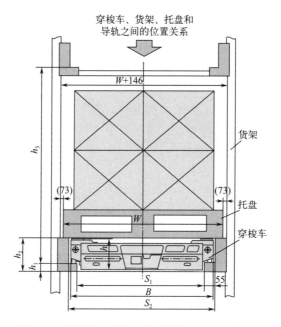

图 9-12　穿梭车、货架、托盘单元之间尺寸关系

 ## 2. 试述穿梭车作业模式

（1）先入先出模式

这是在穿梭式货架一端存入托盘，另一端取出托盘，实现先入先出的工艺流程，按时间顺序出库。图 9-13 为穿梭车先入先出作业，存入托盘为 A 端，取出为 B 端。

（2）后入先出模式

图 9-14 所示为后入先出的存储方式，即托盘存取作业均在货架 A 端进行，B 端不进行任何操作。这适用于对出入库顺序没有时间要求的仓库。图 9-15 为半自动穿梭车货架储存系统实体。

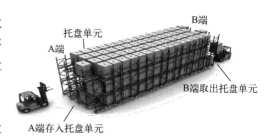

图 9-13　穿梭车先入先出作业

图 9-14　后入先出的存储方式

图 9-15　半自动穿梭车货架储存系统实体

（3）自动模式存入托盘

在存入托盘前，叉车司机需要做的准备工作：

① 用叉车把穿梭车搬运至指定的巷道内；

② 把第一个托盘放在该巷道端头位置，托盘需要平齐巷道端头；

③ 叉车司机按下遥控器上单存 STI 按钮，遥控器屏幕中 STI 字母反黑后，再次按下单存 STI 按钮表示确认；

④ 为避免叉车司机操作失误，在自动模式下，每个按钮都需按下两次表示确认。

图 9-16 为单一巷道内存放托盘的布置，图中左侧为入口端，A1、A2、A3 表示为入口端前三个托盘位；图中右侧为出口端，B1、B2、B3 表示为出口端前三个托盘位。单个巷道内所有托盘存入顺序为：B1→B2→B3→……→A3→A2→A1。

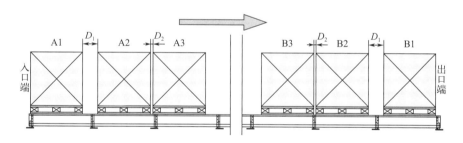

图 9-16　单一巷道内存放托盘的布置

（4）自动模式取出托盘（单取）

取出托盘为存入托盘的逆过程（图 9-16）。

① 在 B 端，叉车司机首先取走 B1 托盘。

② 完成后，叉车司机运来已经和遥控器配对的穿梭车并放入 B1 处的轨道内后，叉车退出。

③ 按下遥控器单取按钮键二次后，穿梭车接收指令，向前移动搬运 B2 托盘到巷道端头的 B1 位置，完成后穿梭车退回 1 个托盘位置，以避让叉车叉齿干涉。

④ 叉车司机搬运走 B2 托盘，依次循环直至清空整个巷道内的托盘数量。

⑤ 在清空巷道内托盘后，穿梭车至端头位置，等待转运巷道作业。

（5）自动模式连续取托盘

连续取出托盘与单个取托盘在 B1 托盘位置处理时，动作一致。

① 当取完 B1 后，二次按下遥控器连续取出按钮，穿梭车接收指令后，先搬运 B2 托盘至 B1 位置。

② 在 B1 位置，穿梭车放下 B2 托盘后，返回搬运 B3 位置托盘。当 B1 位置已经清空，则搬运至 B1 位置。而当 B1 位置还没有取走时，穿梭车在 B2 位置等待，直至 B1 位置清空后再把托盘搬运至 B1 位置。

③ 穿梭车继续搬运 B3 托盘，依次循环直至清空巷道内所有托盘。

（6）自动模式整理托盘

为实现先入先出（FIFO）存储模式，需进行巷道整理，节约巷道内空间，以存放更多的托盘。巷道整理操作方式如下：

① 当巷道内左端没有储存空间，而右端又有许多空货位时，则需要对巷道内进行整理，整理结果如图 9-17 所示。

② 在入库端，叉车司机按下遥控器上巷道整理按钮二次，穿梭车接收指令后连续搬运，直至将巷道内的所有托盘由堆积在入口端搬运至出口端。

③ 搬运结束后，穿梭车回到入口端（A 端）等待下一个指令。

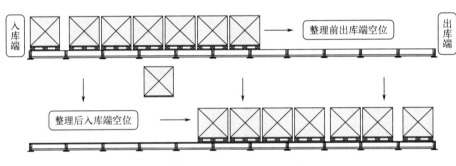

图 9-17　自动模式整理托盘

（7）把穿梭车准确放入巷道内，避免事故

为避免事故，必须把穿梭车准确置入巷道内。当货架位置较高时，叉车司机视觉有误，当穿梭车半边被搁置在轨道上沿时，误以为穿梭车全部入轨就位，使其脱轨跌落，造成严重事故。图 9-18 为穿梭车脱轨严重事故示意图。

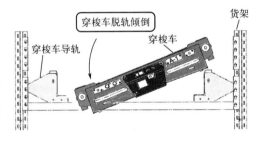

图 9-18　穿梭车脱轨严重事故示意图

 3. 试述穿梭车货架系统组合模式

穿梭式货架系统由穿梭车、货架、高精度导轨与管理软件组成。穿梭车是一种在轨道上作业的智能机器人，可以在系统控制下完成出入库、盘点、放置等任务，并可与上位机或 WMS 通信或者通过手持终端控制，结合 RFID、条形码等技术，实现自动识别、自动存取等功能。

穿梭式货架系统的空间有效利用率最高可以提高到 90%，场地利用率也可达到 60% 以上，能实现单位面积最大的装载密度。

穿梭车式货架系统组合模式介绍如下。

（1）高位叉车＋穿梭车系统立体仓库

图 9-19 为穿梭车及其货架系统的构件名称。图 9-20 为高位叉车＋穿梭车系统的立体仓库，主要由人工操作叉车实现出入库及存储作业。穿梭车通过双向直线行驶来完成物品的存储与搬运作业。

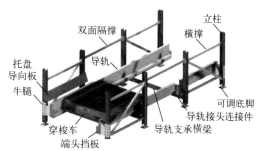

图 9-19　穿梭车及其货架系统构件名称

(a) 叉车+穿梭车系统　　　(b) 叉车+穿梭车系统实体　　　(c) 叉车把穿梭车放入货架端口

图 9-20　高位叉车＋穿梭车系统的立体仓库

（2）垂直提升机＋子母穿梭车系统的自动仓库

图 9-21 为子母穿梭车货架系统。这个系统由穿梭式货架、子母穿梭车、垂直提升搬运存储系统等构成。双向直线行驶的穿梭子车结合双向直线行驶的母车实现平层仓储单元物品的无缝对接与位移作业。垂直提升机来实现穿梭子车或存储物品的换层作业，以实现存储单元在整个存储区域内的三维动态化存储管理。

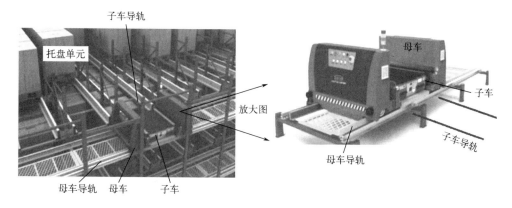

图 9-21　子母穿梭车货架系统

纵向运动的穿梭子车、横向运动的穿梭母车与垂直运动的垂直提升机组成了一个三维任意点可达的高密度仓储系统。通过 WMS 管理和 WCS 调度实现物流、信息流和资金流在线管理。图 9-22 为子母穿梭车仓库实体一角，当母车移动到对准子车轨道时，承载着托盘单元的子车驶出母车并进入其轨道运行到指定位置。图 9-23 为垂直提升机＋子母穿梭车系统的自动仓库。

图 9-22　字母穿梭车仓库实体一角

图 9-23　垂直提升机＋子母穿梭车系统的自动仓库

（3）巷道式堆垛机＋穿梭车系统的自动仓库

图 9-24 为堆垛机＋穿梭车式立体库示意图，这是穿梭货架系统与巷道堆垛机搬运存储系统的组合。利用成熟的堆垛机技术完成垂直运动和横向运动，利用先进的穿梭车技术完成纵向运动。可通过增加穿梭车巷道的深度，减少堆垛机数量，实现密集式仓储功能。可以实现先进先出（FIFO），随机存储。通过 WMS 和 WCS 软件实现管理和调度。仓储高密度储存，利用率高，比巷道式堆垛机仓库高 30％。

（4）四向穿梭车自动仓库

图 9-25 为四向子母穿梭车，它可以在横向和纵向轨道上运行，货物的水平移动和存取只

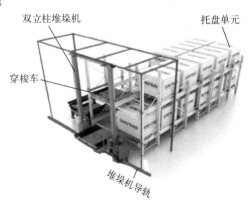

图 9-24　堆垛机＋穿梭车式的自动仓库示意图

由一台穿梭车来完成，系统自动化程度大为提高。图 9-26 为四向子母穿梭车及其货架。图 9-27 为四向穿梭车自动仓库。

采用穿梭式货架系统加智能穿梭系统、提升搬运存储系统。智能穿梭系统则由穿梭车本体依据作业指令实现同一平层作业巷道的四向物流作业，可实现同层任意储位的存储调度与管理，再结合提升机实现智能穿梭单车或存储物品的换平层作业，以实现存储单元在整个存储区域内的三维动态化存储管理，是穿梭式立库建设与改造的升级换代，也是智能化穿梭密集存储的理想物流形态之一。

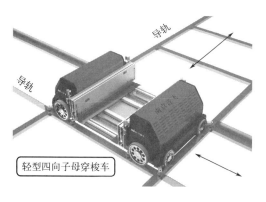

图 9-25　四向子母穿梭车（南京音飞）

图 9-26　四向子母穿梭车及其货架

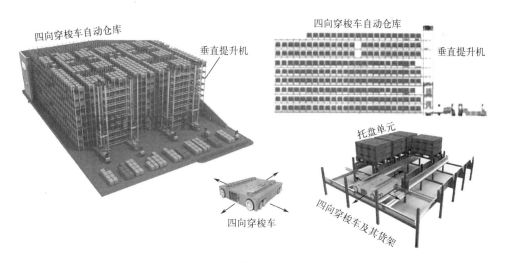

图 9-27　四向穿梭车自动仓库示意图

 4. 试述穿梭车高密度存储特点

① 托盘单元高密度储存，节约库房投资。
② 物料先进先出或先进后出可自由选择。
③ 进出物品效率高。
④ 抗震性强，抗震安全性大于驶入式货架。

⑤ 实时双向遥控器，可以读取多种穿梭车状态，如电池电压、电池电量、电机温度、保险丝状态、报警内容等。

⑥ 成本低。比驶入式货架、压入式货架、重力式货架等的综合成本低。

⑦ 托盘间距可设定，托盘深度可变，托盘统计、理货方便，易进入高层轨道，一个遥控器可以控制多台穿梭车等（最多控制 4 台）。

⑧ 快速。行驶速度最高 $v_{max}=90\text{m/min}$。

⑨ 一台遥控器可分别控制多台穿梭车，一般控制 4～5 台。

⑩ 载重可达 1500kg。

⑪ 安全性好。功能有：防异物碰撞、防多车碰撞、激光定位系统防护等。

⑫ 电池电量不足报警功能。当电量不够运行一次时，自动停在货架入口端等待处理。

表 9-1 为一般常用托盘式穿梭车的性能。

表 9-1　一般常用托盘式穿梭车的性能

项目	参考值	备注	项目	参考值	备注
物料类型	托盘	箱品输送面平整	驱动方式	直流电机	
物料规格（长×宽×高）/mm×mm×mm	例：1200×1000×1500		供电方式	无接触能量传输	
单件物料质量/kg	最大值：1500		通信方式	无线信息传输（WLAN）	
行走速度/(m/min)	最大值：90	按载荷决定	噪声/dB	≤75	
行走加速度/(m/s²)	1		行走定位方式	条形码或编码器	按实际决定
行走定位精度/mm	±5				

 5. 试述智能密集储存自动仓库 ⋯⋯⋯⋯⋯⋯⋯⋯⋯⋯⋯⋯⋯⋯⋯⋯⋯⋯⋯⋯⋯⋯

(1) 穿梭车作业流程

① 穿梭车存货。把穿梭车放在其轨道面上，托盘单元置于托盘承载面上。在遥控命令指导下，穿梭车进入托盘单元底面，其顶升面上升并举起托盘单元运行到货架深处待命。

② 穿梭车取货。通过无线遥控指令穿梭车进入货架深处的托盘单元底面，其顶升面举起托盘单元并运行到货架最前端后，把托盘单元置于其支承面上待命。

图 9-28 为穿梭车顶起托盘移动。此时，托盘离开托盘支承面，两者之间保持一定间隙。穿梭车将货架深处的托盘单元移动到货架的最前端，以待堆垛机取货出库。图 9-29 为穿梭车正在驶入托盘底面中取货。图 9-30 为穿梭车、货架及托盘单元。

托盘及其　穿梭车　顶起托盘　穿梭车导轨　托盘导轨
导轨间隙

图 9-28　穿梭车顶起托盘移动

图 9-29　穿梭车驶入托盘底面中取货

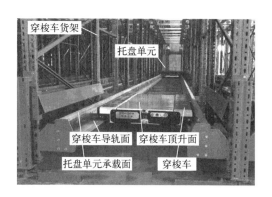

图 9-30　穿梭车、货架及托盘单元

(2) 智能穿梭车立库系统

1) 智能穿梭车系统性能

智能型穿梭车通过系统与堆垛机、RGV 与升降机在线操作，均可实时监控货物。

就承重能力而言，智能穿梭可分为：轻载型（500~1000kg）、重载型（1500~2000kg）和超重载型（>2000kg）三种。

基本车体尺寸 1060mm×1030mm 与托盘尺寸 1000mm×1100mm 或 1200mm×1200mm 配合。车身高度为 185mm，举升高度仅为 50mm。机体 230kg，承载托盘单元稳定性较好。使用锂电池，可选用快、慢充电方式，每次充电可工作 8~10h，可重复充放 1500次。独立 PLC 控制，可与系统联机。

可用条形码寻址方式指定库位，托盘间距可控制在 100mm 以内。若用光电感应法，控制托盘间距则约 500mm。

一般，穿梭车的走行速度可达到 70m/min，巷道长度在 80m 以内是其最佳移载距离。

2) 作业流程

一般作业流程包括入库、调库、盘点及出货等作业。图 9-31 为在巷道口待命的穿梭车。

3) 托盘单元的密集储存自动仓库系统案例

图 9-32 为密集储存自动仓库系统案例。此系统由高密度储存、拣货、导轨、穿梭车、垂直输送机、出库输送机、控制系统等构成。

此系统是入库—存储—出库—拣货—包装—发货—退货等作业融为一体的自动化系统，实现了存储与分拣一体化，达到高效、灵活、零误检率、省空间、低成本的目标。

图 9-31　在巷道口待命的穿梭车

① 托盘单元出入库与存储环节。通过高速托盘堆垛机实现托盘单元自动出入库作业。整个系统仅有一个入库巷道和两个出库巷道，密集存放托盘单元，最大限度地压缩平面范围。此系统把存储区与拣货区一体化，将储存与拣货设备融为一体，实现储存货位即拣选货位，大大降低了拣货区占地面积。

② 发货作业。拣货出库的托盘单元通过出库输送机出库。

③ 退货作业。退货物品经过条形码识别后可以再入库。

图 9-32　智能密集储存自动仓库系统案例

图 9-33 为穿梭车驱动托盘单元在货架中移动。图 9-34 为堆垛机＋穿梭车的智能储存系统。

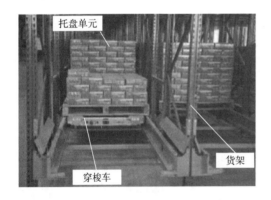

图 9-33　穿梭车驱动托盘单元

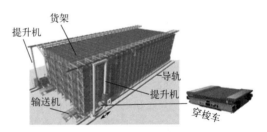

图 9-34　堆垛机＋穿梭车的智能储存系统

第3节　穿梭车系统

 1. 何谓穿梭车?

（1）穿梭车构成

图 9-35 为穿梭车构成，通过每个构件名称可知其具体的物理作用。穿梭车又称轨道式自动导引车 RGV（rail guide vehicle，简称 RGV），因其形状扁平，又称穿梭板。

穿梭车托盘存储系统是由货架、台车及叉车构成的高密度储存系统，仓库空间利用率

高。穿梭车及其货架系统主要用于少品种大批量
物品的储存以及对货物节拍要求较严或者空间利
用率高等场合；亦可在出入库端各配置入库堆垛
机和出库堆垛机进行存取货物作业。穿梭车密集
货架与穿梭车组合，实现托盘单元高密度半自动
化储存。根据物品的存取端口布置，可分为先入
先出模式和后入先出模式。

穿梭车已经标准化和系列化，根据物品形状
大小和重量可以相应型号。对于特殊尺寸和重量
的物品可以特殊设计相适应的穿梭车。

（2）**穿梭车在其轨道中的位置及其相关尺寸**

图 9-36 为穿梭车在其轨道中的位置及其相关
尺寸。一般穿梭车尺寸为：$1100\text{mm} \times 975\text{mm} \times 217\text{mm}$。图 9-37 为穿梭车货架基本构成及其基本
构件名称。

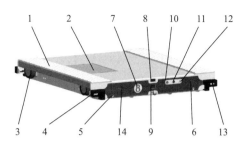

图 9-35　穿梭车构成

1—提升台板；2—电池盖板；3—行走轮；4—防撞块；
5—救援连接口；6—A/B 面标识；7—车号；
8—光电开关；9—数码显示；10—电源开；
11—电源关；12—警示灯；13—激光测距；
14—品牌标识

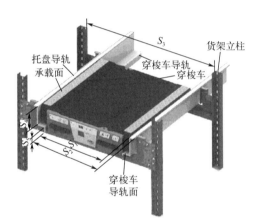

一般穿梭车尺寸数据

$S_1 = 983\text{mm}$(轨道内宽)
$S_2 = 1093\text{mm}$(轨道外宽)
$S_3 = W + 146\text{mm}(W = 1200 \sim 1250\text{mm})$(立柱内宽)
$S_4 = 163\text{mm}$(导轨高度)
$S_5 = 51\text{mm}$(轨道缝隙)

图 9-36　货架导轨中的穿梭车及其相关尺寸

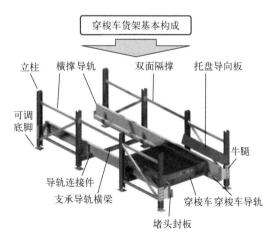

图 9-37　穿梭车货架基本构成

（3）穿梭车各部分名称及其功能

图 9-38 为穿梭车各部分名称及其功能。

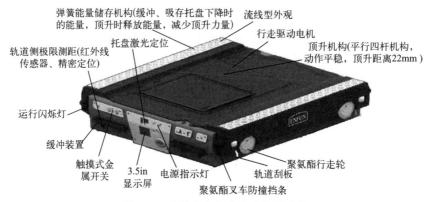

图 9-38　穿梭车各部分名称及其功能

（4）标准型穿梭车与货架的位置状态

图 9-39 为非顶升状态下标准型穿梭车与货架的位置关系，即穿梭车下位状态位置图。

图 9-40 为穿梭车上位状态位置图，即穿梭车把托盘单元顶高的状态，顶起高度为 22mm。

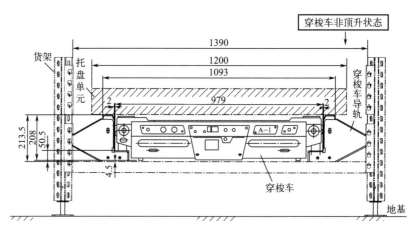

图 9-39　穿梭车下位状态位置图

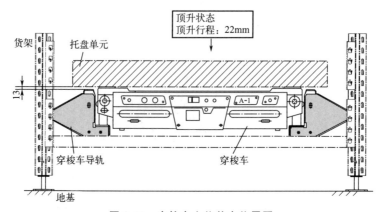

图 9-40　穿梭车上位状态位置图

(5) 穿梭车本体

图 9-41 为标准型穿梭车结构图，根据标准型穿梭车外形尺寸、与货架之间的间隙距离就可以确定货架货位空间尺寸，从而可以设计货架规格尺寸。

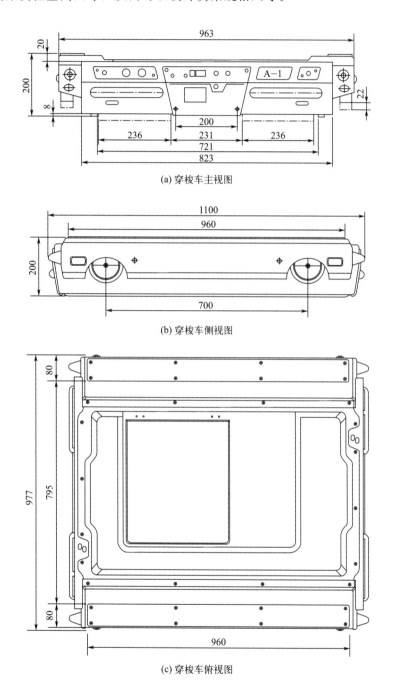

(a) 穿梭车主视图

(b) 穿梭车侧视图

(c) 穿梭车俯视图

图 9-41　标准型穿梭车结构图

(6) 标准型穿梭车基本参数

表 9-2 为一般标准型穿梭车主要技术参数。

表 9-2　一般标准型穿梭车主要技术参数

序号	参数规格	设备型号		
		RGV-500	RGV-1000	RGV-1500
1	适用托盘			
1.1	适用标准托盘：L(mm) $\times W$(mm)	$W1200\text{mm}\times D1000\text{mm}$		
1.2	可用托盘规格：L(mm) $\times W$(mm)	$W1100\sim1250\text{mm}$，$D800\sim1100\text{mm}$		
1.3	托盘类型（底部形式）	川字型、田字型		
1.4	托盘材质	木制、塑料、钢制		
1.5	托盘挠度	最大 20mm		
2	负载总重量	最大 500kg	最大 1000kg	最大 1500kg
3	行走方式	直轨内行走		
4	行走参数	$0.8\sim1.5\text{m/s}$		
5	顶升时间	$1\sim3\text{s}$		
5.1	顶升行程	$22\sim35\text{mm}$		
5.2	顶升后托盘与轨道间隙	约 13mm		
6	设备尺寸			
6.1	设备外形：L(mm) $\times W$(mm) $\times H$(mm)	$L1100\text{mm}\times W977\text{mm}\times H198\text{mm}$		
6.2	设备自重	约 250kg		
7	行走驱动电机	直流电机 24V、48V		
8	行走轮	$\phi120\text{mm}$，高性能聚氨酯轮		
9	顶升电机	直流电机 24V、48V		
10	电池容量	$30\sim40\text{A}\cdot\text{h}$（48V）		
11	电池质量	约 13.3kg		
12	充放电次数	约 1500 次		
13	充电时间	约 $1\sim2\text{h}$		
14	遥控方式	手持遥控器控制		
15	运转噪声	＜70dB		

 2. 试述子母穿梭车工作原理及其技术性能

（1）子母穿梭车工作原理

图 9-42 为子母穿梭车。母车在垂直于子车的轨道上运行，子车托起托盘单元进入母车后，母车可行驶到指定位置。图 9-43 为子母穿梭车载货作业实体。图 9-44 为子母穿梭车移动方向。图 9-45 为四向（子母）穿梭车，四向穿梭车可以在横向和纵向轨道上运行，货物

的水平移动和存取只由一台穿梭车来完成，系统自动化程度大大提高。图 9-46 为四向穿梭车移动示意图。图 9-47 为子母穿梭车基本结构示意图。图 9-48 为子母穿梭车自动仓库示例。

图 9-42　子母穿梭车

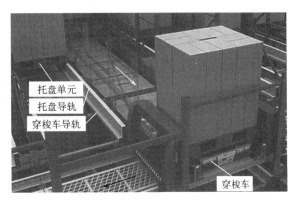

图 9-43　子母穿梭车载货作业实体

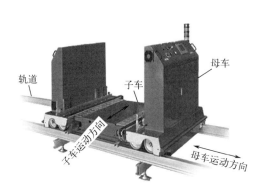

图 9-44　子母穿梭车移动方向

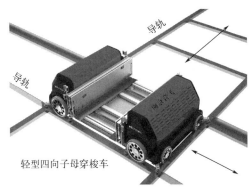

图 9-45　四向（子母）穿梭车（南京音飞）

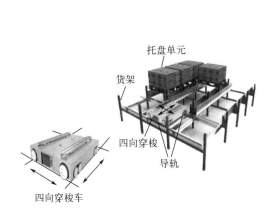

图 9-46　四向穿梭车移动示意图

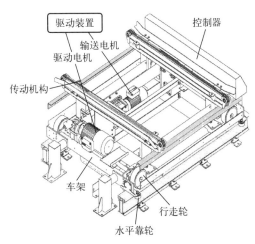

图 9-47　子母穿梭车基本结构示意图

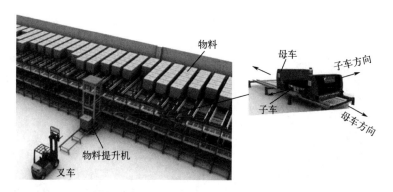

图 9-48 子母穿梭车自动仓库示例

（2）子母穿梭车基本功能

① 穿梭母车是一种用于子母车密集仓储系统的重要横向运动设备。

② 接驳穿梭板车切换巷道使用。

③ 将托盘单元运送到出入库口输送机上。

④ 实现先进先出（FIFO）和先进后出（FILO）。

⑤ 速度高，定位精度准确，母车可以实现换层作业。

⑥ 母车可以在运行中通过电池完成子车充电功能。

（3）技术性能

① 最大行驶速度：2.5m/s。

② 最大加速度：1m/s。

③ 最大载重：1500kg。

④ 定位方式：激光定位。

 3. 何谓四向穿梭车？

（1）四向穿梭车基本构成

普通穿梭货架系统无法实现全自动化，还需要操作工、叉车、穿梭板的配合，穿梭板只能靠叉车放入需要存取货物的某个巷道口。子母穿梭车系统是母车沿着主通道行驶，可以将子车放入与主通道垂直的两侧任意一个巷道里面。同样，巷道里面的任意一个子车存取货物后可以进入主通道的母车里。而四向穿梭车系统改变了普通穿梭车只能前后移动的特点，可以前后左右四个方向移动。无论是子母穿梭车系统还是四向穿梭车系统，都无须叉车与之配合，从而提高了整个系统的自动化程度。再配合提升机系统进行高度方向的上下移动，整个系统可以实现全自动化。

图 9-49 为四向穿梭车基本传动结构图，包括车体、X 轴传动系统、Y 轴传动系统等。X 轴传动系统设置于车体上，用于使车体沿 X 轴方向移动；Y 轴传动系统设置于车体上，用于使车体沿 Y 轴方向移动。在 X 轴移动单元行走时，Y 轴移动单元处于悬空状态。图 9-50 为四向穿梭车行走传动示意图。图 9-51 为四向穿梭车及其货架系统，可知四向穿梭车可以把物品放置在需要的任何位置。入库流程是：把物品放在进货口、扫码上传信息、称重外形检测、系统自动分配货位、把物品送到指定层及货位。图 9-52 为智能四向穿梭车自动

仓库效果图。图 9-53 为四向穿梭车取货作业。

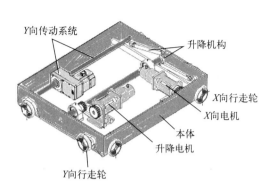

图 9-49　四向穿梭车基本传动结构示意图

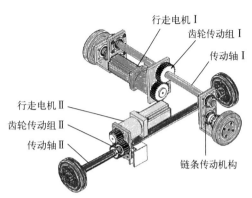

图 9-50　四向穿梭车行走传动示意图

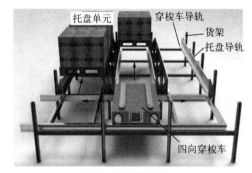

(a) 四向穿梭车及货架

(b) 四向穿梭车实体(音飞)

图 9-51　四向穿梭车及其货架系统

图 9-52　智能四向穿梭车自动仓库效果图

图 9-53　四向穿梭车取货作业

（2）四向穿梭车核心功能

① 四向穿梭车主要用于仓库托盘单元的自动搬运和输送。

② 自动存取货、自动换道换层等功能。

③ 可在货架轨道和地面轨道中行驶，充分体现其自动性和柔性。

④ 四向穿梭车是集自动搬运、无人引导、智能控制等多功能于一体的智能搬运设备。

重型四向穿梭车性能：最大行驶速度 2m/s；最大载重 1200kg。

轻型四向穿梭车性能：最大行驶速度 4m/s；最大载重 35kg。

（3）穿梭车自动仓库示例

自动换轨输送穿梭车与驶入式穿梭车（也称穿梭板）、提升机、驶入式货架、进出库输送机及 WMS 等智能调度系统结合，可组建成高密度、自动化立体仓储系统。转轨输送穿梭车可分层配置，立体发展，使得整个自动化立体仓库系统配置更具有柔性，改变了库体的整体布局，使系统更加具有灵活性。

图 9-54 为穿梭车自动仓库一角，在其巷道的一端配有换层提升机，子母车与换层提升机对接，驶入到换层提升机内，通过换层提升机的升降，到达目标层后子母车进行换层转轨。

图 9-55 为子母穿梭车式立库，在普通穿梭板货架系统前端的每一层设计一条垂直于巷道的母车轨道，子车可以载物开进母车。母车可以把物品搬运到输送机或提升机。此外，母车还可以把子车搬运到其他巷道内。

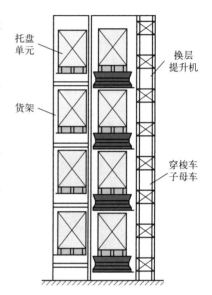

图 9-54　穿梭车自动仓库一角

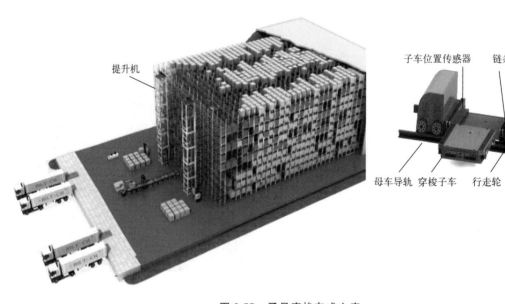

图 9-55　子母穿梭车式立库

4. 如何评估四向穿梭车作业能力?

四向穿梭车的作业能力受到仓库订单任务、调度技术、作业模式、设备技术参数等因素的影响。四向车在垂直交叉轨道上切换方向完成货物的水平出入库作业，具备单一作业和复合作业两种模式。

① 单一作业模式。在此作业模式中，四向车一个周期内只完成一个出（入）库任务。在单一作业模式中，四向车入库作业和出库的作业时间相同，假设每层四向车的平均单一作业时间为 t_1，则此模式下的出入库能力 η_1 可计算为

$$\eta_1 = \frac{3600}{t_1}$$

② 复合作业模式。在此作业模式中，设备一个周期内完成入库和出库两个任务。在基于每层一台四向穿梭车的系统配置下，设四向穿梭车的平均复合作业时间为 t_2，则其出入库 η_2 为

$$\eta_2 = \frac{7200}{t_2}$$

 5. 试述穿梭车对货架、轨道的要求

在货架轨道上行走的穿梭车，对轨道、立柱、端头挡板等有严格要求，具体如下。

（1）对轨道要求

① 对于 RGV-1000 型穿梭车（即托盘最大负载为 1000kg），其轨道厚度不小于 2.75mm。

② 对于 RGV-1500 型穿梭车（即托盘最大负载为 1500kg），其轨道厚度不小于 3.5mm。

③ 轨道直线度小于 2/1000。在整个巷道内，轨道直线度应小于 5mm。

④ 穿梭车车轮行走面，每米范围内弯曲变形（挠度）应小于 2mm。

⑤ 轨道截面内，左右车轮行走面高度差小于 2mm。

⑥ 轨道扭曲度，目测无明显扭曲变形。

⑦ 轨道接缝缝隙，2mm±0.5mm，保持伸缩缝隙。

⑧ 轨道接缝处，倒边、倒角，无任何毛刺、尖角，保持行走轮、导向轮圆滑过渡。

⑨ 轨道紧固螺栓，与支承板连接处，不允许有任何松脱。

⑩ 轨道轮行走面禁止有油，或添加任何油脂内、润滑内物质。

（2）轨道端头挡板

轨道端头挡板，作为穿梭车最重要的安全挡板和检测用板，需要每周定期目视巡检。

① 禁止在端头挡板脱落的巷道内，存放穿梭车、托盘货物和作业，必须更换好后才可以进行存储作业。

② 禁止在端头挡板松动、变形的巷道内作业，必须更换端头挡板后才可进行存储作业。

（3）支承立柱

对于立柱、横挡、轨道支承板，当发生以下情况时，需要做修复性确认后，才可以使用。

① 立柱因承载产生垂直方向上的弯曲变形，变形量可以通过目测观察到，此情况下禁止使用。

② 立柱被叉车等其他车辆、物体撞击后，虽未变形但有安全隐患。在此情况下，需要先确认再使用。

③ 立柱横挡、轨道支承片等被叉车撞击后，产生变形，从而影响轨道尺寸，此情况需要先确认后再使用。

 6. 试述穿梭车系统性能比较

表 9-3 为穿梭式密集存储系统的组成与技术特点对比。

表 9-3　穿梭式密集存储系统的组成与技术特点对比

系统类型	系统组成	技术特点
穿梭车式货架系统	穿梭车、叉车、穿梭式货架	克服了贯通式货架存取速度慢、货架系统稳定性差等缺点，无线遥控穿梭板进入物品存放区完成物品存取作业。一个工人可以同时操作多台穿梭车，提高工作效率，灵活性强，易于扩展
穿梭车式自动化立体车库	堆垛机、穿梭车、穿梭式货架、提升机、输送线、仓储管理系统（WMS）、设备控制系统（WCS）	结合传统巷道式堆垛机和穿梭式货架系统的优点，实现高度自动化作业和高度空间利用率
子母穿梭车式系统	穿梭母车、穿梭子车、穿梭式货架、提升机、输送线、仓储管理系统（WMS）、设备控制系统（WCS）	密集储存与自动化作业完美结合；批量托盘全自动化储存的最优选择；对半自动化穿梭式货架的系统化升级，与市场系统互连，实现无缝对接；对仓库建筑格局、楼层高度、承载等要求明显降低；仓储布局组合灵活、可实现非连续楼层、多层区域布局，实现全自动化储存
四向穿梭车系统	四向穿梭车、穿梭式货架、提升机、仓储管理系统（WMS）、设备控制系统（WCS）	可通过无线网与 WMS 连接，实现穿梭车与提升机配合，可到任何货位；穿梭车能够随意改变作业巷道，按照作业流量来配置小车数量，减少设备能力浪费；既适合低流量、高密度储存，也适合高流量、高密度储存

 7. 试述穿梭车顶升机构

(1) 平面凸轮顶升机构

穿梭车顶升机构作用是顶起托盘或托盘单元，使之与导轨脱离，再利用行走机构将托盘搬运到指定位置后停止，最后车体下降与托盘分离，托盘放于导轨上，穿梭车则离开当前位置。

顶高托盘机构种类较多，常用的有偏心机构、凸轮机构、杆机构等。

图 9-56 为穿梭车内部构件布局示意图。

图 9-57 为穿梭车的顶升机构示意图，其特征：安装在穿梭车底座上的线性滑轨 1、平面凸轮 2 通过滑块 3 与线性滑轨接触，圆柱滚子轴承 4 设于穿梭车顶板 5 上，且与平面凸轮表面接触；电动推杆 7 一端设于穿梭车底座上，另一端连接平面凸轮。

穿梭车机构及其运动原理：穿梭车的顶升机构的线性滑轨 1 通过螺栓固定在穿梭车底座 6 上。平面凸轮 2 和滑块 3 也通过螺栓连接为一整体，并装在线性滑轨 1 上。滑块 3 可沿线性滑轨 1 滑动。圆柱滚子轴承 4 固定在穿梭车顶板 5 上，其外表面与平面凸轮 2 接触。电动推杆 7 一端固定在穿梭车底座 6 上，另一端固定在平面凸轮 2 上。通过电动推杆 7 的伸缩运

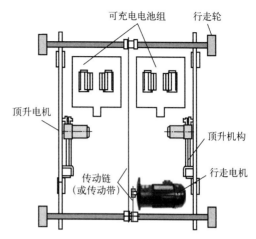

图 9-56　穿梭车内部构件布局示意图

动使平面凸轮 2 前后运动，最终实现穿梭车顶板 5 的升降运动。

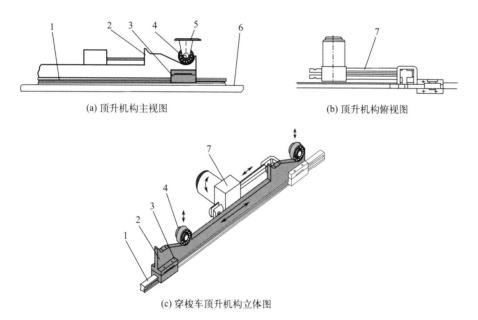

(a) 顶升机构主视图　　　　(b) 顶升机构俯视图

(c) 穿梭车顶升机构立体图

图 9-57　穿梭车顶升机构示意图

1—线性滑轨；2—平面凸轮；3—滑块；4—圆柱滚子轴承；
5—穿梭车顶板；6—穿梭车底座；7—电动推杆

（2）穿梭车齿轮齿条升降机构

1）构件布置

上海某仓储设备工程有限公司研发的穿梭车齿轮齿条升降机构，其构件布置如图 9-58 所示。行走系统主要由行走轴、链轮链条机构和行走电机等构成；升降系统主要由平面凸轮、齿轮和导轨等构成，左右对称，共两套，可通过控制系统实现同步顶升；两块可充电电池，主要为轨道穿梭车提供动力。

2）穿梭车齿轮齿条升降机构构成及升降原理

图 9-59（a）为轨道穿梭车齿轮齿条升降机构轴测图，图 9-59（b）为其主视图。齿轮齿条升降机构包括：承重部分、平面凸轮、齿轮传动部分、底座、导轨和滑块。其中，承重部分由轴承及其支架组成。支架固定于轨道穿梭车顶板上，轴承沿平面凸轮啮合面运动；齿轮传动部分由齿轮齿条和行走电机组成，齿条固定于平面凸轮上为一体，安装于行走电机上的齿轮带动齿条前后水平移动，平面凸轮将水平移动转化为承重部分的升降运动。导轨固定于底座上，滑块与平面凸轮通过螺栓连接为一体沿着指定导轨做水平移动。

3）行走轮的升起与下降状态

图 9-60 为行走轮的升起与下降状态。图 9-61 为穿梭车顶升机构示例。

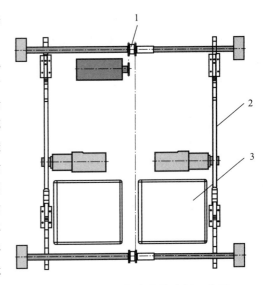

图 9-58　轨道穿梭车构件布置示意图
1—行走系统；2—升降系统；3—两块充电电池

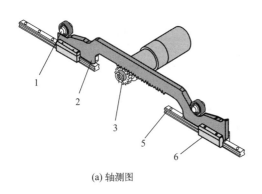

(a) 轴测图

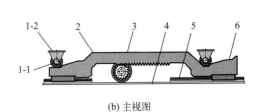

(b) 主视图

图 9-59　轨道穿梭车的齿轮齿条升降机构
1—承重部分（1-1—轴承；1-2—支架）；2—平面凸轮；3—齿轮齿条机构；4—底座；5—导轨；6—滑块

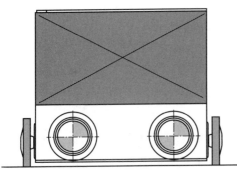

(a) 横向行走轮下降纵向行走轮升起状态

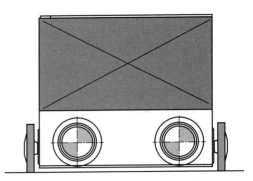

(b) 横向和纵向行走轮全下降状态

图 9-60　行走轮的升起与下降状态

4）优点

采用齿轮齿条传动原理，把回转运动转变为直线往复运动，不仅能保证瞬时传动比恒定、传动平稳性好，而且传递的功率和速度范围大。齿轮齿条结构紧凑，工作可靠且寿命长。

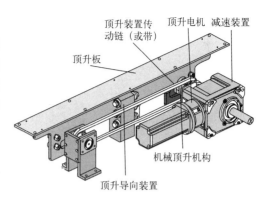

图 9-61　穿梭车顶升机构示例

 8. 试述多层穿梭车自动仓库系统

图 9-62 为多层穿梭车自动仓库。多层穿梭车智能存储系统由多层穿梭车、仓储货架系统、输送设备、提升机、WMS、WCS 等组成。其中提升机起着垂直方向物料搬运的作用，而多层穿梭车承担水平方向物料搬运工作。

图 9-62　多层穿梭车自动仓库（南京音飞）

多层穿梭车智能存储系统能与其他物流系统自动连接，如与出入库站台、各种缓冲站、输送机、升降机和机器人等无缝对接。

多层穿梭车智能存储系统实现了科学密集储存。其货架结构设计紧密，相比传统仓库减少了 30%～50%占地面积。多层穿梭车采用单、双深位布局，可用于高密度的仓储系统，大大提高仓库的储存货位。

多层穿梭式货架是一种新颖的密集型货架形式，其优点在于：存储密度、仓库利用率、工作效率等均高，大大减少作业等待时间。其空间有效利用率最多可以提高至 90%，场地利用率可以达到 80%以上，适用于各类料箱拣选形式的仓库。

在相同的空间布局中，多层穿梭车智能存储系统出入库处理能力，相比传统仓储系统提高 5～10 倍，并精准排序将货物呈现给拣选站或堆垛人工，适用于不同货物尺寸。每个巷道可配备多台多层穿梭车，开展单、双深度货位的存取工作。

在穿梭车系统中最关键设备是穿梭车和提升机。在高度较低（3～5m）的系统中，其瓶颈是穿梭车的数量和速度；在高度较高（>12m）的系统中，瓶颈是提升机，配置过多的穿梭小车反而不能充分调动小车的能力，造成浪费。经过综合论证分析，多层穿梭车系统最佳高度约为 10～12m。图 9-63 为多层穿梭车自动仓库实体。

(a) 多层穿梭车自动仓库主视图   (b) 多层穿梭车自动仓库侧视图

图 9-63　多层穿梭车自动仓库实体

多层穿梭车系统出库要严格排序，可分成巷道内排序和巷道外排序。巷道内的排序主要是依靠穿梭小车和提升机按顺序实现排序任务。巷道外的排序由专门的排序机器实现排序作业，并结合 WCS（仓库控制软件）的任务分配及调度优化功能，充分调动小车和提升机的最大性能。

 9. 四向穿梭车与多层穿梭车有何区别？

① 四向穿梭车系统由四向穿梭车、提升机、输送系统、货架系统以及 WMS/WCS 管控系统组成，具有存储密度高、系统运行稳定等特点。四向穿梭车可以在纵向存放巷道和横向转运通道自动切换，除了具备一般穿梭车的特点外，更适合复杂环境下的仓库。在无线网络的支持下，各单元相互连接，在 WMS、WCS 上位管控系统的调度下，完成货物的入库作业。四向穿梭车系统广泛应用于食品、饮料、医药等行业。

在结构方面，如图 9-64 所示，四向穿梭车可以"前、后、左、右"四个方向运行，有两套轮系，分别负责 X 方向和 Y 方向的运动，而多层穿梭车只有一套轮系。四向穿梭车解决了多层穿梭车无法水平移动的问题，这也是四向穿梭车的独特之处。

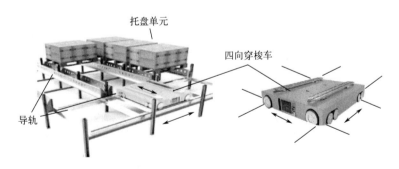

图 9-64　四向穿梭车系统示意图

② 多层穿梭车系统由多组穿梭车（运行在不同层的货架上）、提升机、箱式输送线、分拣线和 WMS/WCS 组成。图 9-65 为多层穿梭车自动仓库及其取货作业。

图 9-65　多层穿梭车自动仓库及其取货作业（南京音飞）

10. 试述多层穿梭车自动仓库基本构成

　　图 9-66 为多层穿梭车自动仓库示意图。多层穿梭车立体仓库最基本组成是：多层货架、多层穿梭车、库前缓存输送机、提升机、货到人拣选站和软件系统等。每层的库前输送机与多层穿梭车同层协同作业，可以每层货架配置一台多层穿梭车，也可几层共用一台多层穿梭车，巷道末端的多功能复合提升机（可执行多层穿梭车换层）将货物送至库前出入库输送机。通过计算机的订单排序作业，使多层穿梭车准确有序地存取货物，满足订单拣出的要求。

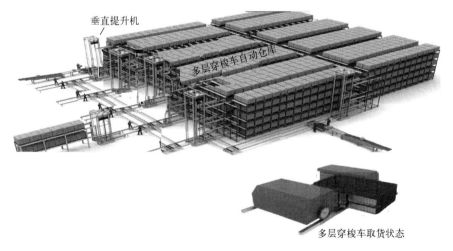

图 9-66　多层穿梭车自动仓库示意图

　　多层穿梭车系统采用智能穿梭小车，小车在存储系统的各层运行。可通过增加额外的穿梭车提高作业效率。小车自动装载货品出入密集存储系统，与库前输送机相连，以正确的顺序输送所选货品，促进和提高作业效率和产品或订单组合的准确性。

　　图 9-67 为多层穿梭车自动仓库侧面示意图。多层穿梭车自动仓库采用穿梭车及提升

机出入库。每台穿梭车可在各层各巷道作业，而堆垛机自动仓库每台堆垛机只能在固定巷道内作业，所以穿梭车自动仓库比堆垛机自动仓库柔性更好。此外，单台穿梭车出现故障时系统仍可正常运行，而堆垛机式自动仓库一旦堆垛机出现故障，则整个巷道无法正常工作。

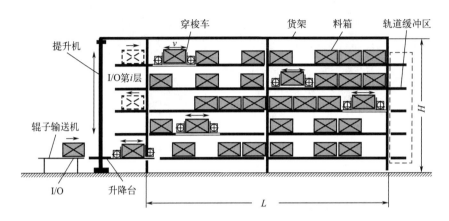

图 9-67　多层穿梭车自动仓库侧面示意图

多层穿梭车多采用铝制结构，具有精密的伸缩式货物抓取器，具备高速、高效、空间紧凑和多深位存储的优势，是多品种小件商品货到人拆零拣选的最佳选择。

多层穿梭车系统的信息系统主要是 WMS 和 WCS。提升机升降台装载货物沿垂直方向移动。巷道穿梭车负责水平运动，把货物搬运到巷道对应层的 I/O 口处，每一巷道都有一台穿梭车负责该巷道存取作业。每层巷道的 I/O 口在货架的首端衔接穿梭车和提升机的运输作业。

WMS 主要应用：①入库管理，即与 ERP 系统对接，按照采购信息生成入库订单；②出库管理，与 ERP 系统对接，按照销售需求生成出库订单；③库存管理，包括质量管理、配送管理、货物查询等。

WCS 主要应用：①执行出入库任务；②显示设备和货位的位置、状态、运行情况等；③设置单机/联机操作，远程控制设备等。

 11. 试述多层穿梭车换层作业 ··

图 9-68 为多层穿梭车换层作业示意图，所谓换层是通过穿梭车提升机把穿梭车置入货架各层端口待命。物料提升机把物料放在托盘承载面上，穿梭车提升机可把穿梭车放在货架各层端口。图 9-68 中箭头为物料及穿梭车移动方向。图 9-69 为多层穿梭车提升机换层作业示意图。图 9-70 为智能穿梭车自动仓库局部实体。

研发多层穿梭系统主旨在于高效的"货到人"拣选作业。多层穿梭车自动仓库将"人找货"转变为"货到人"的拣选方式，可以大大提高系统效率，减少人员配置。多层穿梭车是一款交直流均可驱动的穿梭车，在货架轨道上运行，实现料箱等货物的出入库作业。利用自身的夹抱式货叉将料箱取出，放到指定的出口位置，同时可以将入口位置的料箱存入指定的货位里。

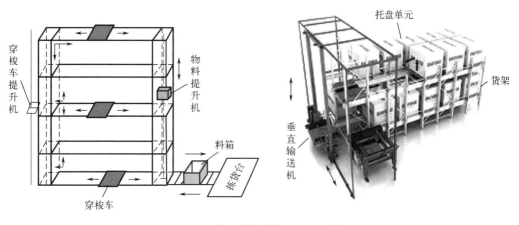

图 9-68　多层穿梭车换层作业示意图

(a) 多层穿梭车自动仓库

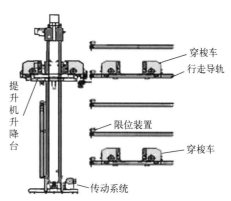

(b) 多层穿梭车换层作业示意图

图 9-69　多层穿梭车提升机换层作业示意图

(a) 智能穿梭车自动仓库实体

(b) 多层穿梭车实体

图 9-70　智能穿梭车自动仓库局部实体

　　多层穿梭车主要用于"货到人"的箱式物料拣选作业,可在轨道上任意穿梭和换层。如图 9-71 为多层穿梭车左右侧取(存)货作业,利用自身货叉对货物进行左(或右)侧放置或抓取,实现仓库与分拣线或生产线之间的无缝衔接。图 9-72 为多层穿梭车"货到人"拣货作业。图 9-73 为穿梭车自动仓库。

　　多层穿梭车有单伸位和双深位两种,夹抱式货叉伸缩速度快、定位精准、效率高。其基本性能：①最大行驶速度 4m/s；②最大加速度 2m/s²；③最大载重 30kg。

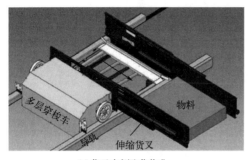
(a) 货叉右侧取货作业

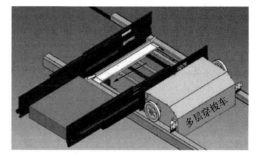
(b) 货叉左侧取货作业

图 9-71　多层穿梭车左右侧取货作业

图 9-72　"货到人"拣货作业（南京音飞）

图 9-73　穿梭车自动仓库（南京音飞）

 12. 试述多层穿梭车货架基本结构及其简易计算方法

设计多层穿梭车货架系统时应考虑：货架结构的承载能力、强度、刚度、精度等问题。图 9-74 为某图书馆的多层穿梭车货架结构示意图，物料质量为 50kg。

多层穿梭式货架系统一般包括货架主体钢结构、穿梭小车、提升机设备、输送线设备、供电及网络控制系统等。货架主体钢结构主要分为：立柱、立柱间支承、导轨、搁挡、垂直拉杆装置、水平拉杆装置等。

图 9-75 为安装中的多层穿梭车货架。立柱高度 H 一般根据层高 H_1 及层数 N 而定，另外需考虑库房限高、提升机高度、消防层、维修层等因素。立柱片宽度 W 由料箱宽度 W_1 加上穿梭小车取货空间 W_2 而定，一般 W 不超过 1.5m，超过 1.5m 需另行计算立柱片的失稳率。图 9-76 为多层穿梭车自动仓库示意图。货架材料一般采用 Q235。一般情况下，多层穿梭车货架的料箱总质量不超过 50kg，单列货格数量不超过 5 个，其载荷简易计算方法如下：

立柱载荷＝50kg（单个料箱质量）×5（货格数量）×N（层数）＋货架质量＋设备质量

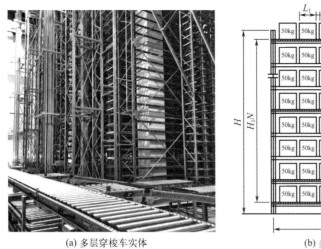

(a) 多层穿梭车实体

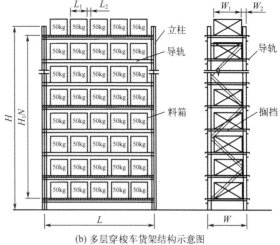

(b) 多层穿梭车货架结构示意图

图 9-74　穿梭车货架结构示意图

图 9-75　安装中的多层穿梭车货架

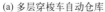

(a) 多层穿梭车自动仓库

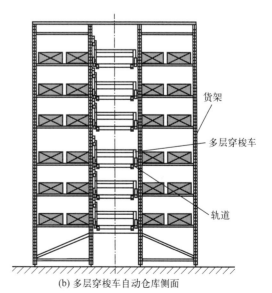

(b) 多层穿梭车自动仓库侧面

图 9-76　多层穿梭车自动仓库示意图

13. 试述多层穿梭车部分机构动力计算

（1）行走电机功率计算

行走和伸叉的电机选用无刷直流电机，优点是调速平稳，还可降低金属货架的电磁干扰。

行走电机功率 P 由平稳运行的静态功率 P_1 和加速启动时的动态功率 P_2 构成。

1）穿梭车承载最大负载稳定运行的电机静态功率 P_1

$$P_1 = \frac{Fv}{1000\eta} \tag{9-1}$$

式中　P_1——工作机械实际需要电动机静态功率，kW；

F——穿梭车所受工作阻力，N；

v——穿梭车承载最大载荷时的线速度，m/s；

η——传动装置总效率。

设：穿梭车自重 $m_1=100$kg，最大载荷 $m_2=50$kg，穿梭车最大载荷时的最大运行速度 $v=1.5$m/s，传动装置总效率 $\eta=0.97$。

设：穿梭车克服车轮与轨道的摩擦力为 f_1、空气阻力为 f_2，行走车轮直径 $D=200$mm，车轮材料为聚氨酯，车轮与刚性导轨之间摩擦因数 $\mu=0.4$，加速度 $g=9.8$N/kg。

图 9-77 为穿梭车行驶过程受力示意图。

穿梭车室内行驶其空气阻力 f_2 可忽略不计。

则 $F=f_1=\mu(m_1+m_2)g=588$N，把 F 和 v 值代入式（9-1），得 $P_1=909$W。

2）穿梭车加速运行时所需动态功率 P_2

$$P_2 = \frac{1.15G_m\sum v^2}{9800t_1} \tag{9-2}$$

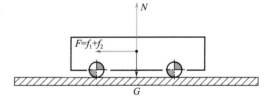

图 9-77　穿梭车受力图

式中　P_2——工作机械实际需要的电动机动态功率，kW；

G_m——运动部分总重力，N；

v——穿梭车承受最大载荷运行时的线速度，m/s；

t_1——穿梭车启动时间，s。

把相关数据代入公式 P_2，得 $P_2\approx194$W。

穿梭车行走电机功率 $P\geq P_1+P_2=909+194=1103$（W）。

根据电机手册初选扭矩为 4.75N·m、转速 $n=2500$r/min、功率 $P=1243$W 的 120WS13 无刷直流电机。穿梭车运行需要总驱动力矩 $M=\frac{FD}{2}=58.8$N·m。由此，减速比最小值

$$i_{min}=\frac{M}{4.75}=\frac{58.8}{4.75}=12.38$$

因为穿梭车负载运行速度 $v=1.5$m/s，行走车轮直径 $D=200$mm，则行走轴的转速 $n=\frac{v}{\pi d}\approx2.39r/s=143$r/min。

可得减速比最大为 $i_{\max} = \dfrac{2500}{143} = 17.48$。

最后选择行走电机减速比为 17 的 120ZWS 无刷直流减速电机，其外形尺寸为 $\phi 120\text{mm} \times 246\text{mm}$。

（2）伸叉电动机功率计算

图 9-78 为多层穿梭车存（取）物料作业示意图，伸缩包夹板伸缩并包夹物料时需要足够大的力。

设：穿梭车车体自重为 $m_1 = 100\text{kg}$，最大载重为 $m_2 = 50\text{kg}$，货叉活动部分质量为 $m = 20\text{kg}$，货叉伸缩时滚动摩擦因数 $\mu = 0.15$。

传动效率 $\eta = 0.9$（减速电机）$\times 0.98$（齿轮）≈ 0.882。

货叉的最佳伸缩速度 $v_{\text{叉}}$：

图 9-78　多层穿梭车存（取）物料
作业示意图（南京音飞）

$$v_{\text{叉}} \approx 0.5\sqrt{Ba_Z} \qquad (9\text{-}3)$$

式中，$v_{\text{叉}}$ 为货叉最佳伸缩速度，m/s；$B = 0.9\text{m}$（货架宽度）；$a_Z = 2\text{m/s}^2$（货叉伸缩的加/减速度）。

得 $v_{\text{叉}} \approx 0.5\sqrt{Ba_Z} \approx 0.67\text{m/s} \approx 40.25\text{m/min}$。

货叉伸缩阻力 $f = \mu(m_2 + m)g = 102.9\text{N}$。

伸缩叉时需要动力 $P = \dfrac{fv_{\text{叉}}}{\eta} \approx 76.6\text{W}$。

初选功率为 85W 的 57ZWS02 无刷直流电机，该电机的额定扭矩为 0.27N·m，额定转速为 3000r/min。该电机的外形尺寸为 $\phi 57\text{mm} \times 85\text{mm}$。

（3）行走轴计算

图 9-79 为行走轴传动示意图。行走轴应按照弯扭合成强度计算，其基本计算公式如下：

$$\sigma = \frac{M_v}{0.1d^3} = \frac{10 \times \sqrt{M^2 + (\alpha T)^2}}{d^3} \leqslant [\sigma_{-1}] \qquad (9\text{-}4)$$

式中　σ——轴的计算截面上 M_v 产生的弯曲应力，MPa；

M_v——传动轴计算截面的当量弯矩，N·mm；

M——轴计算截面上的弯矩，N·mm；

α——根据性质而定的折算系数，对于不变的扭矩取 $\alpha \approx 0.3$，当扭矩脉动变化时取 $\alpha \approx 0.6$，对于频繁正反转的轴取 $\alpha = 1$；

T——轴计算截面上的扭矩，N·mm；

d——轴的直径，mm；

$[\sigma_{-1}]$——对称循环的许用弯曲应力，MPa。

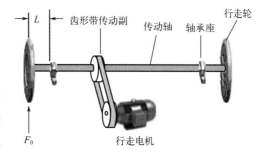

图 9-79　行走轴传动示意图

穿梭车负载运行时，平均每个车轮受载为 $G/4 = 3750\text{N}$。行走轴受到了车轮支反力产生的弯矩 $M = F_0 L$ 和电机传输的扭矩 T。每个车轮处的支点反力 $F_0 = G/4 = 367.5\text{N}$。车轮与光轴支承座之间的距离 $L=30\text{mm}$。则支座处弯矩 $M=F_0L=11025\text{N·mm}$。

传动轴承受的转矩 T：

$$T=\frac{9550P}{n} \tag{9-5}$$

式中　T——传动轴计算截面上的扭矩，N·m；

$\quad\quad P$——电机输出功率，W；

$\quad\quad n$——电机输出转速，r/min。

把 P、n 数值代入式（9-5），得 $T=4748.26\text{N·m}$。

轴的材料为 45 钢（调质处理），其许用应力 $[\sigma_{-1}]=40\text{MPa}$，将上述求得的各值代入式（9-4）最终求得 $d\geqslant14.42\text{mm}$，选取轴的直径 $d=20\text{mm}$。

常用轴的材料很多，一般选用 45 钢，调质处理并精确加工。

 14. 试述多层穿梭车伸叉机构组成及其工作原理 ·······························

伸叉机构的工艺动作：接收到出库或入库（取货或存货）指令→穿梭车自动运行到货架的指定位置→伸叉电机驱动货叉伸出并取出或存入货物→货叉缩回车体→完成命令。

伸叉机构运行时货叉板并不承受所载物料的重量，只承受活动部分货叉的重力和货叉板之间相对运动的摩擦力。

伸叉机构主要部件构成包括伸叉电动机、货叉板、动力传输机构、工字型导轨、轴承、拨叉机构等。

常用的货叉伸缩机构有：齿轮齿条传动、同步带传动或者同步带与齿轮齿条机构的组合等。

（1）齿轮齿条传动

图 9-80 为齿轮齿条传动结构，是将齿轮的回转运动转变为齿条的直线往复运动，或将齿条的直线往复运动转变为齿轮的回转运动。

优点：结构紧凑、传动效率和精度高、承载量大、工作可靠、传动比稳定、寿命长，特别是斜齿轮齿条机构由于重叠系数大于直齿轮，传动平稳、噪声小。

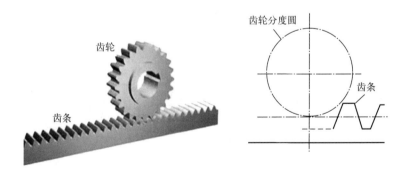

图 9-80　齿轮齿条传动机构

（2）同步带传动

同步带传动机构由主动轮、从动轮和同步带（齿形带）组成，其工作原理是利用齿形带与主动轮和从动轮啮合来传递旋转运动和动力。

优点：结构简单、传动平稳、传动精度高、可以缓冲吸振，而且不需润滑、成本低、有良好的挠性和弹性、运转噪声低、使用维护方便。

（3）伸叉机构的工作原理

虽然穿梭车传动行程不大，但要求传动速度快速、平稳、伸叉定位精度达±2.5mm。为了实现穿梭车在货架巷道内双向取货，伸叉机构必须双向驱动和伸缩，且货叉宽度在收缩状态时要比巷道的宽度小，而完全伸展后的长度要大于巷道宽度，小于巷道和单排货架宽度的总和。因此，必须使用三层货叉直线差动机构才能满足作业要求。

1）同步带货叉伸叉机构的工作原理

图 9-81 为同步带三层直线差动机构，由三层货叉板（下叉、中叉、上叉）、下叉与中叉之间的动力传输机构、中叉与上叉之间的动力传输机构组成。

中叉和上叉之间采用同步带传动机构。由图 9-81 可知，在中叉的左右两端各安装一个同步轮，与左端同步轮啮合的同步带分别固定在上叉和下叉的右端，与右端同步轮啮合的同步带分别固定在上叉和下叉的左端，既可以平衡总体装置的受力情况，又可以实现货叉的双向驱动和双向取货。当中叉水平移动时，上叉在同步带传动机构的作用下，相对中叉同方向移动 2 倍的距离，达到行程增倍的目的。

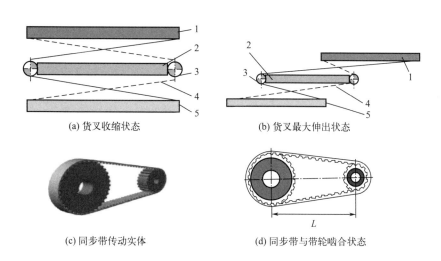

(a) 货叉收缩状态　　　　　　　　(b) 货叉最大伸出状态

(c) 同步带传动实体　　　　　　　(d) 同步带与带轮啮合状态

图 9-81　同步带三层直线差动机构示意图
1—上叉；2—中叉；3—同步轮；4—同步带；5—下叉

2）同步带和齿轮齿条机构组合的伸叉机构工作原理

① 伸叉机构的组成。图 9-82 为同步带和齿轮齿条组合的货叉机构。

下叉：固定在穿梭车上，靠近中叉一侧装有起导向支承作用的导轨滚轮轴承。

中叉：与工字型导轨相连。

上叉：靠近中叉的一侧装有起导向支承作用的导轨滚轮轴承。

齿轮齿条传动机构：在中叉靠近下叉的侧面固定有齿条，下叉与中间之间有齿轮，且齿轮通过支架固定在下叉上。

齿轮齿条机构的齿轮被包络在同步带内，中叉与上叉之间的同步带上固定有一个滑台，上叉通过滑台与同步带固定在一起。

拨叉机构：由电动机、轴、联轴器、拨叉等构成，该机构置于上叉的上端。

② 伸叉机构的工作原理。

伸叉电机驱动齿轮旋转，则齿条与中叉水平移动，中叉相对于下叉伸出距离为 L_1。上叉在同步带机构的驱动下与中叉同方向水平移动，相对于中叉伸出距离为 L_2。上叉相对于固定下叉水平移动的距离为 L（L_1+L_2），即为货叉所伸出的总行程。

齿轮顺时针旋转时，驱动中叉、上叉向右伸出，而当齿轮逆时针旋转时，驱动中叉、上叉向左伸出，由此实现货物入库（存货）、出库（取货）的动作。

下叉与中叉之间的动力传输采用齿轮齿条传动机构，图 9-83 为齿轮齿条副啮合状态。当伸叉电机启动，齿轮旋转，齿条水平移动，且移动的速度和行程为齿轮旋转的 2 倍，这样就完成了速度和行程的增倍。

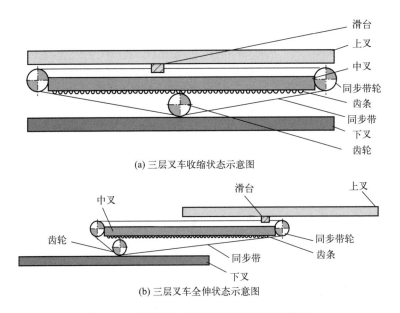

(a) 三层叉车收缩状态示意图

(b) 三层叉车全伸状态示意图

图 9-82　同步带和齿轮齿条组合的货叉机构

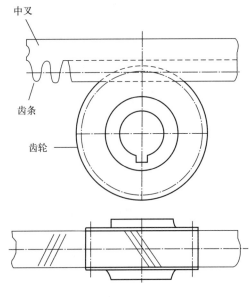

图 9-83　齿轮齿条副啮合状态

第10章 AGV及码垛机器人

第1节 AGV 的定义、特点及其应用

 1. 试述 AGV 及其基本构成

AGV 是英文 automatic guided vehicle 的缩写，即无人搬运小车，也叫"自动导引车"，是能够自动行驶到指定地点的无轨搬运车辆。图 10-1 为 AGV 的主要组成结构。AGV 主要由机械、动力以及控制等三大系统构成。图 10-2 为 AGV 的基本构成及其各部分名称。图 10-3 为辊筒输送机式 AGV 基本构成及其各部分名称。

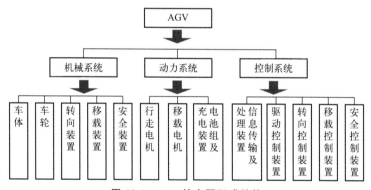

图 10-1　AGV 的主要组成结构

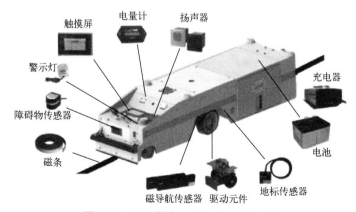

图 10-2　AGV 基本构成及其各部分名称

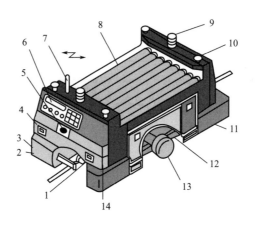

图 10-3　辊筒输送机式 AGV 基本构成及其各部分名称

1—从动轮；2—导向传感器；3—接触缓冲器；4—接近传感器；5—警示装置；6—控制盘；7—通信接收装置；
8—辊筒式移载机构；9—警示灯；10—急停开关；11—蓄电池组；12—车体；13—差速驱动机构；14—电控装置

 2. 试述 AGV 的特点及其应用范围

　　AGV 是全自动的物料搬运设备，能够在某一位置自动装载物料后，再行走到另一位置自动卸货，图 10-4 为 AGV 取货作业示意图。AGV 以电池为动力，装备有电磁或光学自动导航装置，能够独立自动寻址，并通过计算机系统控制完成无人驾驶作业，是具有运行与停车装置、安全保护装置以及各种移载功能的运输小车。

　　随着工业自动化、计算机集成系统技术的提高、柔性制造系统（FMS）和物流业的发展，AGV 系统（简称 AGVS）已成为柔性制造系统和自动化仓储系统中物流运输的有效手段。AGV 系统的核心设备是 AGV，载重量从几十千克到上百吨，在众多行业得到了广泛的应用。AGV、自动输送机、空中 AGV 等无人搬运设备最适合于在物流、自动化工厂（FA）、污染环境等条件下作业。图 10-5 为单向潜伏式 AGV 搬运作业示意图。图 10-6 为自动化仓库和 AGV。

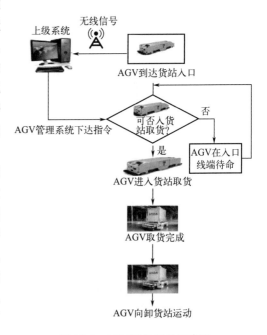

图 10-4　AGV 取货作业示意图

　　AGV 适用于搬运各种大、中、小型的物品及箱品、托盘等。AGV 包括有轨式和无轨式。其最大优点是适应性强，应用广；可利用空间实现大重量物品的间断性三维搬运；在同一建筑物内增加设备、修改软件较为容易。

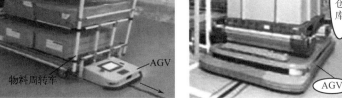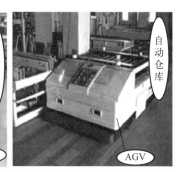

图 10-5　单向潜伏式 AGV 搬运作业　　　　图 10-6　自动化仓库和 AGV

第 2 节　AGV 导引技术

　　AGV 的导引方法较多，本节介绍常用的磁带导引、激光导引、电磁导引、光学导引、二维码导引等。

 1. 试述磁带导引 AGV 技术及其原理

　　图 10-7 为磁带导引 AGV，即在 AGV 小车的行驶路面上贴磁带替代在地面下埋设金属线，通过磁感应信号实现 AGV 导引。其灵活性比较好，改变或扩充路径较容易，磁带铺设简单易行，但此导引方式易受环路周围金属物质的干扰，对磁带的机械损伤极为敏感，因此导引的可靠性受外界影响较大。图 10-8 为磁带导引 AGV 原理示意图。导引 AGV 用磁带基本参数如下：

　　类型：直线。
　　形状：宽 50mm×厚 1mm×长 25m ＝1 卷。
　　表面：层压薄膜。
　　背面：两面胶带。
　　半径：$R＝400\text{mm}$。
　　图 10-9 为磁带导引 AGV 作业实体。图 10-10 为 AGV 避障扫描处理示意图。

(a) 牵引式AGV　　　(b) 叉车式AGV　　　(c) 搬运作业中的AGV

图 10-7　磁带导引 AGV

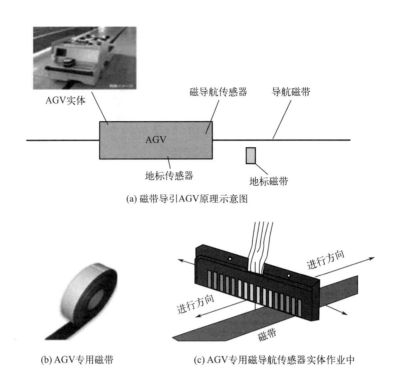

(a) 磁带导引AGV原理示意图

图中标注：AGV实体、磁导航传感器、导航磁带、地标传感器、地标磁带、AGV

(b) AGV专用磁带　　(c) AGV专用磁导航传感器实体作业中

进行方向　进行方向　磁带

图 10-8　磁带导引 AGV 原理示意图

磁带导引AGV

图 10-9　磁带导引 AGV 作业实体

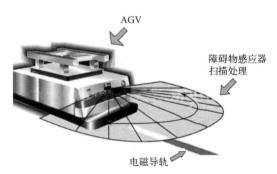

AGV、障碍物感应器扫描处理、电磁导轨

图 10-10　AGV 避障扫描处理示意图

 2. 试述激光导引 AGV 及其原理

图 10-11 为激光导引 AGV 原理示意图，即在 AGV 行驶路径的周围安装激光反射板，AGV 通过发射激光束，并采集由反射板反射的激光束，来确定其当前的位置和方向，并通过连续的三角几何运算来实现导航。图 10-12 为激光导引叉车式 AGV 实体。

图 10-13 为激光导引工作构件示意图。激光扫描器 5 安装在 AGV 上较高位置，便于直接对准各定位标志，并通过系统的串行接口与 AGV 的控制板连接。定位标志是理想的反光材料，固定在沿途的墙壁或支柱上。激光扫描仪利用脉冲激光器产生激光并通过内部反射镜 4 以 定的转速旋转，对周围进行扫描，测出每个定位标志的距离和角度，计算出 AGV 的 X、Y 坐标，从而导引 AGV 按照预先设定的路线运行。激光扫描仪内装有微处理器，对于

新的作业环境和导引平面图具有学习功能，利用学习软件找出相应的定位标志，并将坐标位置储存起来。

　　激光导引的优点：激光导引装置的器件、控制板和软件已标准化，易于安装、可编程、导引定位精度高，地面无需其他定位设施，行驶路径可灵活多变，能够适合多种现场环境，它是目前国内外许多 AGV 生产厂家优先采用的先进导引方式。

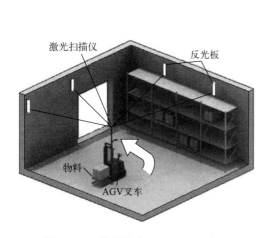

图 10-11　激光导引 AGV 原理示意图

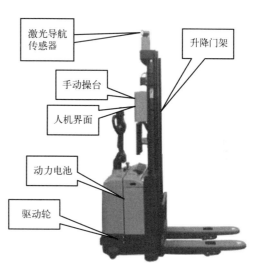

图 10-12　激光导引叉车式 AGV 实体

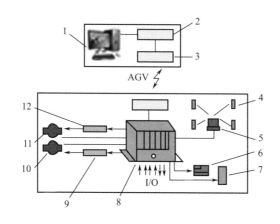

图 10-13　激光导引工作构件示意图

1—计算机；2—集中控制及管理软件；3—无线通信装置；4—反光镜；5—激光扫描器；6—指令部；
7—终端；8—控制器；9，12—电动机控制器；10—转向器；11—运行电动机

 3. 何谓电磁感应导引技术？

　　图 10-14 为电磁导引 AGV 示意图。电磁导引是较为传统的导引方式之一，目前仍被采用，它是在 AGV 的行驶路径上埋设金属线，并加载导引频率，通过对导引频率的识别来实

现 AGV 的导航功能。

图 10-15 为电磁感应原理。在地面上挖一条宽度 10mm、深度 20～30mm 的沟槽,并把宽度 3mm 的电缆埋入其中,通入 3～10kHz 的电流。

用两个感应线圈检测流经感应线中的电磁力。通过控制方法使流经两个耦合线圈的电磁力相等。这种方法需要在地面埋设感应线,如果改变线路,则还要重新施工布线。为了改变线路方便和节约成本,可以把感应线通过胶带直接黏附在地面上。

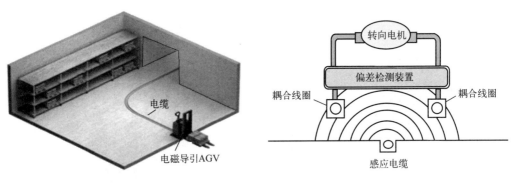

图 10-14 电磁导引 AGV 示意图 　　　图 10-15 电磁感应原理

图 10-16 为电磁感应导引构件原理图,是利用低频导引电缆 3 形成的电磁场及电磁传感装置导引 AGV 运行。其基本工作原理是交变电流流过电缆时,在电缆周围产生磁场 4,距导线越近处,磁场强度越大,感应线圈的磁场在线圈中产生的感应电压与磁场强度成正比。当电缆 3 处于线圈中间时,左右线圈的电压相等,转向信号为零。当导引天线偏向导引电缆的任一侧时,则其线圈电压升高,另一侧电压降低,形成感应线圈中的电位差信号用来控制 AGV 转向。天线及感应线圈检测 AGV 相对导引电缆的偏移量,从而控制转向电动机,校正 AGV 的运行方向。另外,在 AGV 运行路线的地表下埋设有若干条产生不同频率电流的

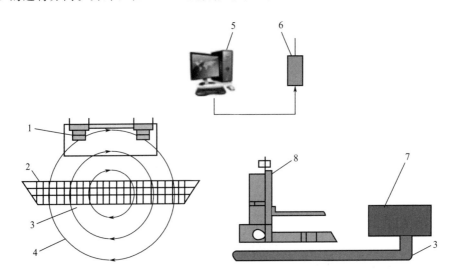

图 10-16 电磁感应导引构件原理图

1—天线及感应线圈;2—地表面;3—导引电缆;4—磁场;5—计算机;6—无线电;7—频率发生器;8—AGV

电缆，通过 AGV 控制器天线分别检测出信号的类别，用于控制和导引 AGV 沿指定路线运行。

这种导引方式属于传统方式，应用广泛，技术较为成熟，成本低，工作可靠。缺点是需要在运行线路的地下埋设电缆，施工时间长，电缆埋设费用高，不易变更路线，适用于大中型 AGV。

4. 试述光学导引 AGV 及其原理

图 10-17 为光学导引 AGV 原理示意图，采用光学检测技术导引 AGV 的运行方向，一般是在运行路径上铺设一条具有稳定反光率的色带。车上设计有发射光源和接受反射光的光电传感器，通过对检测得到的信号进行比较，调整车辆的运行方向。

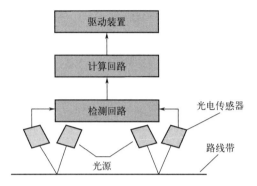

图 10-17　光学导引 AGV 原理示意图

5. 何谓二维码导引技术？

图 10-18 为二维码导引 AGV 示意图。原理：通过读取网格状分布的二维码来确定坐标方位。步骤：①AGV 的二维码传感器扫描地面铺设的二维码图像坐标系中的位置坐标；②把二维码图像坐标位置信息传送给 AGV 控制器；③控制器计算图像传感器提供的坐标数据，从而确定图像在地图中的位置；④调度系统发送给 AGV 小车导航路径指令；⑤AGV 小车根据接收到的路径指令，建立局部导航坐标系并计算 AGV 小车初始位置；⑥AGV 控制器通过编码器信息反馈量控制两个轮子转动圈数，使得 AGV 小车依次行驶至导航路径指令的每个二维图像标签，以完成导航路径指令。图 10-19 为行走轮转动及其转弯基本原理示意图。

其优点是：铺设、改变路径容易，便于控制，精度高，二维码导引要比电磁导引定位精确；铺设、改变路径比较容易，便于控制，对声光无干扰。

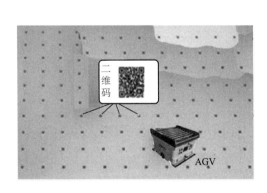

图 10-18　二维码导引 AGV 示意图

图 10-19　行走轮转动及转弯基本原理示意图

第 3 节　AGV 常用类型

1. 如何按照移载方式分类 AGV？

如图 10-20 为按照移载方式的 AGV 分类。

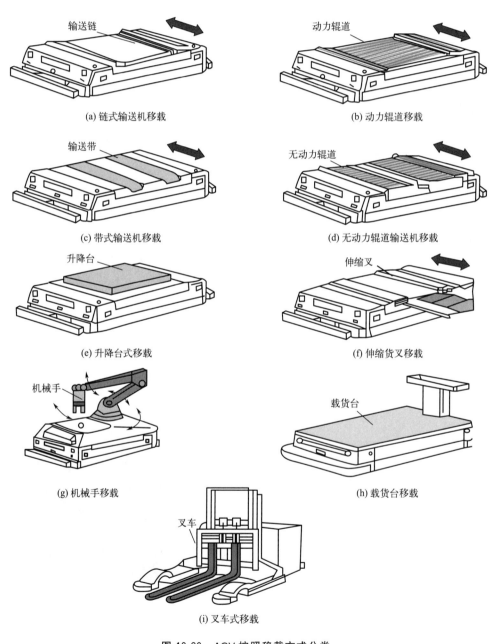

图 10-20　AGV 按照移载方式分类

2. 如何按照有无轨道分类 AGV?

图 10-21 为按轨道对 AGV 的分类，分为有轨 AGV 和无轨 AGV。

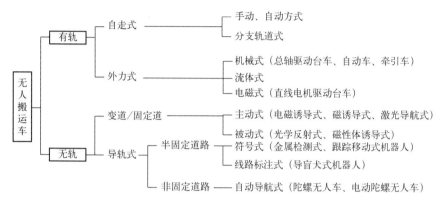

图 10-21 按轨道分类 AGV

图 10-22 为有轨叉车式 AGV。图 10-23 为双轨 AGV 作业实体。图 10-24 为无轨叉车式 AGV，可以搬运托盘单元，货叉升降范围 2m，搬运质量 1~5t。搬运速度 $v=60\text{m/min}$，转弯半径为 2m。与普通叉车比较：搬运速度略小，转弯半径稍大，但是货叉较低，能够叉取置于地面的托盘单元等物品。图 10-25 为无轨叉车式 AGV 作业实体。

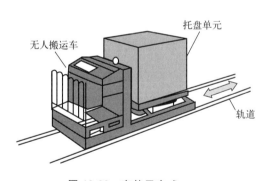

图 10-22 有轨叉车式 AGV

图 10-23 双轨 AGV 作业实体

图 10-24 无轨叉车式 AGV

图 10-25 无轨叉车式 AGV 作业实体

3. 何谓潜伏式 AGV?

潜伏式 AGV 是潜入料车、笼车或其他轮式载具底下进行牵引作业的 AGV，自动挂接和分离实现物料投递、回收作业。潜伏式 AGV 的特点是车身薄，可双向行驶，适用于车间或厂区物料配送。图 10-26 为作业中的潜伏式 AGV。

图 10-26 潜伏式 AGV

 4. 何谓背负式 AGV?

图 10-27 为背负式 AGV，即在 AGV 车体顶面装载托盘、料架、料箱等物料进行搬运，或在 AGV 尾部牵引料车，由磁条导引 AGV 通过识别地标到达目的地。该车运行平稳，适用于运输频繁、物料供应周期长的生产体系。一般背负式 AGV 最小转弯半径 300mm，停止精度 ±10mm。其特点：

图 10-27 背负式 AGV

① 可实现单、双向运行，体积小、搬运灵活。

② 背负式 AGV 小车多用于机械加工、汽车制造、电子产品装配等企业的装配线、流水线，以形成柔性生产系统。

③ 背负式 AGV 小车最高速度可达近 60m/s，可快速、精确地运行。

 5. 何谓滑叉式 AGV?

图 10-28 为滑叉式 AGV，三级伸缩侧叉可以深入到物料底面，将其举高后缩回到 AGV 中间位置。滑差式 AGV 在通道两侧存取物品较为方便。

 6. 何谓侧叉式 AGV?

图 10-29 为侧叉式 AGV，不需要回转空间就能直接从地面上叉取托盘单元。能够搬运重量大的物料。

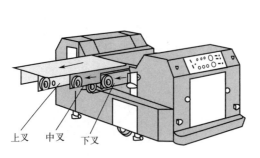

图 10-28 滑叉式 AGV

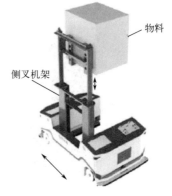

图 10-29 侧叉式 AGV

7. 何谓举升式 AGV?

图 10-30 为举升式 AGV 及其举升机构示意图。举升式 AGV 把物料举升到设定高度后输送到指定地方。此 AGV 多用于物流装卸和有升降要求的物料传输系统中。举升式 AGV 的举升机构有许多种。

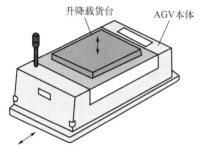

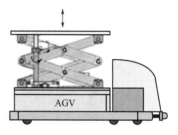

图 10-30　举升式 AGV 及举升机构示意图

8. 何谓辊筒式 AGV?

在 AGV 台面上设置辊筒式输送机,即辊筒式 AGV。辊筒式 AGV 可与辊筒、传送带等生产线直接对接,或直接组成柔性生产线,也可以作为移动工作台使用。图 10-31(a)为辊筒式 AGV;图 10-31(b)为带式输送机、机器人和辊筒式 AGV 综合应用,即机器人把来自带式输送机的物料抓取并投放在辊筒式 AGV 的辊筒输送机上面后,搬运到指定地方;图 10-31(c)为辊筒式 AGV1 把物料输送给辊筒式 AGV2。

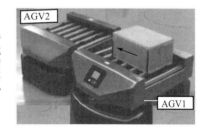

(a) 辊筒式AGV　　　　(b) 带式输送机+机器人+辊筒式AGV　　　　(c) 物料由AGV1到AGV2

图 10-31　辊筒式 AGV

9. 何谓牵引式 AGV?

图 10-32 为牵引式 AGV 示意图,图(a)为单向运动的尾部牵引式 AGV,通过尾部自动挂接和脱扣机构实现料车牵引;图(b)为潜伏式牵引 AGV,即 AGV 潜伏到带轮货架

下，利用电动升降挂钩牵引货架，通过磁条导引把带轮货架牵引到指定位置后，AGV 搬运车自动和台车分离，然后钻到空的带轮货架下面，把空的带轮货架拖走。

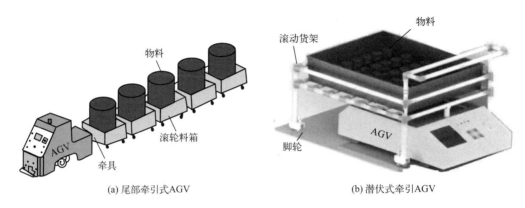

(a) 尾部牵引式AGV　　　　　　　(b) 潜伏式牵引AGV

图 10-32　牵引式 AGV 示意图

 ## 10. 何谓自卸式 AGV？

图 10-33 为辊筒自卸式 AGV，利用辊筒传动完成自动上料作业，下料时辊筒输送机把物料传送给带式输送机，可形成全自动无人化搬运系统。图 10-34 为辊子输送机式 AGV 搬运物料，即把来自辊筒输送线的物料接驳到指定地方。

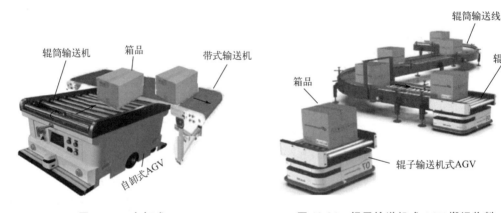

图 10-33　自卸式 AGV　　　　　　图 10-34　辊子输送机式 AGV 搬运物料

 ## 11. 何谓地面单轨 AGV？

图 10-35 为物流配送中心常用的地面轨道 AGV，最大承载能力 100kg，行走速度 0～180m/min，最小旋转半径 1000mm，搬运物尺寸 $W \times L = 675\text{mm} \times 500\text{mm}$。最大纸箱尺寸 $W \times L = 700\text{mm} \times 500\text{mm}$，图 10-36 为地面轨道 AGV 基本尺寸。

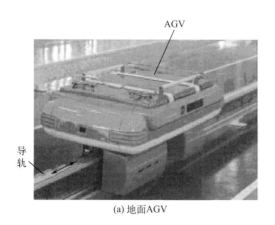

(a) 地面AGV   (b) AGV和输送机物料接驳

图 10-35 地面轨道 AGV 及其物料接驳

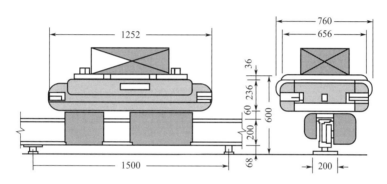

图 10-36 地面轨道 AGV 基本尺寸

 12. 试述无人搬运方法异同

在现代化物流系统中，常用的无人搬运装备有 AGV、输送机和三维 AGV。表 10-1 为无人搬运方法在技术参数、搬运效率等方面的比较。

表 10-1 无人搬运方法比较

机种	AGV	输送机	三维 AGV
搬运形态	箱品及托盘的二维搬运	箱品及托盘的一维、二维搬运	原材料及大件物品的三维空间搬运
搬运效率	30 次/h	3000 个/h	30 次/h
搬运质量/kg	50～5000	≤1000	50～10000
行走速度 v/(m/min)	20～100	5～50	10～100
搬运距离/m	30～500	30～300	30～100
旋转空间	一般通道	专用通道	空间
输送线中的分流、合流	易	较易	易（相同建筑物内）
设备扩展性	易（延长导体、计算机改变数据）	改造工作量大（增加输送机速度和设备）	改造工作量大（增加空中导轨）

续表

机种	AGV	输送机	三维 AGV
改变设计路线	易（延长导体、改变程序）	改变分流与合流输送设备	改变空中导轨和配线
故障排除	去除故障车，其他 AGV 正常运行	输送线路前面停止运行	全面停止作业，维修
日常维护	电池充电及作业前检查	作业前检查	作业前检查
特点	① 实时搬运中等量物品； ② 搬运的速度快、距离大； ③ 改变路线容易； ④ 不适应立体搬运	① 适于大量、连续搬运； ② 能够实现倾斜、垂直搬运； ③ 设备固定	① 适合间隙式重量物品搬运； ② 空中立体搬运； ③ 对于挂钩等需要手工介入

 13. 各种 AGV 性能有何差异？

表 10-2 为各种 AGV 性能比较。

表 10-2 各种 AGV 性能比较

AGV		驱动输送机 AGV	推拉式 AGV	举升式 AGV	滑叉式 AGV	侧叉式 AGV
装卸速度		快	普通	普通	稍慢	稍慢
重物品装卸		可能	可能	可能	稍难	可能
费用	装卸装置	稍高	稍高	便宜	高	非常高
	装卸站	高	稍高	便宜	便宜	一般
工作站设置位置		连接通道	连接通道	连接通道	连接通道	连接通道

 14. 何谓行走驱动及转向装置？

AGV 由机架本体以及行走驱动、方向转动、控制、蓄电池组、安全、移载等重要部分组成。

行走驱动装置由车轮、电机、制动部分、传动部分、速度检测器（编码器）和齿轮等组成。图 10-37 为 AGV 驱动方式示意图。在设计时，首先选择驱动方式，之后确定在最大载荷之下的额定速度和转矩、车轮转速、车轮和地面的接触压力。

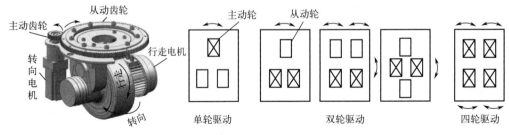

图 10-37 AGV 驱动方式

图 10-38 为 AGV 常用转向装置示意图，图（a）为驱动转向一体化装置，图（b）为独立转向装置，即只能够实现行走轮的转向运动。

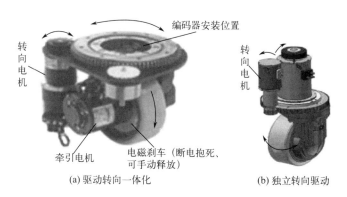

（a）驱动转向一体化　　　　　（b）独立转向驱动

图 10-38　AGV 常用转向装置示意图

 15. 试述常用移载式 AGV 的基本异同

表 10-3 为具有各种移载装置 AGV。根据搬运物料形状，在考虑防止位置偏移装置时，当采用辊子输送机时，必须注意辊子的安装节距。当采用举升起重式时，应注意托盘弯曲变形。

表 10-3　常用 AGV 的移载装置

形式	举升起重式	输送机式	滑叉式	推拉式
外观		链条驱动式 辊子驱动式		
方法	提升装置上升时装货，下降时卸货	开动 AGV 和出/入库工作台的输送机时，在水平方向移载货物	用货叉取货物，在水平方向移载货物	由 AGV 和出/入库工作台的辊子支持货物，通过机械手的水平力来移载货物
对应的工作台	固定工作台	主动输送机的工作台	固定工作台	自由辊子工作台
结构	液压式较多，由电机、泵、电池、电磁阀、油缸和配管等组成	由电机、减速器、链轮、链条/辊子/传送带等组成	有电机、减速器、链轮、链条和滑叉组成	由电机、减速器、链轮、链条、机械手、自由辊子等组成

 16. 试述 AGV 系统的搬运能力

（1）AGV 的工作循环计算

图 10-39 为 AGV 的工作循环图。一台 AGV 在正常的搬运工作中，在原始位置从接收

到搬运信号开始，经过装货、卸货，并回到原始位置，到通信结束，这一连串的动作所需要的时间叫作 AGV 的工作循环。工作循环计算如下：

$$T = T_1 + T_2 + T_3 + T_4 \tag{10-1}$$

式中　T——工作循环；

　　　T_1——行走时间（包括前进、后退、慢行、加速度和减速度等所需时间）；

　　　T_2——发车晚点时间；

　　　T_3——移载时间（移载拖延时间和互锁时间）；

　　　T_4——搬运命令和搬运完成报告时间。

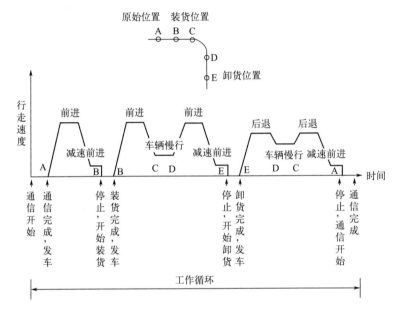

图 10-39　AGV 工作循环图

（2）系统能力计算

1）一台 AGV 的能力计算

首先求出工作循环时间，然后求单位时间的搬运次数。

① 一台 AGV 在一处搬运时：

$$T = \sum \left(\frac{L_n}{V_n} + t_n \right) \tag{10-2}$$

$$M = 3600 / \sum (L_n / V_n + t_n) \tag{10-3}$$

式中　T——工作循环时间，s；

　　　L_n——第 n 号的行走距离，m；

　　　V_n——第 n 号的行走速度，m/s；

　　　t_n——第 n 号的移载时间 + 其他时间，s；

　　　M——每小时搬运次数，次/h。

② 一台 AGV 在多处搬运时：

$$T_s - \sum T_n R_n \tag{10-4}$$

$$M = 3600 / \sum T_n R_n \tag{10-5}$$

式中 T_s——复合工作循环时间，s；

T_n——第 n 号搬运处的工作循环时间，s；

R_n——第 n 号搬运处的搬运效率；

M——每小时的搬运次数，次/h。

2）多台 AGV 系统的能力计算

其计算方式是在单台 AGV 能力的基础上乘以 AGV 的台数，再乘以效率，则是多台 AGV 的能力。即：

$$M=3600/\sum(L_n/V_n+t_n)NE \tag{10-6}$$

或 $$M=3600/\sum T_nR_nNE \tag{10-7}$$

式中 M——单位时间的搬运次数，次/h；

L_n——第 n 号车行走距离，m；

V_n——第 n 号车的行走速度，m/s；

t_n——第 n 号车的移载时间+其他时间，s；

N——AGV 的台数；

E——搬运效率；

T_n——第 n 号搬运处的工作循环时间，s；

R_n——第 n 号搬运处的搬运效率。

第4节 三维 AGV

 1. 何谓三维 AGV？有何优点？

图 10-40 为运行中的三维 AGV 及其各部分名称。三维 AGV 悬挂在二维导轨上，达到指定位置后，通过带传动垂直放下或取走物品。

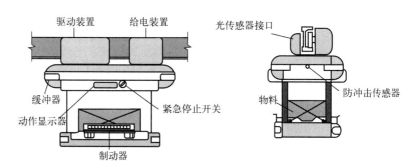

(a) 运行中的AGV　　　　　　　　(b) AGV各部分名称

图 10-40 运行中的三维 AGV 及其各部分名称

三维 AGV 的优点是速度快，最大 240m/min，噪声低，停止精度高。三维 AGV 的功能：运行速度在搬运 50kg 的条件下可达 240m/min，在相同条件下耗费时间是一般输送机的 1/8～1/10。按照特殊的速度曲线进行控制，使其起步、加速、减速和停止都非常平稳，没有冲击振动。导轨最长可达 1000m，在 1000m 轨道中可安装 16 台三维 AGV，通过计算机控制相邻两台 AGV 的安全距离。

图 10-41 为三维 AGV 的作业过程。在主计算机和输送机控制系统的监控下，三维 AGV 由起点站到站 1 装货并运输到站 2 卸货。

图 10-42 为在一条导轨上有多台三维 AGV 在物流系统中运行，这就要求控制系统高精度地控制三维 AGV 之间的距离、速度、加速度。

图 10-43 为三维 AGV 的安全措施。凡是

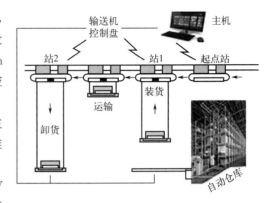

图 10-41　三维 AGV 作业过程

人行道、车辆通道的上空一定要设置安全网，以防三维 AGV 经过人行道时物品坠落。图 10-44 为三维 AGV 和自动仓库，三维 AGV 为自动仓库的重要的输送设备。图 10-45 为三维 AGV 为物流配送中心服务，即三维 AGV 穿梭在物流配送中心中。

(a) 料盘下降取货

(b) AGV 行走

(c) AGV 与垂直输送机交接物料

图 10-42　多台三维 AGV 作业

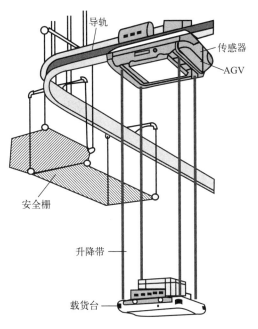

图 10-43 三维 AGV 安全措施

图 10-44 三维 AGV 和自动仓库

图 10-45 三维 AGV 为物流配送中心服务

 2. 三维 AGV 能否实现分拣功能?

在计算机指引下，三维 AGV 达到指定位置，放松收缩带，使载货台下降到最低位置；输送机和三维 AGV 载货台交换物品后，收起收缩带，使载货台上升到最高位置并运行到其他物品装卸位置。

图 10-46 为 AGV 的轨道分、合流装置。当三维 AGV 从导轨 3 过渡到导轨 2 时，接轨 1 必须左移到与导轨 3 和导轨 2 同时连接后，AGV 才可以直接过渡到导轨 2。图 10-47 为装配线用的三维 AGV，三维 AGV 从旋转式自动仓库取出零部件并搬运到装配线中的装配点。图 10-48 为 AGV 自动入库及分拣作业，三维 AGV 把物品搬运到出库各层入库口并把物品推到仓库中。此外，还可以把空托盘运走。

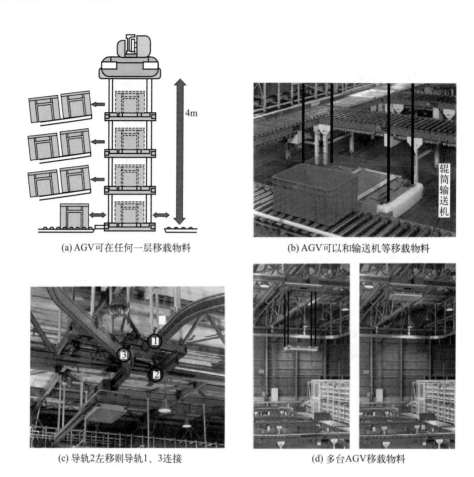

(a) AGV可在任何一层移载物料

(b) AGV可以和输送机等移载物料

(c) 导轨2左移则导轨1、3连接

(d) 多台AGV移载物料

图 10-46　AGV 的轨道分、合流装置

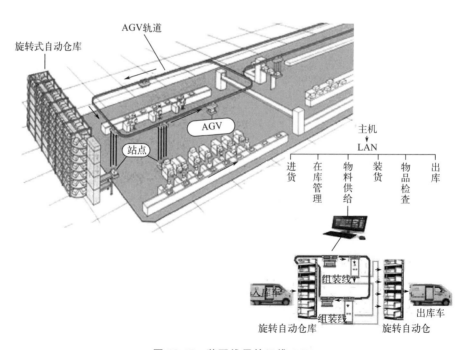

图 10-47　装配线用的三维 AGV

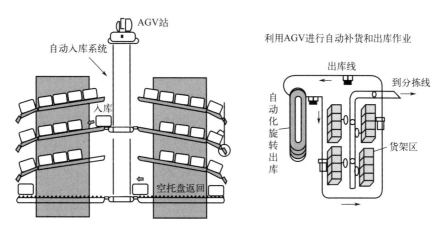

图 10-48　AGV 自动入库及分拣作业

第5节　码垛机器人

1. 何谓码垛机器人？

　　在物流系统中主要应用的是码垛机器人和搬运机器人。码垛机器人是一种自动执行堆码作业的自动机械装置，接受人的指挥，并可正确运行预先编排的程序，将装有物料的容器按一定排列码放在托盘上，进行自动堆码，可堆码多层，然后推出，便于叉车运至仓库储存。

　　码垛机器人可以集成在生产线中，实现智能化、网络化的自动化生产，广泛用于饮料和食品行业的码垛物流中，例如纸箱、塑料箱、瓶类、袋类、桶装及灌装产品等的码垛作业。码垛机器人自动运行流程有：自动进箱、转箱、分排、成堆、移堆、提堆、进托、下堆、出垛等步骤。图 10-49 为码垛机器人码垛作业示意图，即把来自输送机的箱品有序码垛在两个托盘上。图 10-50 为袋装品码垛示意图，即把通过整形机整形的袋装品由机械手抓取后分别堆放在托盘上成为托盘单元，并按照箭头方向输出。

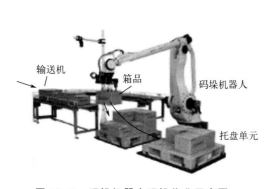

图 10-49　码垛机器人码垛作业示意图

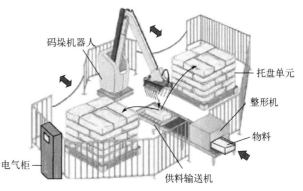

图 10-50　袋装品码垛示意图

　　码垛机器人工作原理：码垛机器人执行的任务多是抓放操作的循环动作，即机器人从传送带上抓取物料，沿运动路径将其放置在托盘的指定位置上。所以根据机器人在完成码垛作业时与传送带及托盘的位置关系，综合考虑运动过程障碍物情况，选用"门"字形运动轨迹，即机器人末端执行器在完成托盘上不同位置纸箱的码放时，所走轨迹均为"门"字形，仅因纸箱在托盘上位置不同导致轨迹终点坐标不同。

　　图 10-51 为码垛机器人作业流程示意图，其流程为：其中一个机器人把来自输送机的单品码垛为箱品后，再由另一个机器人把箱品抓取并码垛在空托盘上。空托盘来自托盘库。码垛好的托盘单元通过包装机包装后由托盘输送机输出即可。

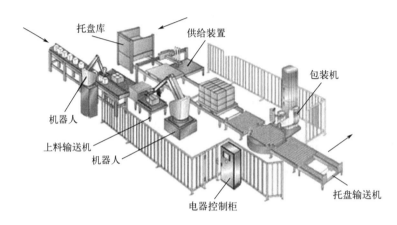

图 10-51　码垛机器人作业流程示意图

　　在机器人码垛生产线中，与机器人对接的常用输送机有平带输送机、平带转弯输送机、辊筒输送机和辊筒转弯输送机等。图 10-52 为机器人码垛生产线对接的常用输送机。此外，还有与码垛机器人码垛作业对接的整形机（图 10-53）。因为包装袋等物料经过输送线后，必须经过辊子的压紧、整形后，才能够送到待码垛的辊筒输送机上去。没有通过整形的物料，码垛后装载单元尺寸超差过大，搬运途中易倾斜倒塌。

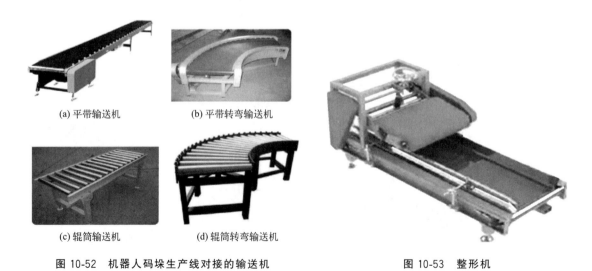

(a) 平带输送机　　　　　(b) 平带转弯输送机

(c) 辊筒输送机　　　　　(d) 辊筒转弯输送机

图 10-52　机器人码垛生产线对接的输送机　　　　　图 10-53　整形机

2. 试述码垛机器人基本构成

图 10-54 为码垛机器人基本构成。码垛机器人由主体、驱动系统和控制系统三个基本部分组成。主体即机座和执行机构，包括臂部、腕部和手部，大多数码垛机器人有 3~6 个运动自由度，其中，腕部通常有 1~3 个运动自由度；驱动系统包括动力装置和传动机构，用以使执行机构产生相应的动作；控制系统是按照输入的程序对驱动系统和执行机构发出指令信号，并进行控制。码垛机器人按臂部的运动形式分为四种：直角坐标型，臂部可沿三个直角坐标移动；圆柱坐标型，臂部可做升降、回转和伸缩动作；球坐标型，臂部能回转、俯仰和伸缩；关节型，臂部有多个转动关节。图 10-55 为码垛机器人码垛路径示意图，可以完成常用 5 种垛型的码垛作业，其码垛循环，前进为 P_1~P_6，返回为 P_6~P_1。

码垛机器人技术参数：

码垛能力：800~1200 袋/h；

码垛层数：1~12 层；

码垛直径：4.8~6.4m。

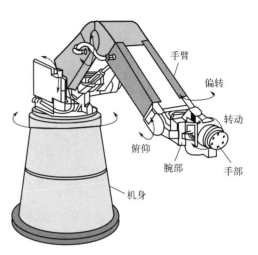

图 10-54 码垛机器人基本构成

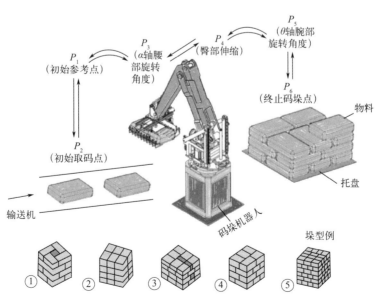

图 10-55 码垛机器人码垛路径示意图

3. 试述码垛机器人的机械手

码垛机械手也称手爪或抓手,是码垛机器人最重要的组成部分之一,要求其可靠性良好、结构简单、质量小等。根据不同的产品形状、大小、重量,设计相应类型的机械手爪,使得码垛机器人效率高。

(1) 夹爪式机械手爪

主要用于高速码袋。图 10-56 为夹爪式机械手爪,多用于袋装品的抓取作业,例如面粉、饲料、水泥、化肥,等等。

(2) 夹板式机械手爪

主要适用于整箱或规则盒装包装物品的码放,可以一次码一箱(盒)或多箱(盒)的码垛作业。图 10-57 为夹板式机械手爪。

图 10-56　夹爪式机械手爪

(a) 夹板式机械手爪1

(b) 夹板式机械手爪2

(c) 夹板式机械手爪作业实体

(d) 夹板式机械手爪纸箱作业

图 10-57　夹板式机械手爪

(3) 真空吸附式机械手爪

图 10-58 为真空吸取式机械手爪,主要用于可吸附物料的码垛作业,例如覆膜包装盒、听装啤酒箱、塑料箱、纸箱等表面平整而不漏气的物料。图 10-59 为作业中的真空吸附式机械手爪,即机械手把来自输送机的物料码垛在托盘上。空托盘来自托盘库。

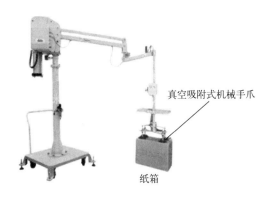

图 10-58　真空吸附式机械手爪

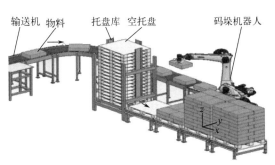

图 10-59　真空吸附式机械手爪作业中

 ### 4. 试述常用的码垛机器人

(1) 直角坐标码垛机器人

图 10-60 为直角坐标码垛机器人示意图，手臂运动由 X、Y、Z 三个直线运动构成。X、Y、Z 三轴分别实现手臂的伸缩、横移、升降等运动。直角坐标码垛机器人也称桁架码垛机器人或龙门式码垛机器人，是以 XYZ 直角坐标系为基本数学模型，以伺服电机、步进电机为驱动的单轴机械臂为基本工作单元，可以到达 XYZ 三维坐标系中任意一点。

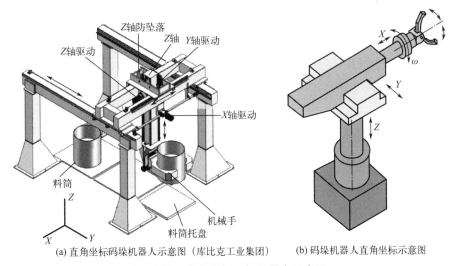

(a) 直角坐标码垛机器人示意图（库比克工业集团）　　(b) 码垛机器人直角坐标示意图

图 10-60　直角坐标码垛机器人示意图

(2) 关节型码垛机器人

图 10-61 为关节型码垛机器人，具有多个旋转关节，适用性很强，广泛应用于纸箱、塑料箱、瓶类、袋类、桶装、覆膜产品及灌装产品的码垛，结构简单，动作平稳，码垛过程完全自动，正常运转时无须人工干预。

(3) 圆柱坐标型码垛机器人

图 10-62 为圆柱坐标式码垛机器人示意图。其手臂运动系由两个直线运动和一个回转运动构成，即沿 X 轴和 Z 轴的伸缩、绕 Z 轴的旋转。

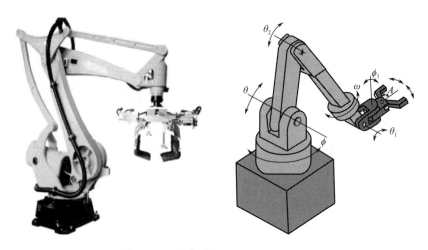

图 10-61 关节型码垛机器人示意图

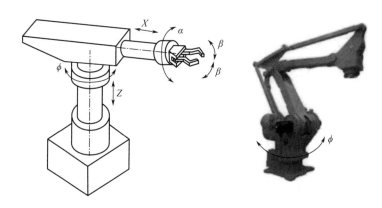

图 10-62 圆柱坐标式码垛机器人示意图

5. 试述码垛机器人常用驱动装置

驱动装置是向传动机构提供动力的装置，按驱动方式不同有气动、液压、电动和机械驱动之分。图 10-63 为气动驱动码垛机器人，图 10-64 为液压驱动码垛机器人。

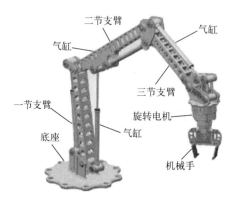

图 10-63 气动驱动码垛机器人

图 10-64 液压驱动码垛机器人